国家林业和草原局普通高等教育"十三五"规划教材

林木遗传育种学

陈晓阳　沈熙环　主编

中国林业出版社

图书在版编目(CIP)数据

林木遗传育种学/陈晓阳,沈熙环主编. —北京:中国林业出版社,2020.11(2024.11重印)
国家林业和草原局普通高等教育"十三五"规划教材
ISBN 978-7-5219-0922-7

Ⅰ. ①林… Ⅱ. ①陈… ②沈… Ⅲ. ①树木-植物育种-遗传育种-高等学校-教材 Ⅳ. ①S722.3

中国版本图书馆 CIP 数据核字(2020)第 239274 号

中国林业出版社教育分社

策划编辑:肖基浒　　　　　　　　　责任编辑:肖基浒　洪　蓉
电　话:(010)83143555　　　　　　传　真:(010)83143516

出版发行　中国林业出版社(100009　北京市西城区刘海胡同 7 号)
　　　　　　E-mail: jiaocaipublic@163.com　电话:(010)83143120
　　　　　　https://www.cfph.net
经　　销　新华书店
印　　刷　北京中科印刷有限公司
版　　次　2020 年 11 月第 1 版
印　　次　2024 年 11 月第 3 次印刷
开　　本　850mm×1168mm　1/16
印　　张　24.25
字　　数　578 千字
定　　价　70.00 元

未经许可,不得以任何方式复制或抄袭本书之部分或全部内容。

版权所有　　侵权必究

前 言

　　林木遗传育种学是以遗传学为理论指导，研究林木性状遗传与变异的规律，并利用林学、生态学、数学、化学和经济学等多学科的理论和技术，按照育种目标，对树种进行遗传改良的一门应用科学。林木遗传育种学是我国高校林学专业的核心骨干课程。目前，我国个别高校本科林学专业分设林木遗传学和林木育种学，但多数农林院校把林木遗传育种学作为一门课程。在教学中，林木遗传育种学分为遗传学和育种学两个模块，使用《遗传学》和《林木育种学》两本教材。据了解，部分高校规定一门课程不能为学生订两本及以上教材，而且林木遗传育种学课程压缩为40~60学时。多年来，不少同行老师建议我在《林木育种学》基础上编写一本《林木遗传育种学》教材，我也认为很有必要，但如何将遗传学和林木育种学的内容有机地合二为一，却是一个难题。

　　遗传学的三大定律已在中学学过，也比较简单，通过阅读有关教材便可复习掌握。细胞分裂和染色体形态等内容在植物学中也涉及，不必重复。本教材共14章。前8章主要是遗传学理论和林木育种学原理，后6章主要是林木育种方法和技术。虽然教材整合了遗传学和林木育种学的内容，并尽可能达到内容精要的要求，但作为一门课程仍感内容较多，篇幅较大。建议在课堂教学中讲重点、讲难点，有些章节留给学生自学和讨论，或结合实习讲解。

　　本教材是在高等教育出版的《林木育种学》（第1版和第2版）的基础上编写的。在《林木育种学》（第1版，2005）编写过程中，北京林业大学康向阳、李云教授、赵广杰教授、林善枝教授、杜金友博士和河北农业大学杨敏生教授分担了部分章节的编写工作。此外，北京林业大学胡冬梅老师以及当时的研究生李伟、李慧、骈瑞琪、熊瑾等同学帮助绘制了部分插图和录入资料。浙江农林大学卢孟柱教授、东北林业大学刘桂丰和王秋玉教授、南京林业大学徐立安教授、西南林业大学段安安教授、中南林业科技大学刘友全教授、浙江农林大学童再康教授、华南农业大学钟伟华和黄少伟教授、江西农业大学郭起荣和张露教授、四川农业大学周兰英教授、新疆农业大学董玉芝教授审阅了初稿，并提出了修改意见。

　　本教材在编写过程中也得到众多同事的帮助。华南农业大学黄少伟教授对第9章初稿进行了较大的修改，胡新生教授对第5章、第6章和第13章初稿进行了修改和补充，林元震副教授增补了第9章的育种值无偏估计，北京林业大学钮世辉教授、华南农业大学吴蔼民教授和张俊杰博士对有关分子生物学章节进行了修改和补充。此外，华南农业大学阚青敏、张俊杰、欧阳昆唏、李培、骈瑞琪、刘明骞等老师绘制了部分插图和文字校对。对大家的支持和帮助，在此一并表示衷心的感谢。

本书是为本科林学专业编写而成的教材，也可用作水土保持与荒漠化防治、森林保护、经济林、生物技术等相关专业的教学参考书。由于本人的业务水平有限，书中难免有不当之处，甚至存在错误，希望各位老师在教学实践中提出意见，以便今后修正。

陈晓阳

2020 年 5 月 30 日

目 录

前 言

第1章 绪 论 (1)
1.1 林木遗传育种学研究对象和任务 (1)
1.2 遗传学发展简史 (2)
1.3 林木遗传育种学发展历程和现状 (4)
1.3.1 林木遗传育种发展历程 (4)
1.3.2 国内外林木育种工作成就 (6)
1.4 林木育种的特点 (8)

第2章 遗传信息传递和表达 (11)
2.1 遗传物质的分子基础 (12)
2.1.1 DNA 和 RNA 的化学组成与结构 (12)
2.1.2 遗传物质的复制 (14)
2.1.3 遗传信息的转录 (16)
2.1.4 遗传物质的翻译 (19)
2.2 基因的表达与调控 (24)
2.2.1 基因的本质 (24)
2.2.2 基因表达调控 (25)

第3章 遗传变异的产生与利用 (33)
3.1 林木种内变异概述 (33)
3.2 染色体结构变异 (36)
3.2.1 缺失 (36)
3.2.2 重复 (38)
3.2.3 倒位 (40)
3.2.4 易位 (42)
3.2.5 染色体结构变异的诱发 (46)
3.3 染色体数目变异 (46)
3.3.1 染色体组的概念和特征 (47)
3.3.2 单倍体 (48)
3.3.3 多倍体 (49)
3.3.4 林木多倍体的诱导 (52)
3.4 基因突变 (56)
3.4.1 基因突变的概念与类型 (56)

    3.4.2　基因突变的分子基础 …………………………………………………… (59)
    3.4.3　基因突变的诱发和突变体鉴定 ………………………………………… (62)
第4章　遗传多样性和种质资源及其利用 ………………………………………… (65)
  4.1　遗传多样性和遗传流失 …………………………………………………………… (65)
    4.1.1　生物多样性的内涵 ………………………………………………………… (65)
    4.1.2　遗传多样性面临的威胁 …………………………………………………… (66)
    4.1.3　遗传流失及其危害 ………………………………………………………… (67)
    4.1.4　遗传多样性的检测 ………………………………………………………… (68)
  4.2　种质资源概述 ……………………………………………………………………… (69)
    4.2.1　种质资源的重要性 ………………………………………………………… (69)
    4.2.2　国际林木种质资源工作进展 ……………………………………………… (70)
    4.2.3　我国的自然保护工作 ……………………………………………………… (71)
  4.3　林木种质资源管理 ………………………………………………………………… (72)
    4.3.1　搜集 ………………………………………………………………………… (73)
    4.3.2　保存 ………………………………………………………………………… (73)
    4.3.3　鉴定与研究 ………………………………………………………………… (75)
    4.3.4　种质创新与利用 …………………………………………………………… (76)
  4.4　乡土树种和外来树种 ……………………………………………………………… (78)
    4.4.1　充分开发利用乡土树种 …………………………………………………… (78)
    4.4.2　积极、稳妥利用外来树种 ………………………………………………… (79)
    4.4.3　我国林木引种的成就 ……………………………………………………… (80)
  4.5　引种技术和程序 …………………………………………………………………… (82)
    4.5.1　引种考虑的因素 …………………………………………………………… (82)
    4.5.2　引种中主要生态因子的剖析 ……………………………………………… (85)
    4.5.3　引种程序与驯化措施 ……………………………………………………… (87)
    4.5.4　引进种中值得注意的几个问题 …………………………………………… (89)
第5章　群体遗传与树种地理变异 ………………………………………………… (93)
  5.1　群体的遗传结构与遗传平衡 ……………………………………………………… (93)
    5.1.1　群体的遗传结构 …………………………………………………………… (93)
    5.1.2　Hardy-Weinberg 定律 ……………………………………………………… (95)
    5.1.3　影响基因频率变化的因素 ………………………………………………… (98)
    5.1.4　交配系统 …………………………………………………………………… (101)
    5.1.5　群体间遗传分化 …………………………………………………………… (102)
  5.2　生物进化与物种形成 ……………………………………………………………… (103)
    5.2.1　生物进化与自然选择 ……………………………………………………… (103)
    5.2.2　物种及种内分类 …………………………………………………………… (105)
  5.3　树种地理变异 ……………………………………………………………………… (107)
    5.3.1　地理变异一般概念 ………………………………………………………… (107)

  5.3.2 地理变异研究历史 ………………………………………………………… (107)
  5.3.3 地理变异规律 ……………………………………………………………… (109)
 5.4 种源试验 ……………………………………………………………………………… (112)
  5.4.1 种源试验的意义 …………………………………………………………… (112)
  5.4.2 种源试验方法 ……………………………………………………………… (115)
 5.5 种子区划 ……………………………………………………………………………… (118)
  5.5.1 种子区划系统 ……………………………………………………………… (118)
  5.5.2 种子区划依据 ……………………………………………………………… (118)
  5.5.3 造林用种原则 ……………………………………………………………… (119)

第6章 数量性状遗传与林木选择育种方法 …………………………………………… (121)
 6.1 数量性状及其遗传特征 ……………………………………………………………… (121)
  6.1.1 数量性状的概念与特征 …………………………………………………… (122)
  6.1.2 数量性状的微效多基因假说 ……………………………………………… (122)
  6.1.3 数量性状与质量性状的关系 ……………………………………………… (123)
 6.2 数量性状遗传的统计方法和数学模型 ……………………………………………… (124)
  6.2.1 基本统计方法 ……………………………………………………………… (124)
  6.2.2 数量性状表现型值和基因型值的分解 …………………………………… (126)
 6.3 遗传参数及其估算和应用 …………………………………………………………… (127)
  6.3.1 遗传力 ……………………………………………………………………… (127)
  6.3.2 重复力 ……………………………………………………………………… (129)
  6.3.3 配合力 ……………………………………………………………………… (130)
  6.3.4 育种值 ……………………………………………………………………… (132)
  6.3.5 遗传增益 …………………………………………………………………… (133)
  6.3.6 遗传相关和表型相关 ……………………………………………………… (135)
  6.3.7 基因型与环境互作效应 …………………………………………………… (136)
 6.4 林木选择育种基本方法 ……………………………………………………………… (136)
  6.4.1 提高选择效果的主要途径 ………………………………………………… (136)
  6.4.2 人工选择和选择类型 ……………………………………………………… (137)
  6.4.3 选择方式 …………………………………………………………………… (138)
 6.5 优树选择 ……………………………………………………………………………… (142)
  6.5.1 选优林分条件 ……………………………………………………………… (142)
  6.5.2 优树评定方法 ……………………………………………………………… (143)

第7章 有性繁殖与杂交育种 ……………………………………………………………… (148)
 7.1 植物不育性 …………………………………………………………………………… (149)
  7.1.1 雄性不育 …………………………………………………………………… (149)
  7.1.2 雌性不育 …………………………………………………………………… (151)
 7.2 近亲繁殖 ……………………………………………………………………………… (153)
  7.2.1 杂交与近交的概念 ………………………………………………………… (153)

  7.2.2 近交系数的计算 …………………………………………………… (154)
  7.2.3 近交的遗传效应 …………………………………………………… (155)
 7.3 杂种优势 ……………………………………………………………………… (156)
  7.3.1 杂种优势及其遗传学解释 ………………………………………… (156)
  7.3.2 杂种优势度量方法 ………………………………………………… (158)
 7.4 天然杂种与人工杂种 ………………………………………………………… (158)
  7.4.1 天然杂种 …………………………………………………………… (158)
  7.4.2 人工杂种 …………………………………………………………… (160)
 7.5 杂交方式与亲本选择 ………………………………………………………… (162)
  7.5.1 杂交方式 …………………………………………………………… (162)
  7.5.2 杂交亲本的选择和选配 …………………………………………… (163)
 7.6 人工杂交技术 ………………………………………………………………… (165)
  7.6.1 开花生物学 ………………………………………………………… (165)
  7.6.2 花粉技术 …………………………………………………………… (165)
 7.7 杂交方法 ……………………………………………………………………… (167)
  7.7.1 树上杂交 …………………………………………………………… (167)
  7.7.2 切枝杂交 …………………………………………………………… (168)
  7.7.3 克服远缘杂交不亲和性的方法 …………………………………… (168)
 7.8 杂种的测定、选择和推广 …………………………………………………… (170)
  7.8.1 杂种苗的培育 ……………………………………………………… (170)
  7.8.2 杂种的测定和选择 ………………………………………………… (170)
  7.8.3 杂交品种的繁殖、推广和命名 …………………………………… (171)

第8章 无性繁殖与无性系选育 ……………………………………………………… (175)
 8.1 传统无性繁殖技术 …………………………………………………………… (176)
  8.1.1 扦插繁殖 …………………………………………………………… (177)
  8.1.2 嫁接繁殖 …………………………………………………………… (178)
 8.2 组织培养技术 ………………………………………………………………… (180)
  8.2.1 培养基的配制及无菌培养体系的建立 …………………………… (180)
  8.2.2 外植体的分化、芽的增殖和继代培养 …………………………… (181)
  8.2.3 植株获得与试管苗炼苗和出瓶移栽 ……………………………… (182)
 8.3 体细胞胚胎发生和人工种子 ………………………………………………… (183)
  8.3.1 体细胞胚胎发生 …………………………………………………… (183)
  8.3.2 人工种子 …………………………………………………………… (184)
 8.4 采穗圃营建与管理 …………………………………………………………… (185)
  8.4.1 采穗圃营建与管理的基本原则 …………………………………… (186)
  8.4.2 采穗圃营建与管理实例 …………………………………………… (186)
 8.5 无性繁殖材料退化与复壮 …………………………………………………… (189)
  8.5.1 无性繁殖材料退化原因 …………………………………………… (189)

   8.5.2 无性繁殖材料复壮及其方法 (190)
   8.5.3 苗木脱病毒技术 (192)
  8.6 林木无性系选育及其应用 (195)
   8.6.1 无性系选育基本程序 (195)
   8.6.2 无性系造林的问题及对策 (196)

第9章 遗传测定 (199)
  9.1 环境设计与试验观测 (200)
   9.1.1 提高试验精确性的主要措施 (200)
   9.1.2 试验地选择 (200)
   9.1.3 常用试验设计 (201)
   9.1.4 区组和小区的设计 (201)
   9.1.5 测定林建立 (202)
   9.1.6 试验观测 (203)
  9.2 交配设计 (203)
   9.2.1 不完全谱系设计 (204)
   9.2.2 完全谱系设计 (204)
  9.3 试验数据处理 (209)
  9.4 遗传参数估算 (210)
   9.4.1 无性系测定 (210)
   9.4.2 子代测定 (211)
  9.5 育种值的最佳线性无偏预测 (223)
  9.6 基因型稳定性的评价 (226)

第10章 种子园 (233)
  10.1 种子园种类 (234)
   10.1.1 无性系种子园与实生苗种子园 (234)
   10.1.2 初级种子园与高世代种子园 (235)
   10.1.3 其他形式的种子园 (236)
  10.2 种子园总体规划和经营区划分 (236)
   10.2.1 种子园规模 (237)
   10.2.2 园址选择 (237)
   10.2.3 种子园区划 (238)
   10.2.4 优树收集区 (238)
   10.2.5 建园亲本数目 (239)
  10.3 种子园建立技术 (239)
   10.3.1 苗木准备 (239)
   10.3.2 无性系配置 (239)
   10.3.3 栽植密度 (241)
  10.4 生殖生物学 (241)

  10.4.1 花芽分化与胚胎发育进程 …………………………………………………… (242)
  10.4.2 开花物候与配子贡献 ……………………………………………………… (243)
  10.4.3 花粉空间分布 ……………………………………………………………… (244)
  10.4.4 球果与种子败育 …………………………………………………………… (246)
 10.5 种子园经营管理 ………………………………………………………………… (248)
  10.5.1 密度管理 …………………………………………………………………… (248)
  10.5.2 辅助授粉 …………………………………………………………………… (249)
  10.5.3 土壤水肥管理 ……………………………………………………………… (251)
  10.5.4 有害生物管理 ……………………………………………………………… (253)
  10.5.5 树体管理 …………………………………………………………………… (253)
  10.5.6 其他措施 …………………………………………………………………… (254)

第11章 林木抗逆性及其选育 ………………………………………………………… (256)
 11.1 树木对胁迫的反应及其抗逆性机制 …………………………………………… (256)
  11.1.1 非生物胁迫 ………………………………………………………………… (256)
  11.1.2 生物胁迫 …………………………………………………………………… (261)
 11.2 抗逆性测定方法 ………………………………………………………………… (263)
  11.2.1 抗非生物胁迫能力的测定 ………………………………………………… (263)
  11.2.2 抗病性测定 ………………………………………………………………… (264)
  11.2.3 抗虫性测定 ………………………………………………………………… (264)
 11.3 林木抗逆育种途径 ……………………………………………………………… (265)
  11.3.1 选择育种 …………………………………………………………………… (265)
  11.3.2 杂交育种 …………………………………………………………………… (268)
  11.3.3 耐盐突变体的筛选 ………………………………………………………… (269)
 11.4 展望 ……………………………………………………………………………… (270)

第12章 木材品质及其遗传改良 ……………………………………………………… (272)
 12.1 木材品质改良的木材学基础 …………………………………………………… (272)
  12.1.1 木材的构造 ………………………………………………………………… (272)
  12.1.2 力学性质 …………………………………………………………………… (275)
  12.1.3 主要生长缺陷 ……………………………………………………………… (275)
 12.2 主要改良性状及其测定方法 …………………………………………………… (276)
  12.2.1 木材密度 …………………………………………………………………… (276)
  12.2.2 其他性状的测定方法 ……………………………………………………… (278)
 12.3 主要木材性状的遗传变异与控制 ……………………………………………… (279)
  12.3.1 木材性状遗传与变异 ……………………………………………………… (279)
  12.3.2 性状相关与年龄相关 ……………………………………………………… (282)
  12.3.3 生物技术对木材品质改良的研究 ………………………………………… (284)
  12.3.4 育林措施对木材性状的影响 ……………………………………………… (285)

第13章 分子生物技术在林木育种中的应用 ……………………………………………… (288)

13.1 分子标记及其应用 (288)
13.1.1 分子标记技术 (289)
13.1.2 分子标记在林木遗传育种中的应用 (294)
13.2 DNA重组技术 (297)
13.2.1 植物DNA重组技术基本步骤 (298)
13.2.2 DNA重组技术在林木育种中的应用 (304)
13.3 基因编辑技术 (309)
13.3.1 基因编辑技术的发展 (310)
13.3.2 基因编辑在林木育种中的应用 (314)

第14章 林木育种策略与高世代育种 (316)
14.1 制定策略的原则和内容 (316)
14.2 高世代育种的基本原理 (319)
14.2.1 林木育种主要环节及其关联 (319)
14.2.2 轮回选择 (320)
14.2.3 育种循环 (322)
14.3 育种群体规模、结构和管理 (323)
14.3.1 育种群体的规模 (323)
14.3.2 高世代育种群体的组成 (325)
14.3.3 遗传多样性和近交的管理 (326)
14.3.4 高世代育种交配设计 (328)
14.3.5 高世代育种群体评选方法 (329)
14.4 加速育种世代技术 (329)
14.4.1 早期选择 (329)
14.4.2 提早开花结实 (332)
14.5 不同树种育种特点和育种策略实例 (332)
14.5.1 树种繁殖特点与选育方式 (332)
14.5.2 国外育种策略实例 (333)

参考文献 (340)

附录 (355)
附录1 英汉名词对照 (355)
附录2 主要树种学名中文名对照 (370)

第1章 绪 论

知识导图

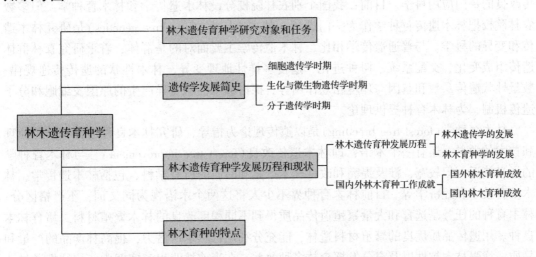

森林是人类生存必不可少的条件,是经济和社会可持续发展的重要基础。我国是一个缺林少绿、生态脆弱的国家。根据第九次全国森林资源清查结果(2019),目前我国森林覆盖率为22.96%,远低于全球31%的平均水平,人均森林面积仅为世界人均水平的1/4,人均森林蓄积量只有世界人均水平的1/7。在现代林业建设中,提高林地生产力的常见方法主要有适地适树、良种壮苗及科学合理的经营措施,而在这三种方法中,良种壮苗是最基础的。林木良种作为林业生产最基本、最核心的生产资料,是林业发展的基础。正因如此,林木遗传育种成为林学学科中最为活跃的研究领域之一,林木遗传育种学也一直作为我国本科林学专业的核心课程。

1.1 林木遗传育种学研究对象和任务

生物界普遍存在两个现象:一个是遗传,一个是变异。在上下代传递中,子代与亲代的特征相似的现象称之为**遗传**(heredity),即所谓的"种瓜得瓜,种豆得豆"现象;而子代与亲代间以及子代个体间存在差异的现象叫做**变异**(variation),即所谓的"一母生九子,九子各有别"现象。正是由于遗传的特性,才使得生物的性状在物种内得以保持,使生物物种有其相对稳定性;而变异的存在加上自然选择或人工选择,才有了新物种或新品种的出现。遗传学是研究生物的遗传和变异的一门科学。

遗传学从分子、细胞、个体和群体水平，研究生物性状形成和传递的遗传基础、性状变异的来源，以及在自然选择和人工选择下的变化规律。研究内容一般包括核酸的结构、染色体的结构、遗传信息由DNA到RNA到蛋白质的传递、基因（gene）的表达和调控；性状传递的分离与组合定律、连锁互换以及性状的伴性遗传、从性遗传、限性遗传和非孟德尔遗传等遗传方式；群体水平的遗传特征和数量性状的遗传基础、进化遗传等。另外，基因组结构和功能的分析以及表观遗传学等成为当代遗传学研究的热点之一。

林木遗传育种学是以遗传学为理论指导，研究林木性状遗传与变异的规律，并利用林学、生态学、数学、化学和经济学等多学科的理论和技术，按照育种目标，对树种进行遗传改良的一门应用科学。目前，我国个别农林院校分设林木遗传学和林木育种学，但多数农林院校把林木遗传育种学作为一门课程。林木遗传学（forest tree genetics）是研究林木遗传和变异的科学。与普通遗传学相比，林木遗传学主要面对的是群体，着重研究森林群体遗传组成变化、交配系统、树种进化、遗传多样性地理变异、林木性状的遗传传递规律、数量性状遗传参数和基因与环境相互作用等，探讨林木性状变异产生的原因及细胞和分子遗传机制，为林木育种提供理论。

林木育种学（forest tree breeding）是以遗传理论为指导，研究林木良种选育和繁殖原理和技术的学科。还有一个术语，即林木遗传改良（forest tree improvement），与林木育种学的涵义接近，但较宽，涉及提高和改良林木产量和品质的所有学科，包括林木遗传学、林木培育技术和经济学等。目前林木育种界不少人将这两个术语视为同义词，不严格区分。林木育种的任务是选育和大量繁殖遗传品质得到不同程度改良的林木繁殖材料，培育林木良种。用遗传品质优良的繁殖材料造林，能充分利用自然生产潜力，提高林产品的产量和品质，增强林木抗性以及充分发挥森林多种效益。在当前林业生产实践中，往往把通过选育，性状有一定程度改良的繁殖材料统称为良种，具体包括品种、家系、无性系以及种子园、母树林、采种基地和种源区种子等。但这个意义上的良种，严格来说并不一定符合品种的条件。品种（variety）是指产品的数量和品质符合生产需要，能适应一定自然和栽培条件，特征和特性明显，性状遗传稳定，由人工选育出来的林木群体。

林木遗传育种学是一门理论与应用相结合的科学，它以遗传学理论为基础，同时与植物学、植物生理学、生物化学、分子生物学、细胞生物学、森林生态学、造林学、数理统计学等学科内容有密切的联系。当代科学发展的趋势是各学科相互渗透，相互依赖。一个学科的发展，没有其他学科的配合是不可能的。因此，要学好林木遗传育种学，必须具备坚实的现代生物学和数理统计学等学科基础知识，也需熟练地掌握林学理论与技术。

1.2 遗传学发展简史

人们一般把1900年作为遗传学的奠基年，因为在这一年，荷兰的弗里斯（Vries）、德国的柯伦斯（Correns）和奥地利的切尔马克（Tschermak）3位植物学家分别用月见草、玉米和豌豆等植物作为实验材料，通过杂交实验，验证了孟德尔（Mendel）于1866年提出的分离定律和自由组合定律。现代遗传学的建立和发展，大致经历了三个时期，即细胞遗传学时期、生化和微生物遗传学时期和分子遗传学时期。

(1) 细胞遗传学时期

20 世纪初，一些细胞学家和胚胎学家就是利用光学显微镜和解剖镜等，在研究受精、减数分裂等过程时，发现了孟德尔的遗传因子的行为同染色体的行为间的平行现象，提出了染色体是遗传因子的载体的假说。1903 年，美国科学家萨顿(Sutton)根据染色体和孟德尔假设的遗传因子的动态平行关系，提出了遗传因子位于染色体上的假说。1909 年，丹麦遗传学家约翰逊(Johannsen)首创了"基因"(gene)这个术语来表述孟德尔的遗传因子。1910 年前后，摩尔根(Morgan)以果蝇为材料进行了大量的遗传实验，揭示了生物性状的连锁交换规律。1913 年，摩尔根的学生斯特蒂文特(Sturtevant)绘制出了果蝇 X 染色体图。1927 年，穆勒(Muller)和斯特德勒(Stadler)几乎同时采用 X 射线，分别成功地诱导了果蝇和玉米突变。1937 年，布莱克斯里(Blakeslee)等利用秋水仙素成功地诱导形成了植物多倍体，为探索遗传的变异开辟了新的途径。

(2) 生化和微生物遗传学时期

这一时期遗传学研究的突出成就是以细菌、真菌等微生物为材料，研究基因的生化功能，建立基因与性状表达之间的通道，并深入探索基因的细微结构。1941 年，比德尔(Beadle)和他的老师泰特姆(Tatum)对粗糙脉孢菌(*Neurospora crassa*)的生化突变型进行研究后，明确提出了"一基因一酶"(one gene-one enzyme)的理论，后来修改为较为准确的概念："一基因一多肽"(one gene-one polypeptide)。1944 年，艾弗里(Avery)等通过肺炎链球菌的转化实验成功地发现了转化因子是 DNA(脱氧核糖核酸)，而不是蛋白质，之后，又通过大量的事实，证明了 DNA 是遗传物质。1952 年，赫尔希(Hershey)和蔡斯(Chase)利用放射性同位素标记大肠杆菌的 T2 噬菌体，进一步证实生物中上一代传递给下一代的物质是 DNA。1953—1959 年，本泽尔(Benzer)通过噬菌体的互补实验，提出"顺反子""突变子"和"交换子"的概念，否定了基因不可分割的观点，并且绘制了 T4 噬菌体 rⅡ区的精细结构图。

(3) 分子遗传学时期

沃森(Watson)和克里克(Crick)于 1953 年 4 月 25 日在《自然》杂志上发表了"核酸的分子结构—脱氧核糖核酸的结构"论文，阐述了 DNA 分子的双螺旋结构模型。这一理论为遗传物质的分子基础、自我复制、稳定遗传、性状变异、遗传信息的储存和传递提供了合理解释，为遗传学研究从细胞水平转向分子水平奠定了基础。可以说，这是继摩尔根连锁交换理论后遗传学发展史上的第二个里程碑。1958 年，沃森和克里克又揭示了遗传信息的流向，即"中心法则"。1961 年，法国遗传学家莫诺德(Monod)和雅科布(Jacob)经过 15 年对大肠杆菌代谢的研究，提出操纵子模型解释基因的表达和作用调控。20 世纪 70 年代初，遗传学研究开始人工合成、分离基因，建立基因工程研究领域。科拉纳(Khoman)等于 1976 年首次合成具有生物活性的大肠杆菌路氨酸 RNA 前体基因，加上启动子和终止子共 206 个核苷酸。1971 年，伯格(Beg)和杰克逊(Jackson)、西蒙斯(Symons)在生物体外将两种不同生物的 DNA 分子间连接在一起，实现了体外 DNA 分子重组，开创了基因工程研究的先河。1976 年，科拉纳(Khoman)等首次合成具有生物活性的大肠杆菌路氨酸 RNA 前体基因，加上启动子和终止子共 206 个核苷酸。20 世纪 90 年代初美国率先开始实施的"人类基因组计划"(human genome project，HGP)，旨在 15 年时间内测定人类基因组全部 30 亿个核苷酸对的排列次序；与此同时，还将测定大肠杆菌、酵母、线虫、果蝇、斑马鱼、小鼠等模式生物的基因组全序列。提前两年，于2003年4月14日全部完成了HGP。

自1900年遗传学诞生开始，在这仅仅100余年中，遗传学从孟德尔、摩尔根时代的个体水平、染色体水平，已发展到分子水平，并形成了十余个分支学科。例如，根据生命组成水平的不同，可以分为细胞遗传学、分子遗传学、群体遗传学、进化遗传学等；根据生命现象的不同，又可以分为发育遗传学、行为遗传学、免疫遗传学、肿瘤遗传学等；根据研究物种的不同，也可以分为人类遗传学、植物遗传学、动物遗传学、微生物遗传学等；还可以根据研究手段的不同来分，如辐射遗传学、毒理遗传学等。遗传学还促成了新的学科诞生，如基因组学、生物信息学等。特别是近半个世纪以来，遗传学的研究取得了前所未有的高速发展和辉煌成就，这与相关学科之间相互渗透、相互促进和广泛采用新技术、新仪器密切相关，特别是DNA和RNA操作和测序技术的快速发展促使遗传学研究的速度、深度和广度迅速改观，深入地揭示遗传物质的结构与功能，并在分子水平上，设计、改造和创造新的生命形态。

1.3 林木遗传育种学发展历程和现状

1.3.1 林木遗传育种发展历程

1.3.1.1 林木遗传学的发展

林木遗传学起步较晚，随着细胞遗传学、分子遗传学、生化遗传学、数量遗传学、群体遗传学等发展而发展，并在很大程度上借鉴了植物遗传学和动物遗传学等理论与技术。1908年，Hardy和Weinberg揭示了随机交配群体中等位基因频率和基因型频率两者之间的关系，奠定了群体遗传学基础。在20世纪的头20年，Nilson-Ehle和East提出了数量性状遗传的微效多基因假说。20世纪20年代和30年代，Ronald Fisher发展了随机区组实验设计及方差分析等统计学概念与方法。20世纪30年代，Fisher Haldane等开辟了数量遗传学领域并且引入了遗传率的概念，Lush出版了《动物育种计划》一书，其中包含的动物育种的一些理论和方法，在今天的动物、农作物和树木改良项目中仍在使用。Wright也在群体遗传学领域从事了多年研究，提出了通径系数、近交和动物育种策略的概念。遗传学，特别是动物遗传学的发展，促进了群体遗传学和数量遗传学在林木遗传育种中的应用。

20世纪60年代，等位酶的生化标记首次应用于群体遗传学研究。等位酶技术很快被森林遗传学家所借鉴，并开展了大量旨在描述林木天然群体和人工群体遗传多样性模式的工作。通过这些研究，人们对树种间和树种内遗传变异的分布，以及导致林木遗传多样性及其进化动力有了更多的认识。

20世纪80年代末开始，限制性片段长度多态性(restriction fragment length polymorphism, RFLP)遗传标记被应用于细胞器基因组的遗传学研究、遗传图谱构建及遗传多样性度量。Neale等(1986)利用RFIP标记得出针叶树的叶绿体基因组是通过父本遗传的。后来又发现北美红杉(*Sequoia sempervirens*)的线粒体基因组也是通过父本遗传的。这些全新的细胞器遗传模式为利用母系和父系的遗传标记数据研究针叶树的遗传多样性和生物地理学提供了独特的机会。在这一时期，还开发出了许多核基因组遗传标记，并被用于构建林木遗传图谱。目前已在几十个树种上构建了遗传图谱，主要集中在几类重要的经济树种，其中针叶树种主要有松属（*Pinus*）、云杉属（*Picea*）、落叶松属（*Larix*）等树种，阔叶树种主要集中在杨属（*Populus*）和桉属（*Eucalyptus*）等树种。

1987 年报道了第一个转基因林木（Fillatti *et al.*，1987）。这一时期的另一项重要突破是首次成功实现了针叶树体细胞胚胎发生（Haknan and von Arnold，1985）。1992 年国外首次报道了白云杉分子标记连锁图谱，现在已在杨树、松树、桉树等 20 多个树种中构建了遗传连锁图谱，杨树、梅花（*Armeniaca mume*）、辣木（*Moringa oleifera*）等树种的基因组测序工作已经完成，杨树等树种也开展了基因遗传转化的研究与实践。

1.3.1.2 林木育种学的发展

林木育种的实践活动由来已久，其中引种可追溯到 2000 年前。对林木种内遗传变异的早期研究也可查考到 400 年前。但是，系统的、严格的研究始于 19 世纪。在 19 世纪，英国博物学家达尔文在《物种起源》中提出的以自然选择为基础的进化论学说，阐明了物种的可变性和生物的适应性。他的学说对林学界产生过重要影响。美国植物育种学家 Burbank（1849—1926）、苏联植物育种学家米丘林（1855—1935）的工作对果树育种的发展都起过积极作用。大规模的引种工作是从 19 世纪 50 年代由澳大利亚、新西兰等南半球国家引种松树开始的。早在 1749 年瑞典皇家海军部就报道了不同产地橡树的栽培实验，看到种子产地的经纬度与子代发育有关。1821 年，法国 deVilmorin 在巴黎附近首次营建了欧洲赤松种源实验。到 1892 年国际林联（IUFRO）第一次会议讨论制定了主要造林树种的国际种源实验计划，1908 年布置了欧洲赤松和欧洲云杉的国际种源实验。第二次世界大战后，落叶松、云杉、松、橡（*Quercus*）等开展种源试验，证实了种内存在明显的差异。种源试验虽由来已久，但迄今仍是树种改良的基本方法。这项工作对了解树木种内的地理变异规律，为各造林地区提供生产力高、适应性强的种源，为种子区划和进一步选育等都有重要意义。

杂交是 19 世纪植物育种工作的活跃领域，杂交育种体现为综合双亲优良性状和利用杂种优势等方面。德国植物学教授 Klotzchg 于 1845 年最早开展了欧洲赤松（*P. sylvestris*）和欧洲黑松（*P. nigra*）间的杂交。19 世纪末，爱尔兰 Henry 开始杨树杂交，到 20 世纪初，美国、意大利、德国也进行杨树杂交，其中意大利的成绩尤其显著，著名的欧美杨无性系 I-214 是在 20 世纪 20 年代育成的。30 年代掀起过杂交育种的高潮，在松、落叶松、板栗（*Castanea mollissima*）、榆树（*Ulmus*）等树种中做过大量实验，但取得成效最大的仍只限于杨属。我国叶培忠教授于 1945 年在甘肃天水做了杨树杂交实验。欧美杨（*P. ×euramerican*）、小黑杨（*Populus ×xiaohei*）等杨树种间杂种以及欧洲落叶松和日本落叶松（*Larix kaempferi*）、刚松（*P. rigida*）和火炬松（*P. taeda*）等杂种都有较大生产规模。在培育抗病品种中，杂交育种是一个重要途径。

瑞典 Nilson-Ehle 于 1936 年发现了三倍体山杨（*P. daridiana*）无性系，秋水仙碱的发现和利用曾掀起过多倍体育种的热潮，可惜当时没有取得实效。然而，朱之悌院士主持的毛白杨（*P. tomentosa*）三倍体育种取得的成就重新开启了这一选育途径。

19 世纪末 20 世纪初，国外不少林学家注意到了林分内单株间变异，但直到 20 世纪 30 年代，丹麦林学家 Larsen 才把选择出来的落叶松、欧洲白蜡（*Fraxinus excelsior*）等优树通过嫁接生产种子。随后，瑞典等完善了这种繁殖方式发展成为种子园技术，到20世纪50年代后逐步为世界各国采用。种子园是生产遗传品质优良种子的主要方式，其本身又是良种选育体系中的重要组成环节。20世纪50年代后，选优—种子园在少数国家已有较大进展。据不完全统计，现在5大洲约50个国家建立了种子园，建园树种约有90个，多为针叶树种。美国、瑞典、芬兰、日本等国主要树种的造林用种已全部或大部分由种子园提供。

杨树、柳树（*Salirx*）等阔叶树种以及日本柳杉（*Cryptomeria japonica*）的无性繁殖都已有几百年的历史。但无性系选育和繁殖到20世纪70年代才得到林业界的重视。除杨树、柳树、桉树等阔叶树种外，20世纪80年代以来，无性繁殖在辐射松（*Pinus radiata*）、柳杉（*C. japonica* var. *sinensis*）、欧洲云杉，包括马尾松在内的针叶树种中也取得了实质性的进展，达到了规模化扦插苗造林的要求。

遗传资源是持续开展林木育种的物质基础，各国在选育工作中都高度重视遗传资源。联合国粮食及农业组织（FAO）于1963年成立植物资源考察专家小组，组织并制定种质资源收集、保存和交换条例。1968年成立森林遗传资源专家小组，1995年工作范围扩大，包括了农业生物多样性内容，森林遗传资源有一个专家技术咨询组。

第二次世界大战后，为满足木材的需求，人工造林受到重视，由此生产推动了遗传育种学科的发展。于1963、1967和1977年分别在瑞典斯德哥尔摩、美国华盛顿和澳大利亚堪培拉召开的第一、二、三届世界林木遗传育种讨论会及一些专题研讨会，总结、推广了已经积累的经验，对林木遗传育种在世界的普及和发展产生了深远的影响。据不完全统计，到20世纪末全球已有约100个国家和地区开展了林木育种工作。

1.3.2 国内外林木育种工作成就

从世界范围来看，20世纪50年代以前，林木育种尚处于酝酿准备阶段。50年代，由于木材消费急剧增加和林地面积渐趋缩小等原因，提高单位林地面积的木材产量以及在非林业用地上造林等问题提到了议事日程，林木育种因此得到了迅速发展。现代生物技术是20世纪70年代初发展起来的，受到了世界各国的普遍关注，分子生物学技术在林木遗传育种的应用主要包括分子标记及其辅助育种、转基因和基因编辑等方面。

1.3.2.1 国外林木育种成效

美国东南部是世界上林木育种成效显著的地区之一。该地区火炬松、湿地松（*P. elliottii*）的遗传改良工作始于50年代。由大学、森工企业、科研和行政部门等数十个单位参加，建立了北卡罗来纳、西海湾和佛罗里达3个协作组。主要采用选优—遗传测定—营建种子园技术，截至1991年年底，共营建种子园约4000 hm^2，每年提供苗木13亿株，造林75×10^4 hm^{2}以上。协作组着重开展多世代育种、制定育种策略，缩短育种周期等研究，遗传改良工作已由初级种子园、去劣疏伐和1.5代种子园，发展到第二代（轮）和第三代种子园，个别单位已开展第四代选择，近年大量推广控制授粉种子。该地区已全部用改良的火炬松种苗造林，平均增益为10%~30%。北卡罗来纳协作组在50年中累计投资9500万美元，用改良材料造林690×10^4 hm^2，由木材产量和品质提高增益20亿美元，投入与产出比为1∶21，获得了丰厚的经济效益。近20多年来各国着重研究多世代育种、多种育种措施的综合利用等策略。梭锈病是南方松的严重病害,每年因病害造成的损失高达4900万美元。1983年该地区启动抗病育种工作,到1993年抗病品种已大量投入生产,已证明抗病育种是有效的。西海湾协作组在梭锈病危害程度不同地区,用第一代种子园种子营建的20年生林分,材积的实际增益为7.6%~12.9%;去劣疏伐种子园为12.8%~17.9%;1.5代种子园为17.1%~22.5%。

瑞典是最早开展林木育种的国家之一,有1/2以上的国土用于林业。欧洲赤松和欧洲云杉是主要造林树种,约有2/3采伐迹地栽植更新,其中松树造林苗木基本由种子园供应,云杉的良种产量也在增加。初级种子园种子能增加木材产量10%~15%,用测定亲本建立的第三批种子园增益约为25%左右。瑞典用选育的柳树无性系营建短轮伐期林,2~4年采伐,每公顷年产干材12~15 t,干物质总产量30 t以上。

芬兰将全国划分为11个育种区,全国共有种子园253个,面积3383 hm^2,欧洲赤松和欧洲云杉初级种子园遗传增益约为10%,桦木为20%,欧洲云杉V383无性系,20年生时木材生产高达380 m^3/hm^2。

新西兰于19世纪从美国引进了辐射松,人工林面积逐渐扩大,到21世纪初已达180×10^4 hm^2,占该国土面积的7%,其中辐射松林为160×10^4 hm^2,占人工林的89%。经过50多年的努力,辐射松良种选育已由初级无性系种子园转向用优良亲本的控制授粉种子,配合营建采穗圃,用扦插苗造林,年产木材2100×10^4 m^3。新西兰在过去50年的林业研究项目中,以遗传育种取得的成绩最为显著,投入与产出比为1:46。新西兰用改良繁殖材料营建的辐射松林已达50×10^4 hm^2,占该国人工林总面积的一半。到80年代,已由初级无性系种子园转向用优良亲本控制授粉制种,由控制授粉种子育苗造林,或建采穗圃,培育优良家系的扦插苗造林。

澳大利亚在20世纪50年代从北半球引进上百种针叶树,经长期实验,证明只有辐射松、湿地松和火炬松等少数树种适于营建用材林。在澳大利亚辐射松林占针叶树人工林面积的90%以上。他们对筛选出来的外来树种开展种内选育。辐射松人工林普遍生长良好,在澳大利亚45年生辐射松林的优势木树高可达40 m,平均胸径为60 cm,材积高达653 m^3/hm^2。澳大利亚人工林仅占总林地的2%,却提供了一半以上的工业用材。在松树杂交育种中也取得了明显的进展。

加拿大不列颠哥伦比亚省是该国林业最发达的省份,育种始于20世纪50年代初,经几十年研究,到90年代已制订了主要树种造林种子的调运方案,立法实施,保证了合理用种,明显促进了林业生产。

巴西在巨桉(*Eucalyptus grandis*)和杂种桉无性系造林工作中取得了显著成就。用优良无性系营造的7年生林分与一般实生苗比较,木材生长量由33 $m^3/(hm^2·a)$提高到70 $m^3/(hm^2·a)$,增加了112%;木材生物量由7.85 $t/(hm^2·a)$提高到18.47 $t/(hm^2·a)$,增加了135%;木材密度由460 kg/m^3提高到575 kg/m^3,增加了115 kg/m^3。巴西南部圣卡塔林纳州Rigesa纤维造纸公司与美国Westveco公司合作,借助于引进先进技术和优良繁殖材料,建立了湿地松和火炬松种子园,良种造林达2.4×10^4 hm^2,同时采取集约经营,人工林的年生长量高达51 m^3/hm^2。

南非在第二次世界大战后,依靠占国土1%的人工林由木材进口国一跃成为木材出口国。林业建设的成就与采用良种密切相关。现在每年栽植5千多万株松树苗都由种子园提供，材积和材质的平均增益为20%，已建立第三代种子园。

可见，不少国家和地区，通过采用良种和集约经营措施，增加了木材产量，促进了本国木材工业的发展，不仅解决了自己的木材需求，有的还变成了木材出口国，取得了显著成效。林木育种已成为实现高效、优质林业的根本措施之一。

1.3.2.2 我国林木育种成就

我国林木良种选育起步于20世纪50年代，与多数林业发达国家基本同步，开端良好。但1966—1976年基本处于停顿阶段。1978年林业部制定《全国林木种子发展规划》，强调建设林木种子生产基地，1979年部省联营林木良种基地列入国家建设项目。特别是开展"六五""七五"林木良种选育国家科技攻关，建立了科研与生产密切结合的平台，广大科技人员积极参与，林木育种工作全面铺开。筛选并推广了桉树、相思、湿地松、火炬松、加勒比松(*Pinus caribaea*)、木麻黄(*Casuarina equisetifolia*)、刺槐(*Robinia pseudoacacia*)等几十种外来树种；开展了马尾松(*P. massoniana*)、杉木、油松(*P. tabuliformis*)、红松(*P. koraiensis*)、樟子松(*P. sylvestris*)、落叶松(*Larix gmelinii*)、长白落叶松(*L. olgensis*)、白榆(*Ulmus pumila*)、侧柏(*Platycladus orientalis*)等树种的种源试验，研究地理变异，选择优良种源，并于1988年对油松、杉木、马尾松、落叶松、侧柏等13个树种作了种子区划。开展优树选择—种子园—子代测定工作，调查、收集13个针叶树种优树1.1万株以上，建立种子园逾9000 hm^2，初步建成全国林木良种基地网；杂交和无性系选育等方面也都有进展。出版专著约30部，为我国林木遗传育种的发展奠定了比较扎实的理论和物质基础，缩短了与世界林业发达国家的差距，中国林木遗传育种走向了世界。

为加强我国林木良种基地建设，2009年国家实施林木良种基地分类经营，建立国家级林木良种基地，实施基地贴补政策。近年分3批共建立了国家级林木良种基地294处，建立种质资源库99处。

福建、广东和广西等南方各地在杉木、松树、桉树上取得成绩较大，福建主要树种造林基本实现了良种化，技术上也有进步。例如，种子园树体矮化，结实层下降，方便经营，生产也安全；针叶树种插条繁殖曾认为难度大，近年多种松树通过采穗圃插条达到了实用目的。全国其他省(自治区)基地收集并对部分育种资源做了遗传测定，繁殖和良种推广。

1997年，我国首次发表用RAPD标记构建马尾松的连锁图谱，随后，利用RAPD、AFLP、SSR、ISSR等标记对杨树、杉木、桉树等树种构建了连锁图谱，并探讨了性别分化、木材密度和数量性状的基因定位。在基因工程方面，20世纪末已成功地进行了杨树、松树和桉树等树种的遗传转化，掌握了遗传转化技术，并成功地将Bt基因导入欧洲黑杨、欧美杨和美洲黑杨，获得对舞毒蛾有毒杀作用的杨树转化再生植株。

1.4 林木育种的特点

林业和农业一样，促使优质丰产的措施不外两个方面：一是改善栽培条件，如选择适宜的造林地、整地、抚育、疏伐、病虫害防治等；二是改良树种本身，即为特定的造林地选育良种。在整个生活周期中，良种只需使用一次，即可达到增产或提高抗逆能力的目的。从这个意义上说，良种选育较其他栽培措施更为经济和有效。然而，有了良种并不等于就能达到优质丰产的目的。实践表明，良种和营林措施结合起来，才能达到理想效果。

人们往往过高地强调了林木育种的困难。其实，林木育种既有它困难的一面，也有它有利的一面。从树木的生物学特性和林业经营条件考虑，林木育种有如下特点：

一是，多数树种达到性成熟和经济成熟需要几年，乃至数十年，世代长，育种周期也长。另外，树体大，占地多。这些特点对开展遗传测定（包括子代测定和无性系测定）和多世代育种等造成了一定困难。但是，现有经验表明，优树选择总体上是有效的，因此，只要遵守繁殖材料原产地和造林推广地区的生态条件相似的原则，在对选择优树作出最终遗传评定之前可以逐步繁殖推广，使选种工作尽早在生产中发挥作用。

二是，由于树木属多年生植物，持续开花结实周期长，选育材料可供繁殖利用的时间也长，因而有可能根据子代性状的表现进行再选择，开展后向选择(backward selection)，提高选择效果。这是在一年生作物中无法实行的。

三是，多数树种分布地区广，开发利用水平不一，选育历史都比较短，自然界尚存在着大量未被发现和利用的优良基因型，选种和引种的潜力大，见效快。

四是，不少树种既可种子繁殖又能无性繁殖，有性与无性选育相结合，是有效的林木育种方式。

五是，主要造林树种都属异花授粉植物，自花授粉或近亲繁殖会引起衰退，要采用异花授粉植物育种方式。

在多数情况下，选育和繁殖遗传基础广泛的林木品种，或使用混合品种是适宜的。如果能够充分利用树木有利的一面，把树木短期选育工作与长期改良结合起来，对一些树种，特别是生活周期短，生长快，或育种工作有基础的树种，在几年或十几年内可以取得较好改良效果。

林木育种要取得辉煌业绩，必须遵循林木育种的特点，从长计议。以澳大利亚和新西兰经营辐射松人工林为例，澳大利亚悉尼植物园早在1857年引进了200多个针叶树种，通过对引进树种的筛选，最终挑选出了辐射松等极少数有希望的松树，又经过种源试验、优树选择和遗传测定，不断探索和完善有性和无性繁育技术，以及选择适合的造林地和栽培措施等技术环节，经几代人上百年的持续努力，才得以实现今天辐射松大面积造林取得的好成绩。树木生长发育特性决定了林木育种从开始投入到产出，要经历比较长的过程，这就要求工作目标要明确，要有预见性，后续工作必须在前期繁殖材料和数据积累基础上开展。此外，由于各地自然条件不同，林木良种的应用和推广都受到不同地域生态条件等的限制。因此，长期性、继承性、地域性、超前性、持续性是林木育种工作的特点。只有遵循这些特点，采取稳定、持续的技术政策，珍惜自己做过的工作，并充分利用取得的材料和数据，林木育种才能在生产中发挥作用。否则，辛辛苦苦取得的成绩只能付诸东流，无益于林木育种和林业建设。

提要和小结

遗传学是研究生物遗传和变异的一门科学。林木遗传育种学是以遗传学为理论指导，根据林木的特性及其遗传变异的规律，研究如何有效地控制和利用遗传和变异，对树种进行遗传改良的一门应用科学。

林木良种是指在一定的区域内，其产量、适应性、抗性等方面明显优于当前主栽材料的繁殖材料和种植材料，具体包括品种、家系、无性系以及种子园、母树林、采种基地和种源区种子等。提高林分的产量和质量，仅有优良品种还不够，还需要与之相配套的森林培育措施。林木遗传育种学与植物学、植物生理学、生物化学、分子生物学、细胞生物学、森林生态学、森林培育学、数理统计学等学科内容有密切的联系。

自1900年遗传学诞生开始，100余年中，大致经历了三个时期，即细胞遗传学时期、生化和微生物遗传学时期和分子遗传学时期。从孟德尔、摩尔根时代的个体水平、染色体水平，已发展到分子水平，并形成了十余个分支学科。

林木遗传学起步较晚，随着细胞遗传学、分子遗传学、生化遗传学、数量遗传学、群体遗传学等发展而发展。早在18世纪，欧洲的科学家就认识到种源变异的重要性，培育了一批林木种间杂种，并且总结出一些树种的营养繁殖方法。大规模的树木改良项目始于20世纪50年代，超过14个国家启动了树木遗传改良项目。现代生物技术是20世纪70年代初发展起来的，受到了世界各国的普遍关注，分子生物学技术在林木遗传育种的应用主要包括分子标记及其辅助育种、基因工程和基因编辑等方面。

林业发达国家持续开展林木育种，特别在用材林的遗传改良方面取得了显著成绩，极大地促进了生产。近40年来，我国林业主管部门把林木良种工作放在优先发展地位，科研与生产密切配合，分布比较合理的林木良种基地建设已初具规模。为林业生产提供了大量的良种，在缓解我国木材供需矛盾方面发挥着积极作用。

与农作物相比，林木因树体、生长发育周期长等原因，育种的难度较大。但由于具有多年生、野生性、多数树种异花授粉和能无性繁殖等特点，育种方式多样，选择育种潜力大，一旦育出优良品种可长期使用。树木生长发育特性决定了林木育种从开始投入到产出，要经历比较长的过程，因此林木育种工作要有明确目标、预见性和周密部署，并持之以恒地开展下去。

复习思考题

1. 名词辨析

   林木遗传学　林木育种学　林木遗传改良　林木良种　品种

2. 简述遗传学发展历程。
3. 林木育种学研究的内容和任务是什么？
4. 为什么当前林业生产重视林木育种工作，它的意义和作用何在？
5. 与农作物育种相比，林木育种工作有什么特点？并考虑如何利用这些特点？

第2章 遗传信息传递和表达

知识导图

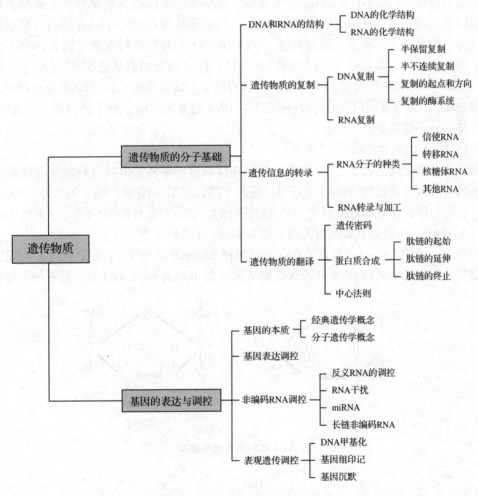

1910年，摩尔根(Morgan)根据果蝇杂交试验证实基因存在于染色体上。根据化学分析，真核生物的染色体由核酸、蛋白质和少量其他物质组成。核酸平均占33%左右，其中，脱氧核糖核酸(DNA)占27%，核糖核酸(RNA)占6%；蛋白质约占66%，由大致等量的组蛋白和非组蛋白组成。那么，染色体中究竟什么是遗传物质呢？由于蛋白质在生物体中的类型丰富多样，同时生物的许多性状表现都因蛋白质的特性和组成差异所致，因此在很长一段时间内，人们普遍认为蛋白质是生物的遗传物质。直到20世纪40年代，由于微

生物遗传学的发展、生化遗传学的深入研究，特别是 20 世纪 60 年代以来，分子遗传学的建立和快速发展积累了大量证据，才证明生物体内 DNA 是主要的遗传物质，而在缺乏 DNA 的某些病毒中，RNA 是遗传物质。

2.1 遗传物质的分子基础

2.1.1 DNA 和 RNA 的化学组成与结构

DNA 和 RNA 都是核酸(nucleic acid)，其中 DNA 为脱氧核糖核酸，RNA 为核糖核酸。它们都是由核苷酸(nucleotide)形成的多聚体。每个核苷酸包括三个部分：五碳糖、磷酸和含氮碱基。碱基包括双环结构的嘌呤(purine)和单环结构的嘧啶(pyrimidine)。两个核苷酸之间由 3′位和 5′位的磷酸二酯键相连。DNA 和 RNA 两种核酸的主要区别为：DNA 含的糖分子为脱氧核糖，而 RNA 含的是核糖(图 2-1)；DNA 所含的碱基是腺嘌呤(A)、鸟嘌呤(G)、胞嘧啶(C)和胸腺嘧啶(T)，而 RNA 含有的 4 个碱基其他 3 个与 DNA 完全相同，只有胸腺嘧啶(T)被尿嘧啶(U)所代替(图 2-2)；DNA 通常为双链，分子链较长，而 RNA 主要为单链，分子链较短。

2.1.1.1 DNA 的化学结构

两个核苷酸之间通过 3′,5′-磷酸二酯键连接形成多聚体。由脱氧核糖核苷酸形成的多聚核酸是脱氧核糖核酸(DNA)。它的一端为 5′端，而另一端为 3′端。无论是 DNA 还是 RNA，它们的聚合反应都是按照 5′→3′方向进行的。在所有物种的 DNA 中，A＝T、G＝C，所以，A+G＝C+T。这种互补配对关系，称为 Chargaff 法则。

1953 年，沃森(Watson)和克里克(Cick)根据 Chargaff 法则及 DNA 分子的 X 射线衍射研究结果，提出了著名的 DNA 分子双螺旋结构模型(double helix model)，具有如下特征：

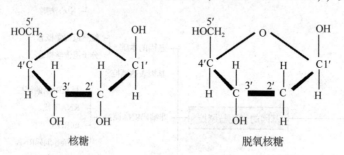

图 2-1 两种核苷酸的结构

图 2-2 构成核苷酸的碱基结构

①脱氧核糖核苷酸之间通过3′,5′-磷酸二酯键连接，成为螺旋的骨架。两条脱氧核苷酸链反向平行，即一条链磷酸二酯键为5′→3′方向，另一条链为3′→5′方向，两条链围绕一个中心轴相互环绕，组成双螺旋(图2-3)。双螺旋为右手螺旋，磷酸与脱氧核糖主链处于螺旋的外侧，碱基处于螺旋的内侧。

②两条核苷酸链彼此依靠碱基之间的氢键(hydrogen bond)相连，相互层叠宛如一级一级的梯子横档。互补碱基对A与T之间形成两条氢键，G与C之间形成三条氢键(图2-3)。

③DNA双螺旋的直径为2 nm。任意一条链的螺距为3.4 nm，其中包含10个核苷酸，因此，每两个相邻碱基平面之间的垂直距离为0.34 nm。上下相邻碱基绕螺旋轴旋转的角度为36°。

④由于碱基对占据空间不对称，碱基并没有充满双螺旋的空间。沿螺旋轴的方向观察，双螺旋的表面形成两条沟，一条较宽(2.2 nm)，称为大沟(wide groove)，另一条较窄(1.2 nm)，称为小沟(narrow groove)。大沟中碱基的差异很容易被识别，是蛋白质结合特异DNA序列的位点，对于蛋白质识别DNA螺旋结构上的特异信息非常重要。

DNA双螺旋分子的结构具有如下遗传学特点：

①稳定性　DNA分子两条长链上的脱氧核糖与磷酸交替排列的顺序和两条链之间碱基互补配对的方式是稳定不变的，从而导致DNA分子的稳定性。

②多样性　DNA分子中碱基相互配对的方式虽然不变，而长链中的碱基对的排列顺序是千变万化的。假设一条DNA分子中有100个核苷酸，按全排列方式计算，应有4^{100}种不同的排列方式，可见数目是非常大的。而实际上构成DNA分子的脱氧核苷酸数目是成千上万的，其排列种类几乎是无限的，这就构成DNA分子的多样性。

③特异性　每个特定的DNA分子都具有特定的碱基排列顺序，这种特定的碱基排列顺序构成了DNA分子自身严格的特异性。

DNA双螺旋分子结构模型不仅解释了当时所知道的DNA的理化性质，还将DNA的结构和功能联系起来，圆满地解释了作为遗传功能分子的DNA的复制和传递等机制。

近年来发现，DNA的构型并不是固定不变的，除主要以沃森和克里克提出的右手双螺旋构型存在外，还有许多变型。所以现在一般将沃森和克里克提出的双螺旋构型称为

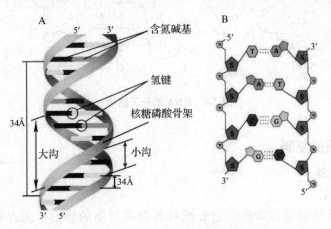

图2-3　DNA分子双螺旋结构模型

B-DNA。B-DNA 是 DNA 在生理状态下的构型,活细胞中绝大多数 DNA 以 B-DNA 形式存在。但当外界环境条件发生变化时,DNA 的构型也会发生变化。实际上在活细胞内,B-DNA 的 1 个螺圈也并不是正好 10 个核苷酸对,而是平均 10.4 对。当 DNA 在高盐浓度下时,则以 A-DNA 形式存在。A-DNA 是 DNA 的脱水构型,它也是右手螺旋,但每螺圈含有 11 个核苷酸对。A-DNA 比较短和密,其平均直径为 2.3 nm,大沟深而窄,小沟宽而浅。现在还发现,某些 DNA 序列可以以左手螺旋的形式存在,称为 Z-DNA。当某些 DNA 序列富含 GC,并且在嘌呤和嘧啶交替出现时,可形成 Z-DNA。Z-DNA 除为左手螺旋外,其每个螺圈含有 12 个碱基对,分子直径为 1.8 nm。DNA 除上述构型外,在特定的条件下,如脱水等,还可以以 C、D、E 等多种形式的右手螺旋构型存在,但是通常它们在生物体内并不存在。DNA 结构除上述构型变化外,在体内还以超螺旋的形式存在。从病毒到高等生物,DNA 在生物体内均表现为负超螺旋(negative supercoil)形式。负超螺旋是 DNA 复制过程中,在拓扑异构酶(topoisomerase)的催化下形成的。已有很多证据表明,这种负超螺旋结构与 DNA 复制、重组以及基因的表达和调控有关。

2.1.1.2 RNA 的化学结构

相对于 DNA 分子而言,RNA 的分子结构较简单。它也由 4 种核苷酸构成,但与 DNA 相比,尿嘧啶核苷酸(U)代替了胸腺嘧啶核苷酸(T),核糖代替了脱氧核糖。另外,还有一个重要的不同点是绝大多数 RNA 以单链形式存在,只有少数以 RNA 为遗传物质的动物病毒含有双链 RNA。在单链 RNA 中,部分区域可以按照碱基配对原则形成氢键而折叠起来,形成若干双链区域,在形态上表现如发夹状(图 2-4)。RNA 分子的大小变化较大,有些 RNA 分子由几十个核苷酸组成,有些分子则可以含上千个核苷酸。

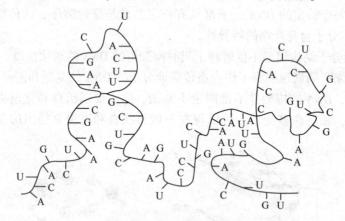

图 2-4 RNA 的分子结构

2.1.2 遗传物质的复制

2.1.2.1 DNA 复制

(1)半保留复制

DNA 既然是主要的遗传物质,它必然具备自我复制的能力。沃森和克里克在提出 DNA 双螺旋结构模型的同时,对 DNA 复制也进行了假设。根据 DNA 分子的双螺旋结构模型，他们认为，DNA 分子的复制首先是从它的一端氢键逐渐断开，因为氢键较弱，在常温下不需要酶即可断开。当双螺旋的一端已拆开为两条单链时，可以作为模板，从细胞核内吸取与自己碱基互补的游离核苷酸(A 吸取 T，C 吸取 G)，进行氢键的结合，在复杂的酶系统的作用下，逐步连接起来，各自形成一条新的互补链，与原来的模板单链互相盘旋在一起，恢复了 DNA 的双分子链结构。这样，随着 DNA 分子双螺旋的完全拆开，就逐渐形成了两个与原来的 DNA 分子完全一样的新的 DNA 分子(图 2-5)。

DNA 的这种复制方式称为半保留复制(semiconservative replication)，因为通过复制所形成的新的 DNA 分子，保留原来亲本 DNA 双链分子的 1 条单链。1958 年以来，DNA 在活体内的半保留复制性质，已有大量实验证实。DNA 的这种复制方式对保持生物遗传的稳定具有非常重要的作用。

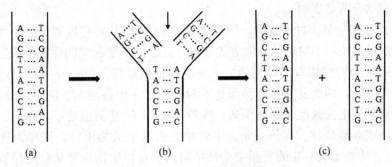

图 2-5　DNA 双螺旋的复制

(2) 半不连续复制

DNA 复制时，在复制起点处两条 DNA 链解开成单链时，一条是 3′→5′方向，以它为模板复制 5′→3′互补链，其复制方向(5′→3′)和双链解开的方向一致，复制可连续进行，最后形成一条连续的 5′→3′互补新链称为前导链(leading strand)。另一条是 5′→3′方向，以它为模板链复制 5′→3′互补链，其复制方向 3′→5′和双链解开的方向相反，故不能连续合成，而是先以 5′→3′方向不连续合成许多小片段，这些小片段称为冈崎片段(Okazaki fragments)，最后这些冈崎片段再由 DNA 连接酶连接成一条完整的互补新链，称为滞后链(lagging strand)或后随链。这种前导链合成是连续的，滞后链合成是不连续的 DNA 复制方式，称为半不连续复制(图 2-6)。现已发现这种复制方式在生物中普遍存在。

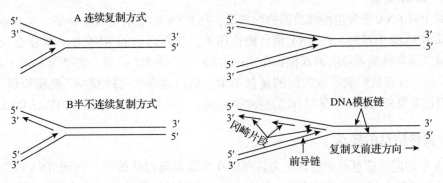

图 2-6　在 DNA 的复制

(3) DNA 复制的起始点和复制的方向

众多实验证明，DNA 复制是从其分子上的特定部位开始的，这一部位叫做复制起始点(origin of replication)，常用 Ori 或 O 表示。细胞中的 DNA 复制一旦开始就会连续复制下去，直至完成细胞中全部基因组 DNA 的复制。DNA 复制从起始点开始直到终点为止，每个这样的 DNA 单位称为复制子(replicon)或复制单元。在原核细胞中，每个 DNA 分子只有一个复制起始点，因而只有一个复制子，而在真核生物中，DNA 的复制可从多个起始点同时开始，因此每个 DNA 分子上可能有多个复制子。

DNA 复制起始点有结构上的特殊性，如大肠杆菌染色体 DNA 复制起始点由 422 个核苷酸组成，是一系列对称排列的反向重复序列，即回文结构(palindrome)。有些生物的 DNA 复制起始区富含 A-T。在 DNA 复制起始过程中，这些特殊的结构是参与酶和许多蛋白质分子识别和结合所必需的。

DNA 复制的方向也是多种多样的。原核生物 DNA 复制从特定位置起始，大多双向进行，也有一些是单向或以不对称的双向方式进行，这是由复制起点的性质所决定的。如大肠杆菌(*Escherichia coli*)是以双向等速的方式复制的；枯草杆菌(*Bacillus subtilis*)复制从复制起点开始双向复制，两个复制叉的移动是不对称的，一个移动 1/5 的距离就停下来了，然后由另一个复制叉走完其他 4/5 的距离；线粒体 DNA 的复制也是不对称的，双链中的一条亲本链复制成双链环状，而另一条亲本链被置换出来成为单链，被称为置换环(displacement loop)；质粒 COLE II 的复制完全是单向的。真核生物也是从特定位置开始，以双向等速进行，一个 DNA 分子上有许多特定的复制起点。

(4) DNA 复制的酶系统

DNA 的精确复制需要在复杂的酶系统作用下才能完成。这些酶包括 DNA 聚合酶、连接酶等。*E. coli* 的 DNA 合成需要 30 多种不同的蛋白质，其中，有些蛋白质是合成的起始和终止需要的，如特异性的解旋酶、拓扑异构酶等，但大多数是复制叉处 DNA 合成直接或间接需要的。DNA 合成时，核苷酸通过酶催化加到一个正在延伸的 DNA 链上，这种酶以 DNA 链为模板去合成一条互补链，所以又称为 DNA 指导的聚合酶，简称为 DNA 聚合酶。1956 年，美国斯坦福大学医学院教授 Romberg 等在大肠杆菌的提取液中发现了 DNA 聚合酶，相对分子质量为 109 000，具有 $3'\rightarrow 5'$ 外切酶活性和 $5'\rightarrow 3'$ 核酸酶活性，即现在称为的 DNA 聚合酶 I。后来，人们又陆续发现了另外几种功能不同的 DNA 聚合酶。

2.1.2.2 RNA 复制

相对于以 DNA 作为遗传物质的物种来说，其 RNA 的复制要简单得多。大多数病毒的遗传物质 RNA 是单链的。在 RNA 聚合酶作用下，先以自己的 RNA 作为模板合成一条互补的单链，通常称病毒原有的起模板作用的 RNA 分子链为"+"链，将新复制的 RNA 分子称为"-"链，这样就形成了双螺旋的复制类型。然后这条"-"链被"+"链模板释放出来，它也以自己为模板复制出一条与自己互补的"+"链，于是形成了一条新生的病毒 RNA 分子。

2.1.3 遗传信息的转录

DNA 中的遗传信息是如何转化为具有生物功能的蛋白质的呢？直到 RNA 的发现和遗传密码的破译后人们才获得了答案。原来，来自基因的遗传信息转换为蛋白质需要一种中间产物——RNA。DNA 被转录产生 RNA，再以 RNA 分子作为模板翻译产生蛋白质。

2.1.3.1 RNA 分子的种类

现在发现主要有 3 种不同的 RNA 分子在基因的表达过程中起重要的作用。它们是信使 RNA(messenger RNA，mRNA)、转移 RNA(transfer RNA，tRNA)和核糖体 RNA(ribosomal RNA，rRNA)。

(1) 信使 RNA

生物的遗传信息主要储存于 DNA 的碱基序列中，但 DNA 并不直接合成蛋白质。而且在真核细胞中，DNA 主要存在于细胞核的染色体上，而蛋白质的合成中心却位于细胞质的核糖体上。因此，它需要一个中介，才能把 DNA 上控制蛋白质合成的遗传信息传递给核糖体。现已证明，这种中介物质是一种特殊的 RNA，它起着传递信息的作用，因而称为信使 RNA(mRNA)。mRNA 的功能就是把 DNA 上的遗传信息精确地转录下来，然后，由 mRNA 的碱基顺序决定蛋白质的氨基酸残基顺序。在真核生物中，转录形成的 RNA 中，含有大量非编码序列，大约只有 25%RNA 经加工成为 mRNA，最后翻译为蛋白质。因为这种未经加工的前体信使 RNA(premRNA)在分子大小上差别很大，所以通常称为不均一核 RNA(heterogeneous nuclear RNA，hnRNA)。

(2) 转移 RNA

如果说 mRNA 是合成蛋白质的蓝图，核糖体就是合成蛋白质的工厂。但是合成蛋白质的原材料 20 种氨基酸与 mRNA 的碱基之间缺乏特殊的亲和力，因此必须用一种特殊的 RNA-转移 RNA(tRNA)把氨基酸搬运到核糖体上。tRNA 能根据 mRNA 的遗传密码依次准确地将它携带的氨基酸连接成多肽链，每种氨基酸可与 1~4 种 tRNA 相结合，现在已知的 tRNA 的种类在 40 种以上。

tRNA 是最小的 RNA，其相对分子质量为 25 000~30 000，由 70~90 个核苷酸组成。而且 tRNA 还含有稀有碱基，其中的稀有碱基除假尿嘧啶核苷和次黄嘌呤核苷外，主要是甲基化了的嘌呤和嘧啶。这类稀有碱基一般是 tRNA 在 DNA 模板转录后，经过特殊的修饰而成的。它们的碱基序列都能折叠成三叶草构型(图 2-7)，而且都具有如下的共性：①5′末端具有 G(大部分)或 C；②3′末端都以 ACC 的顺序终结；③有 1 个富含鸟嘌呤的鸟嘌呤环；④有 1 个反密码子环，在这个环的顶端有 3 个暴露的碱基，称为反密码子(anti-codon)，这个反密码子可以与转移 RNA 链上同自己互补的密码子配对；⑤有 1 个胸腺嘧啶环。

(3) 核糖体 RNA

核糖体 RNA(rRNA)与蛋白质结合而形成核糖体，其功能是按照 mRNA 的遗传信息将氨基酸合成为肽链。rRNA 单独存在时不执行其功能，它与多种蛋白质结合成核糖体，作为蛋白质生物合成的"装配机"。rRNA 是细胞内含量最多的一类 RNA，占 RNA 总量的 82%左右，也是 3 类 RNA 中相对分子质量最大的一类 RNA，它结构相当复杂。原核生物的 rRNA 分三类：5S rRNA、16S rRNA 和 23S rRNA。真核生物的 rRNA 分四类：5S rRNA、5.8S rRNA、18S rRNA 和 28S rRNA(S 为大分子物质在超速离心沉降中的一个物理学单位，可间接反映相对分子质量的大小)原核生物和真核生物的核糖体均由大、小两种亚基组成。rRNA 是单链，它包含不等量的 A 与 U、G 与 C，但是有广泛的双链区域。在双链区，碱基因氢键相连，表现为发夹式螺旋。rRNA 在蛋白质合成中的功能尚未完全明了。但 16S

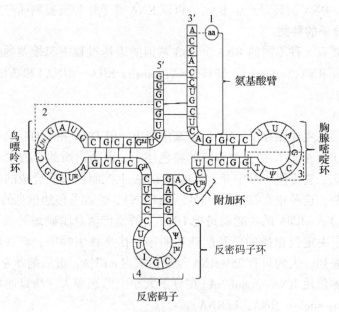

图 2-7 酵母丙氨酸转移 RNA

1. 氨基酸附着的位置 2. 丙氨酸活化酶识别转移 RNA 的位置
3. 识别核糖体的位置 4. 反密码子中的 I 可与密码子中的 A、U 或 C 配对
G^M. 甲基鸟嘌呤核苷 I^M. 甲基次黄嘌呤核苷 I. 次黄嘌呤核苷
T. 胸腺嘧啶脱氧核苷 U^H. 二氢尿嘧啶核苷 Ψ 假尿嘧啶核苷

的 rRNA 的 3′端有一段核苷酸序列与 mRNA 的前导序列是互补的，这有可能有助于 mRNA 与核糖体的结合。

(4) 其他 RNA

除了上述 3 种主要的 RNA 外，还有小核 RNA(small nuclear RNA，snRNA)，是真核生物转录后加工过程中 RNA 剪接体(spliceosome)的主要成分。现在发现有 5 种小核 RNA，它们一直存在于细胞核中，与 40 种左右的核内蛋白质共同组成 RNA 连接体，在 RNA 转录后加工中起重要作用。另外，还有端粒酶 RNA(telomerase RNA)，它与染色体末端的复制有关；反义 RNA 参与基因表达的调控。

2.1.3.2 RNA 的转录与加工

转录(transcription)是以 DNA 为模板，在 RNA 聚合酶的催化下，以 4 种核糖核苷酸（ATP、CTP、GTP 和 UTP）为原料，合成 RNA 的过程。转录发生在细胞核中，其过程与 DNA 的复制基本相同。转录开始时，DNA 分子首先局部解开为两条单链，双链 DNA 中只有其中一条单链成为新链 RNA 合成的模板。在 RNA 聚合酶(RNA polymerase)的作用下，游离的核糖核苷酸以氢键与模板 DNA 上互补的碱基配对并形成链，然后新的单链从模板上解离下来（图 2-8）。在新 RNA 链合成过程中，与 DNA 复制所不同的是，转录中 U 替代 T 与模板的 A 相配对。在细胞中，转录的开始是由 DNA 链上一段特定的核苷酸序列的转录起始信号——启动子(promoter)控制的。启动子正好位于被转录基因（单位）的开始位置，它是位于转录单位 5′端特异的一段约 100 bp 的 DNA 序列，是 RNA 聚合酶识别并结合形成转录复合物的部位。新的 RNA 链的合成与延伸也是由 5′→3′方向进行的，在核酸链中靠近 5′的序列称之为上游序列，相应地，该序列靠近 3′的序列称之为下游序列。在转录的最后阶段，终止 RNA 新链合成是由一段称为终止子（terminator）的核苷酸序列控制的。当 RNA 聚合酶移行到 DNA 上的终止子时，转录便停止下来。终止子是在转录过程中提供转录终止信号的序列，终止子与启动子有所不同，启动子由 DNA 序列提供信号，但起终止作用的不是 DNA 序列本身，而是转录生成的 RNA。

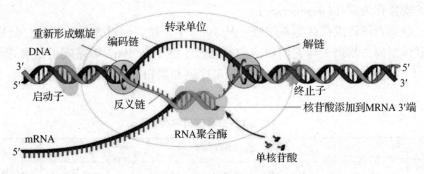

图 2-8　遗传信息转录示意

在真核生物细胞核中，DNA 链上具有不能编码蛋白质的核苷酸片段即内含子（intron）和编码蛋白质的核苷酸片段即外显子（exon）。转录后新合成的 mRNA 是未成熟的 mRNA，又称为前体 mRNA（pre-mRNA），它是核内非均一 RNA（hnRNA）的一部分，这些 RNA 需要经过一定的加工（processing）过程。哺乳动物的 hnRNA 大约只有 5%的部分转变成细胞质 mRNA。最简单的加工是在刚转录的 RNA 特定部位进行剪接（splicing），除去内含子，还要在转录后的 RNA 的 5′端加一个 7-甲基鸟苷酸"帽子"和在 3′端加上一个多聚腺苷酸尾（polyA tail），最后形成较短的有功能的成熟 mRNA。真核细胞 mRNA 分子 5′端帽子结构有以下主要功能：①供核糖体 40S 小亚基识别；②保护合成中的转录产物免受核酸外切酶的降解；③与成熟的转录产物从核内输送到细胞质的过程密切相关联；④保证前体 mRNA 的正确剪接。

在原核生物中，DNA 链上不存在内含子，因此转录和翻译过程比真核生物要简单。

2.1.4　遗传物质的翻译

2.1.4.1　遗传密码

DNA 分子是由四种核苷酸组成的多聚体。这四种核苷酸的不同在于所含碱基的不同，即 A、T、C、G 四种碱基的不同。用 A、T、C、G 分别代表四种密码符号，则 DNA 分子中将含有四种密码符号。假如一个 DNA 含有 1000 对核苷酸，这四种密码的排列组合就可以有 4^{1000} 种形式，可以表达出无限信息。遗传密码（genetic code）又是如何翻译的呢？首先是以 DNA 的一条链为模板合成与它互补的 mRNA，根据互补配对的规律，在这条 mRNA 链上，A 变为 U，T 变为 A，C 变为 G，G 变为 C。因此，这条 mRNA 上的遗传密码与原来模板 DNA 的互补 DNA 链是一样的，所不同的只是用 U 代替了 T。然后再由 mRNA 上的遗传密码翻译成氨基酸。氨基酸有 20 种，而遗传密码符号只有四种，因此在翻译上首先碰到的问题是翻译一个氨基酸要用几个密码符号(碱基)。

碱基与氨基酸两者之间的密码关系,显然不可能是一个碱基决定一个氨基酸。如果是两个碱基决定一个氨基酸,那么两个碱基的密码子可能的组合将是 $4^2=16$ 种。这比现存的 20 种氨基酸还差四种。如果每 3 个碱基决定一种氨基酸,这 3 个碱基的密码子可能的组合将是 $4^3=64$ 种。这比 20 种氨基酸多出 44 种。过剩的密码子可认为是由于每个特定的氨基酸是由 1 个或 1 个以上的三联体(triplet)密码所决定的。1 个氨基酸由 1 个以上的三联体密码所决定的现象称为简并(degeneracy)。

每种三联体密码译成什么氨基酸呢?从 1961 年开始,经过大量的试验,分别利用 64 个已知三联体密码,找出了与它们对应的氨基酸。终于在 1967 年完成了这套遗传密码的字典(表 2-1)。遗传密码是联系 mRNA 的碱基序列和蛋白质氨基酸序列的桥梁,具有以下性质:

表 2-1 遗传密码字典

第一个核苷酸	第二个核苷酸				第三个核苷酸
	U	C	A	G	
U	苯丙氨酸	丝氨酸	酪氨酸	半胱氨酸	U
	苯丙氨酸	丝氨酸	酪氨酸	半胱氨酸	C
	亮氨酸	丝氨酸	终止密码	终止密码	A
	亮氨酸	丝氨酸	终止密码	色氨酸	G
C	亮氨酸	脯氨酸	组氨酸	精氨酸	U
	亮氨酸	脯氨酸	组氨酸	精氨酸	C
	亮氨酸	脯氨酸	谷氨酰胺	精氨酸	A
	亮氨酸	脯氨酸	谷氨酰胺	精氨酸	G
A	异亮氨酸	苏氨酸	天冬氨酸	丝氨酸	U
	异亮氨酸	苏氨酸	天冬氨酸	丝氨酸	C
	异亮氨酸	苏氨酸	赖氨酸	精氨酸	A
	甲硫氨酸	苏氨酸	赖氨酸	精氨酸	G
G	缬氨酸	丙氨酸	天冬氨酸	甘氨酸	U
	缬氨酸	丙氨酸	天冬氨酸	甘氨酸	C
	缬氨酸	丙氨酸	谷氨酸	甘氨酸	A
	缬氨酸	丙氨酸	谷氨酸	甘氨酸	G

①遗传密码是三联体密码(triplet code)。1 个密码子由 3 个核苷酸组成,它特异编码多肽链中的 1 个氨基酸。

②遗传密码无逗号。密码与密码之间没有任何不编码的核苷酸,阅读 mRNA 时是连续的。

③遗传密码不重叠。在多核苷酸链上任何两个相邻的密码子不共用任何核苷酸。

④遗传密码具有通用性。在所有的生物中,密码子"字典"几乎是通用的,既适用于原核生物,也适用于多数真核生物。

⑤遗传密码具有简并性。除了甲硫氨酸和色氨酸外,每一个氨基酸都至少有两个密码子。这样可以在一定程度内,使氨基酸序列不会因为某一个碱基被意外替换而导致氨基酸错误。

⑥有起始密码子和终止密码子。起始密码子(initiation codon)有两种:一种是甲硫氨酸(AUG),一种是缬氨酸(GUG);终止密码子(stop codon)有3个,分别是UAA、UAG、UGA,没有相应的转运核糖核酸(tRNA)存在,只供释放因子识别来实现翻译的终止。

⑦密码子阅读与翻译具有一定的方向性:从5′端到3′端。

2.1.4.2 蛋白质的合成

蛋白质是由20种不同的氨基酸组成的多肽链,每种蛋白质都有其特定的氨基酸序列。蛋白质的生物合成称为翻译(translation)。翻译就是mRNA携带着从DNA上转录的遗传密码附着在细胞内的核糖体(ribosome)上,由tRNA运来的各种氨基酸按照mRNA的密码顺序,相互连接起来成为多肽链,并进一步通过修饰成为立体的蛋白质分子的过程。

(1) 核糖体的结构与功能

核糖体是合成蛋白质的场所,普遍存在于各类细胞以及真核生物线粒体和叶绿体中,是一种无膜包被的颗粒状结构,其功能是按照mRNA的指令高效而精确地合成多肽链。真核生物核糖体为80S,其中60S大亚基由49种蛋白与28S、5.8S和5S rRNA组成,40S小亚基由33种蛋白质和18S rRNA组成;原核生物核糖体为70S,其中50S大亚基由34种蛋白质(编号L1,L2,L3,…,L34)与5S rRNA和23S rRNA组成,30S小亚基由21种蛋白质(编号S1,S2,S3,…,S21)与16S rRNA组成。

核糖体具有各种活性中心,每一个活性中心都由特定的一组蛋白质和rRNA的一定区

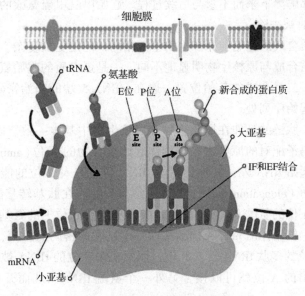

图2-9 核糖体的结构及活性位点

域装配而成。核糖体的功能区域可以分为翻译功能区(translation domain)和出口功能区(exit domain),前者是肽链合成的场所,占据了核糖体的2/3,后者是多肽的出口,核糖体通过这个区域附着在膜上。翻译区有几个主要的活性结合位点,包括：A位点(A site),是接受新来氨酰tRNA的部位;P位点(P site),是结合肽酰tRNA的部位;E位点(E site),供已卸去氨基酸的氨酰tRNA短暂停留后离去。

(2)蛋白质的合成

无论是原核生物还是真核生物,都是在核糖体上合成蛋白质,可分为3个阶段：起始(initiation)、延伸(elongation)和终止(termination)。

①肽链的起始　核糖体是蛋白质合成的中心,无特异性,可与任何mRNA结合翻译不同的蛋白质多肽。它们均以大、小亚基分散存在于细胞质中,而只有在蛋白质合成过程中才装配为完整的核糖体。原核生物中肽链合成的起始可分为3个步骤。

第一步为30S小亚基在起始因子(initiation factor, IF)IF-3作用下与mRNA结合形成复合物。在结合过程中,起始密码子上游10个碱基处有一保守序列(AGGAGG)起着关键的作用,它与核糖体小亚基的16S rRNA 3′端的一段序列互补,可能起着识别的作用。当该序列发生突变,mRNA就不能翻译或翻译效率很低。

第二步是起始氨酰tRNA在IF-2的协助下,由反密码子识别起始密码子而直接进入P位(peptidyl, P),形成更为复杂的新复合体,在此过程中需要三磷酸鸟苷(GTP)的参与。IF-2只与起始氨酰RNA相互作用,保证了其他的tRNA不能用于起始。在原核生物中,起始密码子为AUG,编码甲酰化甲硫氨酸,说明细胞内存在两种甲硫氨酸RNA：一种转送起始甲酰化甲硫氨酸;一种运输延伸过程的甲硫氨酸。

第三步是上述复合物与50S大亚基结合,使IF-3游离,同时激活了IF-2的GTP酶活性,水解GTP释放能量,并解离下来,形成70S起始复合物,完成肽链合成的起始。这时所有的起始因子都解离下来而不参与后续过程。起始甲酰甲硫氨酸的甲酰基在肽链合成至15~30个氨基酸时被去除。

真核生物蛋白质合成的起始与原核生物基本相同,但是更加复杂,需要更多的起始因子。真核生物蛋白质合成与原核生物明显地不同,一是蛋白质的起始氨基酸为甲硫氨酸而不是甲酰甲硫氨酸。二是合成的起始位置一般在mRNA 5′端的起始密码子AUG位置,而不是在一个特殊的起始序列处。

②肽链的延伸　肽链的延伸在原核生物和真核生物中基本一致。以第二个氨酰tRNA按照反密码子与密码子配对的原则进入核糖体起始复合物的A位(aminoacyl, A)为标志,肽链开始延伸。除起始RNA外,其他的氨酰tRNA均有进入A位的能力。这一过程需要带有GTP的延伸因子(elongation factor, EF)的参与。随后在肽基转移酶(peptidyl transferase)的催化下,在A位的氨酰tRNA上的氨基酸残基与在P位上的氨基酸的碳末端间形成肽键。转肽结束后,核糖体沿mRNA向前移动一个三联体密码的距离,称为移位(translocation),原来在A位的多肽tRNA转入P位,而原来在P位的tRNA被挤入E位,最后离开核糖体。这样空出的A位就可以接合另外一个氨酰tRNA,从而开始第二轮的多肽链延伸。

③肽链的终止　当多肽链的延伸遇到终止密码子UAA、UAG和UGA进入核糖体的A

位时，由于没有对应的氨酰 tRNA 识别使延伸不能进行，从而终止肽链的合成。对终止密码子的识别，需要多肽链释放因子(release factor，RF)的参与。当释放因子结合在核糖体的 A 位后，改变了转肽酶的活性，在新合成多肽链的末端加上水分子，从而使多肽链从 P 位 tRNA 上释放出来，离开核糖体，同时核糖体也与 mRNA 解离，核糖体大、小两个亚基分开，分开后的大、小亚基可参与下一次肽链合成的循环。

在核糖体上合成的多肽链，很多不具有生物活性，还必须经过不同链的缔合、共价修饰、卷曲或折叠，才能成为具有立体结构和生物活性的蛋白质，如结构蛋白、功能蛋白或者酶等。

2.1.4.3 中心法则

沃森和克里克于 1953 年提出了 DNA 双螺旋构型，克里克又于 1958 年提出了中心法则(central dogma)来说明遗传信息的传递方向和途径。中心法则的主要内容是：DNA 是自身复制的模板，DNA 通过转录作用将遗传信息传递给 RNA，最后 RNA 通过翻译作用将遗传信息表达成蛋白质。中心法则揭示了遗传信息的传递方向，反映了 DNA、RNA 和蛋白质之间的相互关系。随着分子遗传学和分子生物学研究的深入和发展，中心法则的内容和形式都得到了修正、补充和发展(图 2-10)。

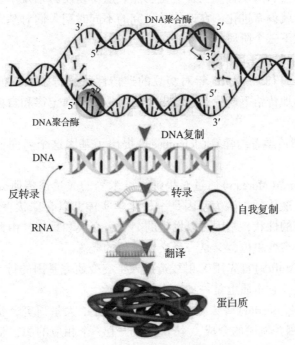

图 2-10 分子遗传的中心法则示意

1957 年，格勒(Girer)和施拉姆(Schramm)通过烟草花叶病毒侵染实验证明，RNA 可以作为某些病毒的遗传物质，说明存在 RNA 自我复制过程。

1970 年，巴尔的摩(Baltimore)和特明(Temin)在致癌的 RNA 病毒中发现一种酶，能以 RNA 为模板合成 DNA，他们称这种酶为依赖 RNA 的 DNA 多聚酶。逆转录酶的发现，说明遗传信息的传递方向也可以反过来，从 RNA 传递给 DNA。逆转录过程以及 RNA 自我复制过程的发现，补充和发展了"中心法则"。

1983 年，奥特曼（Altman）等在细菌中也发现了具有全酶功能的 RNA 分子，可催化完成 rRNA 前体的切割。表明 RNA 可以不通过蛋白质而直接表现出本身的某种遗传信息，而这种信息并不以核苷酸三联体来编码。这是对"中心法则"的又一次补充和发展。

1994 年，乔依斯（Joyc）等发现一个人工合成的 DNA 分子具有一种特殊的磷酸二酯酶活性。此后，又有多例报道人工合成的 DNA 序列具有各种不同的酶活性。另外，还有人发现细胞核里的 DNA 可以直接转移到细胞质的核糖体上，不需要通过 RNA 即可控制蛋白质的合成。这又为"中心法则"遗传信息传递链提出了新途径。

2.2 基因的表达与调控

2.2.1 基因的本质

作为基因，必须具有三种基本的功能。一是遗传功能，即基因的复制。遗传物质必须储存遗传信息，并能将其复制，且一代一代精确地传递下去。二是基因的表达功能。遗传物质必须控制生物体性状的发育。三是进化功能。遗传物质必须发生变异，以适应外界环境的变化，没有变异就没有进化。在遗传学研究的不同时期人们对基因的本质产生不同的认识，主要经历了以下三个阶段。

2.2.1.1 经典遗传学关于基因的概念

孟德尔于（Mendel）1854—1965 年对豌豆的遗传性状进行了长期的探索，发现豌豆的很多性状能够有规律地传给下一代，总结出生物遗传的分离定律和自由组合定律，并提出了"遗传因子"假说。

1909 年，丹麦遗传学者约翰森（Johannsen）提出了基因这个名词，取代孟德尔的遗传因子。

1910 年，摩尔根等（Morgan）通过对果蝇、玉米等的大量遗传研究，建立了以基因和染色体为主体的经典遗传学，认为基因是一种化学实体，以念珠状直线排列在染色体上。并认为基因控制相应的性状，基因可以发生的突变、交换和重组，由此提出基因既是一个功能单位，也是一个突变单位，又是一个交换单位的概念。

1927 年，莫勒（Müller）首先用 X 射线造成人工突变研究基因的行为，证明了基因在染色体上有确定的位置，它本质上是一种微小的粒子。

1941 年，比德尔（Beadle）等人对红色链孢霉进行了大量研究，提出"一个基因一个酶"的观点，认为基因控制酶的合成，一个基因产生一个相应的酶，基因与酶之间一一对应，基因通过酶控制一定的代谢过程，继而控制生物的性状，这是人们对基因功能的初步认识。

2.2.1.2 分子遗传学关于基因的概念

(1) 基因的化学本质核酸

艾弗里（Avery）与格里菲斯（Griffith）通过肺炎双球菌的转化试验，首次证明了基因的化学本质是 DNA。1956 年，康兰特的烟草花叶病毒的研究证明了在不具有 DNA 的病毒中，RNA 是遗传物质。从而将基因的概念落实到具体的物质上，基因的化学本质在多数生物中是 DNA，在少数生物中是 RNA。

（2）顺反子学说

1957 年，本泽尔（Benzer）通过对 T 噬菌体的 rII 快速溶菌突变型的精细结构作图互补测验分析，提出了顺反子（cistron）假说。他发现，在一个基因内部的许多位点上可以发生突变，且这些位点之间可以发生交换，从而说明一个基因是一个遗传功能单位——顺反子，并不是一个突变单位和交换单位。顺反子是一个遗传功能单位，一个顺反子决定一条多肽链，因此顺反子也就是基因的同义词。一个顺反子可以包含一系列突变单位——突变子（muton）；突变子是 DNA 中构成基因的一个或若干个核苷酸。由于基因内的各个突变子之间有一定距离，所以彼此之间能发生重组，重组频率与突变子之间的距离呈正比。重组子（recon）代表一个空间单位，有起点和终点，可以是若干个密码子的重组，也可以是单个核苷酸的互换。如果是后者，重组子也就是突变子。突变子是产生突变表现型的最小单位，而重组子是发生重组时可交换的最小单位，两者都可小到只有一个核苷酸对。

（3）操纵子学说

1961 年，雅各布（Jacob）和莫诺（Monod）根据对大肠杆菌的试验，提出了原核生物基因调控的操纵子模型（operon model）。认为典型的操纵子模型包括若干结构基因（structural gene）、操纵基因（operator gene）和调节基因（regulator gene）等。这一模型赋予基因概念以新的内容，进一步说明了基因的可分性，修正了基因决定蛋白质的功能单位的概念，指出了基因的多样性，同时也修正了一个基因一个酶（或多肽）的观点，表明基因之间存在协同作用，共同组成遗传信息传递表达的统一体。此后，随着重组 DNA 技术和 DNA 序列分析技术的发展，以及重叠基因（overlapping gene）、断裂基因（splitting gene）和跳跃基因（transposon，即转座子）等的发现，有关基因的概念又被赋予了新的内涵。

随着基因结构和功能的深入研究，基因的概念也有了新的内容，进一步可将基因分为以下不同类型。

①结构基因（structural gene）　是指能够编码 RNA 或蛋白质的一段 DNA 序列。

②调控基因（regulatory gene）　是指其产物参与调控其他结构基因表达的基因。

③重叠基因（overlapping gene）　是指同一段 DNA 的编码序列，由于开放阅读框（open reading frame，ORF）的不同或终止早晚的不同，同时编码 2 个或 2 个以上多肽链的基因。

④断裂基因（split gene）　是指 1 个结构基因内部有 1 个或多个的不翻译的编码序列，如内含子（intron）所隔开的基因。

⑤跳跃基因（jumping gene）　是指可作为插入因子或转座因子移动的 DNA 序列，有人将它作为转座因子的同义词。

⑥假基因（pseudo gene）　同已知的基因相似，但位于不同位点，因缺失或突变而不能转录或翻译，是没有功能的基因。

也有人根据基因来源将基因分为核基因、线粒体基因、叶绿体基因等。

2.2.2　基因表达调控

基因通过转录和翻译而产生蛋白质产物，或转录直接产生 rRNA、tRNA 等 RNA 的过程称为基因表达（gene expression）。无论是真核生物还是原核生物，其基因表达都受到严格有序的调控。基因表达调控的生物学意义：一是适应环境，在维持生长和增殖过程，细胞都必须对内外环境变化做出反应，以便更好地适应变化着的环境。这种适应能力总是与某种或者某些蛋白质的功能有关。这些蛋白质是否表达或者表达水平的高低是受一系列程序调控从而使生物体表达出适量的蛋白质，以适应环境和维持生长；二是在生长、发育的不同阶段，细胞中蛋白质的种类和含量变化很大。即使在同一生长发育阶段，不同组织器官的蛋白质分子也存在很大的差异，这些差异是调节细胞表型的关键。

2.2.2.1 基因表达调控的特点及方式

(1) 基因表达调控的特点

基因表达调控的实质是细胞或生物体在接受不同信号刺激或适应环境变化过程中在基因水平上的应答机制。原核生物和真核生物在基因组结构及细胞结构上的巨大差异，导致它们应对各种刺激、变化的基因表达方式和调节机制有所不同。但是，原核生物和真核生物在基因表达调控上都拥有一些共同的特点：时间特异性或空间特异性。

虽然同一生物的各种细胞含有完全相同的基因组，但它们在细胞内并非同时表达，而是根据生长、分化和发育等功能的需要，随着环境的变化，按照一定的时间顺序先后表达。按照功能需要，某一特定基因的表达严格按照一定的时间顺序发生，即基因表达的时间特异性；在多细胞个体某一发育、生长阶段，同一基因产物在不同的组织或器官表达，即按个体不同组织空间顺序出现，称为基因表达的空间特异性。基因表达伴随时间顺序呈现出的这种空间分布上的差异实际上是由细胞在器官的分布决定的。

(2) 基因表达的方式

不同生物的遗传背景不同，同种生物不同个体的生活环境不完全相同，不同的基因其功能和性质也不尽相同。因此，不同的基因对个体内外环境的刺激所产生的反应也不同。有些基因的表达产物参与生命的全过程，在生物体的各个生长阶段或者几乎所有的细胞中都持续表达，这类基因被称为管家基因(house keeping gene)。管家基因基本不受环境因素的影响，与启动子和 RNA 聚合酶有关。

与管家基因不同，另外一些基因的表达受环境因素的诱导或阻遏。在特定的信号刺激下表现出开放型或增强型表达，基因表达产物增加，这一过程称为诱导。而有些基因在对特定信号应答时表现出关闭或者抑制性表达，基因表达产物下降，这一过程称为阻遏。诱导和阻遏性表达是生物体为适应环境变化而做出的应答反应，在生物界普遍存在。基因的诱导和阻遏除了受到启动子和 RNA 聚合酶的相互作用外，还受其他机制的调节。

(3) 基因转录激活的基本要素

①特异的 DNA 调节序列　特异的 DNA 调节序列是调节基因转录的 DNA 片段，如原核生物操纵子调控区中的启动序列、操纵序列、CAP 蛋白结合位点和真核基因的启动子、增强子和沉默子等。

②调节蛋白　调节蛋白是调节基因转录的蛋白因子，如原核生物的阻遏蛋白、CAP 蛋白和真核生物的基本转录因子、特异转录因子等。

③RNA 聚合酶　RNA 聚合酶是催化基因转录最主要的酶。原核生物只有一种 RNA 聚合酶，催化所有 RNA 的转录。真核生物有三种 RNA 聚合酶，催化不同 RNA 的转录。DNA 调节元件和调节蛋白可以通过影响 RNA 聚合酶的活性来调节基因转录激活。

(4) 原核与真核细胞基因表达的差异

由于细胞结构的差异，原核细胞基因与真核细胞基因的表达具有明显的差别，因此它们基因表达的调控机理也不一样，后者要比前者复杂得多。原核与真核基因表达的差异主要有以下几方面：

①除古细菌以外，原核基因缺乏内含子，而绝大多数真核基因具有内含子。

②因为细菌等原核细胞没有细胞核，原核基因的 mRNA 在转录过程尚未完成之前就可以开始翻译，进行多肽链的合成。相反而真核基因必须在转录完全完成以后，成熟的 mRNA 由核内转运到细胞质中以后才能开始进行翻译，即多肽链的合成。真核基因的转录和翻译存在时空间隔。

③在原核细胞内，单个 mRNA 分子往往可以包含多个基因的转录物（transcript）。在细菌中，一些功能上相关的酶的基因常一个紧接一个地串联排列，受同一操纵区调控，这种由多个结构基因及其共同的转录操纵区组成的单一转录单位称为操纵子（operon）。例如，色氨酸操纵子包含 5 个与合成色氨酸有关的基因。操纵子转录产生单一的约 7kb 的 mRNA 分子，核糖体在每个基因的开头起始翻译，产生相应于每个基因的多肽。因为编码一个多肽的遗传单位为顺反子，所以原核细胞的单个 mRNA 分子可以包含多个顺反子。而大多数真核基因仅产生单个顺反子 mRNA，即大多数真核 mRNA 转录单位产生仅编码一个多肽的 mRNA。虽然一些编码蛋白基因的初级转录物可以被加工成不只一种 mRNA，但每个 mRNA 仅翻译成单一的多肽。在真核细胞内，一些基因功能上相关并不是相邻串联排列，因此真核基因表达的调控比原核基因更复杂。

④原核和真核 mRNA 一般都以 AUG 作为翻译起始密码子，GUG 和 UUG 比较少见。原核 mRNA 在 5′端起始密码子 AUG 上游大约 7~10 个碱基处有一个长度为 4~6 个碱基的多嘌呤序列，其作用是与 16S rRNA 3′端富含嘧啶保守序列互补，协助翻译过程的启动。在真核细胞中，转录完成后 mRNA 被修饰加上了 5′端帽子结构，该 5′端帽子结构提供了信号，使之能够从核内输送到细胞质，也让 40S 核糖体小亚基识别并与之结合。

⑤真核基因在翻译前需要一系列的修饰加工，包括切除内含子、外显子拼接、5′端加帽子结构、3′端加 poly A 尾。由此延缓了真核细胞 mRNA 的降解，即真核细胞 mRNA 有更长的半衰期。相反绝大多数细菌的 mRNA 半衰期很短，大约只有几分钟。

⑥真核细胞的核糖体比原核细胞的核糖体大。原核细胞核糖体为 70S，由 50S 与 30S 两个亚基组成，而真核细胞核糖体为 80S，由 60S 和 40S 两个亚基组成。若干核糖体与 mRNA 分子同时结合，形成多聚核糖体。

2.3.2.2 非编码 RNA 调控

(1) 反义 RAN 的调控

反义 RNA（antisense RNA）是指与 mRNA 互补的 RNA 分子，也包括与其他 RNA 互补的 RNA 分子。但这类反义 RNA 并不像 mRNA 那样，与核糖体结合，翻译出蛋白质，而是以 RNA 分子形式存在，并与靶基因转录的 RNA（包括 mRNA）分子碱基互补，形成双链 RNA，从而影响了 RNA 的剪接、加工以及与核糖体的结合，阻止了 mRNA 正常的转录、翻译和表达。20 世纪 80 年代初，有研究报道，在研究大肠杆菌外膜蛋白（Omp）基因表达时，发现反义 RNA 可抑制 Omp 的 mRNA 转录与翻译。并证实反义 RNA 调控系统不仅普遍存在于原核生物中，也存在于真核细胞中，并参与基因表达调控。反义 RNA 的调控作用可在以下一些水平上进行：①在复制水平上，反义 RNA 与 RNA 引物结合，影响 DNA 的复制频率；②在转录水平上，某些反义 RNA 可与真核细胞中 mRNA 分子的 5′端结合，阻止转录的发生，从而影响相应基因的表达。反义 RNA 与 mRNA 结合还可影响转录后 mRNA 的加工成熟过程，因为双链 RNA 不能向细胞质中转运；③在翻译水平上，双链 RNA 可被核蛋白体排斥，而且易于被酶降解，使 mRNA 翻译效率成倍降低。

随着组织培养和遗传转化体系的不断完善，人类比较容易得到转基因植物，人们只要将一个不含启动子的基因或片段的 3′末端以相反的方向接上一个启动子，然后导入到植物基因组中，就可产生反义 RNA，以抑制植物内源基因组上相应的基因表达。在林木基因工程中，比较典型的实例是杨属(*Populus*)4CL 基因的 RNA 调控，从而对木质素的数量和质量产生影响。据 Hu 等(1998)报道，4CL 反义表达的转基因美洲山杨(*Populus tremuloides*)植株的木质素含量减少了 40%~45%。之所以发生基因表达反义抑制(antl-sense suppression)，是因为基因的反义拷贝产生的 mRNA，在利用基因工程转入植株后，通过碱基互补配对与内源正义 mRNA 结合，从而有效地降低了细胞内 mRNA 的浓度。除了 4CL 表达降低、木质素含量减少外，还观察到了纤维素含量和生长速率的增加。

(2) RNA 干扰

RNA 干扰(RNA interference, RNAi)现象，是指当与内源性 mRNA 编码区某段序列同源的双链 RNA(dsRNA)导入细胞后，该 mRNA 发生特异性的降解，而导致该基因表达的沉默。RNAi 是由双链 RNA(dsRNA)介导的，dsRNA 进入细胞后，细胞质中的核酸酶(如 Dicer 酶)可将其切割成大小为 21~23 个核苷酸的小干扰 RNA(siRNA)，siRNA 可与细胞质中的蛋白质形成核酸蛋白复合物(RNA-induced silencing complex, RISC)，在 RISC 的作用下，siRNA 特异识别目的 mRNA，在核酸内切酶的作用下切割目的 mRNA，mRNA 片段在核酸外切酶作用下降解后无法指导合成相应的蛋白质，从而实现对目的基因的沉默。

RNAi 是在研究反义 RNA 技术中首先发现的，它与反义 RNA 技术既有联系又存在着一定的差别。反义 RNA 是利用完全互补的 RNA 与同源 mRNA 杂交，形成互补双链 mRNA/RNA，以阻断基因的表达。而 RNAi 则是通过生成 siRNA、siRNP(siRNA protein complex, 核酸内切酶复合物)，后者对同源 mRNA 进行特异降解引起基因沉默。然而，反义 RNA 亦可通过 RNAi 的机理使基因的表达受到抑制，即反义 RNA 与 mRNA 形成 dsRNA 后在一定程度上可通过生成 siRNA 而发挥基因抑制作用。

RNAi 现象首先在植物研究中发现，因此，在该领域的应用研究比较深入。植物体可以利用 RNA 干扰来抵御病毒或者外来核酸的侵入，从而保护机体免受病毒等侵害。此外，利用 RNA 干扰技术可以进行植物基因功能分析、基因表达和调控、作物品种改良和抗病虫害等。随着研究的不断深入，RNA 干扰将在植物学研究领域发挥越来越重要的作用。

(3) miRNA 和长链非编码 RNA

miRNA 和长链非编码 RNA 不同于前面两种，都是生物体内自身含有的 RNA，它们都可以与体内靶标 mRNA 结合，调控靶 RNA 的表达

miRNA(MicroRNA)是一类长度很短的非编码调控单链小分子 RNA，约 20~24 nt，少数小于 20 nt 的。miRNA 基因以单拷贝、多拷贝或基因簇等多种形式存在于基因组中，而

且绝大部分定位于基因间隔区。其转录独立于其他基因，并不翻译成蛋白质，而是在体内代谢过程中起到多种调控作用。现已证实，miRNA 广泛存在于真核生物细胞内，是最大的基因家族之一，大约占到整个基因组的 1%。而且，miRNA 与其靶分子 mRNA 组成了一个复杂的调控网络，如某一特定的 miRNA 可以与多个 mRNA 分子结合而发挥调控功能，反之，不同的 miRNA 分子也可以结合在同一 mRNA 分子上，协同调控此 mRNA 分子的表达。

miRNA 有 6 个明显特征：①广泛存在于真核生物中，是一组不编码蛋白质的短序列 RNA，它本身不具有开放阅读框架（ORF），并且由不同于 mRNA 的独立转录单位表达；②通常的长度为 20~24 nt，但在 3 端可以有 1~2 个碱基的长度变化（对 miRNA 的具体长度范围尚无统一标准，在拟南芥和烟草中发现的 26 nt RNA）；③成熟的 miRNA，5′端有一磷酸基团，3′端为羟基，且具有独特的序列特征。它们可以和上游或下游的序列不完全配对形成茎环结构。这一特点是它与大多数寡核苷酸和功能 RNA 的降解片段区别开来；④miRNA 5′端第一个碱基对 U 有强烈的倾向性，而对 G 却有抗性，但第 2-4 个碱基缺乏 U，一般来讲，除第四个碱基外，其他位置碱基通常都缺乏 C；⑤保守性：在已知的鼠和人类的 miRNA 中有 53% 与斑马鱼等同源，已有实验证明约 12% 的 miRNA 在线虫、果蝇、哺乳动物和植物中呈现保守性，而且序列比较发现，这些保守片段中碱基差异仅仅为 1~2 nt；⑥时序性和组织特异性：即在生物发育的不同阶段里有不同的 miRNA 表达，在不同组织中表达有不同类型的 miRNA。miRNA 在不同的细胞和组织中不同发育时间的差异性表达，暗示它们极可能控制生物体发育的特定过程；而部分 miRNA 在多种细胞或组织中的均一表达可能意味着它们在基因表达调控中具有更加广泛的作用。

长链非编码 RNA（long non-coding RNA，lncRNA）是一类本身不编码蛋白、转录本长度超过 200nt 的长链非编码 RNA 分子，它可在多层面上（表观遗传调控、转录调控以及转录后调控等）调控基因的表达。起初，lncRNA 是被认为是基因组转录的"噪声"，无生物学功能。随着研究的深入，已经发现 lncRNA 是一类参与多种生物学进程的非编码 RNA。

lncRNA 有 5 个特点：①lncRNA 的长度在 200~100 000 nt，具有 mRNA 相似的结构，经剪接，具有 ployA 尾巴以及启动子结构，分化过程中有动态的表达以及不同的剪接方式，形成不同的 lncRNA；②lncRNA 一般无蛋白编码能力，但是有很多 lncRNA 能编码一些短肽；③lncRNA 的保守性较低；④lncRNA 的表达具有组织特异性以及时空特性。不同的组织表达 lncRNA 的量是不同的，即使是同一组织中，处于不同状态时表达量也不同；⑤lncRNA 的定位有区别。不同的 lncRNA 在细胞内（外）的丰度不同。

2.2.2.3　表观遗传调控

表观遗传学是研究基因的核苷酸序列不发生改变的情况下，基因表达可遗传变化的一门遗传学分支学科。表观遗传的现象很多，已知的有 DNA 甲基化（DNA methylation）、基因组印记（genomic imprinting）、基因沉默（gene silencing）、母体效应（maternal effects）、核仁显性、休眠转座子激活和 RNA 编辑（RNA editing）等。

（1）DNA 甲基化

DNA 甲基化是指在 DNA 甲基化转移酶的作用下，在基因组 CpG 二核苷酸的胞嘧啶 5′碳位共价键结合一个甲基基团。正常情况下 DNA 胞嘧啶甲基化包括非对称（mCpHpH）甲基化和对称（mCpG 和 CpHpG）甲基化，可以抑制启动子的染色质和基因转录。植物中，

DNA甲基化受甲基转移酶、染色质重塑因子和RNAi的调控。基因中异常的超甲基化导致转录抑制和基因沉默，且这种异常的甲基化模式(methylation patterns)可遗传数代。

对DNA胞嘧啶甲基化的分析方法有多种。其中，经典的方法是模板DNA用甲基化敏感的限制性内切酶进行酶切，酶切的DNA和特殊的接头连接并通过PCR分析，或者酶切的基因组DNA通过Southern点杂交分析。另一个应用较多的方法是根据亚硫酸氢钠在变性条件下转化非5-甲基化胞嘧啶(C)为尿嘧啶(U)，亚硫酸盐处理的DNA经PCR扩增转化尿嘧啶(U)为胸腺嘧啶(T)这一特性，用亚硫酸盐处理DNA，对差异序列进行PCR或DNA测序分析。也有将基因组DNA用5-甲基化胞嘧啶特异的抗体破碎和沉淀，沉淀的DNA通过PCR或全基因组覆瓦芯片进行甲基化DNA免疫共沉淀测序(methylated DNA immunoprecipitation, MeDIP)。

Baurens等(2003)分析了马占相思(*Acacia mangium*)幼嫩和成熟外植体离体繁殖微芽的基因组DNA甲基化，以及基因组DNA甲基化与阶段改变指示器——微芽叶型的关系。HPLC分析表明，展示幼嫩叶形态的微芽的DNA甲基化程度(22.4%)高于成熟叶状柄的形态型(20.7%)，马占相思微芽的DNA甲基化程度和已报道的其他被子植物的一致。Fraga等(2002)还发现辐射松(*Pinus radiate*)的幼年和成年植株的分生区域的DNA甲基化程度有很大差异，而幼年和成熟植株的分化组织的DNA甲基化程度的差异却很小。在分生组织的区域中，DNA甲基化程度随着复壮程度的增加而递减。在老化和复壮中观察到的DNA甲基化程度的改变表明复壮或许是对抗老化的表观遗传修饰的结果。Kovalchuk等(2003)用基于对甲基化敏感的限制性内切酶HpaII的方法，对受切尔诺贝利核泄漏辐射的苏格兰松(*Pinus silverstris*)的基因组DNA甲基化进行检测，发现其基因组DNA很大程度地超甲基化(hypermethylation)，而且，超甲基化程度似乎依赖于树体吸收的辐射剂量。这种超甲基化或许被认为是植株预防基因组不稳定和遗传物质重组的策略，从而在极端环境下得以生存。

目前对DNA甲基化可遗传性的研究还不是太透彻，在育种上的应用前景还不明朗。因此，随着分子生物学的发展，高通量测序技术的进步，甲基化关联分析等技术的出现，能够更加清晰地解析植物响应外界环境胁迫的DNA甲基化变化，深入研究不同发育时期，不同组织甚至不同细胞的甲基化变化，从而能够深入地阐明DNA甲基化响应环境胁迫的作用原理及规律，为植物品种的培育和遗传改良提供表观遗传修饰方面的理论依据。

(2)基因组印迹

父方或母方的某等位基因，在子代的表达不同，而具有不对称性，成为印记，且具有持久的传代能力。这就是在被子植物、哺乳动物和原生动物中发现的亲本印记效应。像这种依赖于亲本起源的特殊等位基因表达不对称的现象称为基因印记，相应的基因组称之为基因组印记(genomic imprinting)。这种修饰常为DNA甲基化修饰，也包括组蛋白乙酰化、甲基化等修饰。在生殖细胞形成早期，来自父方和母方的印记将全部被消除，父方等位基因在精母细胞形成精子时产生新的甲基化模式，但在受精时这种甲基化模式还将发生改变；母方等位基因甲基化模式在卵子发生时形成，因此在受精前来自父方和母方的等位基因具有不同的甲基化模式。发现的印记基因大约80%成簇，这些成簇的基因被位于同一条链上的顺式作用位点所调控，该位点被称作印记中心(imprinting center, IC)。印记基因的存在反映了性别的竞争，从发现的印记基因来看，父方对胚胎的贡献是加速其发育，而母方则是限制胚胎发育速率，亲代通过印记基因来影响其下一代，使它们具有性别行为特异性以保证本方基因在遗传中的优势。

表观遗传学的发展使人们认识到，起源于雌性组织的卵细胞和极核在受精前由母体基因表达来控制。在受精后，合子和胚乳的发育建成则由母本和父本基因组协作完成。这种母本或者父本的某等位基因表达量具有不对称性，且能持久传代。因此，在合子的启动分裂以及胚乳发育中，父本基因组的作用仍需进一步研究。一些被印迹的基因对胚乳发育起重要的作用。印迹的等位基因通过积极移除DNA甲基化而被激活，由polycomb group复合体介导的组蛋白甲基化在沉默的等位基因上提供了另一层次的表观遗传调控。当中央细胞(central cell)的受精被阻止时，胚乳基因印迹能从种子发育中分开。印迹或许是胚乳中保证中央细胞受精以阻止孤雌生殖发生的一种机制。

(3) 基因沉默

基因沉默(gene silencing)是指生物体中特定基因由于种种原因不表达或者是表达减少的现象。基因沉默现象首先在转基因植物中发现，接着在线虫、真菌、水螅、果蝇以及哺乳动物中陆续发现。外源基因进入细胞核后，会受到多种因素的作用，根据其作用机制和水平不同可分为三种：位置效应(position effect)、转录水平的基因沉默(tranional gene silencing，TGS)和转录后水平的基因沉默(post-tranional gene silencing，PTGS)。

①位置效应 是指基因在基因组中的位置对其表达的影响。外源基因进入细胞核后首先整合到染色质上，其整合位点与表达有密切的关系。如果整合到甲基化程度高、转录活性低的异染色质上，一般不能表达；如果整合到甲基化程度低、转录活性高的常染色质上，其表达受两侧DNA序列的影响。植物基因组常是由具有相似GC含量DNA的片段相互嵌合在一起的，外源基因的插入打乱了它们正常的组合。

②转录水平的基因沉默 启动子甲基化是转录水平上的基因沉默中较为常见的一种，比之于上述的DNA甲基化实质上并没有区别，只是发生的区段和在基因表达的先后时间顺序上有所差异。研究发现，转录水平上的甲基化多发生在基因5′端的启动子区域，基因的表达水平与其整合位点的甲基化程度密切相关，而这种甲基化的发生条件则依赖于一种被称之为从头甲基化转移酶(denovo DNA methytransferase，DNMT)的识别和加工。这种基因区段性的甲基化是通过核酸碱基互补配对实现传递的，现有实验证明这种甲基化是可以由基因5′端的启动子区域延伸到基因3′端，而核苷酸配对过程得以使甲基化在基因组中自由传递，进而导致整合区域的基因均不表达或随机表达，这与基因转座子相类似，去甲基化试剂可以逆转转基因沉寂现象即可说明这一理论。

③转录后基因沉默 指转基因在细胞核里能稳定转录，细胞质里却无相应的稳定的mRNA存在的现象，即在基因转录后的水平上通过对靶标RNA进行特异性降解而使基因失活。植物中RNA沉默的最显著特征是它是一种非细胞自发的过程，能够局部诱导。随后通过一种可移动的信号分子扩散至整个植物组织。其作用表现在抵御病毒、转座子等外来核酸的入侵、识别并抑制外源基因的表达，具有维持生物基因组稳定性的重要功能。

基因沉默是基因表达调控的一种重要方式，是生物体在基因调控水平上的一种自我保护机制，在外源DNA侵入、病毒侵染和DNA转座、重排中有普遍性。对基因沉默进行深入研究，可帮助人们进一步揭示生物体基因遗传表达调控的本质。例如，在植物的防卫机制中，一些具有特殊功能的基因起着重要作用。利用病毒诱导基因沉默机制可以在短时间内鉴定一种植物的多个基因的功能。在植物抗病机制的研究和转基因抗病育种中，可以鉴定和利用一些与抗病反应和识别病原有关的一些基因。

提要与小结

遗传信息传递的主要方式是以 DNA 或 RNA 为储存形式，以蛋白质或 RNA 为功能表现形式。DNA 的组成五碳糖是脱氧核糖，RNA 的组成五碳糖是核糖；DNA 所含的碱基是腺嘌呤（A）、鸟嘌呤（G）、胞嘧啶（C）、胸腺嘧啶（T），而 RNA 含有的 4 个碱基其他 3 个与 DNA 完全相同，只有胸腺嘧啶（T）被尿嘧啶（U）所代替；DNA 通常为双链，分子链较长，而 RNA 主要为单链，分子链较短。

DNA 在进行复制的时候链间氢键断裂，双链解旋分开，每条链作为模板在其上合成互补链，经过一系列酶（DNA 聚合酶、解旋酶、连接酶等）的作用生成两个新的 DNA 分子。子代 DNA 分子其中的一条链来自亲代 DNA，另一条链是新合成的，这种方式称半保留复制。mRNA 分子上从 5′端到 3′端方向，由起始密码子 AUG 开始，每三个核苷酸组成的三联体。它决定肽链上某一个氨基酸或蛋白质合成的起始、终止信号。遗传信息从 DNA 传递给 RNA，再从 RNA 传递给蛋白质，完成遗传信息的转录和翻译。也可以从 DNA 传递给 DNA，即完成 DNA 的复制。在某些 RNA 病毒中，RNA 能以反转录的方式将遗传信息逆向传递给 DNA 分子，这些发现使"中心法则"得以补充和发展。

蛋白质生物合成又称翻译，是指以新生的 mRNA 为模板，把核酸的碱基序列转变为蛋白质中的氨基酸序列。在合成过程中，mRNA 是合成蛋白质的模板，rRNA 是蛋白质合成的工作场所，tRNA 是 mRNA 上遗传密码子的识别者和氨基酸的转运者。产生的蛋白质氨基酸序列仍需要加工、修饰和运输，才能变成有功能的蛋白质。

在历史发展的不同时期，人们对基因概念的理解有着不同的内涵。在严格意义上界定一个基因时，必须考虑所讨论基因的基因水平和研究背景，不同前提可导致所指基因的具体概念在分子水平上有很大差异。随着生物科学的发展，基因概念还将被赋予更新的内容。

基因表达调控是生物体内基因表达的调节控制，使细胞中基因表达的过程在时间、空间上处于有序状态，并对环境条件的变化作出反应的复杂过程。基因表达调控是生物体内细胞分化、形态发生和个体发育的分子基础，非编码 RNA 和表观遗传等调控技术在植物育种等方面具有较大的应用前景。

复习思考题

1. 遗传物质必须具备什么功能？为什么 DNA 适合作为遗传物质？
2. 简述核酸的化学组成。
3. 简述 DNA 分子双螺旋结构及其特点。
4. 简述 DNA 复制的基本规则。
5. 简述 RNA 的种类及各自的生物学功能。
6. 简述 DAN 转录的主要特点。
7. 简述遗传密码的特征。
8. 简述中心法则的内容。
9. 简述蛋白质生物合成的基本过程。
10. 简述基因概念的发展历程和现代基因的含义。
11. 简述基因表达调控的特点及方式。

第3章 遗传变异的产生与利用

知识导图

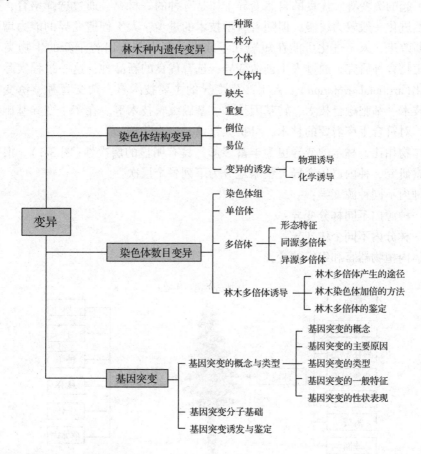

3.1 林木种内变异概述

生物体亲代与子代之间以及子代的个体之间总存在着或多或少的差异，这就是生物的变异现象。生物的变异有些是可遗传的，有些是不可遗传的。不可遗传的变异仅仅是由外界因素，如气候、土壤等造成的，并没有引起生物体内的遗传物质的变化，因而不能够遗传下去，属于不遗传的变异。可遗传的变异是指生物体能遗传给后代的变异，包括基因重组、基因突变和染色体变异。基因重组是指非等位基因间的重新组合，能产生大量的变异类型，但只产生新的基因型，不产生新的基因。基因重组的细胞学基础是性母细胞的减数分裂第一次分裂，同源染色体彼此分裂的时候，非同源染色体之间的自由组合和同源染色体的染色单体之间的交叉互换。基因重组是杂交育种的理论基础。染色体变异是指染色体的数目或结构发生改变。基因突变是指基因的分子结构的改变，即基因中的脱氧核苷酸的排列顺序发生了改变，从而导致遗传信息的改变。遗传变异不仅表现在外部形态上，如树高、胸径等，也表现在生理和生态特性上，如抗旱性、抗寒性等。

自然进化是自然变异和自然选择的结果。植物在自然环境中，由于包括气候因子、生物因子和生态因子的变化而引起植物发生的可遗传变异称为自然变异(natural variability)。这种变异通常在万分之几到十万分之几。发生自然变异的原因有天然杂交、自然界化学和物理因素引起的突变等。优良的自然变异个体是育种的好材料，通过选择培育，可育成新品种。自然进化一般较为缓慢，但随着科学技术的进步，人工创造变异的能力增强，选择方法的不断改进，人工进化可能在短短几年或十几年中创造出若干新的生物类型或新品种。开展植物育种研究，通过人工创造变异，选育优良的新品种，这一过程实际上就是植物人工进化(artificial evolution)。人工产生变异的主要技术有：杂交育种、诱变技术、染色体加倍技术、细胞融合技术、转基因技术、基因编辑技术等。在产生变异基础上，通过人工选择，对符合生产需要的林木，可扩大繁殖，广为栽培。

与农作物相比，林木的变异更为丰富多彩，具有明显的层次性(图3-1)。根据国内外大量的观察研究，种内遗传变异可粗略地分为下列各个层次：

①树种内不同种源变异；
②同一种源内不同林分变异；
③同一林分内不同个体变异；
④个体内植物器官和组织的变异。

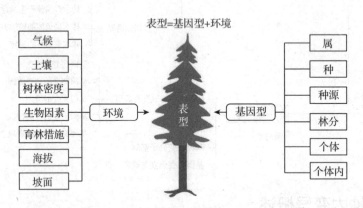

图 3-1 基因型与环境造成树木间差异示意

变异是生物多样性和进化的根源，是选择育种的前提。了解一个树种各个层次的变异和变异大小，对正确制订育种方案，充分利用各个层次的变异十分重要。不同树种，以及同一树种不同性状的变异模式不尽相同，不能用统一的模式来描述，这就需要通过试验来确定。

对一个树种变异规律的了解，首先应从地理变异入手。同一个树种，特别是分布区广的树种，由于分布区内气候和土壤条件不同，经历长期隔离和自然选择，不同地理起源的繁殖材料在适应性和生长习性方面有差异，有时这种差异是十分明显的。这是树木性状遗传变异的重要来源，已普遍得到了重视和利用。地理变异规律是在一个树种自然分布区范围内的地理变异的总趋势，将在第 5 章中介绍。

同一个地区范围内会有许多不同的林分。由于不完全相同的自然选择因素长期作用下，在生态习性方面可能表现出不同的特征，特别是在人为干预下，在生长、干形等经济性状方面很可能是不相同的。因此，不少人强调，要在同一种源范围内，进一步采集不同林分材料进行试验、观测，以期筛选出更能满足需要的繁殖材料。母树林(seed production stand)是在优良天然林或确知种源的优良人工林的基础上，通过留优去劣的疏伐，为生产遗传品质较好的林木种子而营建的采种林分。在种子园的产种量未能满足需要之前，母树林是重要采种基地。同一般采种林分比较，从母树林取得的种子，播种品质较好，产量较高，遗传品质也有一定程度的改良；面积集中，便于开展产量预测和培育管理工作。同种子园相比，母树林营建技术简单，从筹建到大量收获种子之间的非生产性时间短，可以及早提供造林用种。

在同一个林分内不同植株间，生长量、材质等经济性状上的变异极为普遍。据 Zobel 报道，在相似立地条件下的同龄火炬松林分中，即使遗传力较高的木材比重，在不同植株间也可相差达 0.15～0.20 g/cm³（图 3-1）。优树选择就是基于这类个体变异。优树（plus tree），是指在某些性状上超过同等立地条件下周围同种、同龄树木的单株。从天然林或人工林群体中，按选种目标和优树标准进行表型个体的选择，从入选的优良单株上分别采种、采条、进行遗传测定，建立种子园或采穗圃繁育良种。

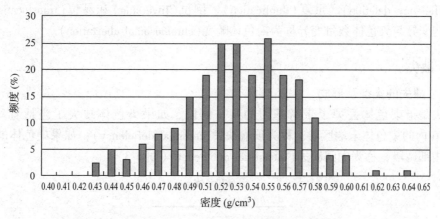

图 3-2 相似条件下同龄火炬松林分中不同植株木材比重的个体变异（引自 Zobel，1984）

芽变(bud sport)，属体细胞突变。植物的组织和器官在经常进行的细胞分裂过程中，由于外界条件，如气候、土壤、砧木及栽培技术措施等的影响，植物芽的分生组织细胞自然发生的遗传物质的突变。当产生突变的芽萌发长成枝条，形成了在树体形态、结构、生理、生化等方面与同一母株上其他枝条或芽不同的枝或芽。选择突变芽及其长成的枝，经过无性繁殖可培育出新品种。在果树上，除由遗传物质变异而发生芽变外，还普遍存在着由环境因素造成的不能遗传的表现型变异称为饰变，这些饰变是非遗传物质的变异，是不可能遗传给下一代的。芽变常常以嵌合体的形式出现，使变异不够稳定，选种时，要设法分离出同质突变体，以保持优良性状。

人们很早就认识到果树的芽变现象，如早在公元1059年我国宋朝的《荔枝谱》中就对荔枝的芽变有所描述。虽然在生产上早已有所利用，但是将其作为育种手段是20世纪初期以后才开始的。芽变是果树新品种的重要来源。苹果和柑橘是最易产生芽变的果树，也是通过芽变选种获得新品种最多的两类果树。据统计，全世界现有苹果品种的10%左右源于芽变；甜橙、温州蜜柑与葡萄柚等主要柑橘类的大多数品种也是由芽变选种育成的。但芽变在林木遗传育种中还很少报道。这与过去林木育种的目标比较单一、变异发生不经常、观察比较粗放等有关。

3.2 染色体结构变异

染色体是基因的载体。在正常情下，生物染色体的形态和结构是稳定的，由此保证了遗传物质在世代传递过程中的稳定性。但是，这种稳定是相对的，许多因素都会影响到染色体结构的稳定性，如营养、温度、生理等的异常变化，紫外线、X射线、γ射线、中子等物理因素或化学药剂都会使染色体折断。染色体或染色单体的断裂，产生两个断裂端，这些断裂端会产生几种情况：①重新愈合成原来的结构，保持原状；②不愈合，无着丝粒的片段丢失，有着丝粒的染色体片段进入子代，使得后代染色体片段出现缺失；③与另一断裂产生的断裂端连接，产生新的染色体结构。遗传学中通常用"断裂—错接"解释染色体结构变异(variation in chromosome structure)的机理。归纳起来，染色体结构变异有4类：缺失(deficiency/deletion)、重复(duplication)、倒位(Inversion)和易位(translocation)。染色体结构变异与染色体数目变异称为染色体畸变(chromosomal aberration)。

3.2.1 缺失

3.2.1.1 缺失的类型及形成

缺失是指染色体丢掉了带有基因的某一区段。如果染色体缺失了包括着丝粒(telomere)在内的染色体末端区段，称为顶端缺失(terminal deficiency)；如果染色体缺失了一条臂的内部区段，称为中间缺失(interstitial deficiency)(图3-3)。

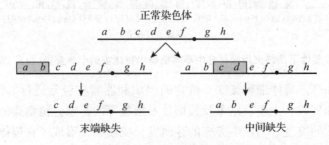

图3-3 缺失的类型与形成

当染色体上发生一次断裂，保持断头不发生重接愈合，就会产生顶端缺失。如某染色体各区段的正常直线顺序是 $abc \cdot defgh$（·代表着丝粒，下同），在 $f \sim g$ 之间断裂、缺失"gh"区段就成为顶端缺失染色体。"gh"区段不包含着丝粒，称为无着丝粒断片(fragment)。这种断片在细胞分裂时不能正常分配到子细胞核中,因而在后续细胞分裂过程中会被丢失。染色体也可能缺失一整条臂而成为有着丝粒染色体(telocentric chromosome),有时也把带有染色体臂缺失的生物体称为端体。

染色体一条臂上产生两次断裂,重接时将中间区段排除在外,就会形成中间缺失。如前述染色体的 e-f 和 g-h 之间各发生一次断裂,重接时 e 区段断头与 h 区段断头连接,就缺失"fg"区段成为中间缺失染色体;"fg"区段也是无着丝粒断片。

顶端缺失染色体带着无着丝粒的断头难以正常愈合,结构很不稳定,因此较少见。中间缺失染色体没有断头外露,比较稳定,也更为常见。如果某对染色体中一条为缺失染色体而另一条为正常染色体,则该个体称为缺失杂合体(deficiency heterozygote);而带有一对缺失相同区段同源染色体的个体称为缺失纯合体(deficiency homozygote)。缺失纯合子往往是致死的。

3.2.1.2 缺失的细胞学鉴定

缺失的细胞学鉴定是比较困难的。在发生缺失的当代细胞中,其分裂过程中可以见到无着丝粒的染色体片段。随着细胞世代的增加,片段丢失。只能根据染色体在减数分裂过程中的配对情况加以鉴别。末端缺失杂合体形成的二价体是不等长的。顶端缺失染色体的断头可能同另一个有着丝粒的染色体断头重接,形成双着丝粒染色体(dicentric chromosome)。细胞分裂后期如果两个着丝粒分别被牵引向两极,着丝粒之间的区段将形成连接两极的染色体桥,并且被再次拉断形成新的不稳定断头。这一过程被称为断裂—融合—桥循环(breakage-fusion-bridge cycle),因为它会在每一次细胞分裂过程中反复出现。具有断头姊妹染色体单体间彼此靠近,发生断头融合并形成断裂—融合—桥循环的可能性很高。中间缺失杂合体,与缺失区段相对应的正常区段会被排斥在外而形成瘤或环(图3-4)。缺失纯合体在形态上无法鉴别,只有通过核型分析,与正常细胞中的相应染色体比较,才能获得有关信息。若缺失区段很小,鉴定更加困难。

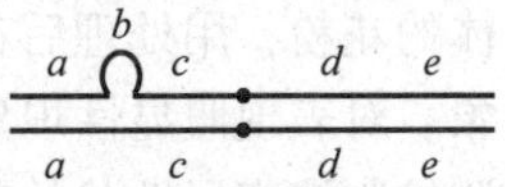

图 3-4 中间缺失杂合体染色体联会示意

3.2.1.3 缺失的遗传效应

染色体区段缺失意味着该区段上载有的基因也随之丢失,所以染色体缺失首先导致缺失区段基因控制的生物功能丧失或表现异常。

(1)缺失的致死效应

缺失纯合体一般都表现出致死、半致死或生活力显著降低等现象;如果缺失的区段很小,而又不带有重要基因,缺失杂合体是可以存活下来,通常也表现为生活力、繁殖力差。若缺失区段较长时,或缺失区段虽不长,但缺少了对个体发育有重要影响的基因时,通常也是致死的。只有缺失区段不太长,且又不含有重要基因的缺失杂合体才能生存,但其生活力也很差。含缺失染色体的配子体一般都是败育的,花粉尤其如此,雌配子的耐受性略强。含缺失染色体的雄配子即使不败育,在授粉后受精过程中也难于竞争过正常雄配子。因此,缺失染色体主要是通过雌配子遗传的。

(2)假显性现象

如果某一隐性基因所对应的等位显性基因正好位于缺失区段内,则该隐性基因处于半合状态。由于没有显性基因的遮盖,该隐性基因得以表现。这种现象被称为假显性现象

(pseudodominance)。例如，玉米植株颜色紫色(*Pl*)对绿色(*pl*)为显性。1931年，麦克琳托克(McClintock)用经X线照射的紫株(*Pl Pl*)花粉给正常绿株(*pl pl*)授粉，发现在F_1中出现个别的绿苗(假显性)。进一步研究发现，*Pl*基因座位位于玉米第6染色体外端，X射线照射可导致部分花粉发生第6染色体外段缺失。这类花粉受精结合产生的后代中*Pl*基因丢失，来自母本的*pl*基因呈半合状态(hemizygous condition)，植株就表现为绿色(图3-5)。

这种假显性现象，很容易与隐性突变混淆，二者很难区分，必须通过相应的细胞学检查才能确定，不能仅根据表现型来判断。

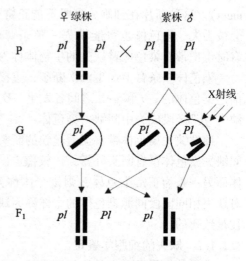

图3-5 玉米植株颜色的假显性现象
(引自Klug et al., 2002)

3.2.1.4 缺失的应用

利用缺失的细胞学鉴定与假显性现象可以确定基因在染色体上的大致区域，这种方法称为缺失作图(deficiency mapping)。高等植物中，采用诱导染色体断裂的方法处理显性个体的花粉，用处理后花粉给隐性性状母本授粉。然后，观察后代中哪些个体表现假显性现象。对表现假显性现象个体进行细胞学鉴定。如果该个体发生了一个顶端缺失，就可以推测控制该变异性状的基因位于缺失区段。

中间缺失杂合体二价体上缺失圈显示了缺失区段的在染色体上的位置，因此也可据以定位表现假显性现象的基因。

3.2.2 重复

3.2.2.1 重复的类型及形成

重复是指某一区段在同一染色体上出现不止一次的现象。重复一般分为顺接重复(tandem duplication)和反接重复(reverse duplication)两种类型。顺接重复是指重复片段紧接在固有的区段之后，重复片段内基因顺序同源染色体上的正常顺序一致。反接重复是指重复片段与固有片段衔接在一起，重复区段内的基因顺序与原染色体上的正常顺序相反(图3-6)。重复区段并不总是与原有区段邻接，当重复区段出现在同一染色体的其他位置称为错位重复(displaced duplication)。如图3-6中区段错位重复染色体(*abfgc · defgh*)。重复杂合体(duplication heterozygote)指的是某对同源染色体中，一条为重复染色体而另一条为正常染色体；而重复纯合体(duplication homozygote)中含有一对发生了相同重复的同源染色体。

3.2.2.2 重复的细胞学鉴定

重复与缺失具有某些相似的细胞学特征。重复染色体长度比正常染色体长，可导致染色体两臂相对长度变化，在光学显微镜下这些变化的可检测程度取决于重复区段的大小。

重复杂合体减数分裂时联会表现如下：①在染色体末端非重复区段较短时，重复区段可能影响末端区段配对，可能形成二价体末端不等长突出；②如果重复的区段较长，重复区段会被排挤出来，成为二价体的一个突出的环或瘤——重复圈或重复环(duplication

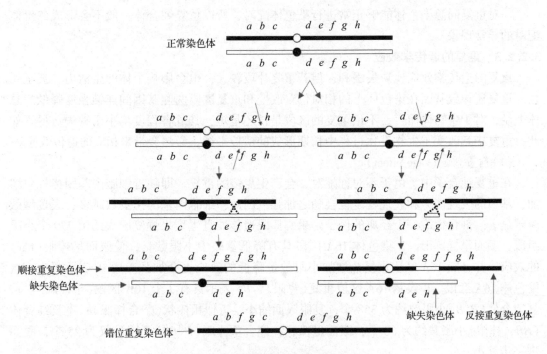

图 3-6 重复的类型与形成的示意

loop)(图 3-7)。顺接重复形成重复圈的位置在一定范围内变化。缺失圈和重复圈需要参考染色体长度、带型、横纹等特征及性状变异加以区别;③如果重复区段极短,联会时二价体可能就不会有环或瘤突出。因此微小片段重复的细胞学鉴定是比较困难的,往往难以与具有相似遗传效应的基因突变区分。

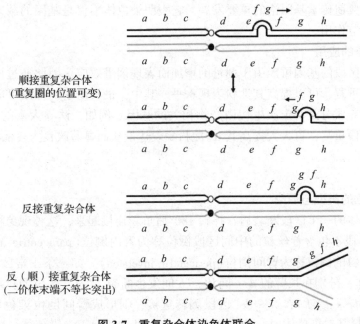

图 3-7 重复杂合体染色体联会

一对重复同源染色体能够正常进行染色体配对,所以重复纯合体一般不会形成二价体配对的异常现象。

3.2.2.3 重复的遗传学效应

重复的遗传学效应比缺失缓和,但若重复片段较大,也会影响个体的生活力,甚至死亡。重复还导致基因在染色体上的相对位置改变和重复区段两侧基因间连锁强度降低。总体上说,对于生物体而言,不论重复的区段是长还是短,其危害程度均小于缺失。尽管如此,重复毕竟改变了生物进化过程中长期形成的遗传平衡,必然会带来相应的遗传效应。

(1)剂量效应(sage effect)

在重复纯合子中,由于不对称配对,会产生更多的重复。即随着细胞内基因拷贝数增加,基因的表现能力和表现程度也会随之加强。因此,细胞内基因拷贝数越多,表现型效应越显著。剂量效应一个经典的例子是果蝇棒眼遗传。野生型果蝇复眼大约由779个小眼组成,颜面呈椭圆形。X染色体16A区段具有降低复眼中小眼数量,使眼面呈棒眼(bar)的效应,并且随16A区段重复数增加小眼数量降低的效应也会加强。用B^+表示野生型X染色体16A区段、B表示16A区段重复(棒眼)、B^D表示具有3个16A区段(重棒眼)。重复杂合体(B^+B)小眼数约为358个,复眼眼面缩小,近似粗棒状(杂合棒眼);重复纯合体(BB,棒眼)小眼数约为68个,眼面呈棒状;纯合重棒眼(B^DB^D)小眼数仅为25个,眼面进一步缩小。

(2)位置效应(position effect)

通过果蝇棒眼遗传研究,还揭示了基因作用的另一个重要效应—位置效应,即基因的表现型效应会随其在染色体上位置不同而改变。棒眼与杂合双棒眼均具有4个16A区段,然而后者的小眼数比前者更少。这是由于棒眼型4个重复区段平均分布于两条X染色体上,而杂合体重棒眼一条X染色体上只有1个16A区段,而另一条上只有3个。位置效应的发现是对经典遗传学基因论的重要发展,它表明染色体不仅是基因的载体,而且对基因的表达具有调节作用。

3.2.2.4 重复的应用

由于重复区段的基因可能由于剂量的增加而表现剂量效应,因此通过诱导特定基因所在染色体区段重复,可以提高其性状表现水平。其中,最具前途的应用可能包括植物抗逆相关基因、营养成分或特定次生代谢产物相关的基因。例如,诱导大麦的α-淀粉酶基因所在染色体区段重复,可大大提高其α-淀粉酶表达量从而显著改良大麦品质。

3.2.3 倒位

3.2.3.1 倒位的类型与形成

一条染色体的一个区段断裂后,掉转180°后重新连接起来,这种现象称为倒位(inversion)。倒位区段不包含着丝粒的中间区段倒位称为臂内倒位(paracentric inversion);倒位区段包含着丝粒的倒位称为臂间倒位(pericentric inversion)。如一条正常区段顺序为abc·defgh的染色体,分别在长臂的d-e间和g-h间发生断裂,"efg"区段倒转重接后形成臂内倒位染色体(abc·dgfeh);"c·de"区段倒转重接,则形成臂间倒位染色体(abed·cfgh)(图3-8)。如果某对染色体中一条为倒位染色体而另一条为正常染色体,则该个体为倒位

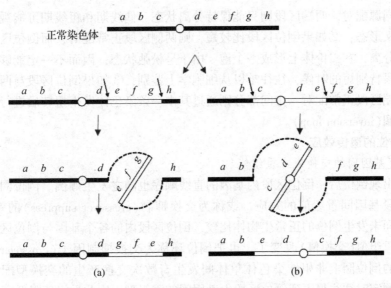

图 3-8 倒位的类型与形成示意
(a) 臂内倒位染色体　(b) 臂间倒位染色体

杂合体(inversion heterozygote);而含有一对发生相同区段倒位同源染色体的个体称为倒位纯合体(inversion homozygote)。

3.2.3.2 倒位的细胞学鉴定

在倒位杂合体中,由于倒位区段与其正常同源染色体对应区段方向相反,因此也不能联会形成正常的二价体。二价体的异常形态因倒位区段长度和两端未倒位区段长度而异(图 3-9)。①如果倒位区段很长,而两端区段较短,其中一条染色体反转使两条染色体倒

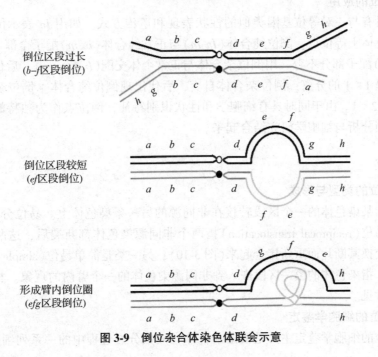

图 3-9 倒位杂合体染色体联会示意

位区段部分同源配对，两端区段则只能保持分离状态。偶线期和粗线期可能观察到二价体两端具有分叉形态；②如果倒位区段比较短，则两侧区段正常配对，而倒位区段与对应正常区段保持分离，在二价体上形成一个泡。由于呈松弛状态，因而不一定能够观察到。尤其是倒位区段特别短的时候，往往难以从细胞学上鉴别；③如果倒位区段与两端区段长度适中，则两端区段正常配对，中间部分则通过其中一条染色体发生扭转后进行同源区段配对形成倒位圈(inversion loop)。

3.2.3.3 倒位的遗传效应

(1) 改变基因间的交换率或重组值

染色体出现倒位后，倒位区段内基因的直线顺序也随之发生颠倒。倒位圈结构还具有降低倒位区段基因间重组值的效应，或称为交换抑制(crossover suppress)的效应。因此，倒位纯合体同未发生倒位的正常生物体比较，倒位区段内的各个基因与倒位区段外的各个基因之间的重组值(交换值)改变了，也把倒位环称为交换抑制因子(crossover supressor)。倒位杂合体的倒位圈上非姐妹染色体单体间发生奇数次交换产生的交换型配子都是不育的，重组值测定时往往得不到倒位区段上基因间的重组型，因此重组值降低。

(2) 影响基因间的调控方式

基因间的关系是在长期进化过程中形成的，倒位改变基因之间固有的相邻关系，将导致某些基因的调控方式发生根本性变化，可能使正常表达的基因被迫关闭，也可能使原来关闭的基因被激活，从而造成遗传性状的改变。

(3) 对生物进化的影响

倒位杂合体相互交配产生倒位纯合体，这些个体与原来正常的个体不能进行有性繁殖，形成生殖隔离，往往会形成新的物种。因此，倒位是生物进化的重要途径之一。

3.2.3.4 倒位的应用

倒位点具有与一对等位基因类似的性状表现和遗传方式。如用 In 表示倒位点，用 in 表示正常染色体上等位点。倒位纯合体($In\ In$)与正常纯合体($in\ in$)配子全部可育，而倒位杂合体($In\ in$)配子部分不育。用倒位杂合体与正常个体交配($Inin×inin$)，后代倒位杂合体与正常个体呈1:1的分离；倒位杂合体自交，后代出现倒位纯合体：倒位杂合体：正常纯合体为1:2:1。由于同时具有细胞学和性状识别特征，倒位点作为独特的显性遗传标记，可将连锁分析与细胞学研究结合起来。

3.2.4 易位

3.2.4.1 易位的类型与形成

易位是指某染色体的一个区段转接在非同源的另一条染色体上。易位分为两种类型。一类是相互易位(reciprocal translocation)指两个非同源染色体都断裂后，这两个断裂了的染色体相互交换其断片而重新接合起来(图3-10)；另一类是简单易位(simple translocation)或单向转移，指染色体的第一区段嵌入到非同源染色体的一个臂内的现象。相互易位比简单易位更为常见。

3.2.4.2 易位的细胞学鉴定

相互易位的细胞学鉴定主要是根据杂合体在减数分裂过程中的一系列细胞学特征(图

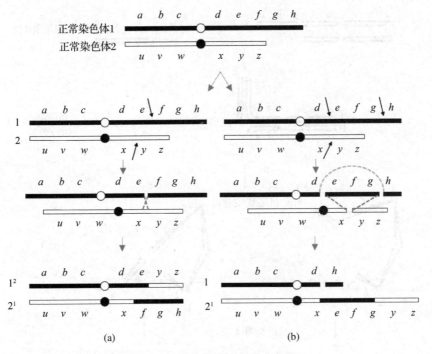

图 3-10 易位的类型与形成示意
(a) 相互易位 (b) 简单易位（转移）

3-11）。相互易位杂合体在联会时显然不能配对形成两个正常二价体，大多数情况下，正常染色体（1 和 2）与两条易位染色体（1^2 和 2^1）的对应区段交替同源配对形成含四条染色体（$1-1^2-2-2^1$）的四重体（quadruple）。四重体在粗线期会呈十字形，$1-1^2$、1^2-2、$2-2^1$、2^1-1 按同源区段配对形成四个区域构成十字形的四个臂，而十字交叉处为易位点。四个配对区域内均可发生非姊妹染色单体交换。

交换形成的交叉在双线期到终变期过程中发生远离着丝粒的交叉端化。因交换发生的情况不同，终变期四重体可呈现不同的形态：①若交换都发生在四个臂的着丝粒以外的区域，交叉端化后四条染色体由末端交叉首尾相连成大环结构（称四体环，常用 O_4 表示）；②其中一个臂没有发生交换，四重体呈链状结构（称四体链，用 C_4 表示）；③除四个臂发生交换外，有时着丝粒与染色体易位点之间的区域也发生交换，则终变期也可形成"8"字形结构。

中期 I 四个着丝粒在纺锤丝牵引下，其中两个朝向细胞一极，另外两个朝向细胞另一极。四条染色体排列在赤道板两侧，四重体也可能呈一个大环状或"8"字形。如果转移区段较长，简单易位杂合体则在粗线期配对时，一个二价体上出现插入区段形成的突出环状或瘤状突起，而另一个二价体出现由未缺失区段形成环状和瘤状突起。

3.2.4.3 易位的遗传效应

（1）形成新的连锁群

例如，玉米正常植株的 wx（淀粉层蜡质）基因和 v（黄绿苗）基因都位于 9 号染色体上，pr（红色糊粉层）染色体位于 5 号染色体上。当携带 wx 基因的 9 号染色体片段与携带 pr 基

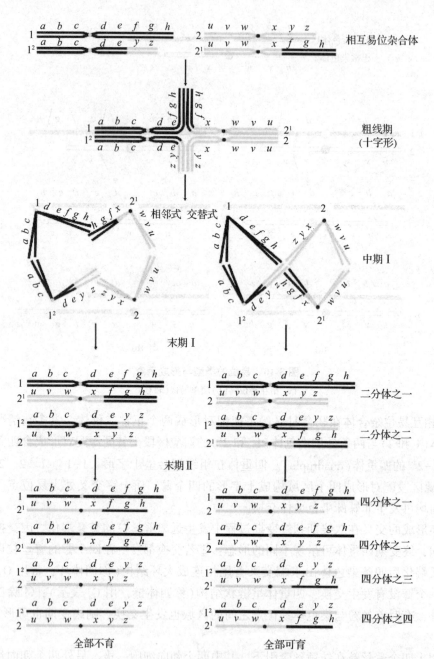

图 3-11 相互易位杂合体染色体联会、分离与配子育性

因的 5 号染色体片段发生相互易位后，wx 基因与 5 号染色体上其他基因形成新的连锁，而 pr 基因与 v 及 9 号染色体上的其他基因形成新的连锁群。

(2) 引起植物的半不育 (semi-sterility)

易位杂合体在产生配子时，若减数分裂后期Ⅰ发生交叉式分离，最后产生的配子都是可育的；若后期Ⅰ是邻近式分离，就只能产生含重复、缺失染色体的配子，它们都不可育。由于发生交叉式分离和邻近式分离的机会一般大致相等，于是易位杂合体常表现半不育。

(3) 导致染色体数目改变

在两个易位染色体中,一个从两个正常染色体得到的区段很小,在产生配子时丢失;另一个从两个正常染色体得到的区段很长,成为一个更大的易位染色体,在形成配子时存留下来,于是这个易位杂合体的子代群体内,有可能出现少了一对染色体的易位纯合体。易位纯合体的一对易位染色体包含原来两条染色体的长臂,而另一对易位染色体只包含原来两条染色体的短臂,这种易位现象被称为罗伯逊易位(Robertsonian translocation)。这种由两对近端着丝粒染色体通过罗伯逊易位和染色体丢失变为一对染色体的过程也称为染色体融合(chromosomal fusion)。由于罗伯逊易位纯合体中一对易位染色体很小,可能仅含有极少量的基因,甚至不含有基因,在细胞分裂过程中完全丢失后,对细胞和个体的生活力与繁殖力影响不严重,从而生存下来形成新的变种直至新的物种。

(4) 易位造成花斑型位置效应

易位可以导致基因位置变化,从而改变基因的原有相邻关系,产生引起个体表现型改变的位置效应。花斑型位置效应是其中的一种类型,主要是由于位于常染色质区的基因经过染色体重排移到异染色质附近,受异染色质影响而表现出不稳定的表现型效应。如玉米的胚乳是三倍体,若控制色素的基因是杂合的(Cc),当某些胚乳细胞中的 C 基因易位到异染色质区时不能产生色素,而大部分细胞却是正常的,使子粒产生花斑。同样,当果蝇 X 染色体上的红眼基因 W 易位到第 4 染色体的异染色质区时,也会表现为红、白两种颜色的体细胞镶嵌的斑驳色复眼。

(5) 产生假连锁(pseudolinkage)现象

易位可使两个正常的连锁群改组为两个新的连锁群,出现假连锁现象。由于相互易位杂合体总是以相间分离方式产生可育配子,其结果是,非同源染色体上基因间的自由组合受到严重限制,出现假连锁现象。现已知许多植物的变种就是由于染色体在进化过程中不断发生易位造成的,如直果曼陀罗(*Datura tramontium*)的许多品系都是不同染色体的易位纯合体。

3.2.4.4 易位的应用

(1) 利用易位进行连锁分析

易位点与相邻基因间的重组率也可通过两点或三点测验进行测定。例如,已知玉米长节间正常(即株高正常)基因(F)为短节间(即植株矮化)基因(f)的显性,F 基因位于玉米第 1 染色体上;某玉米第 1、2 染色体易位杂合体的株高正常、配子半不育($FT//ft$)。它与完全可育的矮生品系($ft//ft$)杂交得到 F_1($FT//ft$ 与 $Ft//ft$),再用半不育 F_1($FT//ft$)与矮生亲本品系($ft//ft$)测交。考察测交子代株高与配子育性得到:株高正常、完全可育的 25 株,株高正常、半不育的 350 株,植株矮化、完全可育的 281 株,植株矮化、半不育的 26 株。由此可知,F 基因与第 1 染色体上易位点间的重组率为重组型后代(株高正常、完全可育($Ft//ft$),植株矮化、半不育($fT//ft$))占测交后代的 7.5%。

(2) 利用易位进行物种间基因转移

染色体易位是迄今为止在植物育种中应用最为传统也最富有成果的物种间基因转移方法。栽培植物的野生近缘物种具有许多如抗逆性、品质性状等有益基因,通过物种间杂交得到种间杂种,再诱导杂种或其衍生后代发生栽培植物染色体与野生物种染色体间易位,可以将野生物种的基因转移到栽培物种中。几乎所有番茄栽培品种都带有从一个野生近缘种导入的抗枯萎病基因。

(3) 利用易位控制虫害

如用适当剂量的射线照射雄虫(产生各种易位杂合体),放归自然;易位雄虫与自然群体中的雌虫交配,后代表现半不育(50%的卵不能孵化);长期处理,可以降低害虫的种群数量以达到控制虫害的目的。我国台湾用这种方法,经过10年努力控制了柑橘果蝇的危害。

3.2.5 染色体结构变异的诱发

3.2.5.1 物理诱导

用于诱导染色体结构变异的物理因素主要是电离辐射。用X射线等处理种子或花粉,可以有效地诱发缺失、易位等结构变异。研究发现,只需要一次染色体折断的结构变异类型产生的频率在一定范围内与辐射剂量呈正比,而不受辐射强度影响,这与基因突变相似。需要两次断裂才能产生的结构变异类型产生的频率则与辐射剂量的平方呈正比。如果辐射总剂量不变,急照射(高剂量率短时间照射)时产生结构变异的频率较高,而慢照射(低剂量率长时间照射)时较低。这可能是由于慢照射时,同一个核内同时产生多次断裂的概率较小,因而断头错接的概率也较小;急照射时,同一核内同时产生多次折断的概率较高,因而断头错接的概率也较大。根据这一规律,可以用慢照射来获得更高频率的需要一次断裂的结构变异类型,而提高剂量率能获得更高频率的需要两次或两次以上断裂的变异类型。不过应当注意,一次照射剂量过大容易导致细胞死亡。

3.2.5.2 化学诱导

化学因素也主要通过诱导染色体断裂来提高结构变异发生的频率。能够诱发染色体结构变异的化学物质很多,而且某些药物诱发的结构变异还具有一定的染色体部位特异性。例如,用8-乙氧基咖啡碱(8-ethoxycaffeine, EOC)、顺丁烯联胺(Maleic hydraxide, MH)、和2,3-环氧丙醚(2,3-epoxypropyl ether, DEPE)分别处理蚕豆根尖时,不同药物使根尖细胞染色体发生折断的部位不同。这一特点在浓度低的时候比在浓度较高的时候更为突出。

除物理和化学因素外,某些病毒也可引起宿主细胞染色体结构变异。如SV40病毒、Rous肉瘤病毒、带状疱疹病毒均可诱发染色体结构变异。研究还发现,染色体结构变异在一定程度上也受生物自身的遗传控制。例如,小麦5B染色体上存在控制染色体同源配对的Ph基因,当Ph基因发生突变($Ph^->ph$)或缺失时,染色体配对的特异性下降,非同源染色体间配对、交换形成易位的频率提高。

3.3 染色体数目变异

一般情况下,自然界中的每一种生物的染色体数量都是稳定的,但是在某些特定的情况下,生物体的染色体数目会发生改变,从而产生可遗传的变异。

3.3.1 染色体组的概念和特征

一种生物维持其生命活动所需要的一套基本的染色体称为染色体组或基因组（genome）。染色体组中所包含的染色体在形态、结构和连锁基因群上彼此不同，它们包含着生物体生长发育所必需的全部遗传物质，并且构成了一个完整而协调的体系，缺少其中的任何一条都会造成生物体的不育或性状的变异，这就是染色体组的最基本特征。

3.3.1.1 染色体基数

一个物种染色体组包含的基本染色体数目称为染色体基数，通常以 X 代表。有些物种的染色体基数是非常明确的，如油松 X=12，松属树种染色体基数均为 X=12。性细胞染色体的数目用 n 表示。在植物中，有时 n=X，有时 n 是 X 的倍数。如毛白杨 $2n$=2X=38、n=X=19，普通小麦 $2n$=6X=42。

3.3.1.2 整倍体与非整倍体

染色体数是 X 整倍数的个体或细胞称为整倍体（euploid）。具有 $2n$=2X 的个体或细胞称为二倍体（diploid），$2n$=4X 的称为四倍体（tetraploid），$2n$=6X 的称为六倍体（hexaploid），依此类推。二倍体的配子内只有一个染色体组，所以是一倍体（monoploid）。四倍体与二倍体杂交的子代是三倍体（triploid），六倍体与四倍体杂交的子代是五倍体（pentaploid）。三倍和三倍以上的整倍体统称为多倍体（polyploid）。

染色体组相同的多倍体叫做同源多倍体（autopolyploid），其增加的染色体组来自同一物种，一般是由二倍体的染色体直接加倍形成的。染色体组不同的多倍体叫做异源多倍体（allopolyploid），其增加的染色体组来自不同物种，一般是由不同种、属间的杂交种染色体加倍形成的。例如，有甲、乙、丙三个不同的二倍体物种，其染色体组分别表示为 AA、BB、CC，其中 A、B 和 C 是亲缘关系不同的三个染色体组。若分别使甲、乙和丙的染色体数加倍，则分别形成三个不同的同源四倍体，即 AAAA、BBBB、CCCC。让 AAAA 与 AA 杂交，则其子代就是同源三倍体，即 $2n$=3X=AAA=3A。若将甲、乙两个二倍体杂交，其子代的染色体组是 AB，再让该子代的染色体数加倍，就成为 $2n$=4X=AABB 的异源四倍体。同理，使异源四倍体 AABB 与二倍体 CC 杂交，其异源三倍体子代（ABC）的染色体数加倍后就成为异源六倍体（$2n$=6X=AABBCC）。若使异源四倍体 AABB 的染色体数加倍，就形成同源异源八倍体（$2n$=8X=AAAABBBB）。

在 $2n$ 染色体组中增加或减少个别染色体的变异称为非整倍性变异，形成的生物新类型称为非整倍体（aneuploid）。染色体数多于 $2n$ 的非整倍体称为超倍体（hyperploid），染色体数少于 $2n$ 的非整倍体称为亚倍体（hypoploid）。某个体是二倍体，$2n$=AA=$a_1a_1a_2a_2a_3a_3$=3Ⅱ，在这个二倍体 $2n$ 的基础上若某对染色体少一条，如 $a_1a_1a_2a_2a_3$，则属于 $2n-1$ 类型，称为单体（monosomics）。缺少一对染色体，如 $a_1a_1a_2a_2$，则属 $2n-2$ 类型，称为缺体（nullisomics）。某两对同源染色体各缺失一条染色体，如 $a_1a_1a_2a_3$，则属 $2n-1-1$ 类型，称为双单体。同理，染色体组中某个染色体额外增加 1 条，如 $a_1a_1a_2a_2a_3a_3a_3$，属 $2n+1$ 类型，称为三体（trisomics）。某两对同源染色体均外加了一条染色体，如 $a_1a_1a_2a_2a_2a_3a_3a_3$，属 $2n+1+1$ 类型，被称为双三体，某一对同源染色体额外加了两条染色体，如 $a_1a_1a_2a_2a_3a_3a_3a_3$，属 $2n+2$ 类型，称为四体（tetrasomes）。为了与各种非整倍体区别，通常

将 $2n$ 的正常个体称为双体(disomics)。

自然界有些物种是通过非整倍体形成的。例如，裸子植物最初的染色体基数是 11 或 12，通过增加或减少两条染色体，演化出来某些新属。椴属(*Tilia*)具有 $n=41$ 条染色体，而其所有近亲具有 $n=7$ 条染色体。可以设想，先是从 $n=7$ 的祖先产生了一个六倍体($6X=42$)的植株，然后又失去了一个染色体而成为 $n=41$ 的植物。在桦木科中，赤杨属和桦木属都是 $n=7$ 树种的多倍体衍生物。

3.3.2 单倍体

3.3.2.1 单倍体的表现特征

单倍体(haploid)是指具有配子染色体数(n)的个体或细胞。二倍体的单倍体是一倍体，称为单元单倍体(monohaploid)；多倍体的单倍体含有两个或两个以上的染色体组，称为多元单倍体(polyhaploid)。在多元单倍体中又可根据染色体组是否有相同的来源分为同源多元单倍体(homopolyhaploid)和异源多元单倍体(allopolyhaploid)。无论是单元单倍体还是异源多元单倍体，由于其细胞内各个染色体组都是单个的，所以其孢母细胞内各个染色体都没有与自己联会的同源染色体，只能以单价体(univalent)的形式存在。这种单价体在减数分裂的后期 I 随机趋向纺锤体的某一极，即某个或某些趋向一极，另一个或另一些趋向另一极，使最后形成的配子中很少能够得到整套(X)完整的染色体组，结果导致单倍体的高度不育，这是单倍体的最主要遗传特征。

3.3.2.2 单倍体的主要作用

单倍体高度不育，且细胞、组织、器官和植株一般都比二倍体瘦弱，对自身的生存和繁衍不利。尽管如此，它却在遗传育种研究中有着非常重要的价值。

(1) 加速基因的纯合进度

单倍体本身的每个染色体组都是成单存在的，等位基因也都是单个的，如果人为地将它的染色体数目加倍，使之成为二倍体或双倍体，不仅可以由不育变为可育，而且其全部基因可以一步达到纯合。在植物育种中，采用此途径，可以加速纯系的选育进度，缩短育种年限。利用花药培养和花粉培养已在近百种植物中获得了单倍体植株，将其染色体加倍后，就可能获得有实用价值的植物新品种。

(2) 研究基因的性质和作用

单倍体的每个基因位点上都只有一个等位基因，所以在单倍体细胞内，每个基因都能发挥自己对性状的作用，不管它是显性的还是隐性的。因此，单倍体是研究基因性质及其作用的良好材料。

(3) 研究基因定位

单倍体的每条染色体和每个基因都只有一个成员，可方便地用原位分子杂交的方法来研究基因在染色体上的位置。如马铃薯是同源四倍体植物，用常规方法进行基因定位十分困难，但若用单倍体进行此项研究则方便得多，现已对部分基因进行了定位。

(4) 研究染色体之间的同源关系

某些异源染色体之间并不都是绝对异源的，一个染色体组的某条或某些染色体与另一染色体组的某条或某些染色体之间，可能有着部分同源关系。在单倍体的孢母细胞内任何染色体都只有一条，因此，可能与其有部分同源关系的染色体发生联会。通过对单倍体孢母细胞减数分裂时联会情况的观察，可以分析各个染色体组之间的同源或部分同源关系。

（5）离体诱导非整倍体

研究表明，将花药单倍体在离体条件下培养，容易产生各种类型的非整倍体，这就为利用非整倍体进行染色体工程研究提供了丰富的材料。

3.3.3 多倍体

3.3.3.1 多倍体的形态特征

染色体倍数的增多可能给生物体带来一系列形态和细胞学的变化。早在19世纪末，狄·弗里斯就在普通月见草（*Oenothera lamarckiana*）中发现一种比普通月见草的组织和器官大许多的变异型，并将其定名为巨型月见草（*Oe. gigas*）新种。当时，狄·弗里斯以为巨型月见草是普通月见草通过基因突变而产生的。但随后几年的细胞学研究表明，这种巨型月见草的染色体数是$2n=28$，正好是普通月见草的染色体数（$2n=14$）的两倍。染色体多倍化是植物进化重要的方式之一，约有70%的被子植物经历过一次或数次多倍化过程。1935年，Nilsson-Ehle在瑞典发现了一株叶片巨大、生长迅速的巨型三倍体欧洲山杨后，立即引起了对多倍体育种的广泛关注。1937年，Blakeslee、Avery以曼陀罗等植物为材料，证实秋水仙碱（colchicines）能有效地诱导植物多倍体，推动了多倍体诱导研究，并在作物、果树、蔬菜、花卉上获得大量多倍体新品种。植物多倍体的特点可归纳为如下几点：

（1）巨大性

由于细胞核内染色体组的加倍，使得植物多倍体相应的细胞增大，组织器官等也显著加大。例如，二倍体桃树（$2n=2X=16$）的气孔长5.49，宽4.23，而其三倍体（$2n=3X=24$）分别为6.1和4.45。再如，人工四倍体的桑树与其亲本二倍体相比，叶片增厚、增大，叶肉增粗，单位叶面积重增加，叶色浓绿，叶质优，产量高，同时还具有芽大节密，花穗、花药、花粉粒较粗大等特征。与二倍体相比较，多倍体植物纤维较长。例如，北京林业大学朱之悌院士培育的三倍体毛白杨，5年生的木材纤维平均长达到1.28 mm，比同龄普通二倍体毛白杨长52.4%；α-纤维素含量提高，可达到53.21%，比同龄二倍体毛白杨高5.8%。然而，这样的递增和递延关系是有一定限度的，超过一定倍数的限度，同源多倍体的器官和组织就不再随着增加了。但并不是所有植物多倍体表现出巨大型。例如，在许多松属、云杉属、落叶松属的树种内育出了人工的四倍体，它们通常生长非常缓慢，只可作为观赏的矮化植物。国外在桦木（*Betula* spp.）、杨树、榆树、桤木（*Alnus cremastogyne*）及刺槐等树种均开展过人工培育出了同源四倍体，但它们一般比二倍体长得慢（Wright, 1976）。

（2）代谢产物含量提高

由于植物多倍体染色体组数量的增多，有多套基因，导致基因模板的增加，从而使得转录出的mRNA数量增加，相应的酶蛋白合成增加，导致碳水化合物、蛋白质、维生素、植物碱、单宁等有机物的合成速率增加。例如，四倍体橡胶树的产胶量比二倍体亲本提高34%；三倍体漆树的产漆量比二倍体高出1~2倍；四倍体刺槐的叶面积、叶重量是一般刺槐2倍多，叶内含粗蛋白质、粗脂肪、灰分分别比普通刺槐高118%、126%、180%，为饲养牛、羊、兔等动物的优良饲料。

(3) 可孕性低

由于在减数分裂中，多倍体性细胞染色体的不均匀分配，以致产生非整倍的配子，从而导致植株不孕或可孕性较低。对于那些以收获生物量为主的植物来说，减少了开花结果的营养消耗，有利于其营养生长，使木材增益更大。如欧洲山杨×美洲山杨杂种三倍体的材积生长比本地的山杨快1~2倍，纤维长度长18%，比重高20%，是一种优良的纸浆原料。

(4) 抗逆性和适应性增强

植物多倍体尤其是异源多倍体的等位基因杂合性丰富了其遗传背景，增强适应性；同时，由于植物多倍体的形态和生理生化特性等都发生了变化，从而也增强了对不良环境的抵抗能力。从植物地理分布上看，多倍体大多出现在高纬度、高海拔以及北极、沙漠等气候环境变化剧烈的地区，说明植物多倍体严酷自然条件的适应能力比二倍体强。通过多倍体育种可提高林木的抗逆性。目前，已有报道认为，四倍体柳杉的耐寒性高于二倍体柳杉，三倍体欧洲山杨比较耐干旱和土壤瘠薄，三倍体桦木对锈病的抗性增强。但也有相左的报道。如贾林光(2015)等的研究表明，四倍体苹果矮化砧木的半致死温度比二倍体高，无论抗寒锻炼前期还是后期，四倍体的可溶性蛋白质、可溶性糖和脯氨酸含量均极显著低于二倍体，导致抗寒性低于二倍体。

3.3.3.2 同源多倍体

(1) 同源三倍体的联会和分离

同源三倍体的联会特点是，每个同源组的三条染色体，在任何同源区段内只能有两条染色体联会，而将第三条染色体的同源区段排斥在联会之外(图 3-12)。因此，三条同源染色体就可能会有两种联会形式，并有几种分离的可能。一是三条染色体同时参与联会，形成三价体(Ⅲ)，但同源的部分在局部只能有其中的两个成员联会，不能三者同时联会。那么在减数分裂的后期Ⅰ，染色体就只能是 2/1 的不均衡分离，即同源组中的二条染色体分向一极，另一条染色体分向另一极；二是三条染色体中有两条染色体联会成二价体(Ⅱ)，而第三条成为单价体(Ⅰ)。在减数分裂后期Ⅰ有可能以 2/1 式的不均衡分离，也有可能单价体消失在细胞质中，而二价体则以 1/1 式均衡地分向两极。不管是哪种情况，都将造成同源三倍体的配子中染色体组分的不平衡。

联会形式	偶线期形象	双线期形象	终变期或中期Ⅰ	后期Ⅰ分离
Ⅲ		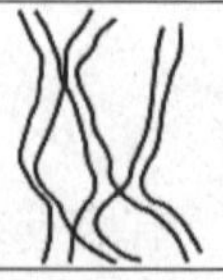	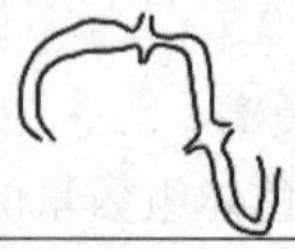	2/1
Ⅱ+Ⅰ			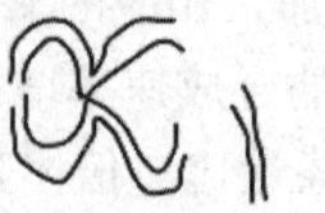	2/1或1/1（单价体丢失）

图 3-12　三价体联会和分离

同源三倍体的高度不育性虽然对生物体本身的生存是个不利的特征,但人们却巧妙地利用了这一特性开展育种工作,如无籽西瓜、三倍体毛白杨的育成。同源三倍体虽然有不育性,但也并非都是如此,如三倍体菠菜的结实率与其二倍体差不多,马铃薯的三倍体也能结出部分种子。

(2)同源四倍体的联会与分离

同源四倍体有四个相同的染色体组,每个同源组有四条同源染色体。减数分裂联会时每个区段只能有两条染色体联会。偶线期可联会成Ⅳ、Ⅲ+Ⅰ、Ⅱ+Ⅱ、Ⅱ+Ⅰ+Ⅰ四种类型。由于Ⅳ和Ⅲ是局部联会,联会复合体会提早解离。上述这四种配对方式在中期Ⅰ可同时存在。在后期Ⅰ,除了Ⅱ+Ⅱ式联会以2均衡分离外,其余联会可发生3/1、2/1、1/1等不均衡分离。由于每个同源组的染色体分离是独立的,不同同源组的后期Ⅰ染色体分离方式不可能完全一致。因此,同源四倍体配子内染色体数目和遗传成分也会不平衡,从而使同源四倍体表现子代染色体数目的多样性变化和部分不育的现象。但与同源三倍体相比,同源四倍体的育性较高,这是因为同源四倍体减数分裂后期Ⅰ主要是2/2的均衡分离,产生的配子可育(图3-13)。

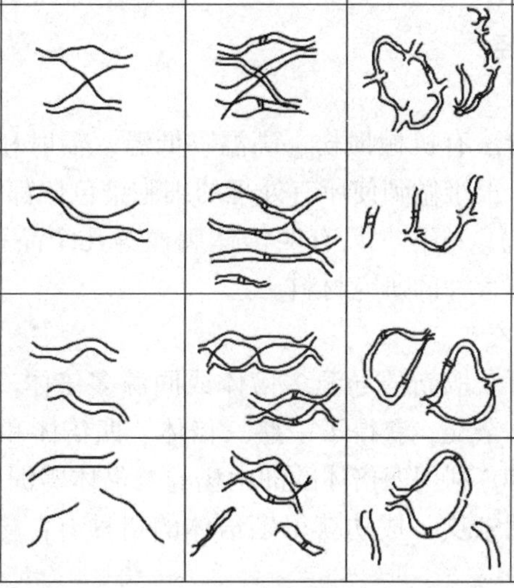

联会形式	偶线期形象	双线期形象	终变期形象	后期Ⅰ分离
Ⅳ				2/2或3/1
Ⅲ+Ⅰ				2/2或3/1或2/1
Ⅱ+Ⅱ				2/2
Ⅱ+Ⅰ+Ⅰ				2/2或3/1或2/2或1/1

图3-13 同源四倍体联会与分离(引自朱军,2002)

3.3.3.3 异源多倍体

在植物界中,异源多倍体是广泛存在的,是物种演化的一个重要因素。据分析,在中欧植物的652个属中,有419个属是由异源多倍体的物种组成的。在被子植物,异源多倍体的物种占30%~35%。木兰科($n=19$)的亲缘植物中就有$n=7$和$n=12$的,可以设想,木兰科是古老祖先通过杂交继而染色体加倍产生出来的。在异源多倍体中,根据染色体组数目的奇、偶性,可将其分为偶倍数的异源多倍体和奇倍数的异源多倍体。

(1) 偶倍数的异源多倍体

所谓偶倍数的异源多倍体是指各染色体组都是成对出现的异源多倍体。由于同源染色体都是成对的，所以在减数分裂时，这些偶倍数异源多倍体可以像正常的二倍体一样，在前期Ⅰ各染色体联会成二价体，后期Ⅰ成对染色体均衡地分向两极，从而形成正常的配子。所以自然界能够自我繁殖的异源多倍体几乎都是偶倍数的。

如果某异源多倍体的不同染色体组间有很高程度的同源关系，则该多倍体称为节段异源多倍体。节段异源多倍体在减数分裂时，染色体的联会除了二价体外，还会出现或多或少的多价体，从而造成该多倍体某种程度的不育。

(2) 奇倍数的异源多倍体

奇倍数的异源多倍体是指细胞内含有单数染色体组的异源多倍体。它们一般是不同的偶倍数异源多倍体的种间杂交子代。例如，异源六倍体的普通小麦（$2n = 6X = AABBDD = 42 = 21Ⅱ$）与异源四倍体的圆锥小麦（*Triticum turgidum*，$2n = 4X = AABB = 28 = 14Ⅱ$）的杂交子代 F_1 为异源五倍体（$2n = 5X = AABBD = 35 = 7Ⅱ + 7Ⅱ + 7Ⅰ$）。该异源五倍体减数分裂时将联会成 14 个二价体和 7 个单价体（$14Ⅱ + 7Ⅰ$），后期Ⅰ除非 7 个单价体全部进入细胞的一极产生的 ABD 和 AB 配子才是可育的，这两种配子产生的频率都只有 $(1/2)^7$，因而表现出高度不育。

3.3.4 林木多倍体的诱导

3.3.4.1 多倍体产生的途径

(1) 体细胞染色体加倍

体细胞染色体加倍的方法有机械损伤、高温、低温、辐射和化学试剂处理等。然而，由于细胞分裂的不同步性，很难做到使所有处理的细胞染色体都能加倍，最终获得的大多是混倍体或嵌合体（chimera）。迄今，只有四倍体刺槐等几个品种在生产上应用，大多因生长等表现欠佳，主要用作育种的研究材料。

(2) 不同倍性植株间杂交

利用不同倍性体杂交可获取新的异源多倍体或同源多倍体。Nilsson-Ehle(1938)最早用欧洲山杨三倍体与二倍体杂交，获得了一些三倍体、四倍体和混倍体植株。Einspahr 等(1984)、Weisgerber 等(1980)利用四倍体欧洲山杨与二倍体美洲山杨杂交获得了异源三倍体山杨。通过不同倍性体间杂交，成功获得多倍体的树种有：杨树、桑树、桦木、刺槐、枸杞（*Lycium barbarum*）等。

(3) 未减数配子杂交

人工诱导配子染色体加倍是林木多倍体诱导最快捷的途径。Johnsson(1940)最早采用秋水仙碱处理欧洲山杨、美洲山杨雄花枝，取得了 $2n$ 花粉，然后给雌花授粉，均得到了三倍体植株。之后在欧洲山杨、美洲山杨、美洲黑杨、香脂杨（*Pinus balsamifera*）、银白杨（*P. allba*）、毛新杨（*P. tomentosa × P. bolleana*）、银腺杨（*P. alba × P. glandulosa*）、橡胶、桑树（*Morus spp.*）等树种中，通过秋水仙碱或高温诱导 $2n$ 雌雄配子，并与正常异性配子杂交，得到了三倍体植株。自然界存在细胞分裂染色体未减数的 $2n$ 配子，如在灰杨、香脂杨、黑杨杂种等杨树中均发现有天然 $2n$ 花粉，并用这些花粉授粉得到了三倍体。但这种

2n花粉由于受树种自身的遗传因素和外部环境的双重影响，产生具有偶然性、多变性，且2n花粉比率较低，因此其利用也受到限制。

(4) 胚乳培养

在大多数被子植物中，一个精核与两个极核融合完成双受精过程，从而产生三倍性的胚乳，因此通过某一树种的胚乳培养(endosperm culture)也可以获得三倍体植株。1973年，Srivastava首次由罗氏核实木的成熟胚乳培养中获得了三倍体胚乳再生植株。此后胚乳培养研究进展迅速。林木胚乳培养的研究主要集中在猕猴桃(*Actinidia chinensis*)、枸杞、枣(*Ziziphus jujuba*)等经济树种，并取得了三倍体苗木。由于愈伤组织继代培养中往往会产生染色体变异，使再生植株多为非整倍体、混倍体，甚至恢复为二倍体，这是目前胚乳培养的主要问题。

(5) 细胞融合(somatic cell fusion)

细胞融合能够获得同源或异源多倍体以及双二倍体(amphiploid)，可以说是克服植物远缘杂交障碍和创造多倍体的又一条新途径。1960年，Cocking发明了用酶去除植物细胞壁获得原生质体的方法，为植物细胞杂交奠定了基础。此后，随着原生质体化学融合和电融合技术的发展，已有近百种种内、种间和属间原生质体融合获得了再生植株，甚至可以实现体细胞融合与再生。林木中的细胞融合主要集中于杨树等树种，有关研究仍处于实验室探讨阶段。

3.3.4.2 林木染色体加倍的方法

(1) 化学诱导

化学诱导法是指利用生物碱等化学试剂处理细胞分裂中的植物器官、组织或细胞，从而诱导细胞染色体加倍的方法。植物细胞在分裂过程中，秋水仙碱等化学物质能抑制或破坏细胞纺锤丝和初生壁的形成。当细胞分裂时，染色体分裂了，但由于没有纺锤丝把它们拉向两极，故仍留在细胞中央，成为一个重组核，同时由于细胞的初生壁不能形成，使整个细胞没有分裂，而仅仅是染色体一分为二，便形成了染色体加倍。

采用染色体加倍时应根据育种目标选择适宜的处理材料。如果是为了取得同源偶数倍性体，可选择萌动的种子、幼苗、茎尖、幼胚、合子(zygote)、愈伤组织等，其中以合子、幼胚和刚萌动的种子最佳。其主要原因是这些材料包含的分裂细胞较少，不易出现嵌合体，容易见效。如是为了取得奇数倍性体，则应处理进入减数分裂中的雌雄花芽，通过染色体加倍处理获得未减数配子，再与正常减数配子杂交选育多倍体。

染色体加倍诱导的化学品普遍选用秋水仙碱。处理方式有：①浸渍法：用一定浓度的秋水仙碱等化学试剂浸渍萌发的种子、幼苗、茎尖、花芽等；②注射法：用注射器将一定浓度的秋水仙碱等化学溶液直接注射到待处理的部位。一些树木的花芽适合用此方法；③涂布法：将含一定浓度的秋水仙碱等化学溶液的羊毛脂软膏涂抹在生长点上；④喷雾法：将配制好的秋水仙碱等化学药剂喷到要处理的分生部位；⑤药剂—培养基法：将待处理材料接种到含一定浓度秋水仙碱等化学试剂的培养基上进行处理的方法。幼胚、愈伤组织以及一些较小的种子适合采用该种方法。

许多的研究表明，在化学诱导染色体加倍过程中需重视如下几点：

①处理时期　由于秋水仙碱等化学药剂只影响正在分裂的细胞，所以在处理时要了解

被处理植物的细胞分裂周期,从而保证在细胞分裂有效作用时期之前进行处理。掌握最适处理时期,可取得事半功倍的效果。据康向阳(1999)的研究,杨树花粉染色体加倍的最佳处理时期为减数分裂粗线期(pachytene),此时施加0.5%秋水仙碱溶液处理,最高可以获得85%以上的2n花粉。

②试剂的最适浓度 因处理的材料、选择的处理方法以及处理的持续时间和环境温度等而异。一般而言,敏感材料(如根)采取直接浸泡或注射,处理持续时间长、环境温度高时,浓度宜较低;而当相对不敏感的材料,采取涂布、喷雾等方法、处理持续时间短或环境温度较低时,浓度宜较高。秋水仙碱化学诱导采用的浓度一般为0.01%~0.5%,处理时间在12~72 h。

③处理持续时间 因处理的材料、选择的处理方法以及环境温度等而异,一般在12~48 h之间。处理的持续时间必需适度,如处理时间太短,则往往只有少数细胞染色体加倍,此时未加倍的细胞在生长、分裂速率方面较加倍细胞快,加倍细胞的生长增殖受到抑制,处理无效;反之,如处理时间过长,超过一个细胞分裂周期,则处理结果是染色体数目增加不止一倍,而形成更高的倍性细胞,或者因细胞受到秋水仙碱等化学试剂的毒害而引起细胞死亡,甚至导致组织或植物个体死亡。

④处理适宜温度 温度过高和过低均不利于多倍体诱导。低于10℃时,因低温能抑制细胞分裂,从而影响化学药剂的作用效果;大于25℃,药剂对细胞的毒害作用加剧,导致细胞活力降低、甚至发生细胞裂解等。一般处理温度以15~20℃为宜。另外,处理温度与处理的溶液浓度和持续时间密切相关,一般温度低时浓度可稍大,处理时间可较长;温度高时须降低溶液浓度,缩短处理的持续时间。

除秋水仙碱外,萘嵌戊烷($C_{12}H_{10}$)、有机杀菌剂富民隆、氧化亚氮(N_2O)、氨磺乐灵(oryzalin)、氟乐灵(trifluralin)等也可用于诱导多倍体。例如,氨磺乐灵处理梨、苹果、猕猴桃、北美杜鹃、紫荆、香蕉,均能有效诱导染色体加倍,并且可以有效提高外植体的存活率。如5~30 μmol/L浓度氨磺乐灵处理单倍体苹果小苗后染色体加倍效果要比0.25~1.25 mmol/L秋水仙碱的处理效果更好,10~20 μmol/L浓度氨磺乐灵处理4个香蕉栽培种均可以有效诱导加倍,并且显著提高微芽数目,而使用秋水仙碱需要125~200倍的浓度来诱导产生染色体加倍的效果,并且还对生苗具有毒副作用。再如,在组织培养前18个小时用氟乐灵处理甘蓝型油菜(Brassica napus)小孢子可以诱导单倍体胚加倍,并且这些加倍的胚可以正常地发育和萌发。此外,处理卷心菜(Brassica oleracea var. capitata)、小麦小孢子培养物,以及月季分生组织均能有效诱导多倍体化。

(2)物理因素诱导

物理诱导法是指利用温度、射线、机械损伤等物理因素处理植物材料,诱导细胞染色体加倍的方法。在树木中最成功的例证是Mashkina等(1989)的工作,他们将花粉母细胞处于不同发育阶段的欧洲赤松与几种杨树的雄花枝置于恒温箱中,高温处理诱导花粉染色体加倍,在杨树中取得了高达94.4%的2n花粉,并用2n花粉杂交得到了三倍体杨树。李云(2000)将银腺杨、银毛杨和毛新杨的雌性花芽置于极端温度下进行诱导,都获得了三倍体。虽然物理诱导在大多情况下的诱导得率比较低,但由于其操作简单、费用低、一次可以处理大批材料等,仍被经常采用。

物理诱导法的对象包括萌动的种子、幼苗以及雌雄花芽等。其中，温度处理可采取连续高温、连续低温或高低温交替处理等方式。高温处理范围为38~45℃；低温处理范围为0~4℃。处理时间因植物材料而异，一般高温处理在2~8 h；低温处理在12~72 h等。电离射线（如 α 射线、β 射线、γ 射线等）或非电离射线（如紫外线等）辐射处理因材料而异，处理以长时间、低剂量为宜。

3.3.4.3　林木多倍体的鉴定

植物材料在经过染色体加倍处理后，是否产生了多倍体，需经过倍性鉴定。鉴定方式可分为间接鉴定与直接鉴定两种，其中直接鉴定最为可靠。即通过体细胞或花粉母细胞染色体压片，检查材料的染色体数目，如果染色体数目呈倍数增加，则可以判定获得了多倍体植株。然而，当处理材料很多时，对每株均进行染色体观察是一项费时、费力的工作，可先根据多倍体的巨大性特点，从形态和生理特性上判别，这就是间接鉴定。树木天然多倍体一般是因为它们生长高大，叶片异常肥厚而被发现的，然后通过新叶芽压片，检测染色体数目，最终断定是否是多倍体。当处理材料具有叶大而厚、叶色深、花大、气孔及花粉增大等特征，可初步判定是倍性体植株。如三倍体毛白杨苗期叶巨大，当年生苗的叶片宽度最大可达53 cm。Tang 等（2010）对二倍体泡桐和四倍体泡桐的叶表皮的观察结果表明：四倍体泡桐气孔密度比二倍体显著减小，气孔增大，气孔内的叶绿体显著增多。此外，流式细胞仪可以直接测定细胞的 DNA 含量，是目前最快速且有效的倍性鉴别方法。通过流式细胞分析仪对大量处于分裂间期染色体的 DNA 含量进行检测，然后经计算机自动统计分析，可绘制出 DNA 含量（倍性）的分布曲线图。

3.3.4.4　多倍体育种存在的问题及其解决办法

由于秋水仙碱处理时并不是所有细胞都加倍，有一部分细胞染色体未加倍，而且可能出现非整倍体，从而形成了嵌合体。二倍体细胞一般生长较快，但如果嵌合体中二倍体细胞占优势，多倍体细胞在竞争中逐渐消失而使材料恢复为稳定的二倍体。嵌合体植株不能稳定遗传，因此需要对倍性嵌合体进行分离。嵌合体分离通常采用组织连续切割分离法和叶片不定芽再生技术。李林光等（2007）利用叶片离体再生技术，从获得的苹果组培苗嵌合体中分离出同质多倍体。王娜等（2005）利用组织连续切割分离法对冬枣和酸枣嵌合体进行3~4次的继代分离，获得了同质多倍体，有效防止了回复突变。

嵌合体纯化费时费力，但采用分裂旺盛的愈伤组织或悬浮培养的单细胞为诱变材料，可以大幅度提高多倍体纯合体的比率。Dutt 等（2010）通过秋水仙碱诱导柑橘原生质体，结合原生质体培养技术获得了柑橘的同质多倍体，没有嵌合体产生。Yang 等（2006）处理葡萄体细胞胚获得了四倍体，也无嵌合体出现。

人工获得的多倍体往往有不育的特性，例如，在通过花粉染色体加倍途径进行白杨三倍体育种时，即使采用含量较高的 $2n$ 花粉授粉，三倍体的实际获得率也很低。这主要是因为白杨 $2n$ 花粉较正常花粉萌发慢，在参与受精过程中竞争力弱的缘故。为了提高 $2n$ 花粉参与受精的竞争力，可对 $2n$ 花粉进行纯化。如在毛白杨倍性育种中，曾使用600目金属网筛对混合花粉进行筛选。此外，可通过一定剂量的 ^{60}Co-γ 射线辐射，刺激 $2n$ 花粉萌发，同时抑制或杀死部分 $1n$ 花粉，增强 $2n$ 花粉受精的竞争力，从而提高三倍体诱导的获得率。

3.4 基因突变

3.4.1 基因突变的概念与类型

3.4.1.1 基因突变的概念

基因的 DNA 序列决定所编码蛋白质的氨基酸序列，当一些物理和化学因素影响并改变 DNA 的结构组成时，有可能因为氨基酸序列的改变而影响蛋白质的功能，从而改变生物的表现型，这种变化称为基因突变(gene mutation)。由于基因突变是染色体上一个座位内的遗传物质发生化学性质的变化，所以也称点突变(point mutation)。基因突变现象在生物界中广泛存在，可以自然发生，也可人工诱导发生。人为地利用理化因素处理诱发的基因突变，称为诱发突变(induced mutation)。在自然条件下发生的突变称为自发突变(spontaneous mutation)，它是生物进化的基础，但自然条件下产生突变体的概率非常低，远远不能满足遗传研究与育种工作的需要。

3.4.1.2 基因自发突变的主要原因

凡是能引起 DNA 复制错误、化学损伤等各种物理和化学因素都可能引起基因突变。引起基因自发突变的原因主要有以下几方面：

(1) 外界环境的影响

自然界中的各种射线都会引起基因突变。此外，温度的剧烈变化也可引起基因突变，一般突变率随温度的升高而增加。

(2) 生物自身产生的诱变因素

在长久储藏的植物种子中可以得到具有诱变作用的抽提物，这说明在种子的细胞内发生了化学变化，积累了一些有害物质，它们可以作为诱变剂而发挥作用。

(3) 碱基的异构互变效应

天然碱基结构类似物能错误地掺入 DNA，然后，其酮式和烯醇式之间的异构互变可导致基因突变。生物体的其他物质也有此种情况，如氨基和亚氨基之间异构互变同样能引起自发突变。

3.4.1.3 基因突变的类型

不同的基因的生理生化功能不同，控制的性状不同，发生突变后的突变特征亦不同。根据突变后最明显的特性，可将基因突变大致分为以下几类。

(1) 形态突变(morphological mutation)

这类突变主要影响生物的形态结构，导致突变个体形状、大小和颜色等可直接观察到的性状的改变，所以又称可见突变(visible mutation)，如花的颜色、树叶边缘的缺刻、树干无刺、树叶背面无绒毛等变异。

(2) 生化突变(biochemical mutation)

生化突变主要影响生物的代谢过程，导致一个特定生化功能的改变或丧失，常见的是营养缺陷型。如一般野生型细菌可在基本培养基中生长，而其营养缺陷型突变体则需在基本培养基中添加某种特定的营养成分，如某种氨基酸或维生素才能生长。

(3) 致死突变(lethal mutation)

这类突变主要影响其生活力，甚至导致个体死亡。致死突变既可发生在常染色体上，也可发生在性染色体上，发生在性染色体上就形成伴性致死。致死突变可分为显性致死和隐性致死两种类型。大多数的致死突变为隐性致死，隐性致死突变的基因只有在隐性纯合状态下才具致死作用，如植物的白化突变。

(4) 条件致死突变(conditional lethal mutation)

指突变在一定的条件下表现致死效应，而在条件改变后仍能存活。如噬菌体的温度敏感突变型，在25℃时能感染大肠杆菌(*Escherichia coli*)，在40℃时却不能感染。

(5) 中性突变(neutral mutation)

指突变基因不影响生物的生存和生长发育。如小麦粒色的变化、芒的有无等。

3.4.1.4 基因突变的一般特征

(1) 普遍性

基因突变在生物界是普遍存在的，无论是低等生物还是高等动植物以及人类，都可能发生基因突变。

(2) 突变的随机性

基因突变可以发生在生物个体发育的任何时期和生物体的任何细胞，既可以在配子期发生，也可以在合子期、胚胎期、幼龄期和成熟期的体细胞中发生。

(3) 突变的稀有性

在自然条件下突变率都很低，如细菌的突变频率是 $10^{-10} \sim 10^{-4}$，玉米为 $10^{-6} \sim 10^{-5}$。

(4) 突变的重演性

突变可以在同种生物的不同个体间多次发生，即相同的突变在同种生物的不同个体、不同时间、不同地点重复地发生和出现。例如，人类白化基因在人群中也时有发生。

(5) 突变的平行性

亲缘相近的物种因其遗传基础相近，经常会发生相似的基因突变。如禾本科植物中水稻、小麦、玉米和高粱等在籽粒形状上都有长形的突变；在籽粒颜色上都有红粒和紫粒等相似的变异性状。突变的平行性对于研究物种间的亲缘关系、物种进化和人工定向诱变都有一定的意义。

(6) 突变的多方向性

突变的方向是不定的，可以多方向发生。例如，基因 A 可以突变为 a，也可以突变为 a_1、a_2、a_3 等。a、a_1、a_2、a_3 对于 A 来说都是隐性基因，同时 a、a_1、a_2、a_3 等之间的生理功能与性状表现又各不相同。

(7) 突变的可逆性

显性基因 A 可以突变为隐性基因 a；而隐性基因 a 也可以突变为显性基因 A。如果以 A 表示正常基因，a 表示它的一个突变基因，那么通常把 A 突变为 a 称为正突变(forward mutation)，a 突变为 A 称为反突变(reverse mutation)或回复突变(back mutation)。正突变和反突变的频率一般是不一样的，多数情况下，正突变率总是高于反突变率。

(8) 有害性与有利性

大多数基因的突变对生物的生长和发育往往是有害的，如导致生活力、生殖能力降低等。因为任何一种生物都是经过长期自然选择、进化的产物，其遗传物质及其控制下的代谢过程以及它们与环境条件之间都已达到了相对平衡和高度协调的状态，一旦某基因发生突变，原有的协调关系可能遭到破坏或削弱，生物赖以生存的正常代谢关系就会被打乱，从而引发不同程度的有害后果。一般表现为生育反常，极端的有害突变可导致有机体的死亡。但也有少数突变对生物是有利的，如植物的抗倒伏性、早熟性、抗病性、耐旱性等突变。

3.4.1.5 基因突变与性状表现

（1）显性突变和隐性突变的表现

由于等位基因突变独立发生，等位基因同时发生相同突变产生突变纯合体的概率极低，绝大多数情况下，仅等位基因之一发生突变。无论是显性突变（$aa \rightarrow Aa$），还是隐性突变（$AA \rightarrow Aa$），突变当代都是杂合体。因此，基因突变表现世代早晚和纯化速率快慢因突变性质而有所不同。一般来说，在自交情况下，显性突变表现得早而纯合得慢；隐性突变表现得晚而纯合得快（图3-14）。显性突变在第一代就能表现，第二代能够纯合，但检出突变纯合体显性突变的表现晚于隐性突变的表现。

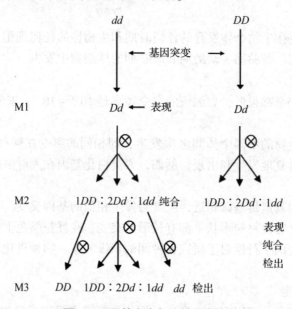

图3-14 显性突变与隐性突变的表现

（2）大突变和微突变的性状表现

基因突变引起性状变异的程度是不相同的。有些突变效应表现明显，容易识别，称为大突变。控制质量性状的基因突变大多属于大突变，如豌豆籽粒的圆形和皱形、玉米籽粒的糯性和非糯性等。有些突变效应表现微小，较难察觉，称为微突变。控制数量性状的基因突变大多属于微突变，如杨树的树高和胸径、雌球花长度和种子大小等。为了鉴别微突变的遗传效应，常需要借助统计方法加以分析。控制数量性状遗传的基因是微效的、累加的。因此，尽管微突变中每个基因的遗传效应比较微小，但在多基因的条件下可以积小为大，最终可以积量变为质变，表现出显著的效应。许多研究表明，在微突变中出现的有利突变率高于大突变，所以育种工作要在注意大突变的同时，也应重视微突变，要特别注意微突变的分析和选择。

（3）体细胞突变和性细胞突变的性状表现

发生在体细胞的突变称为体细胞突变（somatic mutation）。体细胞中如果发生显性突变，当代个体就以嵌合体的形式表现出突变性状。如在西红柿果肉上看到半边红半边黄的现象，就属于体细胞发生突变形成的嵌合体。嵌合体镶嵌范围的大小取决于突变发生时期的早晚。突变发生越早，镶嵌范围越大；发生越晚，镶嵌范围越小。果树叶芽早期发生突变，由此长成的整个枝条都会表现突变性状。晚期花芽发生突变，突变性状则只是局限于一个花朵或果实，甚至仅限于它们的一部分。如果体细胞发生隐性突变，虽然当代已成为杂合体，但由于突变基因受显性基因掩盖并不表现突变性状，难以检出，除非该细胞最终形成繁殖器官，经自交后才能表现出来。性细胞突变后形成突变型配子，可通过受精过程直接传递给后代；发生在生殖细胞中的突变称为性细胞突变（sex cell mutation）。性细胞突变的表现也因交配方式而异。发生隐性突变时，自花授粉植物，突变性状通过有性繁殖就会分离出来；异花授粉植物则不同，隐性基因会在群体中长期保持异质结合而不表现，只有进行人工自交或杂合体间互交，纯合突变体才会出现。

3.4.2 基因突变的分子基础

3.4.2.1 突变的分子机制

从细胞水平上理解，基因相当于染色体上的一点，称为位点。从分子水平上看，一个位点还可以分成许多基本单位，称为座位（site），一个座位一般指的是一个核苷酸对，有时其中一个碱基发生改变，就可能产生一个突变。因此，突变是基因内不同座位的改变。这种突变的方式有两种：一是分子结构的改变，如碱基替换和倒位；二是移码，如碱基的缺失和插入等。移码的结果将引起该段肽链的改变，肽链的改变将引起蛋白质性质的改变，最终引起性状的变异，严重时会造成个体死亡。

（1）突变的方式

基因突变通常只是基因碱基序列中个别或部分碱基改变，碱基序列的改变方式包括以下几种：

①碱基替换（base substitution）　指DNA分子单链（双链）中某个碱基（对）被另一种碱基（对）代替。例如，双链DNA分子中G-C碱基对被替换成A-T碱基对。DNA链上一种嘌呤被另一种嘌呤替换，或一种嘧啶被另一种嘧啶替换称为转换（transition），即AG互换（A→G）与TC互换（T→C）。一个嘧啶被一个嘌呤替换，或一个嘌呤被一个嘧啶替换称为颠换（transversion），包括A→T、A→C、G→T和G→C互换。碱基替换只是DNA分子中单个碱基对改变，也称为单点突变（simple mutation），它不改变DNA分子（基因）序列长度。

②缺失突变（deletion mutation）　指DNA分子缺失了一个或多个碱基（对）。缺失碱基（对）数目可能是一个或少数几个，也可能缺失较长的DNA片段（从数十到数百万碱基）。这两种缺失的形成机制不同，效应也可能明显不同。

③插入突变（insertion mutation）　指DNA分子增加了一个或多个碱基（对）。与缺失突

变相似，插入碱基(对)既可能仅限于一个或少数几个，也可能长达数十到数百万个；并且具有不同形成机制与效应。

缺失和插入突变还可能导致下游阅读框改变，即移码(frames)，所以也统称为移码突变(frameshift mutation)。例如，一个基因的 mRNA 一段为：GAA GAA GAA GAA…，翻译产物是一个谷氨酸多肽。如果开头插入一个 G，那么 mRNA 阅读框变成 GGA AGA AGA AGA…，翻译产物是一个以甘氨酸开头的精氨酸多肽。移码突变必将引起蛋白质性质的改变从而引起性状的变异，严重时会造成个体死亡。移码突变所造成的 DNA 损伤远远大于点突变。

(2) 突变的防护机制

一旦细胞内产生稳定的双链突变，生物具有更广泛的机制来防止有害突变的表现及其对生物个体、物种生存的影响。以下几种机制传统上被人们称为 DNA 的防护机制，实质上也是生物有害突变防护机制。

①密码简并　遗传密码的简并性可以降低编码蛋白质产物基因突变表现的机会。由于多个密码子编码同一种氨基酸，因此一些单碱基(通常位于密码子的第三个碱基)改变，翻译产物并不改变。例如，CUA→UUA，仍然翻译成亮氨酸，这样的突变并不改变其蛋白质产物中的氨基酸。

②回复突变　突变基因回复可使基因恢复为野生型基因，尽管回复突变的频率比正突变频率低得多。

③抑制突变(suppressor mutation)　包括两种类型：基因内抑制(intragenic suppression)指突变基因内另一个位点再次发生突变，新基因表现为野生型性状；基因间抑制(intergenic suppression)也称基因外抑制(extragenic suppression)，指与突变基因表达或功能相关的另一个基因发生突变，突变体恢复为野生型性状。能够抑制其他突变基因表现的基因称为抑制基因(suppressor gene)。

④二倍体和多倍体　二倍体生物体细胞内染色体(基因)成对存在，其中一个基因能够掩盖其等位基因的隐性突变表现；多倍体生物的体细胞内往往具有三个以上的染色体组，比二倍体具有更强的掩盖防护作用，甚至有时隐性基因通过剂量效应也能够掩盖显性突变基因的表现。

⑤选择和致死　如果上述有害突变的防护机制都没有起作用，有害突变性状得以表现，那么自然选择将淘汰表现有害性状的细胞或个体。有时一个突变可能是致死的，那么突变的细胞与生物个体就会自然消亡。

(3) 基因的修复

对基因修复作用研究比较清楚的是经紫外线(UV)照射细菌后产生的切割修复功能。

①光修复(light repair)　它能修复紫外线照射后产生的大量嘧啶二聚体。大部分生物的体内都存在一种光复活酶(photoreactivating enzyme)，这种酶在光照条件下，可直接把嘧啶二聚体切开，恢复成正常的单体(图3-15)。因为光复活酶需要借助光才能完成修复，所以这种修复被称为光修复。

②暗修复(dark repair)　首先是内切酶识别被破坏的核苷酸并加上要修复的标记；然后利用核酸内切酶和核酸外切酶切除嘧啶二聚体；再在 DNA 聚合酶作用下，以对应的正

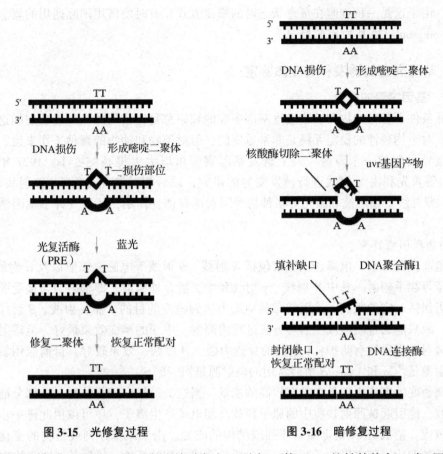

图 3-15 光修复过程　　图 3-16 暗修复过程

常单链为模板合成互补链；最后由连接酶把切口缝好，使 DNA 的结构恢复正常（图 3-16）。该修复方式又称为切除修复（excision repair）。

③复制后修复（postreplicative repair）　尽管细胞内已经存在上述各种修复机制，但碱基结构异常、单链断裂与缺口等 DNA 损伤仍然可能在 DNA 复制之前没有得到完全修复。这样以损伤链作为模板进行复制时损伤部位就不能正常复制，结果在新合成链上留下缺口。当出现这种单链缺口时，细胞还可通过另一种修复机制进行修复。这种发生在 DNA 复制失败，产生缺口之后的修复称为复制后修复，由于其所需的多种酶与重组相同，过程也与重组相似，所以，又称为重组修复（recombination repair）。

④错配修复（mismatch repair）　错配修复系统是通过识别并替换掉错配的碱基以改正 DNA 复制时的错误。该系统中的酶不仅要能识别错配的碱基对，而且在错配的碱基对中应能准确区别哪个是正确的，哪个是错误的，并将错误的碱基切除。错配修复系统主要是通过甲基化酶来区分模板链和新合成链，因为甲基化的 DNA 刚复制后两条链的甲基化状态不一样，只有在原亲本链上带有甲基，而新合成链则尚未甲基化，因此可以根据甲基化识别亲本链。

⑤倾向差错修复（error-prone repair）　这是在 DNA 分子受到大范围损伤的情况下，为防止细胞死亡而诱导出的一种应急修复措施，它是使细胞通过一定水平的变异以换取其生存的一种手段。它允许 DNA 合成时越过损伤部位，但 DNA 复制的保真度降低，造成错误

的潜伏。由于这是一种细胞在危急状态时的修复方式，有时便借用国际通用的紧急呼救信号(save our souls)称其为SOS修复。

3.4.3 基因突变的诱发和突变体鉴定

3.4.3.1 基因突变的诱发

自然条件下各种植物和动物发生基因突变的频率总是比较低的，基因表现的这种相对稳定性，对生物种性的稳定无疑是非常重要的，但对植物和动物的育种工作来说，却是获得大量变异类型的一个障碍。人工诱发基因突变可以大大提高突变率。1927年，穆勒(Müller)等首先利用X射线进行诱发变异的研究，以后相继发现α射线、β射线、中子、γ射线、紫外线、超声波和激光等多种物理因素都有诱变作用，从而开辟了基因诱变的研究领域。

(1) 物理因素诱变

①电离诱变因素　电离诱变因素包括X射线、γ射线等电磁波辐射以及α射线、β射线和中子等粒子辐射。其中X射线、γ射线和中子适合外照射，即辐射源与接受照射的材料之间可保持一定的距离，让射线靠其穿透力达到诱变的目的。而α射线、β射线的穿透力很弱，故只能通过浸泡或注射等方法进行内照射。中子的诱变效果最好，但辐射后的物体带有放射性需要注意防护；γ射线的穿透力强、速度快、效果较好，目前应用较多，其主要辐射源是^{60}Co和^{137}Cs；β射线常用的辐射源是^{32}P和^{35}S。

电离诱变的突变机理是它带有较高的能量，当这类射线穿透物体时，一部分能量被原子所吸收，能引起被照射物质中的原子释放高能电子产生离子，还可以由此进一步产生次级电离效应，造成DNA链上碱基序列或结构的改变。由于碱基序列或结构的变化导致编码氨基酸的变化，随之影响了所编码蛋白质的合成或酶的活性，导致某一性状的改变。

②非电离辐射诱变　非电离诱变因素主要是指紫外线。当用紫外线照射生物体后，它只引起细胞内物质的电子激发，使低能键变为高能键，引起电子云排列发生改变，最后导致生物体发生变异。紫外线诱发基因突变的最有效波长是270 nm，相当于核酸吸收最强的波长。由于紫外线的穿透力很弱，一般只应用于微生物或以高等生物配子为材料的诱变工作，而在高等生物体诱变中很少使用。

(2) 化学诱变

1941年，奥尔巴克(Auerbach)和罗伯逊(Robson)第一次发现芥子气可以诱发基因突变。1943年，奥义尔克斯(Oehlkers)第一次发现氨基甲酸乙酯($NH_2COOC_2H_5$)可以诱发染色体结构的变异。此后利用化学药物诱发基因突变的研究大量涌现，发现了大批可以作为诱变剂的化学药物。化学药物的诱变作用与电离辐射不同，某些化学药物的诱变作用是有特异性的。根据它们化学结构或功能的不同，可区别为烷化剂、碱基类似物、抗生素等，还有一些其他类型的化学诱变剂。现介绍一些主要诱变剂的诱变机制及其作用的特异性。

①碱基类似物替换DNA分子中的不同碱　碱基类似物是一类化学结构与DNA分子中正常的含氮碱基十分相似的化合物，可在DNA复制时代替正常碱基掺入到DNA分子中。由于这类化合物常存在两种互变异构体，不同的异构体具有不同的配对性质，因此经过DNA复制后就会引起碱基的替换。

②妨碍 DNA 某成分合成引起的 DNA 结构变化　这类诱变物质有 5-氨基尿嘧啶、8-乙氧基咖啡碱、6-巯基嘌呤等。前 2 种碱基妨碍嘧啶的合成，6-巯基嘌呤妨碍嘌呤的合成，从而导致被处理生物的基因突变。

③直接改变 DNA 某些特定的结构　这类诱变剂最常见的有羟胺（NH_2OH）、亚硝酸（HNO_2）和烷化剂等。它们能造成 DNA 结构的损伤，通过直接地对碱基进行化学修饰，改变碱基的化学结构，引起碱基错误配对，导致基因突变。此外，烷化剂还有可能产生一部分去嘌呤作用，由此产生的无碱基位置在 DNA 复制时可以插进任何一种碱基，从而导致碱基的替换。

④引起 DNA 复制的错误　一些诱变剂，如 2-氨基吖啶、吖啶橙、原黄素、吖黄素等都是较为扁平的分子，其分子的大小同 DNA 碱基对相近，它们可嵌合到 DNA 的碱基对之间，使原来相邻的两个碱基产生一定距离而破坏 DNA 的正常复制。含有这种分子的 DNA 在复制时，有时会插入碱基，从而引起移码突变。

3.4.3.2　植物突变体的鉴定

在植物中，当发现一种变异类型后，首先应将它与原始亲本材料在相同环境条件下种植，以确定其是否为可遗传变异，然后再作进一步分析。植物突变体的检出方法因植物和突变性状的种类而有所不同。

对于可遗传的突变体，其突变性质究竟是显性突变还是隐性突变，可通过杂交的方法进行鉴定。例如，将矮秆突变体与原始亲本杂交，如果 F_1 表现高秆，F_2 既有高秆，又有矮秆植株，则说明矮秆突变属于隐性突变。

在种子植物中，最直接简便的突变体检出方法是利用直观现象检测种子性状的变异。例如，玉米（*Zea mays*）籽粒的非甜质（*Su*）和甜质（*su*）性状，当籽粒成熟时非甜质籽粒饱满，而甜质籽粒表现皱缩，二者很容易区别。如果以甜质玉米纯种（*su su*）作母本，以诱变处理的非甜质玉米纯种（*Su Su*）为父本进行杂交。非甜质（*Su*）对甜质（*su*）为显性，若母本果穗上出现了甜质籽粒，就说明花粉中的非甜质基因 *Su* 突变为甜质基因 *su*。假定在 2 万个籽粒中出现了 2 个甜质籽粒，就说明在父本的 2 万粒花粉中有 2 粒花粉的基因已由 *Su* 突变为 *su*，这样就测知基因 *Su* 的突变率为万分之一。一般测定基因突变率的方法是根据 M_2 群体中出现的突变体占观察总个体数的比例来估算的。例如，在 M_2 群体中的 10 万个观察个体中出现 5 个突变体，这就表示突变率为二万分之一。

提要与小结

与农作物相比，林木的变异更为丰富多彩，具有明显的层次性，同一树种种源间、同一种源林分间、同一林分个体间、个体内组织和细胞间都有可能存在变异。了解一个树种各个层次的变异和变异大小，对正确制订育种方案，充分利用各个层次的变异，有效地开展遗传改良是十分必要的。

染色体是基因的载体，其结构发生变异可能改变基因的剂量或基因的位置关系，从而导致生物性状发生变异。染色体结构变异主要有缺失、重复、倒位和易位 4 种形式。在遗传学研究和育种应用中，可以利用染色体结构变异进行基因定位、基因突变检测以及创制育种材料等，具有重要的理论与实践价值。

染色体数目变异包括整倍性变异和非整倍性变异两大类型。多倍体中根据染色体组的来源可划分为同源多倍体和异源多倍体。奇倍数同源多倍体减数分裂过程中，染色体发生不均衡分裂，产生的配子染色体组成不平衡，因而高度不育；偶倍数同源多倍体减数分裂中主要发生均衡分离，因此，其育性高于奇倍数同源多倍体。非整倍体形成的 $n-1$ 或 $n+1$ 等类型的配子生活力减弱，与正常配子的竞争力降低。单倍体、单体、缺体等大多表现体弱、败育，多用于遗传学研究或作为育种材料。部分多倍体具有巨大性、不育性、抗逆性和高营养等特点，可通过细胞染色体组加倍获得多倍体育种材料，从中选育优良品种。人工诱变染色体加倍的方法很多，可分为物理诱变法、化学诱变法和生物诱变法，用秋水仙碱诱发多倍体是常用而且是最有效方法。

基因突变是指基因在结构上发生碱基对组成或排列顺序的改变。凡是能引起 DNA 复制错误、化学损伤等的各种物理、化学因素都可能引起基因突变，任何物种都会发生基因突变。基因突变大致包括形态突变、生化突变、致死突变、条件致死突变和中性突变等。基因突变表现为普遍性、随机性、稀有性、重演性、平行性、多方向性、可逆性等。绝大多数的基因突变对生物是不利的，但也存在中性突变和有利突变。生物的基因发生改变之后，由于自身的防护和修复机制，并不都表现变异。生物界的基因自然突变率很低，可以通过物理或化学办法诱发突变，并可以根据需要选育出优良品种。

复习思考题

1. 名词解释

   缺失　重复　倒位　易位　假显性　位置效应　染色体组　单倍体　一倍体　二倍体　多倍体　同源多倍体　异源多倍体　整倍体　非整倍体　超倍体　亚倍体　单体　缺体　三体　双单体　四体　双三体　基因突变　正向突变　回复突变　致死突变　转换　颠换　移码突变　错义突变　无义突变

2. 为什么倒位杂合体倒位区段内连锁基因的重组率会下降？
3. 根据相互易位杂合体染色体的联会和分离特点说明半不育是如何产生的。
4. 染色体缺失、重复、倒位和易位结构变异的细胞学鉴定证据是什么？
5. 染色体组的最基本特征是什么？
6. 简述怎样人工诱导四倍体和三倍体杨树。
7. 单倍体在遗传研究上有什么作用？
8. 为什么同源三倍体高度不育？
9. 试述林木多倍体育种的意义、诱导的途径和解决嵌合体、$2n$ 花粉授粉不育的办法。
10. 如何诱导生物发生基因突变？其机理是什么？
11. DNA 损伤修复的途径有哪些？
12. 基因突变的一般特征是什么？为什么说基因突变大多数是有害的？
13. 如果是基因突变，怎样验证是显性突变还是隐性突变？
14. 试从分子水平上阐述突变的含义。

第4章 遗传多样性和种质资源及其利用

知识导图

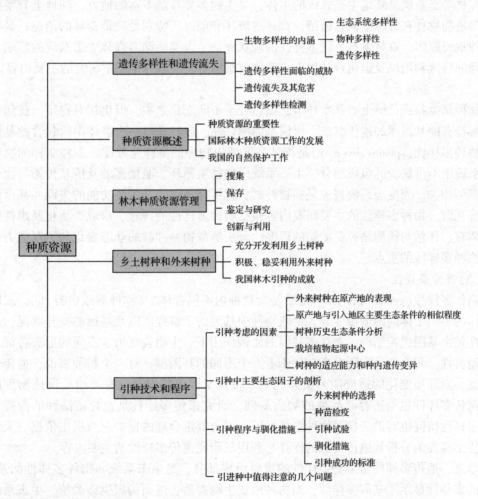

4.1 遗传多样性和遗传流失

4.1.1 生物多样性的内涵

生物多样性包含 3 个层次：生态系统(生物群落)多样性、物种多样性和遗传多样性。

(1) 生态系统多样性

生态系统由植物群落、动物群落、微生物群落及其生境的非生命因子(光、空气、水、土壤等)所组成。群落内部、群落之间以及生境之间存在着复杂的相互关系，其主要生态过程包括能量流动、水分循环、养分循环、生物间诸如竞争、共生、寄生等相互关系。生态系统多样性(ecosystem diversity)是指生物圈内生境、生物群落和生态学过程的多样化，以及生态系统内生境差异和生态过程变化的多样性。在地球的各个区域，即使自然条件相似，也存在着多种多样的生态系统。我国位于欧亚大陆东部，国土辽阔，垂直变幅大，气候及地貌类型复杂，在这种复杂的自然条件下产生了极其多样的生态系统类型。

森林生态系统是陆地生态系统的主体，是生物多样性最丰富的地方，陆地上有半数以上的动植物物种在森林中栖息繁衍，森林的破坏和消退，特别是热带森林的消退，是物种灭绝的重要原因。森林生态系统多样性的现状评估、人类活动对森林生态系统的影响、森林资源的持续利用以及退化森林生态系统恢复试验等，是森林生态学研究的主要内容。

(2) 物种多样性

物种是生物进化链上的基本环节，虽然处于不断变化之中，但仍相对稳定。任何物种都具有特有的基因库和遗传组成。所谓基因库(gene pool)是指一个群体中所包含的基因总和。物种多样性(species diversity)是指某一区域内物种的多样化程度。多种多样的物种是生态系统中不可缺少的组成部分。生态系统中的物质循环、能量流动及信息传递与物种的组成密切相关。当生态系统丧失某些物种时，就可能导致生态系统功能的失调，甚至使整个系统瓦解。物种多样性的主要研究内容包括物种多样性的现状、形成、演化及维持机制等。调查、评估与预测物种受威胁的程度，分析濒危物种种群的动态变化和生存能力，是研究物种多样性的重点。

(3) 遗传多样性

遗传多样性(genetic diversity)通常是指物种内不同群体(又称种群或居群)间，或同一个群体内不同个体间的遗传变异，反映物种内基因的丰富程度以及基因的变异状况。遗传多样性是由基因组控制的，在众多基因的协调作用下，生物表现出了不同的形态特征和生理代谢特性。每个物种实际上含有成千上万个不同的基因型，对一个物种来说，遗传变异愈丰富，对环境变化的适应能力愈强。某个特殊基因组的毁灭，有可能导致该物种的灭绝。遗传多样性也是选育新品种的物质基础，研究遗传多样性是选育新品种的前提。同时，多样性研究也有助于探讨物种濒危原因，可为制定合理的保护对策提出依据。天然群体遗传多样性的分析和遗传资源的保存与利用是研究遗传多样性的主要内容。

总之，遗传多样性是生物多样性的重要组成部分，是生态系统和物种多样性的基础；物种的多样性显示了基因多样性，而物种组成生物群落，进而构成生态系统。生态系统的多样性离不开物种的多样性，同样也离不开物种所具有的遗传多样性。三个层次的多样性是相互关联、相互依存的整体。

4.1.2 遗传多样性面临的威胁

当今世界，许多动植物的遗传完整性处于危险之中，林木也不例外。全球 7300 个树种受到威胁，濒临灭绝。例如，瓦勒迈杉(*Wollemia mobilis*)在中生代化石中发现过，1994

年在澳大利亚发现一个群体，不到50株，归入新属。蔷薇科有一个种（*Cercocarpus lawsoni-nana*）分布在美国加利福尼亚州圣卡塔利娜岛的山谷中，成年树从1897年的40株减少到1996年的6株，其减少原因是放牧、同属植物间杂交。林木遗传多样性面临的威胁来自以下几个方面：

(1) 乱采滥伐对森林的破坏

乱采滥伐是森林遗传资源的最大威胁。据联合国粮食及农业组织（FAO）2001年的估计，仅1990—2000年，全球森林面积大约以每年 $940\times10^4\ hm^2$ 的速率减少。减少最多的地区是物种丰富的热带地区和发展中国家。森林砍伐后，残留的森林碎片组成的群落，其林分密度、林木数量都发生了很大变化，随之引发树种遗传结构的变化，导致遗传漂变和近交，加速树种灭绝。森林的碎片化也改变基因流模式，无论是造成树木空间隔离的直接原因，还是由于动物活动减少的间接原因，都会影响林木授粉和种子扩散。基因流受到阻碍，会导致群体分化，而且还会引发繁殖下降和近交率提高等的问题。

(2) 外来有害生物的危害

外来入侵种通过竞争或占据本地物种生态位，排挤本地物种的生存，抑制其他物种生长，对生物多样性、生态安全和林业生产构成了极大威胁，并造成巨大的经济损失。我国每年发生林业有害生物的面积达 $1067\times10^4\ hm^2$ 左右，外来入侵的面积约 $280\times10^4\ hm^2$，占26%。外来病虫入侵，会造成林木大量死亡，由此削弱了遗传多样性。例如，松材线虫自1982年在我国大陆发现以来，已累计致死松树5000多万株；松突圆蚧20多年累计致死的松林超过 $14\times10^4\ hm^2$，其中受损木材超过 $1000\times10^4\ m^3$；红脂大小蠹已导致600多万株成材油松枯死；椰心叶甲在海南已经造成几十万株棕榈科植物死亡。

外来植物入侵对森林破坏也很大。例如，薇甘菊（*Mikania micrantha*），原产地为中美洲，1919年曾在香港出现，1984年在深圳发现。薇甘菊是一种具有超强繁殖能力的藤本植物，攀上灌木和乔木后，能迅速形成整株覆盖之势，使植物因光合作用受到破坏窒息而死。该种已被列为世界上最有害的100种外来入侵物种之一。

(3) 污染和全球气候变化

大气污染及其毒害作用引起的环境恶化，会引起树木个体生理上的压力和整个群体遗传上的压力。如果个体适应不了这种压力，它们会死亡或不能繁殖而失去遗传信息。群体受污染胁迫程度与树种遗传多样性丰富程度有关。Larsen（1981）发现，北欧地区欧洲冷杉（*Abies alba*）的群体呈减少趋势，而南部种源则生长良好。他认为，北部种源在最后一次冰期后迁移越过亚平宁山脉和阿尔卑斯山脉时，失去了遗传多样性和适应性。许多调查都表明，北部种源遗传多样性比南部种源低，对污染物和烟雾更加敏感。

现有的研究表明，全球气候变化特别是温度升高和二氧化碳浓度增加，已经并继续使森林生态系统受到严重破坏，森林生态系统结构、成分、空间格局、分布范围、功能及生产力都将发生变化。气候变化还会使部分物种的适生面积缩小，生物多样性下降，一些生态系统干旱出现频率加大，荒漠化趋势加重，脆弱性增加。

4.1.3 遗传流失及其危害

由于自然因素或人为作用，使物种或种群遗传多样性减少的现象，称为遗传流失（genetic erosion）。造成物种濒危和灭绝的原因是多方面的。气候变迁、人口剧增、环境污染、城市扩建、大规模工程建设、乱采滥伐等，使森林面积锐减，草原沙化，荒漠化面积增加，绿地面积减少，导致全球生态系统的急剧退化，许多物种的绝灭或种群数量的减少，导致遗传多样性降低，生态系统也受到严重威胁。

新品种的选育过程，是根据育种目标大量淘汰不符合要求的个体和群体的过程，也是丢失大量基因，使遗传基础变窄，选择潜力变小的过程。随着育种世代的发展，遗传基础愈趋变窄，如处理不当，会使遗传改良活动走向死胡同。因此，在选育过程中必须重视遗传资源的管理工作。在林业中，大面积砍伐天然林，营造单一树种的纯林，大范围栽植遗传基础狭窄的外来树种，无控制地推广单一无性系和为数不多的家系，都可能导致一个地区物种和种群数量减少，使多样性降低。

遗传多样性是进化和适应的基础，丰富的种内遗传多样性使物种更能适应环境的变迁，有利于物种的保存和进化。遗传流失会导致物种遗传多样性缩小或丧失，从而威胁到物种或群体的生存。保持种群内遗传多样性，防止基因丢失和物种灭绝，维持人类赖以生存的生态环境，关系到人类的未来。

4.1.4 遗传多样性的检测

林木个体的遗传差异反映在外部形态、组织结构及分子水平上，因此，对遗传变异有不同的检测方法。

从形态特征或表型性状检测遗传变异是最直接、也是最简易的方法。北京林业大学曾在辽宁兴城油松种子园中，依据雌雄球花绽开时色泽、球果形状、针叶长度、粗度、着生特点和色泽，分枝的弯曲程度，并结合同工酶谱带的差异，对51个无性系作了鉴别，并编出了鉴别无性系的检索表（李悦等，1992）。表型性状易受环境因素的影响，在不少情况下表型并不能真实反映遗传型。此外，形态鉴定需额外占用土地，周期长，花费大，易受环境、发育阶段、生理因素和人为因素的影响，准确性差，容易出现漏选、错选，而且需要有丰富的实践经验和知识，一般用于对大量材料进行初步筛选。

染色体的结构和数量特征是常见的细胞学标记。染色体结构特征包括染色体的核型和带型。核型特征是指染色体的长度、形态、着丝粒的位置和随体有无等，由此可以反映染色体的缺失、重复、倒位和易位等遗传变异。带型特征是指染色体经特殊染色显带后，带的颜色深浅、宽窄和位置顺序等，由此可以反映染色体上常染色质和异染色质的分布差异。染色体数量特征是指细胞中染色体数目的多少，其遗传多态性包括整倍性和非整倍性的变异，前者如多倍体，后者如缺体、单体、三体、双体等非整倍体。用具有染色体数目和结构变异的材料与染色体正常的材料进行杂交，其后代常导致特定染色体上的基因在减数分裂过程中的分离和重组发生偏离，由此可以测定基因所在的染色体及其相对位置。因此染色体结构和数目的特征可以作为一种遗传标记，用来区分不同物种和同一物种的不同种类。但是，细胞学鉴定工作量较大，而且基因的显隐性、上位性及连锁等会影响分析结果，对于染色体数目较多或染色体较小的植物难以进行理想的鉴定分析。

20世纪60年代后，同工酶（isozyme）被广泛应用于天然种群遗传变异的研究。同工酶是指来源相同、催化同一化学反应，而蛋白质分子结构、组成又不相同的一类酶。同工酶作为遗传标记有以下特点：第一，它比较稳定，不受环境因素的影响；第二，它在种子和幼苗期就可以鉴定，且所需试材少；第三，同工酶为共显性，即来自双亲的一对等位基因可以在杂交后代中同时检测出来。通过对不同树种、种内不同种源和个体的各种同工酶电泳谱带的分析，识别控制酶的基因位点和等位基因。在此基础上，估算多态位点的百分率、某个位点上的杂合度，以及用来反映群体间遗传相似程度的遗传距离等参数。但是，在植物的群体研究中，仅有10~20种同工酶表现出位点的多态性，常不能代表整个基因组的变异。

20世纪80年代以来，分子生物学技术的快速发展，直接检测DNA序列变化的分析方法已成为目前有效的遗传分析方法。常用的DNA分子标记方法有RFLP技术、基于PCR的各种检测方法和序列测定技术。有关分子标记方法将在第13章中介绍。

上述各种检测方法相互并不排斥。采用几种方法分析，特别是将常规试验观察与生物技术结合，有可能较正确、全面地揭示物种或种群的遗传多样性水平。

4.2 种质资源概述

种质资源（germplasm resources），也称遗传资源（genetic resources）、基因资源（gene resources）。按《中华人民共和国种子法》的定义，种质资源是选育新品种的基础材料，包括各种植物的栽培种、野生种的繁殖材料以及利用上述繁殖材料人工创造的各种植物的遗传材料，指以种为单位的全部遗传物质的总和。目前，国际上植物遗传育种文献大都采用种质资源这一名词。作为种质资源组成部分的育种资源（breeding resources），是指在选育优良品种工作中直接利用的繁殖材料，往往是根据品种选育目标收集的资源。因此，种质资源与育种资源的涵义既相关，但又有区别。

4.2.1 种质资源的重要性

从选育新品种出发，为使当前的育种工作取得成效，也为育种工作得以持续发展，不仅要有明确的育种目标，采用适当的育种策略和技术，而且还必须拥有并合理地使用丰富的育种资源。重视遗传资源工作的主要理由如下：

（1）抢救濒临灭绝的树种，已迫在眉睫

世界上动植物种类估计有500万种到1000万种之间，已作过描述的约为175万种。高等维管束植物25万种，苔藓、地衣等低等植物15万种，约有90%生活在陆地，而其中又有约2/3生活在热带森林。热带地区，特别是热带雨林，对保存物种十分重要。然而，随着人口的增加，森林被大量砍伐，许多珍贵树种和遗传资源遭到毁灭，这在发展中国家尤其突出。2019年6月10日，《自然》（Nature）以当日头条在线发表了题为"全球最大植物调查揭示惊人的灭绝率"的论文。文章强调指出，自1900年以来，世界上的种子植物以每年近3种的速率消失，这比仅靠自然力量，如自然演化、物种竞争高出500倍。研究发现，自1753年林奈的《植物种志》出版以来，已有大约1234个植物物种灭绝。这些植物中，有一半以上被重新发现或重新分类为另一种植物物种，这意味着仍有571种物种灭绝。据世界自然基金会（WWF）与世界保护监测中心（WCMC）测算，8000年前全球天然林

面积为 $80.8×10^8 hm^2$，到 1996 年年底，62% 的森林已消失了，仅剩下了 $30.4×10^8 hm^2$。仅 1990—2000 年，全球森林面积估计以每年 $940×10^4 hm^2$ 的速率减少（FAO，2001）。森林面积的锐减，导致许多物种的灭绝或生存受到威胁。20 世纪 80 年代，人们明显地觉察到物种不断减少，在全球 25 万种高等植物中已有 2 万~2.5 万种处于危险状况，超过 7300 个树种受到威胁，濒临灭绝。物种和基因正以前所未有的速率在消失，人类面临了严峻的挑战。防患于未然，必须高度重视遗传资源工作。

(2) 农作物和果树栽培育种的历史证明

野生植物为栽培作物的野生亲缘种，具有许多优良的性状和有利基因，是栽培作物品种进一步改良的天然遗传种质资源库。其中，野生植物的抗病抗虫性、耐旱耐寒性等，已广泛应用于现代栽培作物的育种改良。林木育种工作兴起较晚，现今投入生产的林木良种还不多，但都是直接或间接从野生资源选育出来的。林木育种所需要的基因，广泛蕴藏于野生资源之中，是良种选育的物质基础，必须高度重视。

(3) 遗传多样性是物种进化的本质，也是人类社会生存和发展的基础

今天复杂而丰富的物种和遗传资源是生物经历上亿年自然演化形成的，是生物适应复杂、变化的自然环境的结果，是进化的结果。生物界在适应环境过程中，丰富和繁荣了生物种群。一个基因关系国家的兴衰，一粒种子改变一个世界。生物多样性不仅为人类提供了食物、能源、药品和工业原料，在维持生态平衡和稳定环境方面发挥着重要作用，理应十分珍惜。

(4) 在集约经营和选育过程中，往往把注意力集中在少数经济性状上，从而使群体或个体的遗传基础变窄

一个优良的品种不仅应具备优良的经济性状，同时也应具有较强的适应性和抗逆性。随着经济条件的发展、工艺过程的改革和市场的变化，对林木新品种的要求也会发生改变。就当前木材利用而言，树干生长快，干形通直是重要的经济性状，但将来生物质（biomass）产量可能成为主要追求目标。如果只考虑当前需要，而对有潜在利用价值的资源不加收集和保护，任其毁灭，到头来，育种工作将会濒临"无米之炊"的困境。为了可持续选育优良品种，必须不断地引进，以补充新的资源。

(5) 人工选择往往是定向选择，选择的结果使群体遗传组成定向化，必然导致使群体基因变窄

因此，一个树种遗传改良工作一开始就要高度重视遗传资源的搜集、保存和研究工作，在进行选择育种的过程中，要不断补充新的育种材料，使育种群体遗传基础不致因选择而迅速窄化，确保多世代育种能持续进行下去。

4.2.2 国际林木种质资源工作进展

鉴于种质资源的重要性，联合国粮食与农业组织（FAO）于 1948 年成立了"动植物种质资源委员会"，其中包含森林种质资源的研究和保存。1957 年开始发行"植物种质资源通讯"；1961 年组织召开了有关的技术讨论会；1963 年成立植物资源考察专家小组，组织并制定种质资源收集、保存和交换条例；1967 年联合国粮食及农业组织成立森林种质资源专家小组，规划和协调有关林木基因资源搜集、利用和保存等方面的工作。该小组于 1974

年的罗马会议上起草并公布了"森林种质资源保存与利用的全球计划",对种质资源工作提出了调查、收集、评定、保存和利用五个方面的内容。联合国粮食及农业组织和国际林业研究组织联盟(IUFRO)呼吁并采取相应措施,保护和保存濒临毁灭危险的种质资源,组织了英国牛津大学、丹麦—粮农组织林木中心、澳大利亚昆士兰林业部等分别对中美洲、东南亚、澳大利亚等地的优良树种进行了调查、采种和种子分发等工作。1988年,联合国召开了生物多样性特设专家工作组会议,起草了《生物多样性公约》协议。1992年,在巴西召开的联合国环境与发展大会上,包括中国在内的168个国家签署了《保护生物多样性国际公约》。1995年,FAO种质资源工作的范围有所扩大,包括了农业生物多样性内容,森林种质资源有一个专家技术咨询组。生物多样性的研究、保护和持续合理地利用,已成为国际社会关注的中心议题。联合国环境规划署(UNEP)把生物多样性与全球气候变化、臭氧层破坏和有害物质转移并列为全球四大环境问题。联合国《生物多样性公约》第九届缔约方会议于2008年5月30日在德国波恩闭幕,与会代表经过近两周磋商就森林保护等问题达成了一系列共识。在森林保护方面,会议同意建立总面积超过$6500\times10^4\ hm^2$的热带雨林保护区,由发展中国家和新兴工业化国家提供森林,由发达国家提供资金。

国际上还有不少组织致力于森林基因的保护。如国际农业研究磋商组织(CGIAR)、欧洲森林种质资源计划(EUFORGEN)、丹麦国际开发署林木种子中心(DFSC)、国际林业研究组织联盟(IUFRO)、国际植物种质资源研究协会(IGPRI)和世界自然保护联盟(IUCN)等。在国际组织的影响下,全球对森林种质资源的重视程度有所提高,并采取了积极措施。

建立自然保护区是生物多样性保护和种质资源保护的有效措施。1872年,美国建立了世界第一个自然保护区——黄石公园(Yellowstone National Park)。截至2003年,世界各地共建立10.2万处国家公园和自然保护区,面积达到$1880\times10^4\ km^2$,占地球面积的12.65%。经过一个半世纪的努力,美国政府一共设立了384处国家公园,其中包括57个自然国家公园和327处其他自然和历史名胜地,占地总面积8300×10^4英亩,基本包括了美国所有的生物资源生存和繁衍地域。美国各个育种单位普遍设置优树资源收集区,同时利用国家和州的自然保护区保存天然基因资源。芬兰除国家建立森林保护区外,对优良天然林分进行去劣疏伐,保证更新,以天然林的形式保存丰富的育种资源。此外,对选择的优树建立收集区,目前已建立收集区105个,总面积在240 hm^2以上。澳大利亚将种质资源管理作为国家可持续发展的重要物质基础,一方面扩大了种质资源管理的范围,另一方面又强化了种质资源管理的力度。澳大利亚已建立完善的国家植物种质资源保护体系,其中原地保护体系以国家保护地为主体,面积达国土面积的11.65%;异地保护体系以166个植物园和7个基因库为主体,保存植物种质资源18.6万份。日本把种质资源的保存作为林木育种工作的组成部分,并重视收集抗性资源,在1970—1981年间,全国各地收集抗雪害的优树1310株,不受线虫危害或受害轻的树木1.6万株,到2000年保存主要树种无性系19 350个,家系3789个。

4.2.3 我国的自然保护工作

为保存各种有代表性的典型自然景观、植被类型和珍贵的野生动物,我国政府早在

1956年第一届全国人民代表大会第三次会议上,就提出了在全国划定天然森林禁伐区、保存自然植被的提案。并于当年建立了第一个自然保护区——广东鼎湖山自然保护区。同年10月,林业部草拟了我国第一个"天然森林禁伐区(自然保护区)划定草案",提出在吉林、黑龙江、陕西、甘肃、浙江、广东、四川、云南、贵州等15个省(自治区)规划40余处自然保护区。20世纪80年代起,我国陆续制定和发布了《环境保护法》《森林法》《草原法》《野生动物保护法》《森林和野生动物类型自然保护区管理办法》《珍稀濒危动植物名录》等保护自然的法律和政策。

我国是世界公认的物种多样性中心之一,林木种质资源极为丰富。有木本植物187科1200多属8000多种,居北半球森林资源的首位,是世界上裸子植物最多的国家。截至2017年年底,中国大陆共建立各种类型、不同级别的自然保护区2750个,其中国家级463个。自然保护区总面积达到147×10^4 km^2,约占全国陆地面积的14.84%。全国超过90%的陆地自然生态系统都建有代表性的自然保护区,89%的国家重点保护野生动植物种类以及大多数重要自然遗迹在自然保护区内得到保护,部分珍稀濒危物种野外种群逐步恢复。在林木种质资源就地保护取得重大进展的同时,林木种质资源异地保存体系正在逐步建立和完善。此外,自20世纪50年代开始的种源试验和60年代以来开展的选优和营建种子园等工作,实际上也已收集了大批育种资源。目前,已在全国五个气候带建成了具有地域特色的综合库22个、专项库13处、区域库131处和展示库160多处,收集保存了主要树种的遗传材料15万份,形成了由国家林木种质资源平台和国家林木良种基地相互协调的保存利用框架。2014年7月,由国家林业局制定的《林木遗传资源保护与可持续利用国家行动计划(2014—2025年)》中提出,到2025年,要实现我国由林木遗传资源大国向林木遗传资源强国的转变。

4.3 林木种质资源管理

林木种质资源管理包括资源收集、保存、评价和利用等环节(图4-1)。下面分别加以说明。

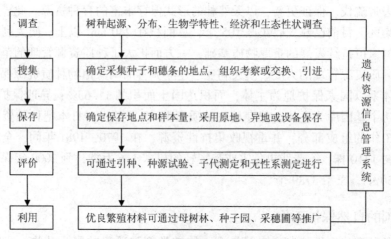

图4-1　种质资源管理过程和内容

4.3.1 搜集

在调查的基础上,对所需的繁殖材料可以通过交换、引进的方式搜集,但更主要的是组织实地考察和搜集。组织专门队伍到另一国家或地区搜集育种资源的事例不少。例如,瑞典引种小干松(*Pinus contorta*)取得初步成功后,曾专门组织人员去美国和加拿大搜集小干松种源;挪威到北美太平洋沿岸搜集锡加云杉(*Picea sitchensisi*)种源;英联邦林业研究所和牛津大学组织对中美地区的加勒比松(*P. caribaea*)、卵果松(*P. oocarpa*)等的搜集;联合国粮农组织—丹麦林木种子中心在东南亚地区搜集乔松(*P. wallichiana*)以及柚木(*Tectona grandis*)等育种资源。

搜集的繁殖材料应尽可能覆盖物种分布区中有代表性的所有地点。分布区边缘地带的种源,经历了极端环境条件下的自然选择,因而其基因频率可能不同于主要群体的基因频率,从中可能产生具有潜在价值的新的繁殖材料,能适应极端的生态条件;而中心地区的种源,基因组分复杂,具有多种优良经济性状和适应能力。因此,在搜集和保存育种资源时,对边缘群体和中心种源都应予重视。搜集工作难于一次完成,一般要持续进行多次。

在同一个采种点范围内,如何确定采种母树？一种做法是随机抽取母树采种,另一种做法是按经济性状表现挑选母树采种。种源试验中,如果采种点的设置是合理的,它本身就具有代表性。优树选择的目的性明确,一般只选择符合当前生产需要的个体,而不会去搜集可能具有潜在价值的单株或类型。但从长远育种需要考虑,应当适当地搜集具有潜在价值的资源,如以提高生物质产量为改良目标,可选择树干虽不通直,但枝繁叶茂、生物量高的植株。

4.3.2 保存

搜集到的种质资源必须妥善保存,以免丧失。无论是1年生作物还是多年生林木,无论是工业用材树种,还是生态用灌木,遗传多样性保存方法基本上是相同的。

4.3.2.1 种质资源的保存范围

目前应优先考虑保存种质资源:

①遗传育种研究所需要的种质资源,包括主要造林树种及其近缘种的种质资源和育种材料等;

②可能灭绝的稀有种和濒危树种的种质资源;

③具有经济利用潜力而尚未被发现和利用的树种的种质资源;

④在科普教育中有用的材料,如分类上的各个树种、变种和类型等。

4.3.2.2 保存方式

目前保存林木种质资源的主要方式是就地保存和异地保存。

(1) 就地保存

就地保存(*in situ* conservation)是指在自然生境内的保存,保存生态系统和自然生境,保持和恢复有生存力的种群。就地保存的主要目的是防止通常由于人类活动造成的进一步损失,自然保护区、国家森林公园以及优良天然林和母树林等都具有就地保存的功能。就地保存是野生动植物保护的主要形式,其主要优点是保护自然生态系统,使物种得以继续进化。就地保存的基本原则是要求保存足够的遗传多样性。生态系统的保存需要占据较大的面积，而种质资源的保存一般有数千株树就可以建立起有效的基因库。要考虑群体的分布地点，较大面积集中于一个地点，不如较小面积分散保存在多个不同的地点。

对于就地保存的林分，应不加人为干预。但由于林分的自然演替，不能保存人们所需要的林分结构，为保存所需林分组成，仍需采取必要的经营措施。从遗传学考虑，保护林分面积大，保存的基因组分多，效果好；但面积大，人力、物力投入大，所以，在面积和投资间要作出权衡。就地保存是一种动态的保存，因为其中的种群可能持续受到正常进化压力的影响。

（2）异地保存

异地保存（*ex situ* conservation）是指把搜集到的种子、穗条在其他适宜地区的栽植保存，也包括种子和花粉储藏。异地保存林的营建多与林木育种活动结合，如种源试验林、种子园、资源收集圃、无性系和子代测定林、树木园等都属异地保存，是常用的保存方式。日本对该国主要造林树种的优良天然（或人工）林，在种子年采种育苗，在2个以上地点各造林 2 hm² 以上，以确保优良林分的基因资源。

近20多年来，在林业发达国家用低温密封保存种子和花粉的做法已很普遍。松类种子贮藏在-18 ℃及5%~6%的湿度条件下，经10年以上仍有极高的生活率。但对经长期低温贮藏种子的检查，发现有染色体发生畸变的现象。贮藏花粉，只能保存所需亲本遗传组分的一半，在林木基因保存中一般不强调花粉储藏。

对超低温保存植物细胞和组织也做过不少试验，其中包括杨树、悬铃木等的组织。在许多试验中，植物细胞和组织在液氮低温（-196 ℃）下贮藏不同时期后，仍能存活并再生成完整的植株。在林业生产中，采用组织、器官的离体贮存应用不多，目前仍处于探索阶段。

设备贮藏农作物种子或组织在国内外较普遍。美国有比较完善的植物种质保存系统，该系统主要有国家种子贮藏实验室（NSSL）、种质资源实验室、国家无性系种质库等组成，受美国农业部科研部门协调。如设于科罗拉多州立大学内的国家种子贮藏实验室，始建于1958年，1992年扩建，现设有大容量的低温贮藏室，也有液态氮贮藏罐，可贮存100万份样品。其主要任务是搜集、立档、保存、评价，并分发植物种质资源，为美国和世界各国重要经济作物持续改良服务。

关于搜集和保存植株的数量问题，Namkoog等曾建议，收集50株树的种子可以保存基因的遗传变异，如少于20株，对今后育种潜力的发挥会有影响。取样的大小，应考虑为保存低频率等位基因所需的最低限度样品数量。一般认为，保存数量应在数百株到数千株之间。为维持保存林分的"纯度"，也需考虑保存林分周围的林分状况，因为传粉会影响保存林分的基因组分。

4.3.2.3 保存策略

1996年6月，在德国莱比锡召开了植物种质资源国际技术大会。会前对世界各国植物种质资源，包括森林种质资源状况作了调查，发表了"世界粮食与农作物种质资源保存现状"的报告。据该报告，20世纪七八十年代，人们感到植物种质资源受到了威胁，全世界基因库的数量和规模急剧增加，异地保存的粮食和农作物种质资源约达610万份，其中仅有52.7万份保存在大田基因库。但在森林种质资源保存方面，情况却迥然不同。只有开展遗传改良的主要造林树种和珍稀濒危树种采取异地保存外，多数树种采取就地保存，自然保护区是森林种质资源的主要保存方法。一些国家，如泰国对南亚松，德国对欧洲云杉，把选择出来的优良林分作为就地保存林分。林木异地保存能够防止优良基因型的丢失，可作为树种短期改良的一种保存方式。当前，世界各国对森林种质资源主要采用就地保存，主要理由如下：

第一，种质资源是在一定生态系统和自然进化过程中形成的，与生态系统的各组成部分构成了相互依存的整体，就地保存能不断发掘遗传变异，适应未来变化，离开了长期适应的系统，有时甚至难于存活；

第二，离开了原有的生态系统下保存基因资源，改变了原有的群体结构和交配系统，难于保持原有的基因组成；

第三，由于市场需求变化及自然环境条件变迁，应该搜集保存什么样本是很难预测的，搜集、保存和评价的标准更难掌握；

第四，森林植物分布区较广，原产地立地条件多样，生命周期长，异地保存在样本收集、栽植、保存技术等方面有诸多因素难掌握；

第五，随着科学技术的进步，采用低温贮存种子和花粉，能延长贮存时间，但保存的材料仍需不断更新，维持和运行的成本较大。

我国森林种质资源保存与自然保护区建设和天然林资源保护工程等相结合，既符合自然进化规律，能可靠地保护种质资源，也可节省支出。

长期安全保存基因是对两种保存方法的共同要求。制定保存策略需考虑下列4点：①确保遗传多样性维持适当水平下的种群规模；②就地保存种群的规模和位置。异地保存要能反映树种遗传多样性所需的抽样数；③影响基因保存的环境、政治和经济条件；④方案能确保进行多世代育种(White, 2007)。一些保存策略侧重于对低频率($p=0.05$)等位基因的保存，而另一些策略则注重维持数量性状的遗传变异。当建立就地保存群体，或从本地种群中抽样建立异地保存群体时，低频率等位基因较中等或高频率等位基因更容易丢失。根据数学模型推算，对于频率大于0.05的基因，获得一个拷贝，有50~160个样本就可以满足概率达到95%；如果等位基因频率小于0.05，而满足的概率在95%以上，则样本数量将大幅度增加，相应收集成本也将大幅度增加。

对于育种有用的低频率等位基因，如抗病等位基因，需要多个拷贝来避免遗传基础窄化和近亲繁殖带来的问题。隐性等位基因的鉴定需要通过纯合子，鉴定工作比显性基因困难得多。例如，种群中隐性基因频率0.05，要使样本群体能出现20个隐性纯合个体，则这个样本群体必须含有10 000个个体，如果是显性等位基因，则只需要约250个个体。

4.3.3 鉴定与研究

4.3.3.1 性状遗传特点的研究与分析

种质资源的特征、特性的观察属于表型鉴定。只有掌握性状的基本遗传特点，才能更好地为育种服务。常规的研究工作可结合引种、种源试验、子代测定和无性系测定等进行。经评定具有优良经济性状或生态效益的资源，可以通过营建母树林、种子园、采穗圃等方式繁殖推广利用。这些内容将在后面有关章节中介绍。

基因组学(genomics)的研究成果为种质资源的研究提供了理论指导,特别是全基因组测序、重测序和简化基因组测序技术的不断成熟,在全基因组水平上比较不同种质资源基因组的变异成为可能。结合表型鉴定的数据,利用连锁分析和关联分析等基因组学方法,可高效发掘种质资源中蕴含的新基因和有利等位基因。

在种质资源研究中,常常要对研究对象进行分类。传统的分类方法主要依据个别明显特征进行分类,存在考察性状少、主观因素多等局限性,分类结果不尽合理。聚类分析是应用多元统计分析技术在相似性的基础上进行分类,考察性状既可以是质量性状,也可以是数量性状,并且可以同时对大量性状进行综合考察,主观因素少,分类结果比较客观和科学。聚类分析的距离指标有多种,如欧氏距离(euclidean distance)、欧氏距离的平方(squared euclidean distance)、切比雪夫距离(chebychev distance)、卡方距离(chi-square measure)等。有关聚类分析的计算软件在国内已普遍使用。

4.3.3.2 种质资源信息管理系统

在资源管理各个环节中取得的所有信息,包括来源、分布、栽培状况、形态特征、生物学特性、经济与生态价值、搜集或引进地点和数量、保存地点和数量、存活状况、性状观测和评价、推广和利用过程等资料,都可统一贮存于种质资源信息管理系统。信息管理系统不仅方便资料的保存和交流、节省时间和提高工效,更能深层次地利用数据信息。建立数据库系统的一般步骤包括数据采集、数据分类与规范化处理、数据库管理系统设计等。20世纪70年代以来,美国、日本、法国和德国等相继实现了品种资源档案的计算机管理。不少国家还形成了全国范围或地区性网络。我国于1986年开始国家作物种质资源数据库的研究工作。目前,国家农作物种质资源数据库拥有200种作物、41万份种质信息、2400万个数据项值,数据量达230 GB,是世界上最大的植物种质资源数据库之一。我国林业从20世纪80年代末也开始建立和编制种质资源数据库。

4.3.4 种质创新与利用

种质创新(germplasm innovation)是指人们利用各种自然的和人工的变异,通过人工选择的方法,根据不同目的而创造新种、新品种和新类型等材料。种质资源创新是种质资源有效利用的前提和关键,是植物遗传育种发展的基础和保障,也是植物种质资源研究的重要组成部分。

4.3.4.1 种质资源创新利用的传统途径

杂交育种就是种质资源创新的一种最基本和常用的途径。利用新的种质资源,通过杂交,然后再回交或轮回选择,创制优异的新种质。种间杂交和种源间杂交在现代林木育种中起着更大的作用。部分乔木种间杂交可以得到健壮可孕的子代,如杨属、柳属、落叶松属等种间杂种都能获得有生活力的种子,并且杂种的表现比双亲更优异。林木的回交可能将期望的性状转移到好的亲本中去。例如,黑松生长慢,干形好,但对象鼻虫很敏感;大果松生长快、但干形差、大果松与黑松杂交种,其子代生长快,且抗虫。再将杂种与最好的黑材松回交,通过选择,获得杂种比 F_1 生长快,且干形好、抗象鼻虫。又如,1980年,Lairage等做过火炬松和萌芽松(*Pinus echinata*)杂种和火炬松亲本回交,得到的杂种在生长上等于或优于亲本火炬松，而且比火炬松抗梭锈病。

林木种质资源保存的最终目的是利用。对具有重要经济价值和性状优良的林木种质资源，包括审（认）定的林木良种、新品种以及地方品种、优良繁殖材料等，通过建立采种基地、良种基地等提供优良种苗和繁殖材料进行推广利用。良种基地包括母树林（seed stand）、种子园（seed orchard）、采穗圃（cutting orchard）等类型。

4.3.4.2 种质资源创新利用的分子生物学途径

随着人们对生物体认识的不断深入以及生物技术的不断发展，种质资源创新利用的方法也不再局限于杂交，已深入到组织、细胞水平上，如染色体工程、细胞工程等。近20余年，随着分子生物学的发展，分子标记辅助选择、转基因、基因编辑、分子设计育种等技术普遍应用于植物种质资源创新利用，其成效更为显著。

(1) 分子标记辅助育种技术

该技术是利用分子标记与决定目标性状基因紧密连锁的特点，通过检测分子标记，即可检测到目的基因是否存在，达到选择性状的目的，也可作为杂交后代的选择、杂交优势的预测及品种鉴定等各个育种环节的辅助手段。该技术已在很多动植物抗性育种中取得成功，在林木遗传育种也有较成功的实例。林木生长周期长，幼龄期也长，而许多重要的性状，如材性，在幼年和成年期的差异很大，需要达到一定的年龄才能比较准确地评价，这就制约了育种的进程。标记辅助选择则可以在苗期进行，可节省数年甚至10年以上的时间，从这点来说，分子标记辅助选择技术对林木的意义比对农作物的更大。

(2) 转基因技术

转基因技术是利用现代生物技术，将人们期望的目标基因，经过人工分离、重组后，导入并整合到生物体的基因组中，从而改善生物原有的性状或赋予其新的优良性状。除了转入新的外源基因外，还可以通过转基因技术对生物体基因的加工、敲除、沉默等方法改变生物体的遗传特性。利用基因工程手段进行种质资源创新，可打破动植物的界限而进行基因转移，可达到丰富变异类型，增大遗传多样性的目的。

(3) 基因编辑技术

基因编辑是对生物基因组的特定位点进行精准操作，以实现DNA片段定点删除、插入或者单碱基突变的技术。该技术突破了传统植物育种性状改良的瓶颈，能够创制出多种植物新种质。尤其是CRISPR/Cas9技术，以其操作简便、高效率、多靶标、通用性等优势成为当前主流的应用技术，将给农业种业带来革命。

(4) 分子设计育种

植物分子设计育种，是以生物信息学为平台，以基因组学和蛋白组学等若干个数据库为基础，综合植物育种学流程中的遗传、生理、生化、栽培、生物统计等所有学科的有用信息，根据具体树种的育种目标和生长环境，在计算机上设计最佳方案，然后开展育种的方法。与常规育种方法相比，分子设计育种首先在计算机上模拟实施，考虑的因素更多、更周全，因而所选用的亲本组合、选择途径等更有效，更能满足育种的需要，可以极大地提高育种效率。

有关分子生物学技术及其在植物育种中的应用将在14章中介绍。

4.4 乡土树种和外来树种

　　林木育种所利用的遗传资源，既包括乡土树种，也包括外来树种。树种选择是林木选育的第一步，只有正确地选择树种，后续选育工作才能开展，种内各个层次的遗传变异才可能利用。任何一个树种都有它的分布范围，当它在自然分布区内称为乡土树种（indigenous tree species）；当栽种到自然分布区外，称为外来树种（exotics）。把一个树种从原有自然分布范围引入新的地区进行栽培称为引种（introduction of exotics）。林木引种是引入外来树种遗传资源，并加以选择和利用的过程。

　　乡土树种资源，包含已经人工栽培的和尚处于自然生长状态的两类。乡土树种经历了当地自然条件长期影响并通过了自然选择，前者还经受了栽培管理的影响和人工选择的作用。乡土树种资源适应当地条件，可直接投入生产或稍加改良就能提高生产力和抗性。迄今，我国林业中尚有大量本地资源，特别是灌木树种，研究还比较薄弱，开发利用潜力较大。

　　与乡土树种资源比较，外来树种资源由于是从其他地区引进的，离开了它们的自然分布区，对其生态适应性、经济性状在引进地的表现还不清楚，需要经过较长时期的观察，才能对林分稳定性、经济价值和生态效益等性状作出评价。因此，推广利用要分阶段进行。但这类资源的经济性状或生态效益有可能优于当地资源。

　　此外，在一些集约经营的主要树种中，通过杂交等措施还创造了一些新的类型和品种。这类资源往往综合了亲本多种优良性状，经济价值较高，这是它的优点。但是这类资源遗传组成比较复杂，在用作育种原始材料时应注意其起源，防止发生近亲繁殖。

4.4.1 充分开发利用乡土树种

　　乡土树种是自然演化的结果，适应当地条件，调查研究方便。何况我国是树种资源极其丰富的国家，已发现木本植物 8000 余种，其中乔木树种 2000 余种，灌木 6000 余种。目前，人工栽培过的树种有约 1000 种，主要造林树种约 210 种。丰富的树种资源是生态建设和开展林木遗传改良工作的前提，是满足林业建设多种需要的有利条件。从战略上考虑，重点应当放在开发利用乡土树种上。在东北大小兴安岭和长白山等林区，重要栽培树种有落叶松（*Larix gmelinii*）、长白落叶松（*L. olgensis*）、樟子松（*Pinus sylvestris* var. *mongolica*）、红皮云杉（*Picea koraiensis*）、鱼鳞云杉（*P. jezoensis* var. *microsperma*）、红松、臭冷杉（*Abies nephrolepis*）、水曲柳（*Fraxinus mandshurica*）、紫椴（*Tilia amurensis*）、糠椴（*T. mandshurica*）、黄波罗（*Phellodendron amurense*）、胡桃楸（*Juglans mandshurica*）、春榆（*Ulmus davidiana* var. *japonica*）、辽杨（*Populus maximowiczii*）、大青杨（*P. ussuriensis*）、蒙古栎（*Quercus mongolica*）等。

　　在华北区，重要栽培树种有油松、侧柏、白皮松（*P. bungeana*）、华北落叶松（*Larix principis-rupprechtii*）、白杄（*Picea meyeri*）、杜松（*Juniperus rigida*）、栓皮栎（*Quercus variabilis*）、麻栎（*Quercus acutissima*）、槲树（*Q. detata*）、泡桐、臭椿（*Ailanthus altissima*）、香椿（*Toona sinensis*）、楸树（*Catalpa bungei*）、毛白杨、小叶杨（*Populus simonii*）、旱柳（*Salix matsu-*

dana)、白榆、槐树等。

在华东、华中区，重要栽培树种有杉木、柳杉、马尾松、水杉(*Metasequoia glyptostroboides*)、黄杉(*Pseudotsuga sinensis*)、金钱松(*Pseudolarix amabilis*)、柏木(*Cupressus funebris*)、苦楝(*Melia azedarach*)、油茶(*Camellia oleifera*)、油桐(*Vernicia fordii*)、鹅掌楸(*Liriodendron chinense*)、乌桕(*Sapium sebiferum*)、毛竹(*Phyllostachys heterocycla*)、刚竹(*P. sulphurea*)等，其中有些树种是中国特产。

华南区，树种组成丰富，除华东、华中部分树种延伸分布到该区外，尚有红椎(*Castanopsis hystrix*)、红椿(*Toona ciliata*)、黄梁木(*Neolamarckia cadamba*)、木荷(*Schima superba*)、火力楠(*Michelia macclurei*)、格木(*Erythrophleum fordii*)、竹柏(*Podocarpus nagi*)、任豆(*Zenia insignis*)、米老排(*Mytilaria laosensis*)、蚬木(*Excentrodendron hsienmu*)、金丝李(*Garcinia paucinervis*)等有发展前途的用材树种。

西南区是世界公认树种资源丰富的地区之一，云南松(*P. yunnanensis*)、思茅松(*P. kesiya* var. *langbianensis*)、华山松(*P. armandii*)、云南油杉(*Keteleeria evelyniana*)、西南桦(*Betula alnoides*)、黄梁木等已有较广泛的栽植，尚有许多树种没有利用，潜力很大。

西北地区树种较少，但也有不少重要的用材树种，如新疆落叶松(*Larix sibirica*)、新疆云杉(*Picea obovata*)、青海云杉(*P. crassifolia*)、新疆冷杉(*Abies sibirica*)、新疆五针松(*Pinus sibirica*)、新疆杨(*Populus alba* var. *pyramidalis*)等。在广阔的干旱沙漠地区，有胡杨(*P. euphratica*)、白刺(*Nitraria tangutorum*)、柽柳(*Tamarix chinensis*)、多枝柽柳(*T. ramosissima*)、柠条(*Caragana korshinskii*)、花棒(*Hedysarum scoparium*)、沙棘(*Hippophae rhamnoides*)、沙柳(*Salix cheilophila*)等适应性强的灌木，可用于生态建设。

但是，迄今除对主要造林树种作了比较深入的研究外，对多数树种的生物学、林学特性和繁殖特点研究还不够。

4.4.2 积极、稳妥利用外来树种

外来树种引入后可能有两种反应：一种是原分布区和引入地区的自然条件差别较小，或由于外来树种本身的适应范围较广，不改变遗传性也能适应新的环境条件；另一种是原分布区与引入地区的自然条件差异较大，或由于外来树种的适应范围较窄，通过人工栽培和人工选择，使外来树种能适应本地的自然环境和栽种条件，成为当地造林树种，这个过程称为驯化(domestication)。此外，将动植物从野生状态改变为家养或栽培的过程也属驯化。

林木引种可追溯到 2000 年前，大规模的引种工作是从 19 世纪 50 年代由澳大利亚、新西兰等南半球国家引种松树开始的。现在外来树种人工林在一些国家得到了蓬勃发展。在热带、亚热带国家和地区主要采用的外来树种有松属、桉属和柚木，占人工林面积 1/3 以上，其次是相思属(*Acacia*)和木麻黄属(*Casuarina*)。引种外来树种的主要理由如下：

第一，外来树种的生长可能优于乡土树种。在较短的经营期内获得乡土树种不能达到的木材产量，或能获取乡土树种不能提供的特殊价值产品，从而提高林地生产力。

第二，外来树种的适应性可能优于乡土树种。乡土树种可能不完全适应当地不断变化的环境条件，特别是在近代，工业污染、土壤侵蚀加剧，导致乡土树种不能完全适应，而

某些外来树种可能比乡土树种更适应变化后的生境。例如，巴西原始森林大量采伐后，迹地的生态环境，特别是土壤条件发生了剧烈的变化，很难解决原有树种在迹地造林的技术难题，因而大量引进适应性强、生产力高、且有成功栽培经验的外来树种。1984年栽植的 $35 \times 10^4 \text{ hm}^2$ 人工林几乎全是外来树种，主要是加勒比松和桉树。

第三，各个树种局限于各自的自然分布区，但这并不意味着它们不能分布到其他地区。海洋、山脉、不同气带等很可能妨碍了它们的传播。如原产美国太平洋沿岸的辐射松，虽然自然分布区南北长200 km，东西宽10 km，实际分布面积仅约4860 hm²，生长表现一般，但现已成为新西兰、澳大利亚、南非和智利的主要用材树种，其生长速度比原产地还快。如新西兰引种辐射松，造林面积占人工林80%以上，木材产量超过本地树种两倍以上。

第四，拓宽林木资源的遗传多样性，提供育种的材料。引种的作用不仅在于所引进的树种或品种直接用于林业生产，更重要的是丰富遗传多样性和育种资源。20世纪50年代以来，我国从国外引入植物种质资源10万份以上，利用它们作原始材料，从中进行系统育种或作杂交亲本，在植物育种中发挥了重要的作用。

4.4.3 我国林木引种的成就

我国林木引种已有悠久历史，如悬铃木在公元401年已引进到现在的西安。但20世纪50年代以前的引种活动规模小，盲目性大，引进树种多用作城市绿化，很少用于大面积造林。20世纪70年代以来，特别是90年代后，引种工作得到较大发展，引进的树种增多。

据统计，我国先后引进木本植物1000多种，造林面积达 $800 \times 10^4 \text{ hm}^2$，占人工林总面积1/4以上。其中，来自北美洲树种的造林面积占75%，澳大利亚树种占17.5%，日本树种占3.8%。经引种试验，有重要价值的外来树种达30余种。其中，桉树、杨树、松树、落叶松、相思、刺槐、木麻黄、海桑等树种造林面积较大。

我国桉树引种始于1890年，从意大利引进多种桉树到广州、香港、澳门等地。同年，又从广州引进细叶桉到广西龙州，随后桉树引种到福州、昆明、四川西昌等地（祁述雄，2016）。早期引进的有蓝桉（*Eucalyptus globulus*）、柠檬桉（*E. citriodora*）、细叶桉（*E. teretcornis*）、赤桉（*E. camaldulensis*）、大叶桉（*E. robusta*）等，后来又引进了巨桉、尾叶桉（*E. urophylla*）、窿缘桉（*E. exserta*）及其杂种。引进过的桉树300余种，现保存有100余种，全国桉树造林面积估计约 $200 \times 10^4 \text{ hm}^2$，每年生产桉树原木至少 $500 \times 10^4 \text{ m}^3$，桉树已成为我国制浆造纸和纤维板等重要工业用材树种。

杨树是温带地区的速生阔叶树种。1949年前，主要引进了钻天杨（*Populus nigra* var. *italica*）、箭杆杨（*P. nigra* var. *thevestina*）、加杨（*P.* ×*canadensis*）和少量的欧美杨。1950—1960年中国林业科学研究院等先后从波兰、德国、罗马尼亚、苏联等国引种，20世纪70年代后陆续从法国、意大利等17个国家引种栽培72/58杨、I-69/55杨树良种及其无性系331个，从中选出一批速生杨树品种。南京林业大学从引入美洲黑杨中选育出优良无性系，在黄淮海流域大面积栽培。

火炬松、湿地松原产于美国东南部，20世纪30年代引入我国，70年代大面积栽培。

在南方多数省份，火炬松、湿地松在相似的立地和抚育条件下，生长比马尾松生长快，适宜作为短轮伐期的速生丰产纸浆林，已成为我国南方丘陵山区的重要造林树种。1963年从古巴引种加勒比松古巴变种，1973年又从危地马拉引种加勒比松洪都拉斯变种和加勒比松巴哈马变种，80年代开始大规模造林，面积已超过$8×10^4$ hm^2。

日本落叶松原产日本，我国引种已有百余年的历史。东北、华北、西北、华中、西南地区都有引种。其中，山东、辽宁引种最早，成为东北和北方山地重要造林树种，也成为南方海拔1000~1500 m地区的速生用材针叶树种。

木麻黄（*Casuarina* spp.）自然分布于东南亚、太平洋群岛和澳大利亚，是营建沿海防风固沙林和薪炭林的优良树种，并具有共生固氮能力。20世纪50年代后，在南方沿海地区营造了约$100×10^4$ hm^2的木麻黄防风固沙林，形成了数千千米的"绿色长城"，这对于防风固沙，抵御海啸，保证农业稳产、高产，保障人民生活等发挥了积极作用。

马占相思（*Acacia mangium*）原产澳大利亚昆士兰沿海、巴布亚新几内亚及印度尼西亚，为热带雨林边缘树种。它生长迅速，材质好，适应性广，能固氮及改良土壤。1979年由中国林业科学研究院从澳大利亚昆士兰引进少量种子，在广东和广西林业科学研究所种植，于1982—1983年在我国热带、南亚热带几个地点系统开展几种相思对比试验和种源试验，并在广东湛江、海南屯昌等地建立了马占相思母树林。

刺槐原产北美洲阿巴拉契亚山脉和欧扎克高原、美国密西西比河流域。我国自19世纪引进，现在我国24个省（自治区、直辖市）广泛栽种，栽种面积估计达到$1000×10^4$ hm^2。自20世纪70年代末，开展了种源试验和优良无性系选择，优良种源和无性系已经推广应用。

自20世纪以来，我国先后引进柏科的许多树种，至今保存2属52种和4变种。表现最好，且栽培面积较大的是柏木属、扁柏属和圆柏属的10余个种。日本扁柏（*Chamaecyparis obtuse*）和日本花柏（*Chamaecyparis pisifera*）已成为长江中下游各省（直辖市）中高山地带的优良造林树种；墨西哥柏等已成为我国中亚热带中、低山地区的优良造林树种；铅笔柏在北亚热带和暖温带湿润地区栽培较广；欧洲刺柏和铺地柏在北方一些城市广泛用作园林树种；北美香柏和日本香柏在华东和华中地区常用作绿化树种；罗汉柏在南方部分城市作观赏树种。

经济树种，如橡胶、油棕（*Elacis gueneensis*）、咖啡（*Coffea arabica*）、金鸡纳等在我国南方引种已取得较大成绩。原产于地中海地区的油橄榄（*Olea europaea*）在20世纪60年代开始引进云南、四川、陕西等地，在个别地方表现较好。印度辣木（*Moringa oleifera*），原产于印度北部喜马拉雅山麓，其营养物质含量丰富，有很高的食用保健价值，近十年在云南、广西、广东、福建和海南等地广泛栽培。美国山核桃在长江流域，黑荆树（*Acacia mearnsii*）在长江以南地区引种，生长表现都较好。灌木，如紫穗槐（*Amorpha fruticosa*）于20世纪50年代后发展很快，已成为华北、东北南部、西北东南部、长江中下游栽培最广的灌木树种之一。

上述不少外来树种开展了种源试验，选择了优良种源，并选择了优树，建立了各类种子园。在落叶松、加勒比松和湿地松等树种引种过程中，还开展了杂交育种。引种与其他选育措施结合，可提高引种的效果。湿加松是湿地松和加勒比松的种间杂种，在广东营建人工林约$5.33×10^4$ hm^2。根据沈熙环和黄永权（2018）实地调查及种植户反馈的数据，在广东雷州，5年生湿加松树干通直分枝良好，平均树高5.5 m，胸径9.6 cm。而其母本湿地松树高和胸径为4.0 m、5.7 cm，父本洪都拉斯加勒比松树高4.9 m、胸径10.1 cm；在广东台山，10年生湿加松树高12.2 m、胸径19.4 cm，而湿地松树高8.31 m、胸径117 cm，洪都拉斯加勒比松树高10.6 m、胸径17.7 cm。

杉木是我国南方各省份特有的优良用材树种，20世纪50年代，南跨琼州海峡，在海南岛尖峰岭等地生长较正常；北越秦岭，在陕西长安县南五台生长比当地的油松快；在山东昆嵛山背风坡地生长超过赤松。樟子松是我国大兴安岭（主要在北坡）及呼伦贝尔盟高原中固沙的乡土树种，过去只在吉林长春净月潭有小片栽植，在黑龙江省带岭少量育苗。20世纪50年代后，黑龙江、吉林省许多地方都有生长良好的樟子松人工林。辽宁省彰武县章古台用樟子松固沙造林，成绩显著。此外，内蒙古包头、毛乌素伊金霍洛地区及陕西省榆林等地也都引种成功。但近年，樟子松在部分地区出现衰退现象。

回顾过去，我国林木引种工作取得了可喜成绩，但也存在如下问题：第一，林木引种工作在地区间开展不平衡，南方开展较多，北方较少，三北、盐碱地、石灰岩等造林困难地区树种引进少。第二，在相当长时期内，引种目标比较单一，偏重于速生用材树种，集中在杨树、热带松属和桉树上，而对经济林、绿化树种、灌木重视不够，但近20来年情况有所好转。第三，对引进外来树种的配套技术，如伴生树种、林下灌木、菌根、造林技术、病虫害防治等重视不够。

4.5 引种技术和程序

4.5.1 引种考虑的因素

全世界植物种类繁多，分布区跨赤道南北7大洲，从何处去引？引什么？需要认真对待。具体可从如下方面考虑：

(1) 外来树种在原产地的表现

林木引种要有明确的目的。如果要选择建筑用材树种，应当考虑速生、树干通直度、材质等；选择纸浆材树种，应当考虑生长速度、纤维长度、木材密度、木质素含量等；为西北地区选择适应性强的灌木，应当考虑耐寒、耐旱能力；选择木本饲料植物，应当考虑饲料产量、营养价值、消化吸收率、抗营养因子等；选择城市绿化树种，主要考虑树形是否美观，是否耐污染，有无过敏源等。虽然林木经济性状与环境条件密切的关系，但一般而言，在原产地表现低劣的树种，引入新的地区，很难表现优良。大量引种实践表明，外来树种在新地区的经济性状与原产地相似。例如，一些柏科树种和部分桉树在原产地树干纹理不直，引入我国后依然扭曲；日本柳杉引入我国四川等地，仍然表现生长快、树干通直、中幼林材质比中国柳杉好等特点；水杉在中国耐湿，到美国也是一样；我国板栗抗栗疫病，引入美国，成为该地抗栗疫病育种的重要种质资源。

(2) 原产地与引入地区主要生态条件的相似程度

外来树种原产地与引入地生态环境一致，这是在其遗传适应范围内迁移，引种自然容易成功。德国著名林学家Mayr在1906年出版的《欧洲外地园林树木》和1909年出版的《在自然历史基础上的林木培育》著作中，提出了"气候相似原则"的思想。他指出，木本植物引种成功与否，最重要的是看原产地气候条件与引种地气候条件是否相似。林木引种时，引种地和原产地的气候条件相似，引种的林木才能正常生长发育。

"气候相似论"对于选择引种对象和确定引种地区，有一定的指导作用。但是，"气候相似论"在强调气候对林木的制约作用的时候，忽视了环境中其他因子的综合作用，也忽视了林木随气候的改变而改造的可能性，即低估了林木被驯化的可能性和人类驯化林木的能力。事实上，树种在原来自然分布区的表现，并不能完全代表它的适应潜力。如刺槐自然分布区在美国分两个部分：东部属阿巴拉契山区，从宾夕法尼亚州中部至阿拉巴马州和佐治亚州；西部包括密苏里州南部、阿肯色州和俄克拉荷马州。原产地雨量充沛，达 1016~1524 mm，7 月平均气温为 21~26.7℃，1 月平均气温 1.7~7.2℃。但由于刺槐适应性强，在我国西北地区，降水量 400~500 mm 的地方也能生长。所以，不能武断地认为，凡与原产地的生态条件有差别的地方，就不能引种。事实上，在世界范围内，很难找出气候条件完全相似的两个地区，原产地与引种地的生态条件有差别，有时也可能引种成功，甚至可能比原产地在生长等方面表现得更好。

当然，引种前详细研究外来树种在原产地与引种地主要生态条件的相似程度是很有必要的。因为生态条件愈接近，引种成功的可能性愈大。例如，油橄榄在中国引种成功的难度很大，其主要原因是我国亚热带的气候与原产地地中海地区亚热带的气候不完全一致。油橄榄长期适应于地中海地区冬雨型气候，冬季适宜的低温和湿润条件能满足花芽分化的要求，夏季有充分的光照。此外，当地有富含钙质的微碱性土壤。而我国南方大部分地区的气候特点和地中海地区恰好相反，夏季高温湿润，光照不足，土壤板结，冬季干旱，这种条件不利于花芽形成。但是，在四川西昌、云南永仁、甘肃陇南等地通过选择立地条件和品种，采取水肥管理等措施，油橄榄引种获得了成功。

我国先后从北美洲引进大约 82 科 202 属 500 多种木本植物，不少树种引种成功，并成为我国重要人工林树种。其主要原因是北美洲的树种一般能在我国找到适应的环境。例如，阿巴拉契亚山以西的温带树种可能适合华北及西北地区，美国东南部为常湿性亚热带常绿阔叶林气候与中国东部的亚热带气候相似；美国中部与东部在晚春至早秋期间有时出现非常酷热干旱的天气，这与我国长江中下游的伏旱十分相似；墨西哥南部、中美洲及西印度群岛为热带雨林气候或热带草原气候，与我国华南的气候相似。又如，北美东部、中美洲夏雨型或均雨型的树种所在地区的自然条件与我国东部的情况相似，在我国引种较成功的杨树、松树、刺槐、落羽杉等多来源于这一区域，其中有些引进树种，如刺槐、湿地松、火炬松、落羽杉等，其生长比在原产地更加旺盛。而北美西部太平洋沿岸属冬雨型地区的树种在我国的引种表现不良，仅在云贵高原的部分地区表现较好。

进行气候相似性分析，要综合考虑各气候因子，以客观反映各地气候条件的差异。欧氏距离是一种描述在 m 维空间中两个点之间的距离，可以综合表示各种气候要素在两个地点的相似程度。其距离越大，相似程度就越低；反之，相似程度就越高。为了消除各种气候要素的量纲影响，应进行标准化处理，再计算气候相似距离。计算公式如下：

$$d(ij) = \frac{1}{m}\sqrt{\sum_{k=1}^{m}(x'_{ki} - x'_{kj})^2} \qquad (4.1)$$

式中，$d(ij)$ 是 i、j 两地的气候相似性距离；m 为要素总数；x'_{ki}、x'_{kj} 分别是 i、j 地 k 要

素的标准化值。式中各要素的权重视为均等，如果按权重系数 ω_k 修正，则：

$$d(ij) = \sum_{k=1}^{m} \omega_k d_{kij} ; \quad \sum_{k=1}^{m} \omega_k = 1 \tag{4.2}$$

(3) 树种历史生态条件分析

虽然外来树种原产地与引入地现实生态条件相差很大，但引种仍有可能成功，这还与原产地的历史生态条件有关。1953年，苏联植物学家库里奇亚索夫(Кульсясов)根据对3000多种植物的试验分析，提出了植物引种驯化的"生态历史分析法"。该理论认为，一些植物的现代分布区是地质史上冰川运动时被迫形成的，并不一定是它们的最适生长区，如果把它们引种到别处，有可能生长发育得更好。许多林木在漫长的进化过程中，都曾经历过复杂的历史生态条件，具有潜在的广泛适应性。当引种地区现实生态条件与引入树种某历史生态条件相同或相近，特别是与该树种曾经历过的较适宜的历史生态条件相同或相近时，尽管两地现实生态条件相差很大，仍然可能引种成功。如水杉在上白垩纪，分布北极圈，到第三纪扩大到欧洲、西伯利亚、我国东北、朝鲜和日本等地，存在广泛的遗传适应性。在第四纪冰川时期，气温急剧下降，绝大多数地区水杉灭绝，仅有在我国川东、鄂西及湖南龙山县边境少量遗存，成为"活化石植物"。1941年，在湖北利川谋道镇(当时四川万县磨刀溪)首次发现，20世纪50年代后，引种受到重视，现在全国已有半数以上的省(自治区、直辖市)引种。其中，湖北、江苏、浙江、上海等省(直辖市)发展尤为迅速。此外，亚洲、非洲、欧洲、北美洲、南美洲等50多个国家和地区已引种栽培，生长良好。

(4) 栽培植物起源中心

荷兰的齐文和苏联茹考夫斯基在苏联瓦维洛夫栽培植物起源中心学说的基础上，将原来8个起源中心扩展到12个起源中心，包括"中国—日本""东南亚""澳大利亚""印度""中亚细亚""西亚细亚""地中海""非洲""欧洲—西伯利亚""南美""中美—墨西哥""北美"。虽然有的中心以国家命名，但其范围并非以国界来划分，而是以起源植物多样化类型的分布区域为依据。该学说认为中心地区蕴藏着育种目标所需要的重要基因资源。因此，引种应该到起源中心开展广泛的收集基因资源，作为引种的原始材料。

(5) 树种的适应能力和种内遗传变异

不同树种适应性差异很大，在引种前应充分了解它的适应性。红杉原产于美国加利福尼亚和南俄勒冈沿太平洋海岸地区，分布区的气候特征是冬暖夏凉，冬季雨多，很多日子雾大。由于适应性窄，在不同立地条件引种红杉均告失败。我国银杏由于适应性强，能成功地引种到日本、美国东部、中部及欧洲的部分地区，引种历史超过100年。

自然分布区广的树种，在种内常形成了许多地理小种。不同地理小种对生态条件的适应性及表现出来的经济性状是各不相同的，有时，这种差异是非常大的。因此，不能以某一批种子代表整个树种。在现代的林木引种工作中，已普遍认识到不同种源在生长、适应和经济性状方面的差异，十分重视对种源的搜集和试验。为了使引种能达到预期目的，在引种前要分析引种树种在原产地各个种源区的生态条件，充分了解其地理变异规律，摸清不同种源在生长、抗性等方面的表现，以此作为制订引种方案的依据，尤其要注意选择适应性较强的种源。

4.5.2 引种中主要生态因子的剖析

与作物和果树相比，林木所处的立地条件比较差，经营管理也较粗放，很难大面积采用灌溉、防寒等集约措施。因此，必须认真分析原产地和引入地的生态环境条件，争取引种获得成功。

(1) 温度

通常冬季气温过低或夏季气温不足限制树种北移，而冬季或夏季气温过高则限制树种的南移。不适温度对外来树种的不良影响大体可以归结为两个方面：① 温度条件不能满足生长发育的基本要求。临界温度(critical temperature)是树种能忍受的最高、最低气温的极限，尤其是冬季极限低温，会造成外来树种冻害或死亡；② 外来树种虽能正常生存，但由于气温等条件不适宜，影响花、果实的形成和发育，致使经济价值不能表现出来。

超过临界温度会造成树木严重伤害或死亡。冬季绝对低温往往是"南树北引"的关键因子。如意大利 I-214 杨生长快，但不耐冻，将其引入齐齐哈尔市，忍受不了-35℃的低温而冻死。美国农业部按年平均最低气温把北美洲划分为 10 个带，每个带列了几种常见的乔木树种的适应极限低温(表 4-1)。一旦出现数十年不遇的绝对最低气温，常可使树木冻死。如 1999 年 12 月中、下旬福建龙岩市出现了 30 年未遇的寒潮，在永定极端数低气温达-5.1℃，在长汀达到-8.0℃，而在历史记载中，永定极端最低气温为-5.0℃，长汀为-7.4℃，异常的强寒潮使龙岩市引种的巨尾桉林分受到严重冻害。

表 4-1　美国植物耐寒的温度及常见树种

温度带	温度	常见树种
1	-46 ℃以下	白云杉、美洲山杨、纸桦
2	-46~-41 ℃	大果栎、树锦鸡儿、复叶槭、红叶荚蒾
3	-41~-35 ℃	美国花楸、欧洲花楸、美国白蜡
4	-35~-30 ℃	绯红栎、山白果、刺槐
5	-30~-24 ℃	欧洲山毛榉、美国圣诞树、盐肤木、栾树
6	-24~-18 ℃	枸橘、毛泡桐、大花六道木
7	-18~-13 ℃	合欢、梧桐、紫薇
8	-13~-7 ℃	四照花属、密花栎、亚利桑那长叶松
9	-7~0 ℃	沼松、杉松、光松、欧洲赤松、辐射松
10	0~5 ℃	佛罗里达湿地松

除考虑极限温度外，还应注意低温持续时间、降温和升温的速度等。例如，蓝桉具有一定抗寒能力，可忍受-7.3℃的短暂的低温，但不能忍受持续的低温。云南陆良于 1958 年引种蓝桉，1961、1964 两年绝对最低气温达-7.0℃，1974 年低至-7.3℃，由于这三年的低温历时短暂，只有叶和嫩梢表现冻害。而在 1975 年 12 月，持续低温 5 d，日平均气温变动于 0.6~4.0℃之间，最低气温达-5.4℃，在这期间蓝桉遭受严重寒害。经调查 10~

15年生大树263株，其中主干1/3~1/2枯死的有183株，占69%，整株枯死的有23株，占9%。1976年冬至1977年春，低温持续期长，云南的桉树、银桦(*Grevillea robusta*)和橡胶都受到不同程度的冻害。

霜冻对林木生长影响很大。霜冻分早霜和晚霜，由于晚霜发生的季节正值树液萌动、芽苞开放、树木生长的初期，所以晚霜对树木生长的危害更为严重。北方树种打破休眠的临界气温低于南方树种，引入南方，可能由于萌动早，易遭晚霜伤害。

高温是北方树种南移的主要限制因素。一般落叶树种生长期气温高达30~35℃时，生理过程受到严重抑制，50~55℃时发生伤害。高温，尤其是水分供应不足时常造成树木早衰，树皮由于受热不均，造成局部受伤或日灼。高温加多雨、高湿常造成某些病害蔓延，严重限制树种南移。原产澳大利亚南端塔斯马尼亚州的蓝桉，在我国昆明、成都生长较好，但在华南地区表现不佳，与华南暑热漫长有关。在广东、广西，雪松、油橄榄生长不良，也与夏季高温有关。

(2) 日照

日照的长度因纬度和季节而变化。北半球，夏至日照最长，冬至最短。从春分到秋分，我国北方日照时数长于南方；从秋分到春分，我国北方日照时数低于南方。不同树种对昼夜交替的光周期(photoperiod)有不同反应。形成北方树种为长日照、短生长期的生态类型，而南方树种为短日照、长生长期的生态类型。当"南树北引"时，生长季内日照加长，常造成生长期延长，从而减少树体内养分积累，妨碍组织的木质化和越冬前保护物质的形成，导致树木抗寒性降低，容易遭受秋天早霜的伤害。当"北树南引"时，由于日照长度缩短促使枝条提前封顶。如北方的银白杨、山杨等引栽南京，封顶早，生长缓慢，常遭病虫危害。但是，不同树种对光周期的敏感性是有差别的。

(3) 降水量和湿度

降水量与湿度是决定植物分布的主要因子，也是决定引种成败的关键因素之一。将湿润地区的树种引种到干旱地区，除非采取灌溉措施，一般很难成功。如黄河流域各省大量引种毛竹，在湿度比较大，且注意灌溉的地区，容易获得成功；而在空气湿度小的地区，都落叶枯死。柳杉、杉木的引种与大气湿度的关系也十分密切，往干燥地区引种，均不易成功。我国华北地区冬季寒冷干旱，使许多南方树种不能越冬，特别是常绿阔叶树很少能存活，这与冬季低温有关，也与干旱有密切关系。所以引种时不仅要防寒，而且更要重视防旱。

不同季节雨量分配状况称为雨型。雨型与引种成败有密切关系。我国华南及华东亚热带地区是夏雨型，从冬雨型的地中海和美国西海岸引种油橄榄、海岸松、辐射松难于成功，而引进夏雨型的加勒比松、湿地松则生长良好。又如，非洲南部把辐射松、海岸松引种到冬雨型的西海岸，把长叶松引种到夏雨型的东海岸，结果都成功。

空气湿度对外来树种能否正常生长关系很大。辐射松在原产地病害并不严重，但引种到夏雨型地区，因夏季高温高湿，却易遭病害而死亡。根据徐纬英教授的研究，世界油橄榄产地的年相对空气湿度是40%~65%，甘肃陇南武都、文县种植点上的年相对湿度为61%左右，两地引种油橄榄获得了高产、稳产，这与年均相对湿度接近原产地，即空气湿度较低有关。

(4) 风

风也是引种成败的关键因子之一。橡胶(*Hevea brasiliensis*)原产于赤道附近的高温、高湿、无风地区，引种到我国海南岛无风地区，生长良好。但是引种到广西和广东沿海一带，虽然温度和湿度适宜，但因台风袭击，引种多不成功。台湾省海岸木麻黄防风造林，在建造之初要设防沙篱等固定飞沙后才能造林，否则很难成功。又如，北方城市引栽南方绿化树种冬季设置防风屏障，容易越冬成活。

（5）土壤

土壤的含盐量、pH 值、土壤水分、透气性、土壤微生物都会影响树种的分布。其中，影响树种引种成败的主要因素是土壤酸碱度和盐类物质含量。如我国华北、西北地区有较多的盐碱地，而华南的山地红壤则多呈酸性。沿海低洼地带多为盐碱土或盐渍土。不同树种对土壤酸碱度的适应性有较大差异。胡杨等树种较为耐盐，可在表层土壤含盐量 0.20%~0.30%、pH 值为 9.0 的地方栽培；而欧美杨无性系只适宜在表层土壤含盐量 0.10%~0.15%、pH 值为 6.5~7.5 的土壤上栽培。榆树、柳树、刺槐、紫穗槐等对土壤酸碱度的适应范围较宽；而松、云杉、冷杉、落叶松等针叶树种则适宜在中性和酸性土上生长。如庐山土壤的酸碱度一般为 4.8~5.0，酸性较强。庐山植物园建园初期，引种了大批喜中性或偏碱性土壤的树种，如白皮松、日本黑松（*Pinus thunbergii*），经过 10 多年试验，因不适应酸性较强土壤而逐步死亡。土壤含水量及通气状况也影响引种的成败，如辣木在黏重土壤上因排水不良，会导致根腐而死亡。

土壤内有大量微生物，其数量与植物根系活动有密切关系。具有团粒结构的土壤，通气好，水分、温度和 pH 值也比较稳定，这为土壤微生物生存和繁育创造了有利条件，也有利根系的生长和发育。松树的正常生长与菌根有密切的关系，在苗圃地接种了菌根菌的松树，其生长比无菌根的高 1 倍。因此，从北半球引种松树到南半球，需要从原产地引进带菌根菌的土壤。1974 年，广东省从洪都拉斯引进加勒比松，当年有许多苗木死亡，经调查，是由于菌根缺乏造成的，接菌后苗木成活率显著地提高。

引进树种所适应的不是个别生态因子，而是由多种生态因子构成的综合生态环境。在引种时，对各气候因子既要进行单项分析，又要进行综合分析，在生态环境中，常有某一生态因子对引种起主导的决定性作用，但也是和其他生态因子相互联系的。如"南树北引"时，树种对冬季低温的耐性常常是主导因子，然而这种耐性又和生长季节的温度、光照、降水量的分布有着密切的关系。在树种生长发育的不同时期，起主导作用的因子也可能不同，必须具体分析。

4.5.3 引种程序与驯化措施

引种程序包括从选择外来树种、种苗检疫、登记、引种试验到摸索驯化措施，直至引种成功的全部过程。

4.5.3.1 外来树种的选择

首先，要根据引种的目的，通过分析，确定引进什么树种，从何处引。应全面考虑整个植物生态环境，从生态条件相似的地区选择引种材料，综合分析地理生态因素与树种的生物学特性，从而确定引种对象。此外，要特别注意外来树种潜在的危害。引种前，应进行充分论证及科学的风险评估，要研究分析引入物种与当地原有物种的依存和竞争关系，要充分评估其对当地环境的影响。

4.5.3.2 种苗检疫

有些外来树种在引进时没有经过严格的植物检疫和试种观察阶段,带进本国或本地区没有的病原菌或昆虫,由于缺乏天敌很快形成危害很大的森林病虫害,不仅导致引种失败,还会对乡土树种森林资源造成危害,国内外均不乏这种例证。因此,要严格执行国家有关动植物检疫的规定,按照规定和程序进行引种申报,引种材料经检疫合格后方可引进。

4.5.3.3 引种试验

(1) 初试

目的是初步了解引种树种在引入地区的生态适应性表现,摸索种子处理、育苗和造林技术,淘汰不适于引入地区环境条件和表现差的树种(种源),初步选出有希望引种成功的树种,并从选择地收集外来树种基因资源,加以保存和研究。对生长量、经济价值、防护效能、抗性等方面表现好的树种,可进一步扩大试种。为了防止外来有害生物入侵,2013年国家林业局印发了《引进林木种子、苗木检疫审批与监管规定》,规定引种植物应当全部进行隔离试种。其中,1年生植物不得少于1个生长周期,多年生植物不得少于2年。

(2) 区域性试验

目的是通过多点试验进一步了解各引进树种的遗传变异及其与引入地区环境条件的交互作用,比较、分析其在新环境下的适应能力,研究发生的主要病虫害及防治措施和栽培技术,评选具有发展前途的树种,初步确定适生条件与范围。外来树种的天然种群内往往存在许多个变异类型,不同的变异类型可能要求不同的立地条件。各变异类型只有生长在最适宜的立地条件下,才能获得最大效益。例如,澳大利亚曾在昆士兰沿海低地红壤、砖红壤和腐殖土上引种加勒比松,结果发现前两种土壤上年平均材积生长量比腐殖土上的高30%以上。

(3) 生产性试验

经过区域性试验成功的树种,在大面积推广应用之前,必须作生产性试验。即按照常规造林的条件,采用生产上允许的技术措施,通过一定面积的生产试种,以验证区域性试验入选树种的生产力,作为大面积推广前的准备工作,对达到引种目标的树种可申请鉴定和推广。为了保证适地适树,生产性试验应继续进行区域栽培比较试验,并要求有一定的生产规模。生产性试验往往会被人们所忽视,但其重要性并不亚于前两个阶段的工作。因为小面积栽培与大面积栽培条件往往不能完全一致,区域性试验布点不可能完全代表推广地区环境的各种条件,尤其是一个造林树种栽植面积往往较大,条件也比较复杂。此外,仅通过1~2次试种不容易摸清外来树种的特性,常常会出现意料不到的新情况,甚至在推广过程中还会出现新的问题。

(4) 鉴定与推广

鉴定内容包括在生产上的使用价值,主要是经济效益、适生范围与条件以及关键性栽培措施。鉴定后,由林业部门和生产单位在指定区域内推广。引种成果要及时鉴定,及时推广,同时要坚持"未经鉴定,不能推广"的原则。一般来说,只要按引种程序和各阶段的要求进行试验,就可以符合鉴定的要求,但要作为良种使用,还要经过审定。

4.5.3.4 驯化措施

(1) 种子繁殖

用实生苗作为驯化材料，采用逐步迁移的办法，逐步改变原有的本性，最终适应预定的新环境，达到驯化的效果。此方法主要依据：一是种子变异性较大，可从中选择出适宜的家系和个体；二是实生苗可塑性较大，对新环境较无性繁殖植株的适应能力强。

(2) 越冬防寒与越夏遮阴

北方夏季日照时间长，细胞与组织内干物质积累多，生长量加大，昼夜温差大，夜间呼吸强度低，因而极易徒长，冬季受冻死亡。因此，由南向北引种，要注意夏秋控制水肥，避免徒长，采取越冬防寒措施。由北向南引种，北方树木引种南方，夏季较北方日照时间短，体内干物质积累减少，南方夏季气温高，且昼夜温差小，呼吸强度大，干物质消耗多。因此，由北向南引种，夏季遮阴降温、减少消耗是关键。

4.5.3.5 引种成功的标准

衡量一个树种引进是否成功，需要从引种树种表现的适应性、引种效益和繁殖能力等方面来综合考虑。主要内容如下：

①能适应当地环境条件。外来树种从原产地引入新的地方后，在常规造林栽培技术条件下，不需要特殊的保护措施能正常生长发育，并无严重的病虫害。

②能按外来树种固有的繁殖方式进行繁殖，并能保持其优良性状。

③保持其原有经济性状。如原产非洲大陆的金鸡纳、毛地黄引入我国栽培驯化后，其所含主要化学成分与原产地含量相似。新西兰将原产我国的中华猕猴桃引种驯化后，品质和产量都明显提高，目前成为世界上的猕猴桃产品出口最多的国家。

④无不良生态后果。外来树种引入后，不会占据生境，排除乡土树种，并失去人为控制。

4.5.4 引进种中值得注意的几个问题

(1) 引种要注重外来树种基因资源搜集与保存

外来树种基因搜集和保存是林木引种策略的重要组成部分，是外来树种长期林木遗传改良的基础和可持续经营的前提条件。外来树种基因资源的合理经营和利用，在生态系统、物种和基因三个水平上增加生物多样性。外来树种基因资源经营的另一个重要方面，是遗传多样性的不断丰富，在保存已有资源的同时，必须不断补充新的基因资源。新西兰、巴西和南非等国为增加和补充辐射松、桉树和墨西哥松基因资源都作了极大努力，并在遗传改良方面取得了成功。

(2) 引种结合良种选育

林木引种的过程也是选育的过程，不但要进行树种的选择，而且还要有目的地开展种内一系列的良种选育工作，这样才能得到更为满意的效果。

首先，要重视种源、林分、家系和无性系选择。一个树种在其自然分布区内往往因环境条件的差异而形成不同的地理种群，不同地理种群之间在生长、适应性和产品质量上都常常存在遗传差异。有时种源因素可以决定引种的效果，甚至是引种成败的关键。在引种中要注意搜集不同种源，把引种试验与种源试验同步进行，从中进行选择。在引种过程中还要注意发现和选择优良类型、家系、单株、无性系。实践证明，引种与种内多层次选育相结合，可以提高引种效果。例如，刘艳等（2010）等对5.5年生21种耐寒桉树的53个种源在闽西山地的保存率和生长性状进行了比较分析。结果表明：降雨的分布类型是引种成功与否的关键性因子，最优树种/种源是来自南纬26°~30°澳大利亚昆士兰州南部、新南威尔士州和维多利亚州北部内陆夏雨型树种/种源。

  第二，要结合杂交育种开展引种工作。外来树种常常由于不能适应引入地区环境，生长发育不正常，引种不成功。如果将外来树种与乡土树种进行杂交，从杂种后代中筛选出具有亲本优良性状的品系，有助于提高引种驯化的效果。杨树在这方面的实例较多。如黑龙江普遍推广的小黑14和粗皮小黑杨，就是使用乡土树种小叶杨为母本，欧洲黑杨为父本进行杂交，从中选择的优良无性系。鹅掌楸与北美鹅掌楸杂交育成的杂交鹅掌楸，较其亲本鹅掌楸和美国鹅掌楸适应性强，具有长势旺盛、枝叶茂密，树干挺拔和冠形美观等优良特征，可作为庭园绿化和造林树种。

  (3) 既要引进树种，也要引进配套栽培技术

  良种与良法相结合才能收到良好的引种效果。主要栽培技术措施包括立地条件选择、播种育苗、造林、抚育管理等技术，还包括伴生植物选择、微生物接种等。要了解外来树种在原产地成功栽培经验，通过不断试验摸索，掌握外来树种的栽培技术。

  (4) 加强对引种成功树种繁育技术的研究

  外来树种引种成功以后，必须要有相应的繁殖手段来满足生产的需要。随着一个优良的外来树种在林业生产上的推广利用，生产上对种子需求量会不断增加。靠进口种子有很多弊端。一是种价昂贵，要花费大量外汇，增加造林成本；二是一般进口种子很难满足对优良种源的需求，更谈不上选择优良林分和优良母树采种；三是国外树种也有丰欠年之分，在欠年大量进口种子，数量和质量难以保证；四是不断进口种子，将增加有害生物传入的可能性；五是种苗经运输、检疫、海关等手续，常常不能及时播种和栽植。为了避免上述弊端，满足生产用种需要，在引种的过程中，就应考虑与研究优良树种的繁殖技术，建立良种繁殖基地。

  (5) 严格检疫，防止外来有害生物入侵

  所谓外来有害生物是指由于人为或自然因素被引入新生态环境，并对新生态系统、物种及人类健康带来威胁的外来物种。林业是受外来有害生物入侵危害最严重的领域。白松疱锈病于1860年在俄国松树上发现，1865年此病侵入北美的五针松等树种，1890年几乎毁灭了美国的全部白松。在我国，先后有松材线虫、美国白蛾、红脂大小蠹等多种重要的森林有害生物侵入，其中危害最严重是松材线虫。该虫原产北美，松材线虫病在我国于1982年首次在南京发现后，在全国多个地区发生，引发了大面积的松林枯萎死亡，造成了巨大的经济和生态损失。2011年该病在我国直接造成的经济损失达25亿元，间接损失更是超过了200亿元以上，并且其发病的面积还在不断扩大，危害还在持续上升。松材线虫、湿地松粉蚧、松突圆蚧、美国白蛾、松干蚧等森林入侵害虫每年严重发生与危害的面积约1.50×10^4 hm^2。为了防止外来有害生物入侵，国家先后投入国债资金3亿元，用于森防体系建设，共建设国家级中心测报点1000个，建成森防标准站685个、检疫检查站348个、隔离试种苗圃12个。明确规定从国外引进的林木种苗或花卉，必须经过隔离试种后，

方可多地点种植。

(6)引种程序要坚持先试验后推广的原则,循序渐进,切忌急功近利

引种工作是一项科学性、系统性很强的工作,搞好引种管理,必须尊重客观规律,克服凭主观意志办事,提倡科学性,避免盲目性。切忌急于求成,"拿来就用",以少量植株的表现代表一个树种,以局部代表全区,把未经科学试验、鉴定的树种大面积引种,盲目扩大。引种工作必须坚持积极慎重的态度,坚持按需引种、严格检疫、先试后引、长期观测、逐步推广的原则,严格按引种程序进行(图4-2)。

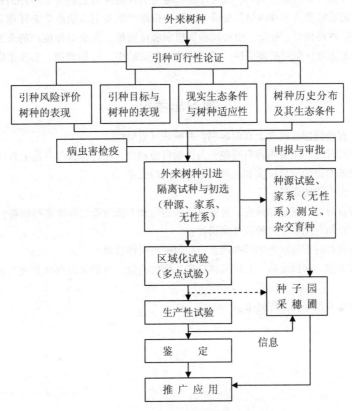

图 4-2 林木引种基本程序

提要与小结

生物的多样性包括生物种类的多样性、基因的多样性和生态系统的多样性三个层次。遗传多样性是生态系统和物种多样性的基础。物种的遗传变异愈丰富,对环境变化的适应能力愈强。林木遗传多样性面临多方面的威胁,会造成遗传流失。保持种群内遗传多样性,防止基因丢失和物种灭绝,关系到人类的未来。林木遗传多样性可以从外部形态、染色体和分子水平上检测。20世纪80年代以来,分子生物学技术的快速发展,直接检测DNA序列变化的分析方法已成为目前有效的遗传分析方法。

种质资源是选育新品种的基础材料,为了可持续选育优良品种,必须不断地引进,补充新的资源,使育种群体遗传基础不致因选择而迅速窄化。物种和基因正以前所未有的速度在消失,必须高度重视种质资源工作。林木种质资源管理包括资源收集、保存、评价和利用等环节。保存林木种质资源的主要方式是就地保存和异地保存。就地保存因林分面积大,保存的基因组分多,效果好。当前,世界各国对森

林种质资源主要采用就地保存，我国森林遗传资保存与自然保护区建设和天然林资源保护工程等相结合。异地保存林的营建多与林木育种活动结合，如种源试验林、种子园、收集圃、无性系和子代测定林、树木园等，也是常用的保存方式。

林木育种所利用的遗传资源，既包括乡土树种，也包括外来树种。乡土树种资源适应当地条件，可直接投入生产或稍加改良就可充分发挥其作用。外来树种资源由于跨越原分布区，对其生态适应性、经济性状需要经过较长时期的观察。

我国林木引种已有悠久历史，20世纪70年代以来，特别是90年代后，引种工作得到较大发展，引进的树种增多。外来树种引种能否成功，要考虑原产地与引入地区的主要生态条件的相似程度、树种历史生态条件、树种的适应能力和种内遗传变异等，要分析原产地和引入地的生态环境条件。引种程序包括从选择外来树种、种苗检疫、登记、引种试验到摸索驯化措施，直至引种成功的全部过程。引种工作必须坚持积极慎重的态度，坚持按需引种、严格检疫、先试后引、长期观测、逐步推广的原则，严格按引种程序进行。

复习思考题

1. 遗传资源、育种资源在概念上有何区别？并阐述其重要性。
2. 林木遗传资源管理的主要内容有哪些？与作物资源相比，在资源保存方法上有什么特点？
3. 试述遗传资源的遗传变异层次和选择利用方式间的关系。
4. 怎样搜集、保存遗传资源？
5. 怎样对遗传资源进行鉴定和研究，可通过哪些途径和方法对遗传资源进行创新？
6. 如何正确评价和利用乡土树种及外来树种？
7. 在选择外来树种时主要应考虑哪些因素？如何提高引种效果？
8. 从生态因素考虑，南树北移、北树南移会产生哪些问题，可能采取哪些措施？试述生态因子与引种的关系。
9. 简述引种的基本程序和工作环节。

第 5 章　群体遗传与树种地理变异

知识导图

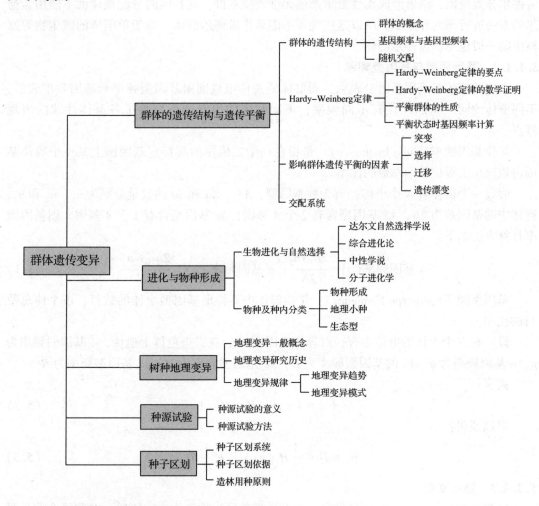

5.1　群体的遗传结构与遗传平衡

5.1.1　群体的遗传结构

5.1.1.1　群体

群体遗传学（population genetics）研究对象不是个体，而是孟德尔群体（Mendelian population)，这种群体不是生物个体的简单集合体，而是指特定时间和空间，能自由交配、繁殖的同一个物种的个体集合。孟德尔群体是指具有共同的基因库(gene pool)，并由有性交配个体所组成的繁殖群体。这里所说的基因库，是指一个群体中全部个体所共有的全部基因。最大的孟德尔群体是一个物种，不同物种分属于不同的孟德尔群体。例如，同一林地上的马尾松林分就是孟德尔群体，而一片杂草植被不是孟德尔群体，因为它包括了不同植物，属于不同的基因库，不是单一的交配、繁育单位。在群体遗传的研究中，如果没有特殊说明，所指的群体一般指孟德尔群体。孟德尔群体是以有性繁殖为前提的，因而其对象是具有二倍体的染色体数，并限于有性繁殖的高等生物。完全无性繁殖的生物体不发生孟德尔分离现象，结果形成无性繁殖系或无性繁殖系群，其基因的分配规律就不能用孟德尔的方法进行研究和鉴别。所以这些纯系不能算作孟德尔群体。对于单倍体的微生物等原核生物一般也不称孟德尔群体。

5.1.1.2 基因频率与基因型频率

个体的遗传组成用基因型表示，而群体的遗传组成则用基因型频率和基因频率表示。不同群体的同一基因往往有不同频率，不同基因的组合体系反映了各群体性状的表现特点。

等位基因频率(allele frequency)：是指在一个二倍体的某特定基因座上某一个等位基因占该座位上等位基因总数的比率。

假设一个群体有 N 个个体，有 3 种基因型，AA、Aa 和 aa 的数量分别为 n_1、n_2 和 n_3，群体中的基因数为 $2N$，AA 基因型含有 2 个 A 基因，Aa 基因型含有 1 个 A 基因，则基因频率计算方法如下：

$$A \text{ 基因频率}(p) = \frac{2n_1 + n_2}{2N}; \quad a \text{ 基因频率}(q) = \frac{2n_3 + n_2}{2N} \tag{5.1}$$

基因型频率(genotype frequency)：是指群体中某特定基因型个体的数目，占个体总数目的比率。

设：在 N 个个体的群体中有一对等位基因 A、a，在常染色体上遗传，A 基因的频率为 p，a 基因频率为 q。AA 的基因型频率为 D；Aa 基因型频率为 H；aa 基因型频率为 R。

则有：

$$p + q = 1; \quad D + H + R = 1 \tag{5.2}$$

可以证明：

$$p_A = D + \frac{1}{2}H; \quad q_a = R + \frac{1}{2}H \tag{5.3}$$

5.1.1.3 随机交配

随机交配(random mating)是指在一个有性繁殖的生物群体中，任何一对雌雄个体不受任何选配的影响而随机结合，即任何一个雌性或雄性的个体与任何一个异性个体的交配概率相同。随机交配不等于自然交配。自然交配是将雌雄个体混放在一处任其自由交配，这种交配方式实际上是有选配的作用。如对于强壮的动物雄性个体，其交配的概率就高于其他雄性个体。在一代一代的传递中，有连续性的只是基因，而基因型是不连续的。因为在遗传过程中，父母的基因型被分离成为配子中的基因，而配子的结合又形成下一代的基因型。因此，只要没有不同的受精率或生活力的干扰，任何配子也有同样的机会和任何其他（异性）配子结合。在群体遗传研究中，随机交配是一个重要原则，随机交配的群体标志着每个个体之间的交配是相互独立的。

5.1.2 Hardy-Weinberg 定律

5.1.2.1 Hardy-Weinberg 定律的要点

英国数学家哈迪(Hardy)和德国医生温伯格(Weinberg)经过各自独立的研究，于1908年分别发表了有关基因频率与基因型频率的重要规律，称为哈迪一温伯格定律(Hardy-Weinberg)，又称基因平衡定律或遗传平衡法则，这个定律的要点如下：

①在一个随机交配的大群体中，若没有其他因素影响，基因频率世代相传，始终不变。所谓其他因素是指选择、突变、迁移、遗传漂变和交配制度等改变基因频率的因素。即：

$$p_0 = p_1 = \cdots = p_n ; \quad q_0 = q_1 = \cdots = q_n \tag{5.4}$$

②任何一个大群体，无论起始基因频率如何，只要经过一代随机交配，常染色体上基因型频率就达到平衡状态，若没有其他因素影响，一直进行随机交配，这种平衡状态也将始终保存不变。即：

$$D_1 = D_2 = \cdots = D_n ; \quad H_1 = H_2 = \cdots = H_n ; \quad R_1 = R_2 = \cdots = R_n \tag{5.5}$$

群体在平衡状态下，基因型频率与基因频率之间的关系如下：

$$D = p^2 ; H = 2pq ; R = q^2 \tag{5.6}$$

5.1.2.2 Hardy-Weinberg 定律的数学证明

由于个体间的交配是随机的，并且假定群体很大，群体中各种交配的频率可以按表5-1直接求得，现以 p^2 代替 D，余类推。如果将正反交合并（因为考虑的是常染色体上的基因），9种不同组合的交配合并为6种类型，每一种交配类型和它们的子代的相应频率列于表5-1。

结果可以看出：下一世代3种基因型的频率仍然是 $(p^2, 2pq, q^2)$，因而在所有以后的世代里，如果没有突变选择、迁移和遗传漂变等因素的干扰，这个群体的遗传组成将永远处于 $(p^2, 2pq, q^2)$ 平衡状态。

表 5-1 一个随机交配群体中基因型频率的平衡

亲代 交配类型	交配频率	子代		
		AA	Aa	aa
AA×AA	p^2	p^4		
AA×Aa	$4p^3q$	$2p^3q$	$2p^3q$	
AA×aa	$2p^2q$		$2p^2q^2$	
Aa×Aa	$4p^2q^2$	p^2q^2	$2p^2q^2$	p^2q^2
Aa×aa	$4pq^3$		$2pq^3$	$2pq^3$
aa×aa	q^4			q^4
总计	1.00	p^2	$2pq$	q^2

现用数据作如下推论：假设在一个大的随机交配群体中，一对等位基因 A 和 a 在常染色体上遗传，3 种可能的基因型 AA、Aa、aa 能够从表型加以区分。亲代起始的基因型频率分别为：

AA	Aa	aa
D	H	R
0.18	0.04	0.78

p_0、q_0 的计算如下：

$$p_0 = D_0 + 1/2H = 0.18 + 0.02 = 0.2$$
$$q_0 = R_0 + 1/2H = 0.78 + 0.02 = 0.8$$

根据图 5-1，把不同的基因型及其频率分别相加，子代的 3 种基因型的频率如下：

| AA | Aa | aa |
| $p_0^2 = 0.04$ | $2p_0q_0 = 0.32$ | $q_0^2 = 0.64$ |

在此，可以看出，子代群体中的基因型频率与亲代（起始）群体中的 3 种基因型频不相同。但是，当子代产生雌、雄配子时，可以发现其配子频率（即基因频率）仍然没有改变。

$$q_1 = q_0^2 + \frac{1}{2}(2p_0q_0) = 0.64 + \frac{1}{2} \times 0.32 = 0.8 = q_0$$

可见，$p_1 = p_0$，$q_1 = q_0$

于是，可以推论，在 A，a 两种配置的频率分别保持 0.2 及 0.8 时，配子随机结合产生的子代群体中 3 种基因型频率仍然是：

| AA | Aa | aa |
| 0.04 | 0.32 | 0.64 |

实际上，子代基因型已达到平衡，即它的下一代的基因型频率和它一样。

		雌配子	
		A $p_0 = 0.2$	B $q_0 = 0.$
雄配子	A $p_0 = 0.2$	AA $p_0^2 = 0.04$	Aa $p_0q_0 = 0.16$
	a $p_0 = 0.8$	Aa $p_0q_0 = 0.16$	aa $q_0^2 = 0.64$

图 5-1 Hardy-Weinberg 定律的几何表达

Hardy-Weinberg 定律揭示了基因频率与基因型频率的遗传规律，正因为有这样的规律，群体的遗传性才能保持相对的稳定。生物的遗传变异归根到底主要是由于基因型的差异，同一群体内个体之间的遗传变异起因于等位基因的差异，而同一物种内不同群体（地理种群、家系等）之间的遗传变异，则主要在于基因频率的差异。因此，基因频率与基因型频率达到平衡，对于群体遗传稳定起着直接的作用。在林木育种中，通过选择等手段，就可以改变基因频率，使群体的遗传性向人们需要的方向发展。

林木天然林中基因型比例通常大体接近 Hardy-Weinberg 定律期望值，这是因为林木的交配系统一般常近似于随机交配。

5.1.2.3 平衡群体的性质

在随机交配条件下，遗传平衡群体有两个性质。

性质1：在二倍体遗传平衡群体中，杂合子(Aa)的频率 $H=2pq$ 的值永远不会超过 0.5。

证明如下：

因为，
$$\frac{dH}{dq} = \frac{d(2pq)}{dq} = \frac{d[2q(1-q)]}{dq} = \frac{d(2q-2q^2)}{dq} = 0$$

求导得：
$$2 - 4q = 0$$

所以，
$$q = \frac{1}{2} = 0.5$$

即：$q=0.5$ 时，H 最大，$p=1-q=1-0.5=0.5$

所以，$H = 2pq = 2 \times 0.5 \times 0.5 = 0.5$

根据这个性质可知，H 值可大于 D 或 R，但不能大于 $D+R$。

性质2：杂合子的频率是两个纯合子比例的乘积的平方根的 2 倍，即：
$$H = 2\sqrt{DR}$$

证明如下：

因为，
$$D = p^2,\ H = 2pq,\ R = q^2$$

所以，
$$\sqrt{DR} = \sqrt{p^2q^2} = pq$$

则有，
$$H = 2pq = 2\sqrt{DR}$$

该性质提供了检验群体是否达到平衡的一个简便方法。即，如果群体基因型的关系是 $\frac{H}{\sqrt{DR}} = 2$，说明是平衡群体。

5.1.2.4 平衡状态时基因频率计算

(1) 当无显性或显性不完全时

基因型可直接由表现型来识别。只要统计不同表现型所占的比例，按公式 $D=p^2$、$H=2pq$、$R=q^2$，即可算出相应的基因频率。

(2) 当显性完全时

3 种基因型中显性基因纯合体与杂合体表现型相同，不能区分出来，但可以通过性状表现型统计，得出其隐性纯合体的比例。如果群体处于平衡状态，隐性纯合体的基因型频率与隐性基因频率的关系为 $R=q^2$，于是可计算出各基因频率。

如已知属于常染色体隐性遗传的白化苗(aa)在一特定种群的发生率(q^2)为 1/10 000，则致病基因(a)频率 $=(1/10\ 000)^{1/2}=1/100=0.01$，基因 A 的频率 $=1-0.01=0.99$；而杂合子携带者的频率为 $2pq = 2 \times 0.99 \times 0.01 = 0.0198$。

(3) 复等位基因

当一位座位上有两个等位基因时，如果群体处于平衡状态，基因型频率将是 p^2、$2pq$

和 q^2，它等于等位基因的频率 $(p+q)^2$。假如存在 3 个等位基因 (A、B 和 C)，它们的频率分别为 p、q、r，在平衡时基因型频率也等于等位基因频率的平方，即：

$$(p + q + r)^2 = p^2 + q^2 + r^2 + 2pq + 2pr + 2qr \tag{5.7}$$

在平衡状态下，由基因型频率求基因频率按以下公式计算：

$$\left. \begin{array}{l} p = p^2 + \dfrac{1}{2}(2pq + 2pr) \\ q = q^2 + \dfrac{1}{2}(2pq + 2qr) \\ r = r^2 + \dfrac{1}{2}(2pr + 2qr) \end{array} \right\} \tag{5.8}$$

即某基因频率是该基因纯合体频率与含有该基因的全部杂合体频率一半之和。

若有 k 个复位等位基因 A_1，A_2，…，A_k，相应的基因频率为 p_1，p_2，…，p_k。基因频率与基因型频率的关系可表示为：

$$\left(\sum_{i=1}^{k} p_i A_i \right)^2 = \sum_{i=1}^{k} p^2(A_i A_i) + 2 \sum_{i=1, j=1, i \neq j}^{k} p_i p_j (A_i A_j) \tag{5.9}$$

式中，$A_i A_i$ 表示纯合体，共有 k 种；$A_i A_j$ 表示杂合体，有 $k(k-1)/2$ 种。可以证明，对于一个位点上含有多个复等位基因，群体最初不处于平衡状态，只要经过一个世代的随机交配，就可实现基因型频率的平衡，如同一对等位基因的情况一样。

5.1.3 影响基因频率变化的因素

在随机交配的大群体中，在没有发生选择、突变、迁移、漂变及近交等情况下，基因和基因频率从一个世代到下一个世代保持恒定，这符合遗传学上的哈迪—温伯格定律。但是，事实上诸如突变、选择、迁移、遗传漂变等因素都可以影响到群体遗传平衡，使群体基因频率发生变化。这些因素是促进群体进化的基本动力，也影响到遗传改良工作。研究分析群体遗传结构和组成在自然条件和人工选择条件下的变化规律，是研究进化理论的一个重要方面，也是林木遗传改良的理论依据。

5.1.3.1 突变

基因突变(gene mutation)对群体遗传组成的改变主要有两个作用：一是导致新的等位基因的出现，从而导致群体内遗传变异的增加，可提供遗传变异的最原始材料；二是通过改变基因频率来改变群体遗传组成。

设一对等位基因 A 与 a，其基因频率为 p 和 q，当 A 基因突变为 a 基因时，群体中 A 的频率就会减少，a 的频率则增加；反过来当 a 基因突变为 A 基因时，群体中 A 的频率会增加，a 的频率则减少。当 $A \rightarrow a$ 的突变速率为 u，$a \rightarrow A$ 的突变速率为 v 时，每代有 $(1-q)u$ 的 A 基因突变为 a，qv 的 a 基因突变为 A，若 $(1-q)u > qv$，则 a 基因频率增加，若 $(1-q)u < qv$，则 A 基因的频率增加，于是每代 a 基因频率的净改变量为：

$$\Delta q = (1 - q)u - qv \tag{5.10}$$

经过足够多的世代，这两种相反的力量相互抵消，也就是正突变压和负突变压相等时，$\Delta q = 0$，基因频率保持不变，群体处于平衡状态。

则，$(1-q)u = qv$

于是，$q = \dfrac{u}{u+v}; \ p = \dfrac{v}{u+v}$ (5.11)

基因突变对群体遗传组成的作用还可以由经过一定世代基因频率的改变情况来了解。设显性基因频率在某一世代是 p_0。群体中只发生 $A \to a$ 的突变，经过 n 个世代群体中显性基因 A 的频率为：

$$p_n = p_0(1-u)^n \tag{5.12}$$

若突变速率很低，尽管 n 可能很大，但 $(1-u)^n$ 的值仍然会很接近于 1，这样，p_n 与 p_0 之间的差值也将很小。

在自然条件下，突变速率很小，一般都在 $10^{-7} \sim 10^{-4}$。因此，要想明显改变群体的基因频率，一定要经过许多世代。例如，$\mu = 1 \times 10^{-5}$，P 由 0.6 降到 0.5，需要近两万代。但某些生物(如微生物中的细菌)的世代很短，突变就可能成为改变群体基因频率的重要因素。

5.1.3.2 选择

在生物群体中，由于不同基因型在育性、生活率或其他方面很可能不同，即在某些内在条件或外界因素的作用下，不同的基因型产生的后代数目不同，从而导致一些基因型的频率逐代增高，而另一些基因型的频率逐代降低，这就是选择(selection)作用。选择是改变基因频率的重要因素，也是生物进化的驱动力量。

选择通常分为两种：一种是淘汰显性个体，使隐性基因增加的选择；另一种是淘汰隐性个体，使显性基因增加的选择。前者能迅速改变群体的基因频率。例如，在一个包含开红花和开白花植株的豌豆群体中选留白花，只需经过一代就能把红花植株从群体中消灭，从而把红花基因的频率降低到 0，白花基因的频率增加到 1。淘汰隐性个体保留显性个体的选择情况就比较复杂。因为选留的显性个体可能包含两种基因型，其中有一种是杂合体，杂合体内的一半隐性基因不能被淘汰而同显性基因在杂合体内保留下来。所以，这种选择方式只能使隐性基因频率逐渐变小，但不会降到 0，显性基因频率则逐渐增加，也不会达到 1。

生物的育性和生活率差异可以用适应值(adaptive value)或适合度(fitness)表示。特定基因型的相对适应值或适合度(W)是指某一基因型与其他基因型相比时，能够存活并留下子代的相对能力，包括生物的生存力和生殖力。一般把最适基因型的适合度定为 $W=1$，其他基因型的适合度则为 $W=0 \sim 1$。选择系数(selective coefficient)是表示选择强度的参数，又称为淘汰系数，表示在选择的作用下降低的适应值，用以测量某一个基因型在群体中不利于生存的程度。一般用 s 表示，即 $s = 1-W$。当 $s=0$、$W=1$ 时，表示选择不改变适应值；当 $s=1$、$W=0$ 时，表示选择使适应值完全消失，使该基因型 100% 不能繁育后代，如对致死或不育基因纯合体的选择。

设有随机交配群体 $p^2(AA):2pq(Aa):q^2(aa)$，其中有一部分隐性个体存留的后代数较少，用 $1-s$ 表示，其中 s 称选择系数。下一代的基因型频率将是 $p^2(AA):2pq(Aa):(1-s)q^2(aa)$。而新的隐性基因频率将是 $[pq+q^2(1-s)]/(1-sq^2) = q(1-sq)/(1-sq^2)$。因而每代的 q 的变化是：

$$\Delta q = \frac{q(1-sq)}{1-sq^2} - q$$

令

$$\Delta q = \frac{dq}{dt}$$

式中，t 为时间。求积得：

$$ns = \frac{q_0 - q_n}{q_0 q_n} + \ln_e\left(\frac{q_0}{1-q_0} \cdot \frac{1-q_n}{q_n}\right) \tag{5.13}$$

给 s 以不同的值，可以算出由已知的 q_0 增加到特定的 q_n 所需要的世代数。通过计算可以看到当 q 很小时，增加很慢，经过一段时间后增加越来越快，达到顶峰以后又渐趋缓慢。

5.1.3.3 迁移

迁移(migration)指群体间基因的流动。个体迁入一个群体，或从一个群体迁出都称为迁移。如一个天然林中渗入了另一个林分的花粉或种子，带进来新的基因，会引起群体基因频率的改变。迁移和突变一样会带来基因频率的变化。

如果迁入和迁出比例各是 m，而迁入者中的基因频率是 $\bar{q}$，新的基因频率将是 $q_1 = q - mq + m\bar{q} = q - m(q - \bar{q})$。而 $\Delta q = q_1 - q = m(q - \bar{q})$，因而迁移具有和突变相同的效应。如果迁入者的基因频率与本群体相同，则基因频率不起变化。如果一个大群体分成许多小的、相互隔离的亚群体，并且其间没有其他因素的干扰，那么亚群体间的迁移最后将使它们的基因频率都相同，等于整个大群体的基因频率。

在林木同属不同树种中，在自然条件下通过相互传粉而产生天然杂种是比较常见的。在杂交和回交的作用下，一个种的基因逐步扩散到另一个物种之中，一个物种向另一个物种基因库(gene pool)的掺入，称为种质渐渗(introgression)。种质渐渗是产生天然杂种的原因，也体现了迁移的作用(详见第7章内容)。

了解迁移对改变群体基因频率的效应，对育种有一定的指导意义。在群体改良中，为了增大改良群体的遗传方差，向群体引入优良基因。

5.1.3.4 遗传漂变

遗传漂变(genetic drift)，也称为随机遗传漂变(random genetics drift)，是指在小群体中，由于不同基因型个体产生的子代个体数有所变动，导致基因频率呈随机波动的现象。这种波动变化导致某些等位基因的消失，另一些等位基因的固定，从而改变了群体的遗传结构，增加群体间的遗传分化。例如，太平洋的东卡罗林岛中有 5% 的人患先天性失明。据调查，在 18 世纪末，因台风侵袭，岛上只剩 30 人，由他们繁殖成今天 1600 余人的小群体，这 5% 的失明，可能只是最初 30 人中的某一个人是携带者，其基因频率 $q = 1/60 \approx 0.016$，经若干世代的隔离繁殖，q 很快上升至 0.22。如果小群体后代因环境改变而大量繁殖，原来被保留的个体便被称为奠基者(founder)。由于新群体的遗传组成是由奠基者的遗传特性决定，新群体不能完整地代表其原有群体，这种现象称为奠基者效应(founder effect)。

遗传漂变来自小样本留种的随机抽样误差，而不是群体内个体间的非随机交配作用。在生物进化过程中，遗传漂移的作用可能会将一些中性或不利的性状保留下来，而不会像大群体那样被自然选择所淘汰，这是由于漂变有助于提高有害基因的固定概率。遗传漂变作用可以解释在远离大陆的孤岛上常出现大陆上没有的物种的现象。这是因为，在被隔离的小群体里，一旦发生了某个位点的突变，经过若干代小群体繁殖，新产生的基因可以由漂变作用使其频率增加以致被固定下来，逐渐形成一个新类型或物种。而在随机交配的大群体里，尽管这种突变同样可以发生，但由于大群体随机交配产生的遗传平衡作用使新生成基因的频率没有机会被固定，也就难有机会被发现。

在小群体内可使纯合体增加，杂合体数目减少，因而使小群体内个体间的相似程度增加，而遗传变异程度减少，甚至最终产生遗传固定，即群体是单一的纯合基因型，等位基因之一的频率为1，另一等位基因的频率为0。由于纯合个体增加，杂合个体减少，群体繁殖逐代近交化，其结果是降低杂种优势，降低群体的适应性，群体逐代退化，对于异花授粉作物来说，降低其在生产上的使用价值。遗传漂移使大群体分成许多小群体(世系)，各个小群体之间的差异逐渐变大，但在每一小群体内，个体间差异变小。

林木的引种、选择育种或近交等都可以引起遗传漂移，这是造成群体基因频率变化很重要的人为因素。在群体遗传改良中，为了防止遗传漂移而引起的部分优良基因的丢失以及因遗传固定、纯合个体的增加而使群体杂种优势降低的现象，不能只顾增大选择强度，同时还应保证有足够大的有效群体。在种质保存中，同样也存在遗传漂移的影响，必须要保存足够大的群体，否则若干年后，因遗传漂移的影响，所保存的种质已不能代表原有的群体。

5.1.4 交配系统

交配系统(mating system)是包括生物有机体中那些控制着配子如何结合以及形成合子的所有属性。虽然交配系统不影响群体等位基因频率，但因为它不仅决定了基因在相邻世代间的传递方式和未来世代的基因型频率，而且还影响群体的有效大小、基因流和选择等其他进化过程，从而影响群体内遗传组成和群体间的遗传分化。群体随机交配必须满足两个条件：一是群体每个个体产生子代的机会均等；二是任何雌配子有同等机会被任何雄配子授粉交配，但实际上难以达到，常常会出现非随机交配现象，即交配型频率偏离群体平衡定律的所有交配方式。包括4种情况：①遗传同型交配，指亲缘关系较近的个体间的交配，属近亲繁殖类型；②表型同型交配，指群体内表型相似个体间的交配；③遗传非同型交配，指遗传系统上相异个体间的交配；④表型非同型交配，指群体中形态相异个体间的交配。

尽管大多数林木以异交为主，但也存在混合交配，其交配率高于随机交配下的期望值。相对于哈迪—温伯格期望值，近交增加群体中纯合体频率，降低杂合体频率。

在一个群体中进行多代近交，能使群体分化成多个由不同基因型组成的小群，并导致各小群逐渐纯化。近交虽可使显性有益性状的基因纯合，但也可使隐性有害性状的基因纯合。因此，近交常用以发现和淘汰群体中的隐性有害性状的基因。正常异交繁殖的植物进行近亲交配时，常产生近交衰退现象，即近交后代表现生活力、繁殖力、抗逆性、适应性下降等。因此，两个近交水平不同的群体间的巨大差异，不仅反映在杂合体与纯合体频率不同，而且也反映在存活率和生长率方面的不同。但是，大多数高度近交个体，可能在幼年时即死亡,几乎对成年群体的遗传组成没有贡献。有关自交的遗传效应将在第 7 章作进一步介绍。

林木交配系统的研究有助于林木资源的保护。从交配系统对种群遗传变异分布型的影响来看,近交种的不同种群间存在较多的遗传差异,相反,异交种的遗传变异大部分集中在种群内。因此,保护近交种的种群,就必须尽可能在不同的种群内采种育苗;保护异交种的种群则需对种群内尽可能多的个体进行采种育苗,由此可指导异地人工繁育。交配系统最终受控于基因,但生物或非生物的环境改变都会引起交配系统的变化。异地栽培后常出现不开花或开花不结籽的情况。因此,异地保护中既要注意物种的存活度,也应充分考虑繁殖力问题。在就地保护中应该考虑异交水平下降带来的种质衰退的问题。因此,在植物保护,特别是濒危植物的保护中,在做出异地或就地保护的决策前,必须对保护对象的交配系统有系统全面的了解,以免造成事与愿违的后果。

20 世纪 80 年代起,交配系统的研究从原来的天然群体为主转为天然群体和人工群体并重,90 年代以来加大了对热带树种的研究范围。在人工群体的研究中基本上集中于种子园的交配系统研究,以欧洲赤松和花旗松($Pseudotsuga\ menziesii$)研究最多,其他研究涉及种子园、母树林、试验林等。对林木种子园交配系统的研究表明,通过无性系选择、合理的无性系配置、密度控制、花粉管理、花量调控等措施提高异交率,减少自交的不良影响,进而提高种子园种子的质量和产量。无性系种子园中,缺株既降低了单位面积的种子产量,同时也可能增加同一无性系不同分株间自交的机会,从而对种子质量产生不良影响。

5.1.5 群体间遗传分化

当群体分裂成许多亚群体时,如由于森林生境破碎化导致原先分布的群体变成许多小群体,这些小群体间因漂变产生分化,通常我们用群体遗传分化系数 F_{st} 来度量群体分化程度(也称为固定指数)。假定等位基因 A 在第 i 个亚群体的频率为 $p_i(i=1,2,\cdots,l)$,亚群体间的基因频率方差为 σ_p^2,亚群体平均基因频率为 $\bar{p}$,群体分化系数可用下式计算:

$$F_{st} = \frac{\sigma_p^2}{\bar{p}(1-\bar{p})} \tag{5.14}$$

例如,在一个核基因位点上,等位基因 A 在 5 个亚群体的基因频率为 0.1,0.2,0.15,0.2 和 0.3,方差 σ_p^2,平均值 $\bar{p}=0.19$,$F_{st}=\frac{0.005\ 5}{0.19\times(1-0.10)}=0.035\ 7$,表示该基因位点的 3.57% 遗传变异发生在群体间,96.43% 的遗传变异发生在群体内。通常 F_{st} 值在 0~0.05 范围被视为群体遗传分化较小,在 0.05~0.25 范围被视为中等程度的群体遗传分化,大于 0.25 的被视为高群体遗传分化。

当把 F_{st} 联系到进化力(如漂变和迁移)时,小群体由于遗传漂变加速基因频率的固定或丢失,群体间逐渐加大遗传分化,如果群体间存在一定的基因交换或基因流(gene flow),可以在一定程度上抵消因漂变而产生的遗传分化,当两者相反作用的效应达到平衡时,群体遗传会出现稳定的群体遗传结构(population structure)。在岛屿模型的假设下,群体分化系数如下式:

$$F_{st} = \frac{1}{1+4N_e m} \tag{5.15}$$

式中，m 为单位世代亚群体迁移率；N_e 为亚群体的有效群体大小，即具有与实际群体因遗传漂变导致相同的遗传变异丢失的理想群体(均衡性别比，随机交配及个体无生殖后代差异的群体)大小。$N_e m$ 为平均每个世代亚群体迁移数，可以大致估计如下：

$$N_e m = \frac{1}{4}\left(\frac{1}{F_{st}} - 1\right) \tag{5.16}$$

例如，上例中 $N_e m = 0.25 \times (1/0.0357 - 1) = 6.75$，表示平均每个世代有 7 株在群体间交换，群体间基因流比较频繁。上述计算可以用于初步评估群体遗传分化，由于岛屿模型假设限制，目前已有许多更为接近实际方法估计基因流。

当群体分化与群体间的地理距离联系时，可以应用相关或回归的方法来检验两者的显著性，从而可以判断是否存在地理距离阻碍基因流的效应，即距离隔离效应(isolation by distance, IBD)。同样，当群体分化与环境或气候因子联系时，如温度、降水量等，也可以检验群体遗传分化与这些因子的相关显著性，用于判断环境或气候因子的影响。

5.2 生物进化与物种形成

5.2.1 生物进化与自然选择

进化(evolution)是生物逐渐演变向适应自然环境方向发展的过程。在这个过程中，生物由低级发展到高级，由简单发展到复杂。英国博物学家达尔文(Darwin)于 1859 年出版了《物种起源》一书，系统地阐述了他的进化观点。他将生物进化概括为 3 个基本因素：变异、遗传和自然选择(natural selection)。变异是进化的基础，遗传是进化的保证，自然选择是进化的动力。自然选择学说是达尔文进化论的核心，包括四个要点：过度繁殖、遗传变异、生存斗争、优胜劣汰。这四个要点是相互联系的。首先，遗传和变异是自然选择的基础，遗传保证了物种相对的稳定性和连续性，变异是生物体运动的一种表现形式，通过变异适应新的环境，为生物进化提供了丰富多样材料。第二，自然选择是通过生存斗争来实现的。在生存斗争中，对生存有利的变异个体得到保存和发展，对生存不利的变异个体便自然淘汰，即所谓适者生存，不适者被淘汰，生物的适应性就是这样形成的。同时，由于生物所生存的环境不同，所选择的变异类型也就不一样，这就是生物多样性的来源。所以，自然选择的结果造就了生物的多样性和适应性。第三，生物的过度繁殖将使生存斗争更加剧烈。同时，过度繁殖本身也是一种适应性，是自然选择的结果。一般说，低等生物适应力弱、成活率低，因此繁殖率就高。但高等生物适应力强、成活率高，繁殖率相应较低。达尔文的进化论对于育种工作有一定指导意义。现代育种学认为，变异是选择的基础，没有变异就没有选择；遗传是选择的保证，没有遗传，选择的结果就得不到巩固；而选择本身，确定了遗传变异的方向。

达尔文用自然选择学说来解释生物的进化，有一定说服力，但因历史和科学的条件所限，他对遗传和变异的本质不能作出科学的解释。20 世纪 20 年代初，生物科学中出现了三个事件：一是 20 世纪初奥地利植物学家孟德尔遗传规律的重新发现。孟德尔于 1865 年从豌豆的杂交实验中得出性状分离和重组规律。摩尔根等人根据果蝇杂交实验，发现了染色体的遗传机制，创立染色体遗传理论，同时也证实了孟德尔的研究结果。二是荷兰植物学家德·弗里斯根据月见草属新类型突然产生的事实，提出"突变论"。认为突变是不经过中间过渡而突然出现的，而且突变一旦产生，便可能代代遗传下去。突变学说的提出对进化论，尤其对进化动因的研究有重大影响，弥补了达尔文学说的不足。三是丹麦植物学家约翰生(Johannsen)根据菜豆试验结果，提出了纯系学说，否定选择的创造性作用，认为环境引起的变异是不可遗传的。

杜布赞斯基(Theodosius Dobzhansky)于1937年出版了《遗传学和物种起源》一书，标志现代达尔文主义(Modern Darwinism)理论形成。其后，随着分子生物学的兴起，许多学者又进一步研究，不断总结新的研究成就。该理论是在达尔文的自然选择学说和群体遗传学理论的基础上，结合生物学其他学科新成就而发展起来的现代达尔文进化理论，又称综合进化论(The Synthetic Theory)。其有四个基本观点：①基因突变和通过有性杂交出现的基因重组是进化的原材料；②进化的基本单位是种群，而不是个体，进化是群体中基因频率变化的结果；③自然选择决定进化的方向和速度，选择不仅具有保存作用，而且具有创造作用；④隔离导致新种的形成。地理隔离使一个种群分成许多小种群，这些小种群各自在不同条件下发生变异，最后达到生殖隔离，形成新种。到20世纪70年代，杜布赞斯基又出版了《进化过程的遗传学》，对上述理论进行修改。他认为在大多数生物中，自然选择都不是单纯的起过筛作用。在杂合状态中，自然选择保留了许多有害的甚至致死的基因，其原因就在于自然界存在着各种不同的选择机制或模式。

1968年，日本科学家M. Kimura根据核酸、蛋白质中核苷酸、氨基酸的替换速率，以及许多这样的替换造成核酸、蛋白质的改变并不影响生物大分子功能的事实，提出了分子进化的中性学说(neutral theory of molecular evolution)。该学说的主要观点如下：①基因突变是无所谓"好"与"坏"的中性突变(neutral mutation)；②这种突变不受自然选择的作用，只是通过在群体中的"遗传漂变"被固定和积累，使群体的基因频率发生改变，从而导致种群分化，直至形成新的物种；③分子进化的速率取决于蛋白质或核酸大分子的种类。不同种类的大分子，其氨基酸或核苷酸的替换速率不同，但相同种类的大分子，其替换速率则相同。中性学说对以自然选择为基础的达尔文主义进化论提出了新的挑战，在学术界引起了激烈的争论，但是有两点已得到普遍的认同：第一是在考虑分子进化时，随机漂变的作用不容忽视；第二是阐明了分子进化和遗传多态性只是同一现象的两个不同的侧面，从而使得分子生物学与群体遗传学结合进一步加强。

20世纪80年代以后，由于分子生物学突飞猛进的发展，限制性片段长度多态性(RFLP)分析以及聚合酶链式反应(PCR)等现代生物技术相继问世，使分子生物学家有可能对不同生物的基因进行比较、分析，找出它们的差异，以探究不同物种在进化上的渊源与联系。进化论与分子生物学相互融合形成分子进化学(molecular evolution)这个交叉学科。分子进化有两层含义：一是原始生命出现之前的进化，即生命起源的化学演化；二是原始生命产生之后生物在进化发展过程中，生物大分子结构和功能的变化以及这些变化与生物进化的关系。这是达尔文进化论学说在分子水平上的延续，这就是通常所说的分子进化。在分子水平上，进化过程涉及DNA序列中发生插入、缺失、倒位、核苷酸替换等变异。如果发生变异的 DNA 片段编码某种多肽，那么这类变异就可能使多肽链中氨基酸序列发生变化。在长期的进化过程中，这些变异就会被积累起来，形成与其祖先存在很大差异的分子。因此，在核酸和蛋白质分子组成的序列中，蕴藏着大量生物进化的信息。在不同物种间，从相应的核酸和蛋白质组成成分的差异上，可以估测它们之间的亲缘关系。凡彼此间所具有的核苷酸或氨基酸越相似，则表示其亲缘关系越接近；反之，其亲缘关系就越远。

分子进化为进化论研究注入了新的活力，使生物进化论实现了在宏观和微观水平上的统一。人们可以通过比较生物大分子来研究各种生物的进化关系以及物种之间的亲缘关系。这将有望解决系统发育或分类学中某些长期未解决的问题，同时还将有助于揭示新的进化途径。分子进化工程(molecular evolution engineering)，是继蛋白质工程之后的第三代基因工程。它通过在体外对核酸、蛋白质等生物大分子施以选择压力，模拟自然界中生物的进化历程，以达到创造新的基因、新的蛋白质的目的。

5.2.2 物种及种内分类

物种(species)是生物存在的基本形式，任何生物在分类学上都属于一个物种。在人类认识自然的历史长河中，在相当长的时期内，把物种的稳定性绝对化了。目前应用最广泛的定义是 Mayr 提出的"生物物种概念"(biological special concept)。他认为物种是由相互交配繁殖的自然群体组成的类群，这些类群与其他类群之间存在着生殖隔离，即一个物种就是一个生殖共同体。但是，在很多情况下，群体之间能否相互交配繁殖在技术上是难以确认的，分类学家只能主要根据形态学的差异程度来进行决断。关于物种，达尔文曾说："没有一个定义能使一切博物学者都满意。然而各个博物学者在谈到物种的时候，都能够模糊地知道它是什么意思……。"迄今，对物种内涵尚没有一个公认的定义，但一般认为同一个物种应具备下列条件：①有明显的、不同于其他物种的形态特征，高等植物通常主要以花和果实为分类标准；②同一物种内的个体都能自由交配，并能正常生育后代；③要求相似的生态条件，都具有一定的地理分布范围。

物种形成(speciation)是演化的一个过程，指生物分类上的物种诞生。联系到地理因素时，自然界的物种形成主要有 4 种模型。一是异域性物种形成(allopatric speciation)，又称为渐变式物种形成：一个物种的不同种群生活在不同的空间范围内，由于地理隔离，使这些种群之间的基因交流出现障碍，导致特定的种群遗传变异累积，并逐渐形成各自特有的基因库，最终与原种群产生生殖隔离，形成新的物种。二是同域性物种形成(sympatric speciation)，又称为爆发式物种形成：在相对较短的进化时期内，同一物种在相同的环境，发生重要的遗传变化，如染色体加倍或缺失等，使得群体内部分成员与其他成员产生生殖隔离而演化为不同的物种。三是边域性物种形成(peripatric speciation)：种化过程中，一个小的亚群内发生遗传漂变，使其基因库发生重要的遗传修饰，当小亚群再与物种主群相遇时，已经产生生殖隔离，形成不同物种。在林木中，这种物种形成可能比其他植物更普遍。四是临域性物种形成(parapatric speciation)：两个物种形成中，种群虽然分开，但是相邻。从一极端到另一极端之间有不同种群，彼此相邻的两种群之间能互相杂交，但在两边最极端的种群已经差异太大而产生生殖隔离，形成不同的物种。

隔离导致新种的形成。隔离是指在自然界中，生物不能自由交配或交配后不能产生正常后代的现象。隔离可分为两类，即空间性的地理隔离和遗传性的生殖隔离。地理隔离指由地理障碍(海洋、山脉)所产生的隔离。由于地质变迁，原来一个种群的个体被分布在不连续的区域，使它们不能相遇，无法交配而不能进行基因交流。随着时间的推移，逐渐形成各自的基因频率和基因库，最终在自然选择作用下形成同一物种的不同亚种。亚种在形态上已有一定的差异，若进一步分化，再产生生殖隔离，成为不同的种。所以地理隔离在种的形成中起着促进性状分歧的作用，是生殖隔离的必要条件。生殖隔离指生物由于遗传结构上的差异，而产生的不能交配或交配不育的隔离方式。一定的地理分布有助于亚种的形成，而进一步的生殖隔离使它们的基因频率继续朝着不同方向发展，形成更大的差异。正是由于物种间的这种不可交配性，从而保证了物种间的相对稳定性。

物种是由个体(individual)组成的，个体是组成物种的基本单位。同一个种内个体，不仅有性别、年龄的差别，由于亲本的遗传因素不同及所处环境的差异，个体间也存在着生长习性、生理和适应性等方面的种种差异。由分布在一定地理范围内的个体组成群体，也称种群或居群(population)。物种往往是按面积大小不等的群体而分布的，同一个物种内不同的群体往往是呈不连续分布。由于不同种群的遗传特性不尽相同，所处生存条件不同，也会产生变异，当变异达到一定程度，就会产生亚种(subspecies)，甚至新的物种。亚种是种在地理和生殖上长期、完全隔离后形成的，在形态、生理和遗传特征上有一定的特异性，是种以下的分类单位。亚种多用于动物，在植物中较少应用。在植物中，对形态、生理和遗传特征上有一定差异的群体，常称作为变种(variety)。生产中使用的变种也称栽培品种(cultivar)。

地理小种(geographic race)属种以下的分类单位，是指经自然选择适应于某特殊生境的种内所有遗传相似个体的综合。由于小种的形成是自然进化因素作用的结果，因而这个术语只适用于天然群体。关于地理小种的含义，Wakeley 做过如下解释：①种以下的分类单位，一个小种可通过观察或试验区别于其他小种；②经自然选择产生的某个物种的一部分，组成小种的个体是由共同祖先或有亲缘关系的一群祖先产生的后代；③小种间性状的变异是可遗传的；④地理小种是在特定的环境条件下自然产生的，能适应该环境，且能存活和繁殖。概括地讲，地理小种是由遗传性状相似的个体组成的种内分类单位，有共同的祖先，占有能够适应的特定地域。如该地域因海拔、气候或土壤条件不同而形成的，可分别称之为海拔小种(altitude race)、气候小种(climatic race)或土壤小种(edaphic race)，而不要笼统称为地理小种。反之，当个别生态因子不足以说明小种的全部特征时，仍用地理小种为宜。

通常与小种混淆的另一个术语是生态型(ecotype)。早在20世纪20年代瑞典生态学家 Turresson 就提出了"生态型"这一术语。他将欧亚大陆不同生境中的同种植物移栽到一起，结果发现它们在植株高矮、株形曲直、叶子厚薄和形状，以及开花迟早等方面的差异是稳定的。但这些差异还不足以构成分类标志，只能看作种内不同的生态类群，代表不同的基因型。他把生态型看成种内适应于不同生态条件或地理区域的遗传类群，即在不同生境里长期受到不同环境条件的影响，生物在生态适应过程中出现了不同种群，种群间在形态、生理和生态特征等方面差异通过遗传固定下来，这样一个种的内部就分化出不同的生态型。生态型的分化也是物种进化的基础，所以研究物种如何在不同生境条件下分化为不同的生态型，是研究新物种形成过程的重要内容。生态型的研究也可使引种、育种工作和栽培工作深入一步，着眼点由物种深入到生态型。

在林业生产中有的将种内变异与地理因子联系起来划分为地理生态型(geoecotype)，有的将种内变异与气候因子联系起来，划分气候生态型(climatic ecotype)，有的将种内变异与土壤因子联系起来，划分土壤生态型(soil ecotype)。由于种群分布广，分布区内气候多样，环境条件差别大。经过长期变异、选择和适应的过程，形成了对生态因子要求各异、形态特征不同的地理种群，即地理生态型。一个地理生态型可能包含多个种源(产地)，一个种源又可能包含多个林分。地理生态型的变异一定包含着气候和土壤因子引起的差异。气候生态型是指同种植物由于分布在一定地区和气候条件下，长期受当地气候(包括温度、光照和降水等)的影响而形成的最适应该地区气候条件的生态类型。例如，北美的糖槭树可分为北部、中部和南部 3 个生态型。北部生态型耐寒，不耐旱，强日照能伤其叶；南部生态型不耐寒，耐旱，喜日照；中部生态型在几方面都介乎二者之间。土壤生态型是指由于土壤水分、pH 值、矿质元素(N、P、K、Ca、Mg、Fe、Mn、B、S 等)及污染物质(重金属和有机污染物质)的作用，导致种内的基因型分化所形成的生态型。如牧草鸭茅(*Dactylis glomerata*)由于土壤水分不同而明显呈 2 个生态型，生长于河洼地植株旺盛、高大、叶厚、色绿和生物量高，而生长在碎石堆上植株矮小、叶小、色淡和生物量低，二者在细胞液渗透压等生理方面亦有明显差异。

5.3　树种地理变异

5.3.1　地理变异一般概念

原产地简称产地(provenance)，是指种子或其他繁殖材料的原产地，而种源(seed source)是造林种子直接采集地(Wright, 1976; Zobel, 1984; White, 2007)。有时，两者混称，不加区别，但有些情况必须加以区别。如将原产我国陕西黄陵的油松，引种到四川阿坝，阿坝油松林结实后，又将所产种子引栽到西藏林芝。这时，黄陵是阿坝油松林和西藏林芝油松林的原产地，而四川阿坝是西藏林芝油松林的种源。将地理起源不同的种子或其他繁殖材料，放到一个地点做的造林对比试验，称为种源试验(provenance trial)。在种源试验的基础上，选择优良种源，称为种源选择(provenance selection)。

对一个分布区广的树种，由于纬度、经度和海拔跨度大，分布区内雨型、日照长度、热量以及土壤等生态条件可能有所不同。由于某一树种分布区广，种内不同群体长期受不同环境条件的影响和基因交流的限制，在自然选择与生态适应过程中，群体间在各种性状上发生了遗传分化，由此产生的不同群体。不同群体繁殖材料在同一地点育苗和造林，会有不同的表现，这种现象称为地理变异(geographic variation)。发生了遗传变异的群体，称为地理小种(geographic race)。

5.3.2　地理变异研究历史

树木种内地理变异的观察和研究有着悠久的历史。早在 1749 年 3 月，瑞典皇家海军部就报道了不同地方橡树在南部栽培试验结果，首次专门提到树木种内的地理变异以及种子产地纬度与子代发育的关系，并提醒人们在造林实践中应重视用这种关系。与此同时，法国的 H. Duhmel du Monceu 为选择更好的军舰木材，进行了欧洲赤松种源试验。1787年，von Wangenheim 报道了北美三个树种自然驯化的结果，强调在德国高海拔或寒冷地区造林时，必须用北纬43°~45°地区的种子，若在低海拔或温暖地方造林，则必须用北纬41°~43°的种子。由此可见，树木地理变异的概念在18世纪已产生，并开始得到应用。

1820年，法国人 de Vilmorin 开始从俄国西部、德国、瑞典、苏格兰和法国等地搜集了一批欧洲赤松种子做种源试验，并研究了它们后代在干形、冠形、分枝、树皮、针叶、芽和球果等方面的差异。1862年报道了他的试验结果，指出各性状在种源间差异很大，呈梯度变异，并认为这种变异是可遗传的。

19世纪末和20世纪初，开始了比较正规的种源研究。1887年，奥地利在维也纳建立了第一个欧洲赤松种源试验林；1913年，波兰也开始了种源试验。此时期做出重要贡献的有 Kientz(德国)、Ciesler(奥地利)、Schott(德国)和 Engler(瑞典)，其中，Engler 的试验规模最大，设计更合理。他从阿尔卑斯山脉不同海拔搜集欧洲赤松和挪威云杉种子，分别在不同海拔地带(500~2000 m)进行造林对比试验，调查了20多种性状，其结果与 Ciesler 和 Schott 的试验结果一致，即产地由南到北，由低海拔到高海拔，性状的变异是连续的，没有明显的界线。研究还发现，低海拔的云杉在高海拔生长了30~40年后，仍然保持着低海拔云杉的某些特征，再次证明这种变异是可遗传的。1936年，瑞典学者 Langlet 对欧洲赤松地理变异作了系统的试验，提出了连续梯度变异的概念。1938年，Haxley 提出了渐变群(cline)这个术语。他们的工作对森林生态遗传学研究及其在林业生产实践中的应用均起到很大的推动作用。

20世纪以来，树木种源研究日益受到世界各国的重视，很多试验是以国际合作形式进行的。国际林业研究组织联盟(IUFRO)也设有种源研究专门委员会。1908年第一次按照国际林业研究组织联盟制订的国际种源试验计划布置了欧洲赤松种源试验，1938年启动了云杉的种源研究，1942年启动了落叶松的种源研究，1965年制定了《产地试验研究方法标准化》(第二稿)。据初步统计，现在几乎世界上所有从事人工林研究的国家，都开展了树木种源研究，其树种已超过100个，包括了世界各地的主要造林树种。瑞典、苏联、美国种源试验规模较大，如美国已对29种针叶树和15种阔叶松进行了种源研究。欧洲各国除重视本国乡土树种的种源研究外，对外来树种，如小干松、花旗松、西加云杉和白松也进行了研究。在非洲不少国家开展了桉树、松类的种源研究。大洋洲各国对辐射松和火炬松开展了引种和种源研究。在亚洲，日本于第一次世界大战前夕开始了种源试验，后遭破坏，有系统地进行种源试验是在第二次世界大战后。

追溯种源研究的历史，可以看出不同时期研究的重点不同。初期的种源研究集中于阐明种源变异的存在及其重要性，20世纪30年代后，着重揭示地理变异的规律性，近40年越来越强调地理变异与林木育种的结合。

我国于1956年、1957年和1961年先后开展了杉木、马尾松、苦楝的种源研究，但中途停止了。1978年后，种源研究进展迅速。据统计，我国已开展了杉木、马尾松、油松、云南松、黄山松、樟子松、红松、华北落叶松、长白落叶松、兴安落叶松、新疆落叶松、日本落叶松、侧柏、桉树、榆树、鹅掌楸、桤木、苦楝、香椿、红椿、臭椿、檫木、柚木、白桦、水曲柳、核桃楸、蒙古栎、胡枝子、黄梁木、任豆、米老排、刨花润楠和构树等40多个树种的种源研究，揭示了主要性状地理变异及其规律，选择出一批优良种源，划分了种源区。

5.3.3 地理变异规律

5.3.3.1 地理变异趋势

根据许多树种地理变异研究结果，可归纳出如下几种变异倾向：

(1)冷—暖变异趋势

同一树种的南方种源与北方种源相比，一般生长较快，春季发叶和抽条较晚，受晚霜危害较轻，秋季落叶较晚，结束生长较迟，对冬季极端最低气温的抗性较差。

实际上，这些趋势是对南北温度条件的适应，特别是对低温的适应。南北种源耐寒性的差异是长期的自然选择与适应的结果。例如，侧柏不同种源在北方试验点上越冬枯梢率和死亡率与采种点的纬度呈显著的负相关，南方种源抗寒能力明显比北方种源弱。

树木枝条在春季开始生长主要受积温控制。北方种源因长期适应短生长季，萌动和抽梢所需要的积温较低，因而萌动和抽梢比南部种源要早。若将高纬度种源移到中低纬度地区，由于这个地区初春气温不稳定，当天气转暖，引起冬眠中断而萌动，一旦遭遇"倒春寒"天气，就会造成冻害。

树木高生长停止，冬芽形成，叶子脱落在很大程度上受光周期的制约。同一树种在不同纬度带上，经受着不同的光周期的长期选择，也适应着不同温度和生长期，势必在遗传上分化成适应于不同纬度气候条件的种群。Sylven(1940)把北纬56°~66°范围内欧洲山杨8个不同纬度的瑞典种源及其杂交子代栽培到北纬56°、62°30′和65°50′的3个地点，发现北方种源在最北点于8~9月停止生长，而南部种源一直生长到深秋，遭到早霜危害。在南方栽培点上，北方种源停止生长特别早，高度不超过5 cm，呈莲花状。有关不同种源对光周期不同反应的报道很多，结论基本上一致。

(2)干—湿变异趋势

干、湿地区的种源在耐旱性上有很大的差异。Zobel等(1955)、Goddard等(1959)、Van Buijienen(1966)对火炬松地理小种抗旱性进行了研究，发现处于干旱地区种源的实生苗比降水量较多的东部种源的存活率高。显然，干旱地区的自然选择已产生了一个较为抗旱的火炬松种群。Larson(1978)对10个花旗松种源的抗旱性进行了研究，看到喀斯喀特山西部的4个海岸种源对干旱的敏感程度高于不列颠哥伦比亚的4个内陆种源。王颖等(2016)用不同浓度PEG6000溶液模拟干旱条件，观测了4个木棉种源的抗旱性。当PEG6000浓度大于0.2 g/L时，种子萌发率大小顺序为：元江(干热河谷)>临沧(干旱地区)>西双版纳(湿热地区)，当浓度为0.3 g/L时，西双版纳的种子不能萌发。

在我国，干—湿的地理变化既表现于经向，又表现于纬向。我国各树种地理变异研究结果表明，纬向变异趋势比经向变异明显。例如，在苗高生长上，侧柏地理变异受纬度和经度双重控制，但以纬向变异为主；在抗寒性上，侧柏地理变异基本上是沿纬度呈梯度变异。显然，这是由于我国大陆的气候条件沿纬向变化比沿经向变化剧烈的缘故。此外，性状的遗传分化与原产地的温度、水分因子相关分析表明，温度的自然选择作用比水分强，这可能也是造成纬向变异为主的渐变类型的原因之一。

(3) 高—低海拔趋势

垂直高度相差1 km，气温变化往往相当于几百千米的水平距离的变化。剧烈的气候差异，具有强烈的选择压力，足以使高、低海拔地段的树木间发生变异。据杨传平等(1993)研究，长白落叶松地理变异是海拔垂直梯度渐变为主、纬向渐变为辅的连续型变异。但是分布在同一座山上不同垂直高度的树木间，若花期一致，其基因的交换频率要比水平距离相差几百千米的种群之间高得多。由于基因交流，阻止了群体分化，往往使高—低海拔树木间的变异缩小。

一般来说，由低海拔产地向高海拔地区调种，可能会有一定的增产，但存在寒害的风险，而高海拔种子向低海拔调拨，一般效果不良。Conkle(1973)做过不同海拔的黄松种源试验，他从海拔152.4~1981.2 m，每隔304.8 m采种，分别在海拔为1722.1 m(高)、832.1 m(中)和292.6 m(低)地段造林。29年后发现，在中低海拔试验点上，高海拔种源明显比中低海拔种源生长慢。在高海拔试验点上，不同种源表现与中低海拔试验点的相关性不大。影响不同海拔群体遗传分化的生态因子主要是温度、生长期和光周期。由于不同海拔地带的种源对当地光热因子长期适应，形成不同生长节律，因此，高海拔种源引入低海拔，通常生长不良。

5.3.3.2 地理变异模式

(1) 连续变异

对于分布广泛且连续分布的树种，由于环境条件变化，如从温暖到寒冷，从干燥到湿润是连续递增或递减的，种源间的性状变异常常也是连续的，随着环境条件的梯度变化而呈梯度变异。这种地理变异类型属于渐变群模式。渐变群(cline)是一种特定的种群连续变异，特定指某个性状，多个性状对应多个渐变群。渐变群变异的遗传机制可能是随着连续的环境梯度改变。自然选择以一种连续方式改变特定位点的等位基因频率，而这些位点控制与适应性等相关的性状。

根据我国种源试验研究结果，马尾松、华山松、兴安落叶松、侧柏和白榆等树种在生长和适应性方面表现出渐变群模式，而且与纬度的相关性要比经度和海拔的紧密得多，即树高生长与产地的纬度呈负相关，秋末封顶株数百分率、冻害指数与产地的纬度呈正相关。一般而言，抗旱、抗寒这类抗逆性状遵循渐变群模式。

(2) 不连续变异

对于分布区比较小、气候因子变化不大，或分布不连续、气候因子变化不连续，或由于土壤特征变化的不连续性，性状地理变异呈不连续变异形式。地理变异表现为不连续变异时，可划分生态型。生态型是指适应于某一特殊生境的种内所有个体的组合，通常又称为地理小种。渐变群仅针对单一的性状，而生态型针对多个性状和特征。与渐变群一样，导致生态型间遗传差异的原因也是自然选择。当环境急剧改变且种群之间存在隔离时，就有可能产生生态型。例如，异叶铁杉(*Tsuga heterophlla*)广泛分布于美国西北部，由于喀斯喀达山、洛基山和沿海彼此隔离，在相同纬度上，沿海气候较温和，而山地气候严酷，异叶铁杉不同种群在自然分布区内存在显著的差异，可划分为沿海、喀斯喀达山、落基山3个不同的生态型。由于长期适应沿海温和的气候或山地严酷的气候，导致3个生态型在许多性状上有明显的差异。又由于三者几乎没有基因交流，使自然选择所造成的适应性差异得以保存下来。分布区广的树种地理变异模式比较复杂，在某一生态型区域内也会形成渐变群。如异叶铁杉沿海不同种源在休眠期和生存率上呈现由南到北连续变异趋势，即呈渐变群变异。这是由于随着纬度逐步变化，气候因素逐步改变，适应性进化结果形成的渐变群，导致南北差异的选择压可能是冬季的低温。

（3）随机变异

南—北、东—西、海拔高—低种源调运中表现出来的倾向，一般要在原产地相距几百千米以上，且气候条件差别明显的情况下才会发生；在较小的范围内，通常看不到显著的地理变异。但有时在不大的范围内，由其中一些林分采种培育的林木可能会比另一些林分的要快 10%~15%。例如，日本落叶松自然分布区方圆仅 220 km^2，从其中两座山上采收的种子，在生长、落叶和开花结实时间等方面与其他种源不同。这些性状的遗传变异看不出与地理、气候条件间的关联性。对这种异常表现，可做如下解释：①试验中通常只注意冬季温度、生长季长短、夏季温度、降水量、土壤类型等对地理变异的影响，而真正产生变异的因素却没有被认识；②归因于遗传漂移，即由于群体内个体数目少，不能完全随机交配而造成的性状差异；③人为的干预。其中第三点可能不是主要的。

许多树种的种源试验结果表明，不同树种，即使是分布区重叠的树种，变异模式不同。如油松与侧柏的分布区大部分是重叠的，但前者的地理变异认为是生态型变异模式，后者是以纬向变异为主的渐变群模式；同一树种不同性状的变异形式也不同，如侧柏各种源的越冬枯梢与采种点纬度的相关系数达到 0.8 以上，纬向渐变很突出，而种子千粒重与纬度的相关系数仅为 0.20，表现出非连续变异的形式；同一树种即使同一性状在不同地域内的变异形式也可能不同。如欧洲赤松的种子特征在欧洲区域表现出明显的地理变异趋势，而在西伯利亚看不出地理倾向。综上所述，一个树种不同性状在整个分布区中的变异是很难用一个变异模式来概括的。

实际上，连续变异与不连续变异没有本质的区别，与树种的分布、环境条件等有密切关系。如果一个树种分布区广泛且连续，那么，气候因子变化是连续的，性状变异也往往趋于连续。相反，分布区很小、气候因子变化不大，或树种分布不连续、有大的断裂，两边的树木不能相互传粉，则性状地理变异呈不连续变异形式。

一般认为，连续性变异是由气候条件变化引起的。一些气候因子随经度、纬度以及海拔变化呈连续性变异，自然选择的结果使种群变异趋于连续性。然而，土壤特征以及小地形气候在整个分布区常常是不连续的，这些生境对树木生长和适应性也有一定的选择压力。因此，常常使树种的变异既包括连续的成分，又包括不连续的成分。土壤特性对种群变异的影响是很深刻的。如 Schmide-Vogt(1971) 发现欧洲桤木根系发育最旺盛的种源来自土壤条件差的地区。Parrot(1977) 发现黑胡桃种群的生长发育对土壤特性有明显的依赖关系。因此，在分布区较小，土壤差异较大的情况下，不连续变异更为突出。

揭示一个树种的地理变异模式，在理论上和造林实践中都是重要的。对于连续变异树种和性状，可以根据已研究的两个产地的表现去推知其中任一点的表现，并加以应用。对于不连续变异，则要分别弄清每个生态型的存在形式和范围，才能做出客观估计。

5.4 种源试验

开展种源试验的主要目的是：①研究林木地理变异规律，阐明其变异模式及其与生态环境和进化因素的关系；②为各造林地区确定生产力高、稳定性好的种源，并为种子或种条的调拨提供科学依据；③为今后进一步开展选择育种、杂交育种提供信息和育种材料。上述三个方面是相互联系的。

5.4.1 种源试验的意义

种源试验主要意义概述如下：

（1）提高林分的生产力和木材品质

德国于 1925—1931 年对挪威云杉、欧洲赤松（*Pinus sylvestris*）、落叶松做了种源试验。32 年生时，各种源材积的变幅在 $79 \sim 360 \text{ m}^3/\text{hm}^2$，优、劣的种源相差 3 倍。瑞典南部用波兰和白俄罗斯西部的云杉种源造林，20 年生时，比当地种源增产约 20%。澳大利亚 1936—1969 年在昆士兰东南部莫比尔做过南洋杉种源试验，外地种源在 13~18 龄时平均材积增加 19.3%，其中三个外地种源增产 23.7%，且树干通直、材性好。

我国通过种源试验也看到种源间在生产力上存在很大的差异。如伍汉斌（2019）对 1981 年营造的杉木种源试验林在 5、10、31 年生时测定材料的分析结果显示，不同林龄的杉木胸径、树高和单株材积在种源间均存在极显著的差异，31 年生时最大种源的各性状值较最小种源的各性状值分别高 75.86%、48.55%、263.76%。从 169 个参试种源中筛选出 29 个生长较快速的种源，大部分种源来自福建，还包含贵州、广西和湖南等地的种源；其中，生长最好的是福建崇安、顺昌、尤溪等福建北部种源，其胸径、树高和单株材积的遗传增益分别达到 23.21%~31.45%、15.60%~20.19%、59.94%~89.97%（表 5-2）。

表 5-2 杉木种源不同林龄生长性状遗传变异参数

树龄（年）	性状	平均值	最大值	最小值	遗传力
5	树高（m）	4.028	6.375	0.833	0.750
	胸径（cm）	5.726	9.600	1.100	0.814
	材积（m^3）	0.008	0.022	1.76×10^{-4}	0.808
10	树高（m）	9.412	13.300	3.000	0.978
	胸径（cm）	12.408	19.258	4.233	0.850
	材积（m^3）	0.061	0.159	0.008	0.875
31	树高（m）	14.450	21.270	7.290	0.831
	胸径（cm）	22.220	40.300	9.800	8.410
	材积（m^3）	0.258	0.949	0.027	0.853

注：引自伍汉斌等，2019。

种源间在木材品质上也存在明显的遗传变异。如姜笑梅等(2002)对浙江省长乐林场 13 年生湿地松种源试验林 18 个种源的木材性状进行测定与分析。结果表明,种源间在木材气干密度、抗弯强度、抗弯弹性模量和顺纹抗压强度等性状上差异极显著;管胞长度与宽度、冲击韧性差异显著;在种源水平上改良湿地松的木材品质,可取得良好的效果(表 5-3)。

表 5-3 湿地松 18 个种源的木材性状测定结果

木材性状	平均值	最小值	最大值
管胞长度(mm)	4.008	3.417	4.204
管胞宽度(μm)	49.94	47.08	52.26
胞壁率(%)	56.88	53.27	63.04
气干密度(g/cm^3)	0.485	0.448	0.541
抗弯强度(MPa)	81.6	69.3	88.5
抗弯弹性模量(MPa)	8820	6970	11264
顺纹抗压(MPa)	38.3	34.3	42.9
冲击韧性(KJ/m^2)	35.9	28.1	44.5

注:引自姜笑梅等,2002。

(2)提高林分抗逆性

北京林业大学在侧柏种源试验中发现,在中部和南部各试验点上,苗木不需防寒措施都能安全越冬;在北部试验点,部分种源苗木越冬后出现枯梢。据对北京黄垡试验点侧柏不同种源 3 年生苗越冬受害的调查,总受害率变动为 59.1%~100.0%,冻死率为 0~93.9%。1993—1996 年,对不同种源进行冷冻处理,冷冻后的枝条在温室扦插,观察生长恢复情况。结果表明,不同种源能忍受的冷冻极限低温差别很大,内蒙古包头、辽宁北镇等北部区种源经过-35℃低温冷冻,仍有 80%~100%的枝条有生活力,而贵州黎平等南部区种源经过-15℃冷冻后,只有 5%的枝条有生活力(表 5-4)。侧柏种源间抗旱性差异也非常显著。北京林业大学曾对 2 年生苗木做过盆栽断水试验,结果表明:贵州黎平种源耐旱性最差,断水第 34 天,苗木全部死亡,而陕西志丹种源苗木死亡率低于 40%(图 5-2)。

表 5-4 侧柏不同种源冷冻处理后的生长恢复率(%)

种 源	-5℃	-15℃	-25℃	-35℃	-40 ℃
内蒙古包头	100	100	100	100	0
辽宁北镇	100	100	100	80	0
山西石楼	100	100	100	70	0
山东泰安	100	100	90	70	0
陕西商县	100	80	60	50	0
河南林县	100	80	70	40	0
河南郏县	70	60	40	40	0
甘肃两当	80	60	50	40	0
河南确山	60	60	50	30	0
贵州黎平	30	5	0	0	0

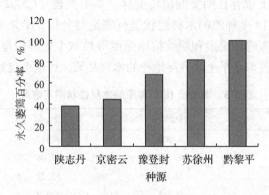

图 5-2 盆栽断水后第 34 天侧柏各种源苗木永久萎蔫百分率

汪企明等(2003)于 1995 年 7 月对 13 年生马尾松种源试验林 39 个种源以及 6 种其他松树进行了松材线虫接种。结果表明,马尾松不同种源和不同松树对松材线虫的抗性变异很大。种源间抗虫指数变动幅度为 0~0.67。广东高州、信宜、英德,广西忻城和湖北远安 5 个种源抗性最强,抗虫指数为 0.67,而陕西城固、南郑,河南新县,湖南益阳等种源抗性最差,抗虫指数仅 0~0.08。

(3) 为合理制定种子区划提供依据

在造林用种上,曾因忽视种源差异导致造林失败。如新西兰由于应用美国落基山西部的黄松种源,大面积的林分长势衰弱。因此,到 20 世纪,不少国家开始制定种苗法,其中心思想是通过划分种子区,或限制种子调运距离,来规定种子调拨范围。如瑞典全国为欧洲赤松划分成 12 个区、欧洲云杉划分为 16 个区;挪威全国统一划分为 40 个区,区内又根据海拔划分成不同带。各国的种子区划多数依据自然条件差异来划分。但是,不同生态区的群体间可能没有很大的遗传差异,而同一生态区的群体可能存在遗传差异。因此,种子区划应以地理变异为主要依据。

(4) 提高树木改良效果

Wright(1976) 在比较各种选择方法时提出,对于分布区广的树种,种源间的差异比单株选育 1~2 个世代所能取得的改良效果要大好几倍。因此,国内外普遍的做法,首先是选择优良种源,再在优良种源内选择优良单株。现在也有人提出把种源试验与优树子代测定同时进行,以提早为生产提供良种。

国外在引种工作中十分强调种源选择,如瑞典在小干松引种中,收集 121 个种源在 19 个地点试验;新西兰到美国采集辐射松不同种源,在全国 50 个地点试验。在这些试验中,看到不同种源在生长和适应性方面的差异,为各引种地点选择出了最佳的种源,提高了引种效果。

在杂交育种中,往往强调双亲的地理起源和生态适应性要有一定差异。据国外杂交试验结果,一种看法是,南北种源间的杂交能把南方种源的速生性与北方种源的抗逆性结合起来,从而既解决了"南种北用"发生冻害的问题,也解决了北方种源生长缓慢的问题;但另一种看法认为,南北种源杂种既没有南部种源生长快,也不如北部种源耐寒,只适合在中部地区造林。有关种源杂交观点的分歧须有更多试验来验证。

5.4.2 种源试验方法

5.4.2.1 全分布区试验和局部分布区试验

种源试验是一个长期的连续的过程。按照试验的阶段性,一般分为全分布区试验和局部分布区试验。尽管它们有共同的目标,但每一阶段各有特点,因而在采种点布局和试验设计上均有一定的差别。

全分布区试验是覆盖该树种分布范围内采种,试验目的是确定种源之间变异的大小、地理变异规律和变异模式。这个阶段的结果可以提出可能有发展前途的若干种源及其适宜的地区。对分布区较小的树种,可用20~30个种源作为试验对象,而对分布区广的树种,则用50~100个种源,甚至更多。

在全分布区试验的基础上,进行局部分布区试验。其目的是对前一阶段试验中表现较好的种源做进一步比较,并为各种不同的立地条件寻找最适宜的种源。供试种源数一般较少,但试验小区一般较大,试验期限为1/2轮伐期。有时将局部分布区的种源试验与子代测定结合起来进行,这时就要对种源、林分和家系分别处理。

如果供试树种的地理变异规律事先已有所了解,在广泛采样的同时,对有希望的产区作密度较大的采种工作。这样做,可以使试验成果及时应用到生产中去。但是,对于多数树种,很难在一次试验中弄清楚它们的地理变异规律。因此,同一树种的种源试验往往需要重复。

5.4.2.2 采种点的确定

采种点的布局是否覆盖树种的分布区,是否有代表性,对于能否达到预期试验目的很关键。首先,要掌握树种的地理分布,有关该树种的开花结实特性及其他生态学、生物学以及造林技术的材料也应广为收集。必要时应在采种之前,对该树种的分布进行专门的考察,根据树种的地理分布以及社会、交通、人力、物力等条件来确定采种点。

树种分布特点与采种点布局关系最大。如果树种是连续分布,全分布区试验中按某种环境因素(包括纬度、降水量、温度)的梯度来确定采种点,采种点要覆盖整个分布区。在大面积连续分布的情况下,可采用等距格子配置方式确定采种点。欧洲赤松和欧洲云杉分布区的地形变化较简单,又呈连续状态,所以欧洲各国对这两个树种做试验时常采用网格法,即在分布区地图上覆以方格透明纸,在每个格内取样。

但是,有时还要考虑其他一些情况,如气候的格局变化,以及由于山脉、河谷的隔离而造成分布不连续性等因素。特别是我国,地形变化复杂,气候变化较大,加上树种通常呈不连续变异,不宜采用网格法。20世纪80年代,杉木、油松种源试验中都采用了主分量分析法。主分量分析法是把多个因子归结为数量较少的几个因子的多元统计分析方法。在侧柏种源试验中,北京林业大学对侧柏自然分布区中85个产地的年平均气温、7月和1月平均气温、温暖指数(全年高于10℃各月的月平均气温与10℃之差的和)、年降水量、年平均相对湿度和春季干燥度(4、5、6三个月的月平均气温的两倍值与同期降水量之差)7个气候因子作了主分量分析。其中前4个指标代表了热量状况,后3个指标代表了水分状况。用各产地的第一和第二主分量排序和分析,初步划分出了5个气候相似区。根据气候区,确定了侧柏种源试验的采种点。

5.4.2.3 采种林分和采种树的确定

(1) 林分的选择

采种林分的起源要清楚，应尽量在天然林中采种。如果在人工林采种，要弄清造林种子是否来源本地。林分组成和结构要比较一致，密度不能太低，以保证异花授粉。采种林分应达结实盛期，无严重病虫害，生产力较高，周围没有低劣林分或近缘树种。采种林分面积较大，能生产大量种子，以保证今后造林用种。要避免在过熟林采种，因为这种林分种子产量少，生产力低。要避免从上层间伐的林分中采种，因为优势木(dominant tree)已被伐除，林分遗传品质变差，没有代表性。

(2) 采种母树的确定

在采种林分中，采种母树一般应不少于30株，以多为好。采种母树之间的距离不得小于树高5倍。从理论上考虑，采种树应能代表采种林分状况，应当随机抽取树木采种，或在平均木上采种。但实际上，不少研究项目愿意从优势木上采种，因优势木种子能够增加育种效果。在同一个试验中，必须统一规定从哪类树上采种。一些树种结实有大小年之分，最好在种子多的年份采种，以保证采种数量和品质。此外，不能从孤立木上采种。

5.4.2.4 苗圃试验

苗圃试验阶段主要任务有：①为造林试验提供所需苗木；②研究不同种源苗期性状的差异，尤其是适应性差异；③研究苗期和成年性状间的相关。苗期试验有几个特点：一是由于在苗圃进行，试验占地少，参试种源可以多；二是可以在短期内获得大量数据，包括形态、物候和生理特征；三是由于苗圃地环境可控，条件一致，环境误差小，能够比较准确地反映种源间的遗传差异；四是由于幼苗抵抗力弱，在苗期就能看出不同种源在耐寒性、抗旱性和抗病性等方面的表现。

(1) 育苗措施

①所有参试种源播种应在短时间内完成，尤其是一个区组要同时完成。不同种源要严格分开，不能混杂。

②要求在种子处理、整地、施肥、灌水、防寒和防病虫害等方面，采取当地最有效的措施，对同一区组不同种源必须采取相同措施，以保证可比性。

③鉴于菌根对针叶树生长的重要意义，新育苗地最好施菌根土，以保证苗木的正常生长。

④要保证各种源苗木密度一致。

⑤播种后要求分区组、小区立标志牌，并绘制平面图，标明各种源位置。

⑥应填写种源试验苗圃条件的说明书和苗圃管理的记录表。

(2) 苗圃试验阶段的观测

调查时采取随机取样的办法。如果采用容器育苗，由于容器排列整齐，而每个容器内幼苗株数也相等，可采用随机取样。如果采取垄、沟、床播种育苗，则按一定距离选苗木测定。有些指标的测定，可采用固定小样方调查方法。

多地点试验要统一观测性状和观测方法，这样便于汇总材料。苗木培育过程中，测定的指标应有场圃发芽率、苗高、地径、物候与生长节律、秋冬封顶率、越冬死亡率和病虫害受害情况以及生理指标，如光合速率、呼吸强度等。

5.4.2.5 造林试验

造林阶段试验的主要目标：一是研究树种主要性状地理变异模式，为种源区划和种子调拨提供依据；二是为当地造林选择优良的种源。造林试验是优良种源选择最可靠的方法，但是试验周期长，占地面积大，花费多，因此必须控制参试种源的数量。由于在山地造林，试验地环境条件会有明显的差异，为了保障试验的准确性，必须合理制订试验方案。造林试验可分为短期、中期和长期试验。每个阶段的观测结果均可反映该阶段的地理变异规律，并用于指导造林的调种范围。

(1) 试验点的选择

根据对树种地理分布、生态环境及其对种源表型变异的了解，可将分布区划分为若干试验区。如果曾划分过种子区，可将这些种子区作为试验区。如果试验区垂直范围较大，可划分若干垂直带，分垂直带布置试验点。试验点的气候、土壤和地形等条件在试验区内有代表性，试验点内的地形、土壤、植被等条件应比较一致。

试验地选定以后，要对立地条件进行调查，调查内容包括试验点的位置、气候条件、地形条件、土壤条件等项目，同时要记载植被盖度及其主要种类。如果各区组立地条件差异较大，应分区组调查，并分别填表。

(2) 造林地的试验设计

通常采用完全随机区组设计。每个区组包括全部试验种源，每一种源为一个小区。20世纪50年代以前，多数种源试验小区较大，而重复较少，如一个小区包含100~200株树，设2~4个重复。之后，趋向于采用小面积小区，多个重复，如一个小区包含1~10株树，设5~50个重复。有关试验设计的基本要求参见第9章。

(3) 制图和标志

试验地选定以后，即进行实地测量，绘制平面图。在图上进行区划，划定整个试验地的范围，区组边界和小区边界，注明符号，然后到现场落实。在试验地要设置区组和小区标桩或标志牌，标桩或标牌应能长期保留。近些年，GPS定位技术得到较大的发展，可用于试验标记和今后的调查。

(4) 造林的实施

①根据当地造林经验，确定造林季节、苗龄以及整地、栽培、抚育、保护等营林措施。

②根据立地条件和树种生长速度和培育规格等因素，确定造林密度。

③起苗后，要去掉病苗、断头苗、细弱苗；在起苗和栽植过程中，要特别注意防止种源混淆。

④缺苗的补植工作应及时进行，不能晚于第二年，为此，苗圃中应保留一部分苗木。

⑤造林工作结束后，应填写好种源试验造林记载表，表中除记载造林情况外，应继续记载栽植以后的抚育管理和病虫害情况。

(5) 造林阶段的观测

种源试验观测项目与子代测定相仿，详见第9章。

通过种源试验，可以评选出当地最好的种源。优良种源的供应，主要通过以下两个途径：一是利用原产地的优良林分改建成母树林；二是在原产地选择优树，建立种子园。

5.5 种子区划

由于不同种源在成活率、保存率、生长和材质等方面都可能存在着遗传差异,有时这种差异是极其显著的。因此,造林工作不仅要求做到"适地适树",而且要求做到"适地适种源"。只有这样,才能营造出生产力高、稳定性好、材质优良的人工林。在造林工作中,如何做到"适地适种源"呢?各国普遍采取的办法是进行种子区划。即对某个树种供应区域,根据生态条件、地理变异以及行政区界等进行的区划,造林原则上使用当地种子,限制使用外地种子。

德国在1938年制定了《林业种苗法》,提出将全国划分成14个区,原则上每一地区只采用本区种子;同时对每个地区又提出了划分不同海拔带的标准。1957年,联邦德国重新制定《林业种苗法》,其中重大的改变是种子区不再是统一划分,而是按树种划分。第二次世界大战后,美国许多地方也开展了林木种子区划工作。美国没有全国统一的区划,往往是几个州合在一起,作地区性的区划。如俄勒冈、华盛顿等州,根据气候、地貌、土壤、植被,以及行政区界等,划分了100多个种子区。爱达荷州规定美国黄松高差调运范围不超过330 m,纬度和经度分别不超过0.7°和1.2°。安全调运距离因树种和立地条件而异,一般在分布区中心的调拨范围可大于分布区边缘。瑞典为欧洲赤松将全国划分成12个区,欧洲云杉划分为16个区,挪威全国统一划分为40个区,区内又按海拔划分成不同的带。

我国自1982年起由原林业部主持,对13个主要造林树种种子区作了区划。于1988年4月13日颁布了中华人民共和国国家标准《中国林木种子区》(GB 8822.1~8822.13—1988),并于1988年8月1日开始实施。

5.5.1 种子区划系统

种子区划系统包括种子区、种子亚区。种子区是针对当前经营水平提出的控制用种的基本水平区划单位。种子亚区是控制种源的次级水平的区划单位,一般不做垂直区划。种子区和种子亚区有名称和序号,序号用两位数表示。前一个数字代表种子区,后一个数字代表种子亚区。为了便于实际应用,特别强调种子区或种子亚区的边界要清晰。尽量利用行政界线(省界、县区等)、地理界线(山脊、河流等)、人工界线(铁路、公路等),作为种子区或亚区的界线。县作为重要的行政区划单位,一般不把一个县的范围分属于两个种子区和种子亚区。

5.5.2 种子区划依据

种子区划主要依据下列三个方面的研究:①分布区内生态条件的差异及其对林木生长和稳定性的影响。在生态条件中,首先要注意地貌。特别是在我国,地貌变化大,山地、高原、平原、盆地多交错分布,对气候、土壤、植被有很大影响。其次要注意气候和植被条件。②对变种、类型及其地理边界的研究,以及亲本群表型变异和采种林分若干形态特征差异的研究。一些研究表明,靠亲本群体表型变异划分的地理类群与根据种源试验划分的种源类群比较相近。③种源地理变异的研究,以及生产上采用不同种源育苗造林的经验。与种子区划相近的名词是种源区划。一般认为，种子区划是森林培育学的概念，目的是对造林种子的调拨进行限制。而种源区划是生态学和遗传学概念，是在对地理变异及其规律研究基础上，进行种源类群的划分。显然，种源区划为种子区划提供了更可靠的生物学依据。

5.5.3 造林用种原则

凡未进行过种源试验，或种源试验年限和规模尚不足以说明某地采用何地种子为宜时，应当遵循"就近用种"的原则。所谓就近用种，是指在某一种子区造林时，优先采用该种子区范围的种子；在某一亚区造林时，优先采用本亚区的种子；如果本亚区种子不能满足造林需要时，可使用本种子区其他亚区的种子。如果种源试验年限和规模足以说明某一种子区适宜种源时，除采用本区种子外，也可采用在本区表现良好的外区种子。为了合理选择种源，以确保造林后林分的生长和适应性，White(2007)根据某树种在造林地区是否有充足的长期种源试验信息，提出了种源选择的决策树(图 5-3)，可供参考。

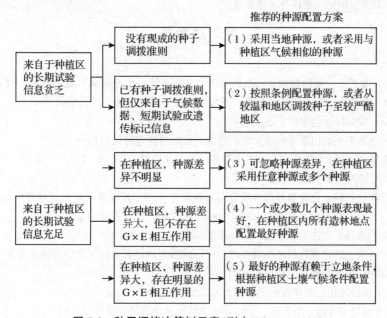

图 5-3　种子调拨决策树示意(引自 Whrite，2007)

提要与小结

群体是物种存在的形式，是生物进化的单位。群体遗传学所研究的群体是一种特定的孟德尔群体，是一群能够相互交配的个体，享有一个共同的基因库。群体遗传组成的基本标志是基因型频率和基因频率。Hardy-Weinberg 定律是指在一个不发生突变、选择、迁移和漂变的无限大的随机交配的群体中，基因频率和基因型频率在一代一代的繁殖传代中保持不变。突变、选择、迁移和漂变等能够引起等位基因频率发生改变。虽然交配系统不影响群体等位基因频率，但影响群体未来世代的基因型频率，从而影响群体遗传结构。

生物进化过程实质上是群体遗传成分变化过程。生物进化的研究出现过达尔文进化论、综合进化论、分子进化中性学说等理论。进化的基础是遗传物质的改变，进化的发生是由于生物体的遗传结构在上下代传递过程中发生了改变。DNA 分子中发生核酸插入、缺失和替换等将导致变异，从相应的核酸和蛋白质组成成分的差异上，可分析不同物种间的亲缘关系。分子进化将有望解决系统发育或分类学中某些长期未解决的问题，同时还将有助于揭示新的进化途径。

物种是具有一定相似形态和生理特征以及一定分布区域、彼此可以自由交配并产生正常后代的生物类群，是生物分类的基本单元，也是生物繁殖和进化的基本单元。隔离是指在自然界中，生物不能自由交配或交配后不能产生正常后代的现象。隔离可分为两类，即空间性的地理隔离和遗传性的生殖隔离，隔离导致新种的形成。生殖隔离是划分物种的主要依据。

对于分布区广的树种，种间在生长和适应性等方面存在很大的差异。开展种源试验，研究地理变异，选择优良种源是林木改良计划的第一步，在林木改良中具有重要的作用。由于长期自然选择和适应的结果，地理变异存在温暖—寒冷、干旱—湿润变异的地理趋势。地理变异有连续变异、不连续变异、随机变异 3 种模式。不同树种或同一树种不同性状地理变异模式可能不同。根据生态条件、地理变异、行政区界、地貌等特点，对某一树种进行种子区划，限制各地所产种子的调运范围，使造林用种符合"适地适种源"的要求。种源试验方法已经规范化，其中应着重考虑采种点、采种林分和造林试验点的选择，育苗和造林都要按田间试验设计要求布置。

复习思考题

1. 名词解释

孟德尔群体　基因库　基因型频率　基因频率　交配系统　生殖隔离　地理隔离　种源　产地　地理小种　生态型　地理生态型　气候生态型　土壤生态型　地理变异　种源试验

2. 试述 Hardy-Weinberg 定律的要点。
3. 影响群体遗传平衡的因素有哪些？它们是如何影响群体遗传结构的？
4. 在某个群体中，200 个植株中有 150 个为等位基因 A 的纯合体，50 个为等位基因 A 与 a 的杂合体。计算这个群体中的基因型频率与等位基因频率。
6. 假定天然红松林种子白化苗是隐性纯合基因纯合体（aa），其频率为 0.01，并假定天然红松林基因型（AA、Aa、aa）与基因频率的关系符合 Hardy-Weinberg 定律，试计算各种基因型频率。
7. 什么是自然选择？它在生物进化中的作用怎样？
8. 简述现代达尔文进化理论的基本观点和物种形成的模式及其对林木选育的指导意义。
9. 什么是物种？有哪几种不同的形成方式？
10. 什么是生物的进化？它和遗传学有什么关系？
11. 简述树木地理变异的一般趋势，并结合从遗传与进化有关理论加以解释。
12. 简述树木地理变异模式、影响因素和利用形式。
13. 造林用种中如何确定种源？
14. 林木种子区划的意义是什么？应如何开展这项工作？

第6章 数量性状遗传与林木选择育种方法

知识导图

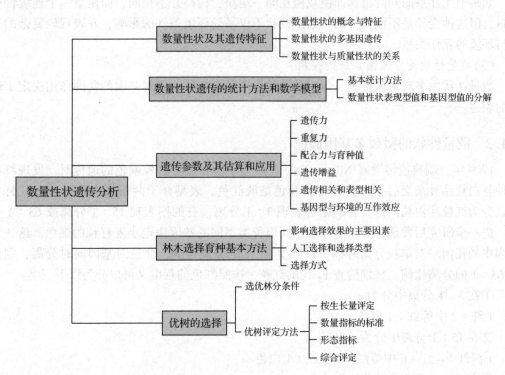

6.1 数量性状及其遗传特征

在遗传育种学研究中，将生物性状划分为质量性状和数量性状两类。一些生物的性状，如豌豆种子的形状(圆满与皱缩)子叶的颜色(黄色与绿色)、花的颜色(红色与白色)等，不容易受环境条件的影响，在一个群体内表现为非连续变异的性状，称为质量性状(qualitative character)。在自然中还广泛存在另一类性状，如林木的树高、胸径、种子粒重等，容易受环境条件的影响，在一个群体内表现为连续变异的性状，称为数量性状(quantitative character)。由于林木的经济性状多为数量性状，遗传改良主要是针对数量性状的改良。因此，研究数量性状的遗传规律对林木育种具有非常重要的意义。

6.1.1 数量性状的概念与特征

数量性状有下列主要特征：

(1) 数量性状的变异表现为连续性

数量性状其变异是连续的量变，有一系列的中间类型，杂交后代难以直观明确分组，只能用一定的度量单位进行测量。测量对象不仅仅是个体，更重要的是可用统计学的方法来研究这类性状的群体遗传规律。

(2) 数量性状易受环境条件的影响

如某个无性系的同龄植株即使栽植在同一地块，树高并不相同，而是呈一个连续性的分布，但这种变异是不能遗传的。数量性状不仅易受环境条件的影响，并表现较复杂的基因与环境的互作关系。

(3) 数量性状受多基因系统的控制

数量性状由多对基因控制，每对基因的作用是微小的，多对基因的共同作用决定了性状的表达。

6.1.2 数量性状的微效多基因假说

1909 年，瑞典遗传学家 Nilsson-Ehle 在研究小麦和燕麦籽粒颜色的遗传时，发现红粒品种与白粒品种杂交后，F_1 代的籽粒颜色是淡红色，表型介于两亲的中间型；F_2 代籽粒可以分为红粒和白粒两组。有的组合表现 3∶1 分离，有的则表现 15∶1 分离或 63∶1 分离。进一步研究后发现，有 3 对作用相同但种类不同的基因决定小麦籽粒的颜色。这 3 对基因中的任何一对单独分离时都可以产生 3∶1 的分离比例，而三对基因同时分离，则产生 63∶1 的分离比例。仔细检查 F_2 代的红粒，按照红色的程度又可以分为以下三类：

①在 3∶1 分离中分为：

1 红∶2 中等红∶1 白色

②在 15∶1 分离中分为：

1 深红∶4 红∶6 中等红∶4 淡红∶1 白色

③在 63∶1 分离中分为：

1 极深红∶6 深红∶15 次深红∶20 中等红∶15 中淡红∶6 淡红∶1 白色

从上述各类红色的分离比例可以看出，红色籽粒深浅程度的差异与所具有的决定"红色"基因的数目有关，而与基因的种类无关。每增加一个红色籽粒基因(R)，籽粒的颜色就要更红一些。这样，由于各个基因型所含的 R 基因数目的不同，就形成红色程度不同的许多中间籽粒。设 R_1r_1、R_2r_2、R_3r_3 为三对决定将粒颜色的基因，大写字母表示增加红色，小写字母表示不增加红色，R 与 r 不存在显隐性关系，将三对基因的遗传分析如图 6-1 所示。

Nilsson-Ehle 根据小麦籽粒颜色的遗传实验分析，提出了数量性状的"多基因学说"(polygene theory)。随后经过 Emerson 和 East 对玉米果穗长度、East 对烟草花冠长度以及 Sax 对菜豆种子的大小与粒色连锁的遗传研究，又经过 Fisher 等统计学家的进一步证明和完善，"多基因学说"成为解释和分析数量性状遗传的重要理论。其要点如下：

$$P \quad \begin{matrix} 红粒 & \times & 白粒 \\ R_1R_1R_2R_2R_3R_3 & & r_1r_1r_2r_2r_3r_3 \end{matrix}$$

$$F_1 \quad 粉红粒\ R_1r_1R_2r_2R_3r_3$$
$$\downarrow 自交$$

F_2 表型类别及其比例

表型类别	极深红	深红	次深红	中等红	中淡红	淡红	白色
表型比例	1	6	15	20	15	6	1
红色籽粒基因数	6R	5R	4R	3R	2R	1R	0R
红粒：白粒				63∶1			

图 6-1 小麦种皮颜色的遗传

①数量性状的遗传是由多基因控制的，即其表型是由多个基因的共同作用而形成的。每个基因对表型的影响比较微小，将这类基因称为微效基因（minor gene）或多基因（polygene）；而相应地把控制质量性状的基因称为主效基因（major gene）。

②微效基因与主效基因一样，位于细胞核染色体上，符合孟德尔遗传规律，具有分离和重组、连锁和交换、突变等性质。

③微效基因中每一对基因对表型的影响是微小的，因此很难把微效基因个别的效应区分开，需要用统计学的分析方法来研究。

④微效基因的效应是相等而且相加的，又被称为加性基因（additive gene）。

⑤微效基因之间往往不存在显隐性关系，在数量遗传学中，通常用大写字母表示增效基因，用小写字母表示减效基因，大小写字母一般不表示显隐性。

⑥微效基因往往具有多效性，微效基因一方面对某种数量性状起作用，另一方面在其他性状上能够改变（增强或削弱）其他基因对表型的作用，这类微效基因称为修饰基因（modifying gene）。

⑦微效基因对环境比较敏感，因此数量性状容易受到环境因素的影响。

根据"多基因学说"，数量性状可以重新定义为：由许多对微效基因共同控制的，表型具有正态分布特征的性状。具有这种性状的生物体在正态分布中的位置取决于它们的微效基因的数目，微效基因多的个体处于分布的上端（正极），基因数目少的个体处于分布的下端（负极）。

随着遗传学的发展，对基因假说也有发展。如认为控制数量性状的基因除了微效基因，也可以有主效基因；决定数量性状的基因有加性效应，也有显性效应和上位效应，更多的情况是几种基因效应同时存在。

6.1.3 数量性状与质量性状的关系

数量性状与质量性状具有较大的差别，主要表现在以下几方面：

第一，质量性状表现为不连续变异，彼此间存在明显的质的差异，可用文字描述，容易分组归类，并对各组个体数比例进行分析研究，性状表现比较稳定。而数量性状表现为连续变异，彼此间不存在明显的质的差异，只有数量上的轻微差异，用数字描述，不容易分组归类，性状表现不稳定，要采用数理统计方法，根据各世代统计量及世代间关系进行遗传规律的研究。

第二，质量性状受一对或少数几对主效基因控制，而数量性状受多基因控制，无明显的主效基因。

第三，质量性状不易受环境条件的影响，基因与环境的互作较简单。而数量性状易受环境条件的影响，并表现较复杂的基因与环境的互作关系。

数量性状与质量性状的联系尽管两者有所不同，但它们都遵循遗传学的基本规律，也存在着各种关系，可列举如下：

①若区分性状的标准不同，某些性状既可认为是数量性状，也可认为是质量性状。如小麦籽粒颜色有红、白两种，在两对基因控制时，若单以红、白这样的相对性状划分，F_2 呈 15∶1 的分离比，属于基因互作中的重叠作用，这时可认为它是质量性状；若按子粒颜色的深浅标准划分，F_2 的分离比为深红∶中深红∶中红∶淡红∶白色，呈连续性变异，可把它归为数量性状。

②用于杂交的亲本间相差的基因对数不同，某些性状既可认为是数量性状，也可认为是质量性状。如假定某树种的苗高是由 3 对基因控制的，如果参与杂交的亲本间有一对基因不同时，F_2 分离比为 112∶1，这是质量性状的特征；若有 3 对基因不同，则 F_2 呈连续性变异，为数量性状。

③控制数量性状的多基因与控制质量性状的主基因有时呈连锁关系。既然多基因分布在染色体上，必然会有一些基因与主基因呈连锁关系。

④某些基因既可控制质量性状的发育，又可影响数量性状的表达。如白花三叶草中有两对独立遗传的基因（A 和 B），在相互作用时可产生叶斑，与正常的绿色有质的差别，属于质量性状；但这两种基因的不同剂量又影响叶片的数量，显然这又属于数量性状。

6.2　数量性状遗传的统计方法和数学模型

在数量性状的遗传中，不同基因型间的表型差异，受到环境的影响较大。例如，一种基因型个体，有很多基因使它的高度增加，可是在一个不良的生长环境中，它就长不高了；而另一种基因型个体，增加高度的基因很少，可是在一个合适环境中，也可以长得高。虽然当个体间的环境差异很小，而基因型间的差异很大时，可以把不同的基因型所表达的表型区分开来，但是基因型的差异不大时，就不是那么容易区分开了。所以以多基因方式遗传时，不同基因型在环境的影响下，它们所决定的表型呈连续的分布。这种表型的分布有可能反映内在的基因型分布，也有可能两者之间没有对应关系。表型和基因型的对应程度要看遗传与环境的相对作用而定。环境对性状的作用越大，表型分布和基因型分布的对应关系越不可靠。针对数量性状的特点，在分析数量性状遗传时，要应用统计学方法。

6.2.1　基本统计方法

（1）平均数

平均数（mean）是最常用的统计学参数之一，用来描述某一性状的多个观察值的平均值。平均数的符号为 $\bar{x}$。平均数分为算术平均数和加权平均数。在生物统计学中，算术平均数的使用较多，是将每一观察值相加后除以观察的次数，用公式表示如下：

$$\bar{x}=\frac{x_1+x_2+\cdots+x_n}{n}=\frac{1}{n}\sum_{i=1}^{n}x_i \qquad (6.1)$$

式中，$\sum$ 为求和符号；n 为观察次数或实验次数。

另一个平均数为加权平均数（weighted mean）。是先将观察值分类，再用每类的观察次数同观察值相乘，各类乘积之和除以观察的总次数。如果 $\bar{x}_1$ 是 n_1 个数的平均数，$\bar{x}_2$ 是 n_2 个数的平均数，则 n_1+n_2 个数的加权平均数如下：

$$\bar{x}=\frac{n_1\bar{x}_1+n_2\bar{x}_2}{n_1+n_2} \qquad (6.2)$$

（2）方差和标准差

方差（variance）和标准差（standard deviation，SD）是反映群体内数据变异程度的统计参数，因为平均数不能反映出数据的变异程度。方差是每个观察值与平均数之间离差平方的平均值，用符号 s^2 表示

$$s^2=\frac{\sum_{i=1}^{n}(x_i-\bar{x})^2}{n-1} \qquad (6.3)$$

也可变换为如下：

$$s^2=\frac{\sum_{i=1}^{n}f_ix_i-\frac{(\sum_{i=1}^{n}f_ix_i)^2}{n}}{n-1} \qquad (6.4)$$

方差虽然能反映样本的变异程度，但它的单位是原始数据单位的平方，其意义已经发生了变化，为此，将方差开平方得出标准差，用 s 表示，以此来衡量 x_i 与平均数之间的变异程度。

$$s=\sqrt{(\sum_{i=1}^{n}(x_i-\bar{x})^2)/(n-1)} \qquad (6.5)$$

方差或标准差则是每个数据偏离平均数的距离的平均数，其值越大，表示群体内的变异程度越大，即个体越分散；反之，说明群体的变异程度越小，越接近平均数。因此，平均数与标准差结合起来，才能较全面地反映出数量性状表型分布的特点。

（3）标准误

标准误（standard error），也称均方根误差（root mean squared error），用 $s_{\bar{x}}^2$ 表示，代表平均数的方差。

$$s_{\bar{x}}^2=\frac{s^2}{n} \qquad (6.6)$$

标准误主要是用来衡量抽样误差的，标准误越小，则说明样本统计量与总参数的数值越接近，样本越具有代表性，用样本的统计量可以判断数据的可靠性。因此，标准误是用来衡量数值的可靠性的。在遗传育种研究文献中，单注明平均数是不够的，还需要加上标

准误，表明平均数的可能变异范围。

(4) 直线相关与回归

遗传群体内亲属(亲子、半同胞、全同胞等)之间，由于亲缘关系具有一定程度的遗传相似性。亲属间的遗传相似程度可用亲属个体基因型值间的协方差(*covariance*)来度量。利用亲属间协方差估计各种遗传方差是数量性状变异分析的一种重要手段。由于存在基因的连锁和基因的一因多效作用，同一群体的不同数量性状之间常会有不同程度的相关性，可用协方差度量这种共同变异的程度。如果性状 X 和性状 Y 有一定相关性，这两个性状的协方差 COV_{xy} 用下列公式计算：

$$COV_{xy} = \frac{1}{n-1}\sum_{i=1}^{n}(x_i - \bar{x})(y_i - \bar{y}) \tag{6.7}$$

当一个变量变化时，另一个变量所改变的程度，用回归系数(*coefficient of regression*)来度量。简单的直线回归系数称为回归系数。其定义式为：

$$b_{yx} = \frac{\sum_{i=1}^{n}(x_i - \bar{x})(y_i - \bar{y})}{\sum_{i=1}^{n}(x_i - \bar{x})^2} \quad 或 \quad b_{xy} = \frac{\sum_{i=1}^{n}(x_i - \bar{x})(y_i - \bar{y})}{\sum_{i=1}^{n}(y_i - \bar{y})^2} \tag{6.8}$$

b_{yx} 是以 x 为自变量时，y 随着 x 的一个单位的增加(或减少)所改变的单位数；b_{xy} 是以 y 为自变量时，x 随着 y 的一个单位的增加(或减少)所改变的单位数。

为了克服协方差值受成对性状度量单位的影响，相关性遗传分析常采用不受度量单位影响的相关系数(*correlation coefficient*, r)来度量，计算公式如下：

$$r = \frac{COV_{xy}}{s_x s_y} \tag{6.9}$$

相关系数值的变化范围为-1~+1。如果 $r=0$，意味着无相关关系。相关系数在数量遗传学中具有特别重要的意义，它赋予遗传学的内涵将不仅仅是一种统计量，它说明以下三个问题：

①x 和 y 有依存关系　由于 x 对 y 或 y 对 x 起一定的作用，因而 y 随着 x 或 x 随着 y 的改变而改变，它们间有明显的因果关系。

②x 和 y 有共同因素　虽然 x 和 y 没有直接的因果关系，但它们中包括一些两者都共有的因素，因而造成 x、y 在某种程度上的相似或共同变化。

③第三因素的存在　x 和 y 本身并不含有任何共同因素，但作用于它们的有背后的另一因素或称第三因素。当第三因素起作用的时候，就会使 x 和 y 同时发生变化，而作用消失时，x 和 y 的关系也不存在。

6.2.2　数量性状表现型值和基因型值的分解

一个数量性状的表现型值(*phenotype value*)就是对个体某性状度量或观测到的数值。例如，苗高为 10 cm，这 10 cm 就是该性状的表现型值。这个表现型值是个体基因型(*genotype*)在一定条件下的实际表现，是基因型与环境共同作用的结果。如果基因型与环境各自独立作用于表现型，没有相互作用，则有：

$$P = G + E \tag{6.10}$$

这就是数量性状的基本数学模型。式中，P 为表现型值，指某性状的表现型的数值；G 为基因型值（genotypic value），指表现型值中由基因型所决定的数值；E 为环境离差（environmental deviation），指由环境引起的表现型值的变化。

基因型值还可以进一步剖分为3个部分：

$$G = A + D + I \tag{6.11}$$

式中，A 为加性效应（additive effect）。是基因位点内等位基因（allele）和非等位基因的累加效应。其被认为是上下代遗传中可以固定的分量，所以在实践上又称为"育种值"（breeding value），即表示在动植物育种工作中实际能够获得的效应。D 为显性效应（dominance effect）。是基因位点内等位基因之间的互作效应，属于非加性效应（non-additive effect）组成部分。它是能遗传而不能固定的遗传因素，因为随着基因在不同世代中的分离和重组，基因间的关系会发生变化。例如，自交或近亲交配引起的杂合体减少，显性效应也逐代减少。I 为上位性效应（epistatic effect）。是非等位基因之间的相互作用对基因型值所产生的效应，也属于非加性效应。

下面用一个模型来说明基因型的加性效应和显性效应。假定一对等位基因 A、a 构成的1个群体由3种基因型个体（AA、Aa、aa）所组成，基因型值相应地为 AA、Aa、aa。令两个纯合体 A 和 a 的基因型值的平均值（中亲值）为 m。

$$m = \frac{AA + aa}{2} \tag{6.12}$$

则各基因型值与中亲值的差就称为相应的基因型效应。

图6-2就是等位基因 A、a 的基因型效应的数学模型。往正方向的纯合体 AA 的效应值为 $+a$，往负方向的纯合体 aa 的效应值为 $-a$，杂合体 Aa 的效应值为 d。这里，a 称为加性效应，它表征的是 AA 基因型值或 aa 基因型值离中亲值之差。d 称为显性效应，它表征的是 Aa 基因型值离中亲值之差。d 的大小决定于显性程度。如果无显性存在，$d=0$。A 为显性时，d 为正值；a 为显性时，d 为负值；当完全显性时，$d=+a$ 或 $d=-a$，杂合体基因型值与纯合体之一完全相同；存在超显性时，$d>+a$，或 $d<-a$。

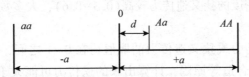

图 6-2　一对等位基因 A-a 加性和显性效应

6.3 遗传参数及其估算和应用

数量性状遗传分析可以按所选用的遗传模型，估算表现型方差的各项方差分量。在此基础上，进一步估算性状各种遗传效应分量的相对大小，对于选择育种有重要的指导意义。

6.3.1 遗传力

树木的表现型值(P)是由基因型值(G)和环境值(E)构成的。即：

$$P = G + E \tag{6.13}$$

当基因型与环境没有相互作用的情况下，则表型变异(V_P)由基因型变量(V_G)和环境变量(V_E)两个部分组成。即：

$$V_P = V_G + V_E \tag{6.14}$$

由于基因型值受加性效应和非加性效应影响，因此，表型变异的模式可扩展为下式：

$$V_P = V_A + V_{NA} + V_E \tag{6.15}$$

式中，V_A 为加性变量；V_{NA} 为非加性变量。

遗传力(heritability)反映遗传变量占表型变量的比率，分为广义遗传力和狭义遗传力两种。

广义遗传力(broad-sense heritability，H^2)是指群体中总的遗传变量与表型变量的比值。

$$H^2 = \frac{V_g}{V_P} = \frac{V_A + V_{NA}}{V_A + V_{NA} + V_E} \tag{6.16}$$

由于遗传变量中，包括加性效应和非加性效应两个变量。非加性效应是等位基因间的显性作用和非等位基因间的上位作用产生的，在有性过程中，由于基因的分离与重组，是不能固定遗传的。因此，广义遗传力在林木改良中的应用有一定的局限性。

狭义遗传力(narrow-sense heritability，h^2)是加性变量与表型变量的比值。即：

$$h^2 = \frac{V_A}{V_P} = \frac{V_A}{V_A + V_{NA} + V_E} \tag{6.17}$$

在一般情况下，狭义遗传力小于广义遗传力。当不存在非加性效应的情况下，狭义遗传力才可能等于广义遗传力。

在林木遗传育种研究中，遗传力是重要的遗传参数，有以下特点：

①遗传力与特定的性状有关，如果两个数量性状受不同基因位点控制，遗传力有所不同。多数树种中，木材密度的狭义遗传力较高(0.3~0.6)，大多数数量性状狭义遗传力为0.1~0.3。

②任何性状广义遗传力或狭义遗传力的取值均在0~1之间，若存在非加性方差，则 $H^2 > h^2$。由于估算方法不合适等原因，计算出来的遗传力可能大于1。表6-1中黑核桃(8龄)遗传力为1.25。

③遗传力与林木群体所处环境有密切关系。如果田间试验环境一致，试验操作与管理细致，可降低环境效应和测量误差，那么，估算的遗传力较高。因此，可以通过合理的试验设计、细致操作来减少试验误差，以提高性状遗传力的估计值。遗传力估算的结果只能应用于特定的环境和试验条件。如在温室对某一树种的子代测定所估算得到的遗传力，不能代替大田测定结果。因为，温室环境变化小，估算的遗传力往往高于大田的试验。

④抗逆性状的遗传力必须在逆境条件下估算，因为群体中的抗性遗传变异只有在逆境中才能表现出来。

表 6-1　一些树种高、木材比重和干形的狭义遗传力估算值

	性状与树种	遗传力		性状与树种	遗传力
树高	花旗松	0.10~0.30	木材比重	火炬松	0.76~0.87
	火炬松	0.14~0.26		欧洲赤松	0.46~0.56
	湿地松	0.03~0.37		湿地松	0.50
	长叶松(5龄)	0.18		多枝桉	0.55
	长叶松(7龄)	0.12			
	美国鹅掌楸	0.42~0.84	干形	湿地松通直度	0.14~0.21
	黑胡桃(1龄)	0.55		火炬松冠型	0.08~0.09
	黑胡桃(8龄)	1.25		湿地松整枝高	0.36~0.64
	美国枫香(2龄)	0.25			
	美国枫香(11龄)	0.08			

注：引自 Zobel，1984。

⑤随年龄的变化，遗传力也有明显的差异。我们曾利用贵州天柱县林木良种繁育场 13 年生优树自由授粉子代试验林历年数据，分析了不同年龄家系的广义遗传力。结果表明，幼林期遗传力不稳定，4 年生后趋于稳定。

⑥不同类型的性状之间的遗传力是不一样的，形质性状的遗传力较高，生活史性状的遗传力通常是最小的。这里有两种解释：一种是自然选择，减少与适应性相关的性状遗传变异；另一种就是生活史性状的遗传，环境变异比较大，这样总的遗传力却变小。遗传力在林木遗传改良中有以下指导作用：

首先，在林木改良计划中，当其他条件相同时，应优先考虑遗传力较高的性状，因为潜在的改良效果较好。而遗传力低的性状，其表型度量值不能有效地预测其内在的基因型值，因而选择效果较低。

其次，在林木遗传改良中，可以根据重要性状的遗传力决定田间试验的类型和规模，以及适宜的选择策略。也就是说，遗传力低的性状需要测定的子代数目要多些，而且需要多地点、多次重复试验，这样才可能准确估算亲本的基因型值。

第三，可以利用估算的遗传方差与遗传力预测该性状的期望遗传增益的大小。

第四，可以通过不同性状遗传力确定选择指数，有利于提高综合选择的效果。

第五，如果 h^2/H^2 值小，表明非加性效应大，可通过无性系育种获得额外的遗传增益。

不同试验设计遗传力的统计方法将在第 9 章中介绍。

6.3.2　重复力

重复力(repeatability)是 Lush 于 1937 年在《动物育种计划》一书中提出的概念，用来衡量一个数量性状在同样的个体多次度量值之间的相关程度。从同一植株上采条，通过无性繁殖方法产生的群体，称为无性系(clone)。对繁殖成无性系的最初植株，称为原株(ortet)，组成无性系的植株称为分株(ramet)。一个无性系(clone)不同分株(ramet)间遗传性是一致的，由于环境的影响，分株之间在生长等性状上有所差异。用无性系估算的重复力

反映两个特征：一个是无性系保持优树性状的多少(称为无性系重复力)，另一个是同一无性系内单株(分株)性状的稳定程度(称为个体重复力)。

从统计学角度讲，重复力是同一无性系内不同分株之间的组内相关系数。组内相关系数是根据无性系内分株两两配对，在不区别两个变数谁为 X，谁为 Y 时，求出的相关系数。

估计重复力的公式为：

$$R^2 = \frac{\sigma_B^2}{\sigma_B^2 + \sigma_W^2} \tag{6.18}$$

式中，σ_B^2，σ_W^2 分别为无性系间和无性系内分株间的方差。

然而，用组内配对法求组内相关系数非常麻烦，一般都采取方差分析法(analysis of variance，ANOVA)估算各随机效应的方差分量，进而估算重复力。

例如，5 个毛白杨无性系，每个无性系 20 个分株，随机完全区组设计，5 年生时观测高生长，单因素方差分析结果见表 6-2。

表 6-2　毛白杨 5 个无性系树高的方差分析

差异来源	自由度(df)	方差(SS)	均方(MS)	期望均方
无性系间	5−1=4	53.284	13.321	$\sigma_w^2 + 20\sigma_b^2$
无性系内分株间	5(20−1)=95	80.375	0.846	σ_b^2
总的	5×20−1=99	133.659		

根据期望均方结构可知：$MS_B = \sigma_w^2 + n\sigma_b^2$，$MS_W = \sigma_w^2$

则有，$R^2 = \dfrac{\sigma_B^2}{\sigma_B^2 + \sigma_W^2} = \dfrac{(MS_B - MS_W)/n}{[(MS_B - MS_W)/n] + MS_W} = \dfrac{MS_B - MS_W}{MS_B + (n-1)MS_W}$

$= \dfrac{13.321 - 0.846}{13.321 + (10-1) \times 0.846} = 0.596$

6.3.3　配合力

在杂交育种过程中，要选择亲本，其目的是产生遗传型最好的子代。配合力就是为实现这个目的提出来的。配合力(combining ability)分为两种，即一般配合力(general combining ability，GCA)和特殊配合力(special combining ability，SCA)。一般配合力是指在一个交配群体中，某个亲本的若干交配组合子代平均值与试验总平均值的离差。为说清这个概念，在此举个例子。4 株优树作母本，与另外 4 株优树杂交，每一个父本分别给各个母本授粉，得到种子，营建子代测定林，20 年后调查高生长量(表 6-3)。

例如，2# 亲本的 GCA 计算过程如下：

$$GCA_2 = X_2 - X..$$
$$= 17 - 13 = 4$$

用同样的方法可计算出其他亲本的一般配合力(表 6-4)。由于一般配合力是以总平均离差表示的，因此会出现正值，也会出现负值，总和应该为零。

表 6-3　8 株优树交配试验 20 年生树高生长量(m)

母本	父本				子代表现(X_i)
	1	2	3	4	
5	9	17	12	14	13
6	10	16	12	10	12
7	11	20	10	15	14
8	14	15	6	17	13
子代表现(X_j)	11	17	10	14	总平均($X..$) = 13

特殊配合力是指在一个交配群体中,某个特定交配组合子代平均值与总平均值和双亲一般配合力的离差。例如,5#×2# 交配组合的 SCA 计算过程如下:

$$SCA_{5\times 2} = 组合值 - X.. - GCA_5 - GCA_2$$
$$= 17 - 13 - (13-13) - (17-13)$$
$$= 0$$

特殊配合力也可按下式计算:

$$SCA_{5\times 2} = 组合值 + X.. - X_5 - X_2$$
$$= 17 + 13 - 13 - 17$$
$$= 0$$

用同样的方法可计算出其他杂交组合的特殊配合力(表 6-4)。需要说明的是,交配组合的值大,不等于特殊配合力大。同样,组合值小,不等于特殊配合力小。如 6#×3# 的组合值为 12,特殊配合力为 3,而 8#×2# 的组合值达到 15,特殊配合力却为 -2。

虽然上述计算定义是明确一致的,但 GCA 和 SCA 的计算公式在不同的遗传交配设计群体中有不同的表达形式。

表 6-4　8 株优树树高的一般配合力和特殊配合力(m)

	母本	父本				GCA_i
		1	2	3	4	
特殊配合力	5	-2	0	2	0	0
	6	0	0	3	-3	-1
	7	-1	2	-1	0	1
	8	3	-2	-4	3	0
	GCA_j	-2	4	-3	1	

在遗传学上,一般配合力反映亲本加性基因(additive genes)的效应,在交配群体中加性基因可以传递给子代。正是由于这个原因,种子园无性系的选择、杂交育种中亲本和组合的选择,主要是依据一般配合力的大小来确定的。特殊配合力反映基因的非加性效应,即显性效应和上位效应。由于在有性过程中,基因的分离与重组,重组会使有正连锁不平

衡组合分离减小加性方差，使负连锁不平衡组合分离增加加性方差，非加性效应不能固定遗传，只有当特定的基因组合在一起时才能表现出来。在林木良种繁育中，对于特殊配合力的利用主要通过无性繁殖。在无性繁殖中，加性效应和非加性遗传效应能够保存下来。可选择一般配合力和特殊配合力高的亲本，如上例中的 7# 和 2# 亲本，双亲一般配合高，特殊配合力也高，杂交组合值也最高，通过杂交制种，选择优良的杂交子代，再通过无性繁殖利用。

一般配合力、特殊配合力和育种值都是指亲本和组合特定的性状而言的，如某个亲本材积性状的一般配合力较高，但材质性状一般配合力却可能中等或较低。因此，对不同性状的配合力、育种值应分别估算。

为估计遗传参数，如家系或个体层次的遗传力，除了配合力估计外，配合力方差反映了其估计的精确性，若亲本是从随机交配群体抽取，一般配合力方差等于半同胞家系方差，特殊配合力方差相当于全同胞家系间方差；若亲本纯自交系，一般配合力方差等于半同胞家系方差，而半同胞方差相当于亲子协方差。在统计学上，组间方差等于组内协方差是上述分析技术关键，一般配合力的方差与加性方差及显性方差，特殊配合力方差与非加性方差关系等，就是基于组间方差等于组内协方差推导的。

一般配合力和特殊配合力的估计通常是基于遗传交配设计，如双列杂交（表6-5），根据亲本类型，亲本是随机抽取出的还是纯自交的，根据是不是存在正交反交以及亲本自交，可以将整个双列杂交分成八类，那么这八类还可以估算不同的参数，对于亲本是随机交配的，可以估算遗传方差成分，对于亲本是纯自交的，估算一般配合力和特殊配合力。有关不同杂交试验设计的配合力估算方法将在第9章中详细介绍。

6.3.4 育种值

育种值（breeding value）是选择育种中的另一个重要参数。一个个体的育种值可以从该个体与群体其他个体随机交配产生的子代性状均值获得，子代均值与群体均值（虚线）之差为该个体育种值的一半（$A/2$），这是因为该亲本贡献了一半的基因数给子代。因此，一个个体的育种值就是该个体基因的加性效应之和。

一个等位基因的加性效应通常是根据基因型值对该等位基因数的回归系数，如采用最小二乘法（LS）获得。在随机群体下，加性遗传方差等于群体内个体育种值的方差；在近交群体或位点间连锁不平衡下，育种值也是近交系数和连锁不平衡 LD 的函数，加性方差会增大，育种值计算变得更为复杂。一般情况下，采用最优线性无偏预测（best linear unbiased prediction，BLUP）育种值。

育种值为一般配合力的两倍。加倍的原因是在群体中一个亲本仅贡献了一半的基因传给它的子代，另一半的基因则来源交配群体另一个成员。例如，在上例中 2# 亲本的育种值为 $2(GCA_2) = 2 \times 4 = 8$。配合力的估计借助于特定的遗传交配设计，而育种值的估计可以采用任意遗传设计或不同设计的组合。特殊配合力反映了显性和上位性效应，与育种值独立。

配合力和育种值都描述了亲本选配情况，常规育种过程都需要用子代测定来判断，在目前基因组时代，可以根据分子标记估计的个体基因组育种值直接选择，从而缩短育种时间。

6.3.5 遗传增益

由人工选择取得的改良效果，常用响应和增益表示。响应和增益如何估算，可通过下例说明。假设调查一片20年生的油松人工林，统计了各胸径级株数，可以画出一条近似正态分布胸径分布曲线（图6-3）。该林分胸径的平均值为 X_p，从这个林分中选择胸径较大的植株，入选树木胸径平均值为 X_s。则入选树木平均值与林分平均值有一个差值 (S)。即：

$$S = X_s - X_p \tag{6.19}$$

这个差值 (S) 称为选择差（selection differential）。当入选树木的子代生长到20年生时，其胸径平均值 (X_o) 与亲本林分当年的平均值 (X_p) 也有一个差值 (R)。即：

$$R = X_o - X_p \tag{6.20}$$

这个差值 (R) 就是选择响应（response to selection）。选择响应是一个有单位的绝对值，将选择响应除以亲本群体的平均值，所得的百分率，称为遗传增益（genetic gain，G）。

$$G = \frac{R}{\overline{X}} \times 100\% \tag{6.21}$$

我们希望 $R = S$，即子代完全继承亲本的优良性状。事实上，由于立地条件以及树木的竞争等影响，选择响应不可能等于选择差，这就要对选择差打一个折扣。这个折扣，实际上就是遗传力。即：

$$R = h^2 S \tag{6.22}$$

根据选择差和得到的现实改良效果估算的遗传力，称为现实遗传力（h_R^2）。它是选择响应与选择差之比。即：

$$h_R^2 = \frac{R}{S} \tag{6.23}$$

选择差是有单位的。将选择差除以亲本群体的标准差（σ_P），所得的值称为选择强度（selection intensity，i）。即：

$$i = \frac{S}{\sigma_P} \tag{6.24}$$

于是选择响应可以写成下式：

$$R = ih^2 \sigma_P \tag{6.25}$$

根据 $h^2 = \sigma_A^2 / \sigma_P^2$，则有：

$$R = ih\sigma_A \tag{6.26}$$

选择强度 (i) 可以度量入选群体平均值相当于多少个亲本群体标准差。例如，$S = 10$ 即表示入选群体平均值优于整个亲本群体10个单位，如标准差等于5，则 $i = 2$，即表示入选群体的平均值为2个群体平均值标准差。

因为性状属正态分布，所以利用 $R = ih^2 \sigma_P$ 来计算遗传增益极为方便。如图6-3所示，P 代表入选亲本所占的百分数，而 Z 为正态分布曲线在该百分数面积截点的纵轴高度。

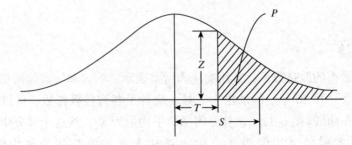

图 6-3 性状正态分布与入选个体分布

$$P = \frac{1}{\sqrt{2\pi}} \int_t^\infty e^{-\frac{1}{2}x^2} dx \qquad (6.27)$$

入选亲本平均值：

$$X_s = \frac{1}{\sqrt{2\pi}} \int_t^\infty x e^{-\frac{1}{2}x^2} dx \qquad (6.28)$$

$$= \frac{e^{-\frac{1}{2}t^2}}{P\sqrt{2\pi}}$$

$$= \frac{Z}{P}$$

按标准正态分布，即 $\sigma_p=1$，$X_o=0$，则，$i=Z/P$

例如，入选率1%，由正态分布表 $P=0.01$，可查出 $Z=0.0264$，则，$i=2.64$。不同群体入选率的选择强度可从表6-5中查出。

表 6-5 选择强度(i)与群体大小和入选率

入选率	群体大小				
	20	50	100	200	∞
0.01	—	—	2.51	2.58	2.66
0.05	1.80	1.99	2.02	2.04	2.06
0.10	1.64	1.70	1.73	1.74	1.76
0.20	1.33	1.37	1.39	1.39	1.40
0.30	1.11	1.14	1.15	1.15	1.16
0.40	0.93	0.95	0.96	0.96	0.97
0.50	0.77	0.79	0.79	0.79	0.80
0.60	0.62	0.63	0.64	0.64	0.64
0.70	0.48	0.49	0.49	0.50	0.50
0.80	0.33	0.34	0.35	0.35	0.35
0.90	0.18	0.19	0.19	0.19	0.20

遗传增益的遗传基础主要是改变控制性状的基因频率，主效基因趋于快速固定，而微效基因固定缓慢。由于突变输入，微效基因仍保持着较高的遗传变异，世代改良并不会快速降低微效基因的多样性。由于细胞质基因的单倍性，遗传改良过程中，细胞质基因要比核基因固定速度快，遗传变异小，因此遗传改良过程主要是针对核基因进行的。

6.3.6 遗传相关和表型相关

在林木群体中，当同时测量两个性状时，两个性状度量值之间可能有关联或者存在相关性。这种关联程度可以用表型相关（phenotypic correlation）系数表示。性状间表型相关可能来自遗传和环境两个因素。同一批供试材料的两个性状间由于遗传原因所表现的相关，称遗传相关（genetic correlation）。广义的遗传相关（r_g）是用两性状的基因型协方差（cov_{gxy}）与两个性状各自的基因型标准差（σ_{gx} 与 σ_{gy}）乘积之比来度量，即：

$$r_g = \frac{cov_{gxy}}{\sigma_{gx} \cdot \sigma_{gy}} \tag{6.29}$$

由于基因型值又可分解为加性的和非加性的两个部分，两性状加性效应值间的加性遗传相关称为狭义遗传相关（r_a）。无性繁殖中常用广义遗传相关，而有性繁殖中常用狭义遗传相关。

$$r_a = \frac{cov_{axy}}{\sigma_{ax} \cdot \sigma_{ay}} \tag{6.30}$$

遗传相关是表型相关（r_p）的一个组成部分，若相关的两个性状均具有较高的遗传力，则表型相关系数（r_p）主要由遗传相关系数（r_g）所决定。反之，若两性状的遗传力均很低，则 r_p 主要由环境相关系数（r_e）所决定。由于遗传相关已经剔除了环境影响，比表型相关能更确切地反映两个性状间的相关程度。

遗传参数估计时，需要利用遗传交配设计亲属关系和环境试验设计，应用回归或方差分析估计各性状的遗传方差，再利用协方差分析估计遗传相关系数。

两个性状存在遗传相关的主要两种机制：一是一因多效（pleiotropy），即同一基因位点影响多个性状的表达；二是控制两性状的基因存在配子连锁不平衡（gametic linkage disequilibrium, LD），如控制两个性状的基因在同一条染色体上。重组可以改变位点间的连锁不平衡 LD，从而会改变第二种机制的影响，但不会影响第一种机制。

在育种工作中可应用遗传相关确定与育种目标性状有联系的某些性状的相对重要性。如某性状与育种目标性状之间存在高度的遗传相关，那么对一个性状的选择必然会引起另一个性状改变。如果两个性状间为强的正遗传相关，某一个亲本第一个性状具有高的育种值，则第二个性状的育种值必然高，这意味着该亲本产生的后代在两个性状上均有优良的表现。

在林木遗传改良计划中，性状间遗传相关的重要性体现在以下几个方面：

①如果两个性状存在强的正向相关，那么，对第一个性状的选育将使两个性状都获得遗传增益。

②如果两个性状存在强度的负向相关，则同时改良两个性状就很困难。

③如果两个性状间的遗传相关未知，对于某个育种计划，有可能得到出乎意料的结果。

④当对某一目的性状进行选择时，性状间的遗传相关导致一个非目标性状发生改变，

这种情况称为无意选择响应(inadvertent selection response)。

如果性状间存在遗传相关,就可利用它对育种目标性状进行相关选择(correlated selection),或称间接选择(indirect section)。这种方法特别适用于育种目标性状难以准确测量或遗传力较低的情况,因为在这种情况下可通过对遗传力高且与目标性状高度相关的性状进行选择,从而提高育种目标性状的选择效率。

6.3.7 基因型与环境互作效应

表现型(P)是由基因型(G)和环境(E)控制的。一般用下列公式表达:

$$P = G + E \tag{6.31}$$

然而,有时会出现基因型与环境交互作用,即产生互作效应($G \times E$)。此时公式应修改,包含基因型与环境的互作效应。

$$P = G + E + G \times E \tag{6.32}$$

这里讲的"基因型"和"环境",其含义是宽泛的。基因型包括树种、种源、家系、无性系等;环境包括不同栽植地点(土壤、气候)、施肥处理、栽植密度等。基因型与环境交互作用($G \times E$)实质上是一些基因型栽培在不同地点表现出的不稳定性,即基因型的相对排名在不同环境有所不同。或者,虽然基因型排名的位次没有变化,但是基因型间的差距有变化,这种现象称为尺度效应(scale effect interaction)。例如,A 和 B 两个种源在广东各地栽培,A 种源的高生长量总是比 B 种源大,尤其是在粤西造林,两个种源差异很大,而在粤北两个种源差异明显变小。

基因型间的差异不可能在所有环境中保持一致,$G \times E$ 在统计学上是否显著,可通过方差分析检验。有关统计方法将在第 9 章中介绍。基因型与环境互作在统计学上显著,且有生物学意义,可以在遗传改良中加以利用。适地适树是造林的基本原则,适地适基因型也应该是林木良种推广的基本原则。根据林木多点测定或区域化试验结果,进行适地适基因型选择并计算遗传增益,是林木遗传改良中关注的重要问题。全国侧柏种源试验协作组(1987)对 23 个侧柏种源在 17 个试验点 1~2 年生苗木生长进行了观测分析,结果表明:种源与地点存在着显著的交互作用,不同种源在不同地点生长稳定性不同,根据种源的生长和稳定性将种源划分为 4 种类型,并提出了各类型适生范围。由于基因与环境交互作用,林木育种越来越强调多点试验,尤其是家系和无性系推广种植之前,最好在所有栽培区进行家系和无性系测定。

6.4 林木选择育种基本方法

选择是林木育种的关键环节,贯穿了育种全过程,没有选择就不可能创育新的优良繁殖材料。本节将重点介绍各种选择方法的分类及应用,并简要的介绍不同繁殖特性树种的选育方法。

6.4.1 提高选择效果的主要途径

(1)减少环境差异,提高遗传力

选择响应与遗传力大小有关。遗传力是遗传变量与表型变量的比值,表型变量包括遗传变量和环境变量。如果环境变量小，遗传力相应增大，选择响应也增大，则选择效果提高。正是由于这个原因，在布置遗传测定试验时，必须先做好试验设计，以减少环境变量。

(2) 降低入选率，加大选择差

选择差是入选株数与被选群体总株数的函数。表 6-6 反映了选择差与入选个体数量间的关系。入选株数与观测株数的比率越小，则选择差越大，但两者不是呈线性相关关系。从表中可以看到，由 4 株中选择 1 株，选择差可达到 1 个标准差，从 42 株中选出 1 株，才达到 2 个标准差。为增加 1 个标准差，观测群体数量增加了 10 倍；为达到 3 个标准差，则要从 739 株中选择 1 株。

在子代测定中，家系选择和家系内单株选择，选择差往往控制在 1~2.5 个标准差；在人工林选优，选择差一般为 2~3 个标准差；但在苗圃中选择超级苗，选择差则要求 3~4 倍标准差。

表 6-6　选择差与株数间的关系

选择差 (以标准差为单位表示)	从下列被选群体 中选出 1 株	选择差 (以标准差为单位表示)	从下列被选群体 中选出 1 株
1.0	4	3.5	4298
1.5	13	4.0	31 540
2.0	42	5.0	3 588 000
2.5	159	6.0	100 000 000
3.0	739		

(3) 扩大选择范围，增加变异幅度

选择群体性状的遗传变异幅度越大，选择潜力越大。而性状的变异幅度与选择范围有关，只有通过扩大选择面，才能客观评价性状变异的大小。因此，为选择优良种源，首先要进行全分布区种源试验，选择优良单株，不能局限于一个林分，而应覆盖同一生态区内不同的林分，其道理就在于此。

6.4.2　人工选择和选择类型

(1) 人工选择

人工选择(artificial selection)是根据选育目标，从混合群体中选择符合需要的个体，或类型的选择方式，是创造新品种的重要手段。人工选择与自然选择的异同点，可以从选择方向、选择强度与创造新品种的速率等三个方面来考虑。首先，人工选择的目标往往是满足人们对产品质量或数量的需求，通常关心的是目标性状的改善，经济效益的提高，而对其他性状考虑不多，选择结果改善了目标性状，但未必能改良其他性状。因此，人工选择不仅建立于自然选择基础上，人工选择的产物，还需经历自然条件的检验，只有能适应自然条件，才能推广。换言之，人工选择如符合自然选择方向，更容易奏效。其次，人工选择，特别在经多个世代连续选择后，必然会导致选择群体的遗传基础变窄。因此，需要不断补充新的育种资源才能使育种工作持续发展。第三，由于人工选择多是高强度选择，往往往能在短期内取得显著进展，而自然选择多要经历漫长的历史才能产生新的变种或物种。

遗传变异是选择育种的源泉，性状遗传变异越大，选择育种的潜力也就越大。常说的选择育种，一般是指选择和利用自然界已有的群体（如种源）或单株在生长、适应性等方面的遗传变异。选择育种方法比较简单，也能较快在生产中见效，是林木遗传改良的重要方法。

（2）选择类型

以群体为对象的选择，不论是自然选择，还是人工选择，一般可分为以下3种选择类型（图6-4）。

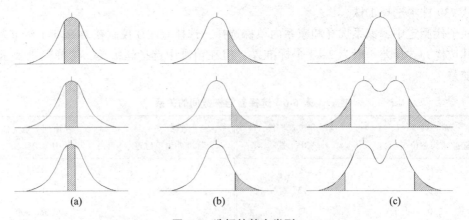

图6-4　选择的基本类型
(a)稳定性选择　(b)定向性选择　(c)多向性选择

①稳定性选择（stable selection）　是有利于中间型的选择，数量性状的平均值不变。选择的结果，淘汰了远离平均数的表型个体，使群体遗传组成发生变化。

②定向性选择（directional selection）　与稳定性选择相反，是对表现型（phenotype）分布的某一极端个体进行的选择。选择的结果导致群体遗传组成的定向变化。为了林木的定向培育开展的人工选择，如为培育工业用材林，选择生长快，材质好的个体；为了培育纸浆材，选择纤维长、木材密度大的个体，均属于定向性选择。

③歧化选择（disruptive selection）　是按两个或两个以上方向的选择，是不利于中间类型的选择。如果连续多个世代把中间型个体淘汰，会引起变量增加，并使频率分布呈双峰曲线，最后形成分离的两个群体。

6.4.3　选择方式

林木遗传改良的基本程序是：通过种源试验，选择优良种源，从优良种源中选择优良林分，再从优良林分中选择优良单株，通过子代测定，选择优良家系及其优良单株，进行杂交，对子代再作选择，如此连续进行多代的选择育种，使改良增益一代高于一代。选择是选择育种的重要环节，但事实上，选择也是杂交育种、突变诱导、基因工程等育种过程中的重要环节。因为杂交子代良莠不齐，必须经过选择，诱变育种植株和转基因植株并不都符合要求，也需要选择。只有通过选择，去劣留优，才能培育符合需要的优良品种。

选择方式较多，也有不同的分类方法。根据是否经过遗传测定（genetic test），分为表现型选择和遗传型选择；根据选择个体谱系是否清楚，分为混合选择和单株选择；根据树种繁殖方式，分为家系选择和无性系选择。此外，还可以按选择性状的多少、选择指标与育种目标的关系、选择育种的世代进行分类。下面介绍几种主要选择方法。

(1) 混合选择和单株选择

根据育种目标，从群体中按表现型进行的选择，即挑选符合要求的个体，或淘汰不符合要求的个体，且对选择出来的个体不分单株，混合采集种子或穗条，混合繁殖和造林。这种不考虑上下代及与亲缘关系的选择，称混合选择(mass selection)。混合选择只依据表现型，不做遗传测定的选择，属表型选择(phenotypic selection)。由于选择环境不可能完全一致，符合要求的表现型可能是由于优越的小环境造成的，而不是遗传因素作用的结果。因此，混合选择适用于遗传力较高的性状。采用混合选择，不能了解亲代—子代的谱系交配系统，不可能根据子代表现对亲本进行再选择。优良林分通过去劣疏伐改建母树林都属于这类选择。

单株选择(individual selection)是谱系清楚的选择，是根据入选标准，从林分中挑选优良个体，分别采种或采条，单独繁殖和评定的选择。由于谱系清楚，可通过子代测定的结果对亲本进行再选择，即可以进行所谓的后向选择(backward selection)。单株选择是根据遗传测定林中子代或无性系的表现进行的选择，所以属遗传型选择(genotype selection)。

当性状遗传力低时，采用单株选择可以显著地提高选择效果。由优树建立的初级种子园，经子代测定后，对建园无性系的去劣疏伐，即属这类选择(见第10章)。图6-5(a)表示性状遗传力低的情况，亲代与子代相关性小，各点分布松散。如按混合选择，将挑选A、D、G、I、J等5株优树，如根据子代测定结果，只有优树A的子代表现超过平均值，选择的正确率仅1/5。这说明，在遗传力低的情况下，混合选择效果不好。图6-5(b)表示遗传力高的情况，亲子相关密切，其表现型能反映遗传型。按混合选择，将选出优树A、B、C、F、G，根据子代测定结果，其中，A、B、C的子代都超过平均值，选择正确率达到3/5。可见，性状遗传力较高时可采用混合选择。

(2) 家系选择、家系内选择、配合选择和无性系选择

由同一植株上产生的种子(子代)，属同一个家系(family)。由同一对父母产生的子

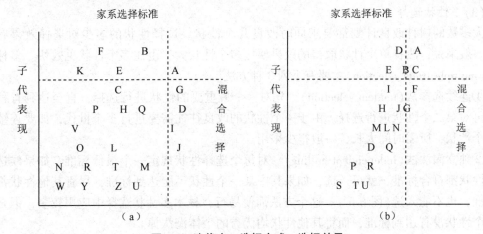

图 6-5 遗传力、选择方式、选择效果

代,称为全同胞家系(full-sib family)。同一个家系的种子,如只有一个共同亲本,则为半同胞家系(half-sib family);从同一优树上采取自由授粉的种子,母本是相同的,但父本情况比较复杂,除少数自花授粉外,多数是由不同父本授粉产生的,还有部分是由共同父本产生的全同胞,但因不易区别,所以自由授粉种子也称为半同胞。

①家系选择(family selection) 把家系作为一个单位,依据家系内个体的观察值计算家系平均值,按家系平均值大小进行的选择。家系选择适用于遗传力低的性状,在这种情况下由于个体的表型不能充分反映遗传型,家系平均值以大量个体为基础,个体的环境方差在平均值中相互抵消,家系表型平均值比较接近于遗传型平均值的估量。家系选择要淘汰一部分家系,使群体遗传基础变窄。在林木遗传改良中家系选择结合家系内选择能取得更好的改良效果。

②家系内选择(within family selection) 根据家系内个体表型值距该家系平均表型值的离差选择个体。家系内选择不考虑其他家系的表现,只淘汰部分单株,家系还保留,在多世代改良中为延缓近交率发展过快,采用这种选择方式,但一般情况下较少单独使用。

③配合选择(combined selection) 在优良家系中选择优良单株。配合选择要对供试家系的所有个体根据家系值以及个体表型值作出评估。家系平均值和个体表型值的权重,要根据性状遗传力的大小适当调节。性状遗传力低时,家系平均值给予较大的权重;性状遗传力高时,可赋予家系内个体较高的权重。在林木遗传改良中,家系选择与家系内选择总是配合使用的,实生苗种子园去劣疏伐属于这类选择方式的具体应用。配合选择是多世代育种中的重要选择方法,从子代测定林中挑选优良家系内的优良个体作为下一代选育的亲本,这种选择方法称为前向选择(forward selection)。

④无性系选择(clonal selection) 指通过无性系对比试验,评选出优良无性系的过程。无性系选择充分利用了植株的加性效应、显性效应和上位效应,因此,无性系选择增益大,方法也简单。但是,由于遗传基础随着选择的强度提高而越来越窄,对适应性和稳定性是不利的。另外,无性繁殖材料存在成熟效应(maturation)和位置效应(topophysis),会妨碍无性系的基因型值的评估。所以,对成年优树的繁殖材料要先进行复壮(rejuvenation)。

(3) 多性状选择

大多数的树种改良计划都要求同时改良几个性状。选择性状的多少对选择效果有影响。一般来说,改良单个性状取得的效果要比多个性状大,也比多个性状见效快。多性状选择(multiple traits selection)主要有下列3种方法。

①连续选择法(tandem selection) 先对一个最重要的性状进行选择,直至达到育种目标,再对第二个性状进行选择。由于一个性状的改良往往需要进行多个世代,如要连续改良几个性状,所需时间太长,一般很少采用。

②独立淘汰法(independent culling) 对每个选择性状规定一个最低标准,如果候选个体各性状都符合标准,就可入选,如果其中某一个性状不能达到标准,尽管其他性状都超过标准,也不能入选(图6-6)。这个方法简便易行,林木多性状选择中应用较多,但是会因某个性状没有达到标准,而将其他性状均优秀的个体淘汰掉。

③选择指数法(selection index) 是一种综合选择的指标。即把选择的目标性状扩大到

与该主要性状有较密切关系的一些性状，对每个性状都按其相对经济重要性、遗传力的大小和不同性状间的表型相关与遗传相关进行适当加权，形成如下的线性关系：

$$I = b_1x_1 + b_2x_2 + \cdots + b_nx_n \tag{6.33}$$

式中，x_1，x_2，$\cdots$，x_n 为各性状的表型值；b_1，b_2，$\cdots$，b_n 为相应性状的加权系数；I 是选择指数。

选择时，计算每个单株的选择指数，按其数值大小作为去留标准。从理论上讲，选择指数法综合了多个性状的信息，有助于使目标性状获得最大的改进，选择效果好，但要客观地确定经济权重比较难，如果选择指数中经济权重应用不当，就会影响选择效果。

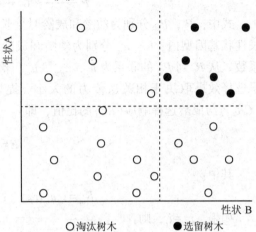

图 6-6　两个性状的独立淘汰法示意

（4）多世代选择

要实现预定的育种目标，往往要经历多个世代的改良。轮回选择（recurrent selection）是多世代改良中通常采用的选择方法，是指在连续的多个育种世代中，对选择个体进行交配，建立子代测定林，从测定林中选择优良家系中的优良个体，再交配制种，如此反复循环，使所需基因频率不断提高，遗传增益一代比一代高。轮回选择能提高遗传增益，但同时使遗传基础变窄。遗传增益提高与遗传基础变窄，是一对矛盾，如何妥善解决这一对矛盾，维持长期改良的需要，将在第 14 章介绍。

（5）直接选择与间接选择

直接选择（direct selection）：就是直接针对改良性状进行的选择。如速生性选择，则在群体中选择生长高大、粗壮的个体；抗病性选择，则选择不受病害感染的树木。间接选择（indirect selection）：是利用性状间遗传相关，通过对另一个性状的选择来间接选择目标性状的选择方法。例如：根据树叶中酚类化合物的组成和含量挑选抗病虫害个体；按萌发晚、封顶早挑选耐寒类型等。分子标记辅助选择也是间接选择。只有当两个性状存在相关，且相关系数（correlation coefficient）趋近于 1 时，间接选择的效果才能接近于直接选择，但多数情况下目标性状和选择性状或指标间的相关系数 $r<0.5$，所以，间接选择的增益一般低于直接选择，间接选择效果可由下式表示。

$$R_x = i_y \cdot h_y \cdot \sigma_{gx} \cdot r \tag{6.34}$$

式中，R_x 为目标性状的选择响应；i_y 为间接选择性状的选择强度；h_y 为间接选择性状遗传力的平方根；σ_{gx} 为改良性状遗传方差（genetic variance）的平方根；r 为目标性状与间接性状间的遗传相关。

但是，当目标性状不容易测定，或需要等待比较长的时期才能得到结果时，间接选择仍不失为重要的方法。由于树木寿命长，个体大，采用间接选择对于缩短育种世代，简化选择过程，提高选择效率和单位时间遗传增益是有意义的。性状的早期选择实际上也属间接选择。一般认为，生长速率、木材密度、纤维或管胞长度、树干通直度等性状受遗传控制较强，早期选择是可行的。提早选择是一种间接选择，林木生长表现从幼年(P_j)到成年(P_m)的通径系数如下：

$$P_j \xrightarrow{h_j} G_j \xleftrightarrow{r_{gjm}} P_m \xrightarrow{h_m} G_m \qquad (6.35)$$

式中，P_j，P_m 分别为幼龄和成龄时生长性状表型值；G_j，G_m 分别为幼龄和成龄时生长性状基因型值；h_j，h_m 分别为幼龄和成龄时生长性状遗传力；r_{gjm} 为幼—成年遗传相关系数。从 P_j 到 P_m 的联系为 $h_j \cdot r_{gjm} \cdot h_m$，恰好等于幼—成龄的相关遗传力($H_{jm}$)。因而提早选择效果取决于相关遗传力的大小。提早选择的相对效率为幼—成年相关选择响应(CR_{mj})与成龄选择响应(R_m)的比值，即：

$$E = \frac{CR_{mj}}{R_m} \qquad (6.36)$$

其中：

$$R_m = i_m h_m^2 \sigma_{P_m} \quad ; \quad CR_{mj} = i_j H_{jm} \sigma_{P_m}$$

如果，$i_m = i_j$，则：

$$E = \frac{H_{jm}}{h_m^2} \qquad (6.37)$$

由此可见，如果相关遗传力大于直接选择的遗传力，早期选择的效果才能高于直接选择。在正常情况下，幼—成龄生长性状的相关遗传力不可能大于成龄时的遗传力，因此，早期选择的遗传增益不会比直接选择高，但是，提高单位时间遗传增益是可能的。有关间接选择具体方法和实例还将在第 14 章中介绍。

6.5 优树选择

无论是天然林，还是实生苗人工林，林分内单株间都存在遗传变异，既有长势好的，也有表现差的。优树是指在相同立地条件下的同种、同龄树木中，生长、干形、材性、抗逆性等性状表现特别优异的单株，在我国叫优树，在欧美国家称为正号树(plus tree)，在日本称为精英树(elite tree)。优树是根据表型选择的，需要通过遗传测定评价其优良程度。通过子代测定，证明遗传品质优良的优树，称为精选树。国外于 20 世纪 40 年代开始优树选择工作，我国于 60 年代初开展了杉木、马尾松、油松等树种的选优工作，80 年代初进展很快，现已扩大到 40 余个树种，共选出优树 3 万余株。各地优树子代测定表明，优树选择是有效的。

6.5.1 选优林分条件

由于林分状况不同，会影响对候选优树的评价，从而影响选优的质量。因此确定选优林分时，应考虑以下条件。

(1) 林分的起源

选优最好在实生起源的林分，特别是天然林分中进行。因为，绝大多数树木是异花传粉植物，由于不同基因型的配子结合，其后代遗传分化较大。所以，在实生起源的林分中选择优树，潜力较大，效果较好。而无性系人工林，如插条林，由于同一无性系不同单株具有相同的基因型，尽管单株之间有差异，但是这种差异是环境造成的，选择是无效的。另外，如果在天然林分中选优，要注意候选优树之间亲缘关系。在同一个林分中，最好只选择 1~2 株优树，不宜过多，而且候选优树之间距离要大。

(2) 林分立地条件

选优林分立地条件应当与优树供种地区或优良无性系推广地区的立地条件相适应。一般认为，优树的优良特性只有在立地条件好的地段上才能充分地表现出来，所以大多在Ⅰ、Ⅱ地位级林分中选择优树。但是，在中等或较差的立地条件上，如有较突出的优树，也不能漏选，因为它可能具有较强的适应性。

(3) 林分的年龄

优树选择以中龄林分较为理想，林龄过大或过小都不适宜。年龄过小，部分性状没有充分表现出来，选择可靠性差。但年龄过大，生长差异小，也影响评选。据北京林业大学对油松选优年龄的研究，油松生长较慢，3~9 年生是林分内个体间分化最剧烈时期，1 年生后，生长性状在往后各树龄间相关紧密，认为油松人工林选择年龄宜在 15 年后。选优年龄因树种生长速率而异。落叶松选优年龄最好在 15 年生以上；杨树、柳树、榆树、槐树、泡桐为 10 年左右；桉树在南方 5~7 年可采伐利用，在 3~4 年生时就可以选优。

(4) 林分的密度

林分的郁闭度在 0.6~0.8 为宜，太密或太稀都影响树冠的发育，会给评选工作带来困难。选优林分的林相要求整齐，以避免不同的光照条件造成的差异。对于林缘木、林窗木、孤立木等一般不宜作为候选优树，除非是特别出类拔萃的单株。

(5) 林分结构

优树选择应尽可能在纯林中进行。由于树种间生长速度有差异，不同树种的竞争可能影响对候选优树的评定。在同龄林中选优，可比性强，若在异龄林中选优，需要根据树种生长进程来评价候选优树。

(6) 其他

避免在经过"拔大毛"择伐过的林分中选优。

6.5.2 优树评定方法

在选优的林分，按拟定的调查方法、标准，沿一定的线路调查。凡发现符合要求的单株可作为候选树，对候选树可用下列方法来评定。

6.5.2.1 按生长量评定

生长量评定有以下 3 种方法：

(1) 标准地法

以候选优树为中心，逐步向四周散开，实测 30~50 株树木的树高、胸径，计算材积，再计算各指标的平均值。把候选优树与平均值相比较，符合标准的即可入选。陈伯望 (1991) 曾分析了大 (30 m×30 m)、中 (20 m×20 m)、小 (10 m×10 m) 3 种面积标准地对选优指标的影响。结果表明，大、中型标准地的选优结果相仿，小型标准的误差较大，不宜采用。但是，即使采取 20 m×20 m 面积的标准地，由于标准地法需要实测 30 余株树木的树高和胸径等性状，工作量仍很大，所以，目前多采用优势木对比法。

(2) 优势木对比法

以候选优树为中心，以 10~25 m 为半径，其中包括 30 株以上的树木，选出仅次于候选优树的 3~5 株优势木，实测并计算平均树高、胸径、材积。如果候选优树生长指标超过规定标准，即可入选。

如在异龄林中选择优树，优树和优势木年龄不一致，相差的树龄必须校正后才能比较，校正可按生长过程表或按下式进行：

$$校正值 = 优树材积 - (年生长量 × 相差树龄)$$

关于优势木多少为宜的问题，国内在油松、樟子松、落叶松和马尾松等树种上做了研究。如据北京林业大学(1990)和西北农林科技大学(2000)对油松选优的研究，1~5 株优势木法之间存在紧密相关。王奉吉等(1999)对樟子松优树选择方法的研究结果表明，胸径、树高、材积三者比较指数的变幅和变动系数均以 3 株大树法为最小，比较指数最集中，5 株大树法次之，小面积标准地法最为离散(表 6-7)。蔡邦平等(1998)在天然马尾松采脂林中进行高产脂优树选择，应用 1~5 株 5 种优势木对比法进行比较分析，认为 3 株优势木对比法的调查性状变异系数小、精度高，主要产量指标精度均可达到 83% 以上，选择效果好。综合各树种和各方面的研究，从准确性和工作量两方面考虑，3 株法比较适宜。

表 6-7 樟子松优树选择方法比较

统计量	胸 径			树 高			材 积		
	3 株	5 株	标准地	3 株	5 株	标准地	3 株	5 株	标准地
对比率(%)	114	125	168	106	108	119	136	164	335
变动幅度(%)	97~140	102~162	131~222	96~117	97~112	107~104	93~203	103~263	178~650
标准差(%)	10.4	13.4	23.4	6.7	6.8	210.0	27.9	39.6	112.6
变动系数(%)	9.1	10.7	13.9	6.3	6.3	8.4	20.5	24.1	33.6

注：引自王奉吉，1999。

(3) 绝对值评选法

在异龄混交林选优中经常会遇到候选树临近没有与该树种同龄的树木的情况，在这种情况下，可以采用绝对值评选法。

绝对值评选法可利用生长过程表。将生长过程表中各龄级的平均木的树高、胸径分别乘一个系数，所得的值，作为该地位级条件下优树的最低标准。也可以采用树龄与生长量回归的方法评选优树。通过在某一特定立地条件下的林木随机抽 50 余株树木作为样木，对样木的生长性状进行测量，然后根据这些性状与年龄的关系绘成图，如图 6-7 所示。不同的立地条

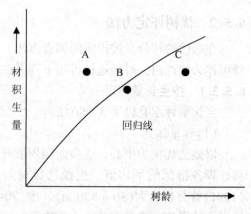

图 6-7 树龄与材积相关曲线

件需要建立不同的回归曲线。如果候选树性状值落在回归线上方(A)，则入选；落在回归线的下方(C)，则淘汰；恰好落在线上，则依据其他性状而定。

6.5.2.2 数量指标的标准

优树的生长指标没有统一的标准，应根据实际情况制定。不同树种的优树标准差异较大，表 6-8 列出了部分树种优势木对比法和小标准地对比法的优树评定标准，可供参考。

表 6-8 部分树种优树生长量与对照的优势比(%)

树种	选优方法	指标			资料来源
		胸径	树高	材积	
樟子松	3 株优势木	110~120	105~110	130~150	王奉吉等，1999
刺槐	5 株优势木	115	110	165	郭全建等，1998
楠木	小标准地	140	30	240	陈祖松，1999
华北落叶松	4 株优势木	115	100	140	张源润等，2000
华北落叶松	小标准地	150	105	250	张源润等，2000
华山松	5 株优势木	117	105	130	伍孝贤，1990
华山松	小标准地	20	60	80	伍孝贤，1990
火炬松	3 株优势木	106~110	106~110	121~131	钟伟华，1990
杉木	5 株优势木	122	100	150	卢天玲，1994
杉木	小标准地	160	120	150	卢天玲，1994
侧柏	5 株优势木	120	110	160	董铁民，1990
侧柏	小标准地	180	120	300	董铁民，1990
马尾松	5 株优势木	115	110	145	张义昌，1993
白榆	5 株优势木	115		160	张敦伦等，1984
白榆	小标准地	150	110	250	张敦伦等，1984
油松	5 株优势木	120		150	杨培华等，2000

确定优树标准还需要考虑种源、立地条件等因素。如北京林业大学(1991)根据各地选择的 3 183 株油松优树档案，按油松种子区划，计算了各种子区内优树生长量的平均值。从中看出，不同种子区、同一种子区的不同县份间以及县内不同林分选出的优树在生长量指标上有较大的差异。由于各种子区的自然生态条件不同，树木生长速率有差异；在不同年龄阶段，树木生长速率也不相同。因此，优树生长量标准也应有所差异。四川省林业科学研究院(1990)在马尾松优树资源区划的基础上，利用优树档案，分区域统计优树年均生长量的分布特点，制定出四川各区域、各年龄组优树的绝对指标标准(表 6-9)。中国科学院沈阳应用生态研究所(1990)为了确定日本落叶松 3 株优势木选择法不同树龄的优树标准，建立了树龄(a)与树高(H)、胸径(D)、材积(V)优势比的指数回方程。

6.5.2.3 形态指标

主要考虑对木材品质有影响的指标，或有利于提高单位面积产量和能反映树木生长势

表 6-9　马尾松优树树高、胸径年均生长量绝对指标的标准

区域	性状	年龄(a)		
		20~25	26~30	31~40
Ⅰ类优树区	胸径(cm)	≥1.00	≥0.90	≥0.80
	树高(m)	≥0.80	≥0.70	≥0.60
Ⅱ类优树区	胸径(cm)	≥0.90	≥0.80	≥0.70
	树高(m)	≥0.70	≥0.60	≥0.50
Ⅲ类优树区	胸径(cm)	≥0.80	≥0.70	≥0.60
	树高(m)	≥0.70	≥0.60	≥0.50

注：引自兰征、赵世远，1990。

的形态特征。对于用材树种，一般有下列要求：

①树干通直、圆满。树干通直度根据树干有多少个弯以及弯曲程度来确定；圆满度可由胸高形率(中央直径与胸径之比)或高径比(树高与胸径之比)来反映。

②树冠窄。衡量指标为冠径比，即树冠直径与胸径之比。

③自然整枝良好。衡量指标为自然整枝强度，即枝下高与树高之比。

④侧枝细。衡量指标为枝粗指数，即树冠各轮枝中最粗枝的基径与胸径之比。

⑤树皮薄。衡量指标为树皮指数，即树皮厚度与树干去皮胸径之比。

⑥树干纹理通直，不扭曲。可用木材纹理扭曲偏差与胸围之比来反映。

⑦树木健壮，无严重病虫害。

⑧木材比重大，管胞长。

此外，由于针叶树优树主要用于建立种子园，应当考虑候选优树雌雄球花和球果的产量，以保证今后种子园的种子产量。

6.5.2.4　综合评定

优树选择属于多性状选择，一般情况下要有多个性状符合要求的候选优树才能入选。综合评定方法包括独立标准法、评分法、指数法等。此外，也采用主分量分析、聚类分析等多元统计技术评选候选优树。

评分法是目前最常用的一种方法。按这一方法，对树木的各选择性状的表型值划分为不同级别，并根据性状的重要性给予分值，累加各性状的评分，就可以对候选优树作出评定。评分法具有指数选择的含义，在考虑多性状综合评定时引进了权重，因而比较合理。

提要与小结

生物性状可分为质量性状和数量性状两大类。质量性状主要受少数主效基因控制，表型变异是间断的，可以分组和分类，可定性描述。数量性状受微效多基因控制，表型变异是连续的，很难明确分组和归类，只能度量描述。数量性状多基因假说的要点是：数量性状是受许多对微效基因控制；微效基因间无显隐性关系，其效应是累加的；单一的微效基因服从孟德尔遗传规律；由微效多基因决定的数量性状，易受环境影响。

数量性状的变异需要采用统计方法来描述和分析，常见的统计值有平均数、方差、标准误、协方差、

回归系数和相关系数等。数量性状易受环境的影响，表型值(P)可剖分为基因型值(G)和环境效应(E)两大部分。由于基因型值还可以剖分加性效应(A)、显性效应(D)和上位效应(I)，遗传力分为广义遗传力和狭义遗传力两种。在有性过程中，由于基因的分离与重组，非加性效应不能固定遗传。因此，广义遗传力在林木改良中的应用有一定的局限性。重复力是同一无性系内不同分株之间的组内相关系数，可反映无性系性状的稳定性，一般通过方差分析估算。

一般配合力是指在一个交配群体中，某个亲本的若干交配组合子代平均值与试验总平均值的离差；特殊配合力是指在一个交配群体中，某个特定交配组合子代平均值与总平均值和双亲一般配合力的离差。在遗传学上，一般配合力反映亲本加性基因的效应，特殊配合力反映基因的非加性效应，即显性效应和上位效应。在群体中一个亲本仅贡献了一半的基因传给它的子代，另一半的基因则来自交配群体另一个成员，因此，育种值定义为一般配合力的两倍。遗传增益受群体遗传差异、性状遗传力和选择强度等影响。由于性状间存在遗传相关，可以进行间接选择。基因型与环境交互作用大小反映基因型在不同地点的稳定性，适地适基因型是林木良种推广的基本原则。

遗传变异和选择是林木育种的关键，选择贯穿了整个育种过程，没有选择就不可能产生良种。根据是否经过遗传测定，选择分为表现型选择和遗传型选择；根据选择个体谱系是否清楚，分为混合选择和单株选择；根据树种繁殖方式，分为家系选择和无性系选择。开展优树选择，对树木改良有一定的作用。候选优树生长量评定方法有3种，要根据林分状况选择适宜的评定方法。优树评定不仅要考虑生长性状，还应考虑质量性状，对候选优树应进行综合评定。

复习思考题

1. 名词解释

微效多基因　加性效应　显性效应　上位效应　遗传力　广义遗传力　狭义遗传力　重复力　遗传相关　遗传增益　选择相应　一般配合力　特殊配合力　基因型×环境互作　优树

2. 数量性状遗传与质量性状有何区别？它们的研究方法有什么不同？
3. 广义遗传力和狭义遗传力有何区别？如何应用？
4. 遗传力对林木遗传改良有何指导意义？
5. 配合力有何意义？有何区别？如何应用？
6. 影响遗传增益的因素有哪些？如何提高增益？
7. 简述自然选择与人工选择有何区别和联系？
8. 选择方法是如何分类的？各种选择方法适用哪些条件？
9. 选育方法为什么与树种的繁殖方法有关？阐明其理由。
10. 简述适宜选优的林分条件。

第7章 有性繁殖与杂交育种

知识导图

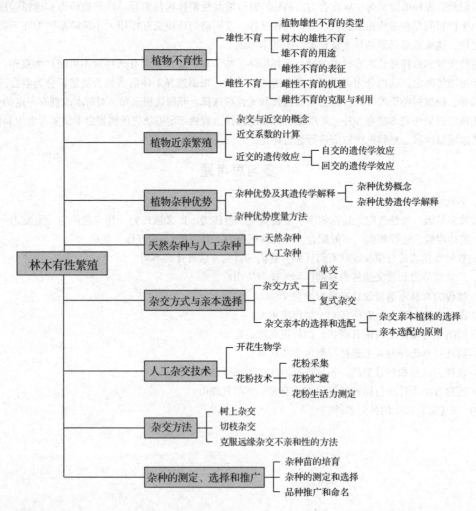

有性繁殖(sexual reproduction)是指由亲代产生生殖细胞,通过两性生殖细胞的结合,成为受精卵,进而发育成新个体的生殖方式。由于亲本来源和交配方式的不同,群体结构的变化有所不同,性状遗传效应也有显著差异。了解有性繁殖下林木遗传规律,可更有效地开展林木育种工作。

7.1 植物不育性

由于植物生殖细胞形成不完全，以及受精障碍等原因而不能产生子代，这现象也称为植物不育性(plant sterility)。根据性别，植物的不育性分为雄性不育和雌性不育两大类。

7.1.1 雄性不育

雄性不育(male sterile)是植物界存在的普遍现象，是指在有性繁殖过程中雄蕊不能正常生长和产生有效花粉。在植物杂交育种中以雄性不育系为材料控制授粉可以获得高产杂交品种。迄今为止，育种工作者们已经在43科162属320种的617个植物品种或间杂种中发现雄性不育现象，涵盖作物、果树、林木和草本植物，尤其在作物方面，已开展大量杂交育种工作，取得了许多成就。

7.1.1.1 植物雄性不育的分类与特征

植物雄性不育的形成原因多种多样，可以依据表型、遗传和来源等对其进行分类。根据花粉败育的时期可分为无花粉、单核败育、双核败育、三核败育等类型；根据败育发生的过程，可分为孢子体不育和配子体不育；根据育性表达能否发生显著变化，可分为普通型雄性不育和可转换型雄性不育，其中，可转换型雄性不育又分为光温敏雄性不育和再生型雄性不育；根据不育基因、可育基因对应的显隐关系，可分为隐性核不育和显性核不育，多数核不育属于隐性核不育，只有少数是显性核不育；根据不育基因的遗传方式和在细胞中的定位，可分为细胞质不育型(cytoplasmic sterility)、细胞核不育型(nuclear sterility)和质核互作不育型(nuclear-cytoplasm interactive sterility)，即"三型学说"。核基因引起的不育性多数受一对隐性基因控制，用雄性可育株与之杂交，产生的杂种F_1雄性可育，但F_2的育性按孟德尔比例分离，其不育性不易永久保持。以细胞质因子控制的雄性不育类型作母本与雄性可育株杂交的后代仍为不育，这种不育性容易保持但难以恢复。由于这两种雄性不育性单独由核基因或细胞质基因引起，故生产上都难以利用。核质互作不育型是由核基因和细胞质基因相互作用，共同控制的雄性不育类型，雄性不育性只有在细胞质不育基因和相应的核不育基因同时存在时才能表现。这种雄性不育性既好保持又易恢复，所以在生产上被广泛应用于杂交种子生产。一般认为细胞质不育型实际上也属于核质互作不育型，只不过暂时还未发现能恢复其育性的核基因。因此，目前有将胞质雄性不育和核质基因互作产生的雄性不育统称细胞质雄性不育(cytoplasmic male sterility, CMS)。这就是所谓的"二型学说"，即核不育型与核质互作不育型。

（1）细胞质雄性不育

细胞质雄性不育(CMS)是广泛存在于高等植物中的一种自然现象，表现为母体遗传、花粉败育和雌蕊正常，可被显性核恢复基因恢复育性。迄今已在近200多种植物中发现了CMS，其中有50%以上为自发形成，约20%发生在种内杂交过程中，其余在种间杂交过程中产生。CMS显著特点是在其有性生殖过程中雄配子败育，表现为形态结构在后期小孢子内壁加厚过程受阻，小孢子大量破坏，不能形成饱满的花粉粒；生理生化方面花药中蛋白质合成途径被破坏，蛋白氮总量显著下降，醇溶性氮含量大幅上升，而它的雌配子发育不受任何影响。

　　CMS 是植物在发育过程中核质互作的一种结果，其发生机制可能与其体内 3 个遗传系统——线粒体、叶绿体、细胞核基因都有关。它们有相对独立的一面，但更多的可能是它们之间相互影响、相互联系、相互渗透，这就决定了 CMS 发生的复杂性。当前大量 CMS 相关线粒体基因的发现，无疑加深了对这一现象分子机制的认识。但是叶绿体基因及核基因发挥了何种作用，还有太多的未知。要想加深对 CMS 机制的认识，一方面应该采用新的技术、新的思路克隆出更多的 CMS 相关基因及恢复基因，并对这些基因的转录、转录后加工等的机制及所编码的产物进行深入研究；另一方面应充分利用生物信息学，加深对这些基因及其产物之间相互关系的研究。

　　细胞质雄性不育系统对再生生物学和自然群体的进化，以及植物杂种一代的生产都有重要的作用。利用 CMS 培育作物不育系进行杂交制种，已成为国际制种业的主要趋势，其可免去人工去雄，节省大量的人力物力，并可提高杂交种子的纯度，增加农作物的产量。通过原生质体及体细胞融合等技术将不同但相近品种的不育性特征转入到本身没有胞质雄性不育特征的植物，使其具有胞质不育性，从而应用于生产实践。

　　(2) 细胞核雄性不育

　　大多数雄性育性的发育过程是由核基因控制的。细胞核雄性不育(genic male sterility, GMS)十分普遍，已在 294 种植物和 21 个种属间杂交组合中发现了细胞核基因控制的雄性不育类型。细胞核雄性不育的遗传比较简单，一般受 1 对或几对核基因控制，与细胞质基因无关。一个物种控制育性的基因位点可能很多，但 1 个不育材料多受 1 对核基因所控制。已知小麦的 4A、4B、5A、5B 和 5D 染色体上存在有控制育性的基因位点，每个位点的突变或缺失都能引起雄性不育。

　　早在 1921 年，Eyster 就在玉米中发现隐性核不育，与任何可育材料的杂交一代均是正常可育的，因此，任何育性正常材料都是其恢复系，但找不到典型的保持系，它只能从 F_1 代杂交可育株的自交后代中分离得到不育株，或通过 F_1 代杂交可育株与不育株回交得到。由于核不育系兼有不育系和保持系的功用，所以称之为两用系。用两用系与恢复系配制杂交种的方法称为"两系法"。两系法需要三个隔离区，分别繁殖不育系、恢复系和配制杂交种。用两系法留种、制种的问题是母本繁殖不育株结的种子既有不育的，也有可育的。因此，隐性核不育材料必须具有标记性状才能有效的大面积用于杂种生产。

　　植物显性核不育是 1910 年 Salaman 在马铃薯中首先发现的，是一种少见的自然现象，迄今人们在棉花、小麦、马铃薯、亚麻、油菜等作物上发现。显性核不育材料只有接受异株的正常花粉才能够结实，它的显性不育基因总是处于杂合状态，其后代总是有一半靠异交结实的不育株和一半靠自交结实的可育株。显性核不育材料既具有异花授粉植物有利于基因重组的一面，又具有自花授粉植物有利于基因纯合稳定的一面，是有用的遗传改良工具，可用于植物轮回选择和复合杂交育种。

7.1.1.2　树木的雄性不育

　　在树种有性繁殖研究中也发现雄性不育。例如，浙江林学院于 1978 年春天在临安县横贩林场的公路边首次发现 1 株杉木天然起源的雄性不育株。1981 年嫁接，1983 年开始开花结实，仍保持雄性不育的特性。显微观察发现，雄性不育属于无花粉型。雄性败育发生在孢原细胞到四分体时期。同一小孢子叶球上的小孢子发生和发育不一致。不育株输导组织结构的异常、小孢子囊壁中层细胞的增生和绒毡层过早解体及囊外的包被结构，是导致其败育的主要原因之一。毛白杨等树种也出现雄性不育现象。杨树雄性不育的原因主要是绒毡层发育异常。由于绒毡层是花粉粒发育时的营养来源，它的异常发育将导致绒毡层无法为花粉的发育提供适当的营养，使花粉处于饥饿状态。李文钿等(1982)在小叶杨中同时观察到绒毡层的早期败育和延迟败育，在出现早期败育的绒毡层花粉囊中可以看到败育的花粉母细胞不正常的减数分裂和败育的小孢子四分体；在绒毡层延迟退化的花粉囊中，往往有败育的黏连成片的空壳花粉和畸形的多核大花粉。康向阳(1996)则认为绒毡层的异常发育只是毛白杨雄性不育的一种表象，其根源在于毛白杨染色体的异源性，导致减数分裂时同源染色体不均衡分配。

7.1.1.3 雄性不育的用途

植物雄性不育资源在林木育种和城市绿化中具有重要意义。首先，对于雌雄同株的树种，由于自身花粉不育，杂交制种可以不去雄，不套袋，这样就降低了制种的成本；第二，如果已知雄性不育品种与某个品种交配能产生杂交优势，可用这两个品种建立杂交种子园，以大量生产优良杂交种子；第三，由于花粉败育，减少了营养消耗，有利于营养生长。因此，雄性不育植株很可能是生长表现优良的育种材料。如果该树种无性繁殖容易，通过遗传测定证实其遗传品质确实优良，可用于无性系造林；第四，杨树、杉木和松树等树种散粉季节，有大量花粉散出，对环境造成污染，特别是对花粉过敏的人群将造成伤害。如果城市绿化采用雄性不育品种就能解决好这些问题。

7.1.2 雌性不育

植物的雌性不育通常是由雌性器官的发育异常造成的，包括胚珠、胚囊、卵细胞的发育异常。典型的植物雌性不育表现出如子房干瘪，无花柱和柱头，种子发芽率低等特征。

7.1.2.1 雌性不育的表征

目前研究认为，雌性不育的表征主要涉及雌蕊败育和胚败育两个方面。

(1) 雌蕊败育

雌蕊败育是果树花芽形态建成过程中常见的一种现象。中国杏品种雌蕊败育尤为严重。郑洲(2003)在观察兰州大接杏花芽分化过程中发现，杏进入雌蕊分化后表现出多种雌蕊发育不良和畸变形式，主要表现为花柱细长、弯曲、枯萎短小或缺少等畸形生长，这种杏花畸形与不孕是相关的。王保明(2000)对龙王帽、大红袍两个杏品种的花芽分化过程进行观察，雌蕊分化期异常现象最为突出，且形态变化较多。胡国富(2005)对东北杏研究表明，杏花器结构异常表现出花被片萎缩、子房变小、花柱未伸长等现象，认为杏雌蕊败育与品种特性、树体营养状况、外界环境因子等有关。

(2) 胚败育

常见大孢子母细胞减数分裂不正常，不能形成功能性大孢子。张德兴等(2013)对喜树观察发现，雌性不育植株大孢子母细胞未能减数分裂，胚珠萎缩，子房外形瘦长，室内中空。有些雌蕊胚珠内的大孢子母细胞虽然可以完成减数分裂，但形成的功能性大孢子却不能正常进行有丝分裂，因此，无法产生成熟的8核胚囊。Lillecrapp等(1999)在杏的一个品种'Trevatt'中发现有50%的胚珠无法产生成熟的8核胚囊，另有50%的胚珠中胚囊退化或消失。还有一些情况是，胚囊虽然可以发育成熟，但授粉后胚珠发育异常，导致最终不能形成种子。

7.1.2.2 雌性不育的机理

由于雌蕊结构及雌配子体发育的复杂性，雌性不育现象错综复杂，并由诸多因素决定，很多问题尚待探讨和研究，现有的报道，大多也属于推测和讨论。

(1) 遗传方面

Coen等(1991)通过拟南芥和金鱼草花发育的研究，提出了同源异型基因控制的ABC模型。该模型认为：A功能基因在第一、二轮花器官中表达，B功能基因在第二、三轮花器官中表达，而C功能基因则在第三、四轮表达。其中A和B、B和C可以相互重叠，但A和C相互颉颃，即A抑制C在第一、二轮花器官中表达，C抑制A在第三、四轮花器官中表达。萼片的发育是由A类基因单独决定的，花瓣的发育则是A类基因和B类基因一同决定的。心皮的发育是因C类基因单独决定的，而C类基因和B类基因一起决定了雄蕊的发育。B类基因这种双重的效能，是通过其突变体的特征获知的。一个有缺陷的B类基因可导致花瓣和雄蕊的缺失，在其位置上将发育出多余的萼片和心皮。当其他类型的基因发生突变时，也会发生类似的器官置换。彭伟秀等(1999)和马凯等(2004)对文冠果(*Xanthoceras sorbifolia*)花器官同源异型突变株的研究表明，该植株的花很小，且重瓣(正常花为单瓣)，缺少正常发育的雄蕊、雌蕊，因为雌蕊和雄蕊均发生了瓣化，成为花瓣状物，仅在内轮部分花瓣上有花药残迹。该变异株上发生的这种花器官发育异位的现象与拟南芥花的同源异型突变体相似，突变株的花只具有花萼和多片重复的花瓣，没有雌蕊和雄蕊的发生，推测可能是C类基因失活导致的。

此外，从基因的连锁性和等位性基因互作、基因的多效性、基因的单独作用和植物染色体的异常等方面对雌性不育的遗传机理也进行了一些探讨。

(2) 生理等原因

植物生殖发育期间由于生理生化代谢水平，营养物质与激素水平、酶活性等发生变化，可能导致雌性不育，而这些变化也受基因控制。如1992年，北京林业大学在辽宁兴城油松种子园发现28号无性系嫁接树，自7年生时雌性孢子叶球就能正常生长、膨大和开裂，经不同杂交组合制种，至15年生时仍不能生产正常的种子。据对大、小孢子叶球发育的观察，胚珠中途停止发育，球果成熟时，胚珠直径仅3 mm，内部空瘪。对其在DNA水平、蛋白质水平及植物激素水平进行了研究，认为该无性系的雌性不育可能是代谢紊乱造成的，是受基因调控的。对连体胚珠的物质代谢进行研究，不育系胚珠内营养物质和植物激素在含量上的不足或配比上的不协调，使胚珠在可溶性糖、游离氨基酸、可溶性蛋白质的代谢上出现紊乱，可能导致了不育系胚珠的败育。钱领元等(1985)发现了油茶雌性不育株，并观察到其胚囊母细胞的形成受阻或减数分裂过程异常，造成胚珠内不形成胚囊；或即使产生正常胚囊，但胚囊中产生畸形卵器。

7.1.2.3 雌性不育的克服与利用

在果树生产中，雌性不育的不利影响占主导地位。因此，需要寻找克服雌性不育的有效途径。在生产实践中经常会使用生长调节物质来克服雌性不育。例如，杏树(*Armeniaca vulgaris*)成花容易,但雌蕊败育率较高。据王保明等(2000)观察,11月中旬至12月中旬,2月中旬至3月中旬为仁用杏雌蕊败育的集中时期,在9月中旬至10月初还存在一个雌蕊败育相对较高时期。他们在8月中旬到9月中旬喷施GA_3(50 mg/kg)、PP_{333}(100 mg/kg)和6-BA(50~100 mg/kg)等植物生长调节剂都能减少雌蕊败育率,同期喷施400倍绿得丰2号、3号等氨基酸营养液也能减少雌蕊败育率。

对雌性不育深入研究具有重要的理论和实践意义。首先,人们可以从雌性不育现象研究着手,进一步提高对雌性器官发育、败育的分子机制,有性生殖和无融合生殖相互联系及其机制的认识水平。其次,如果能从雌性不育材料中找到理想的无融合生殖材料,就可将无融合生殖产生杂种优势的无性胚固定下来。另外,利用有的雌性不育材料的雄性育性正常和易恢复的特点,将其作为雄性不育系的恢复材料。

7.2 近亲繁殖

7.2.1 杂交与近交的概念

杂交(hybridization)是指通过不同基因型个体之间的交配而产生后代的过程,是育种常用的方法。亲缘关系较远的个体间随机相互交配,称为异交(outbreeding)。种间和属间个体间杂交称为远缘杂交(distance hybridization),是异交的极端方式。亲缘关系相近的个体间杂交称为近亲交配,又称为近交(inbreeding)。近亲交配按亲缘关系远近的程度一般可分为全同胞(full-sib)和半同胞(half-sib)两种。全同胞是指同父母的兄弟姐妹,半同胞是指单亲的兄妹和亲表兄妹。回交(backcross)也是近亲交配的一种方式,它是指杂种后代与其两个亲本之一的再次交配。在育种工作中,常利用回交的方法来加强杂种个体中某一亲本的性状表现。用回交方法所产生的后代称为回交杂种(backcross hybrid)。被用来连续回交的亲本,称为轮回亲本(recurrent parent)。植物的自花授粉(self-fertilization),简称自交(selfing)。由于其雌配子和雄配子来源于同一植株或同一朵花,因而它是近亲交配中最极端的方式。

根据天然杂交率,一般分为自花授粉植物(self-pollinated plant)、常异花授粉植物(often cross-pollinated plant)和异花授粉植物(cross-pollinated plant)3种类型。自花授粉植物是指其雌雄配子来源于同一植株或同一花朵的植物。如水稻、小麦等,天然杂交率小于5%。在两性花的植物中,又可分为同一花的雄蕊与雌蕊间进行授粉的同花授粉(菜豆属)和在一个花序(个体)中不同花间进行授粉的邻花授粉(gei-tonogany),以及同株不同花间进行授粉的同株异花授粉。被子植物大多为异花授粉,少数为自花授粉,高粱就是自花授粉为主。闭花授粉是同花授粉的一种,花朵在授粉期时与外界隔绝,豌豆是闭花授粉的。孟德尔在杂交试验中主要以豌豆作为试验材料,这是因为豌豆是自花传粉植物,而且是闭花授粉,也就是豌豆花在花未开时已经完成了授粉。常异花授粉植物是指某种植物既可以自花授粉也可以异花授粉,但以自花授粉为主,如棉花、高粱、甘蓝型油菜等,天然杂交率约为5%~20%。异花授粉植物是指在自然条件下,用异株的花粉受精以产生后代的植物,如玉米、白菜型油菜、向日葵等,自然杂交率一般在20%以上。异花授粉植物在花器结构方面有着复杂的多样性，以多种方式适应异花授粉的需要。如开放传粉、雌雄蕊异熟有利于异花授粉；风媒花产生大量小而轻的花粉，易于飞扬，雌蕊具有外露表面大而便于捕捉漂浮花粉的柱头；虫媒花具有对昆虫等传粉动物吸引力很强的色泽艳丽、浓郁而特异的气味、发达的花冠和蜜腺。

7.2.2 近交系数的计算

不同的近亲繁殖方式，其近亲交配的程度不同，遗传学中常用近交系数来衡量近亲交配的程度。所谓近交系数(coefficient of inbreeding，F)是指个体某基因位点上的两个等位基因来源于共同祖先的同一基因的概率，换言之，某基因位点是同质基因型的概率，常用 F 表示。同质基因型与纯合基因型是有区别的，同质基因型是指两个等位基因来源于祖先的同一基因。同质基因型肯定是纯合基因型，但纯合基因型不一定是同质基因型。

先以植物育种中常用的全同胞交配为例加以说明。图 7-1 是全同胞交配所产生的家系图。在图中，P_1 和 P_2 是两个无亲缘关系的亲本，它们各供应一个配子给子代 B_1 和 B_2，而子代 S(或雌，或雄)从 B_1 和 B_2 各得一个配子。P_1 的两个基因用 a_1a_2 表示，P_2 的两个基因用 a_3a_4 表示。它们的后代应该是 $1/4a_1a_3$、$1/4a_1a_4$、$1/4a_2a_3$、$1/4a_2a_4$。B_1 和 B_2 各产生 a_1、a_2、a_3、a_4 配子的概率均为 1/4。S 的 1 种同质纯合体基因型(a_1a_1、a_2a_2、a_3a_3 或 a_4a_4)的概率 1/16，所以，S 的近交系数 $F=1/16+1/16+1/16+1/16=1/4$。

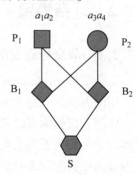

图 7-1 全同胞兄妹所产后代基因座上纯合的概率

也可以用另一种方法计算 S 的近交系数。P_1 将 a_1 传递给 B_1 的概率是 1/2，P_1 将 a_1 传递给 B_2 的概率也是 1/2，B_1 将 a_1 传递给 S 的概率为 1/2，B_2 将 a_1 传递给 S 的概率为 1/2。因此，S 为 a_1a_1 同质基因型，P_1 的等位基因 a_1 要传递 4 步，双方亲本各两步。因为每传递 1 步的概率为 1/2，所以通过 4 步传递的概率为 $(\frac{1}{2})^4$。同理，S 为 a_2a_2、a_3a_3 或 a_4a_4 同质基因型的概率也分别为 $(\frac{1}{2})^4$。于是，S 的近交系数 $F=4\times(\frac{1}{4})^2=\frac{1}{4}$。

这方法推广到最常见的表兄妹交配(图 7-2)，计算它们所生后代的近交系数。假设共同祖先 P_1 和 P_2 的基因型是 a_1a_2 和 a_3a_4，为了使这个近交后裔 S 的基因型成为 a_1a_1，共同祖先 P_1 的等位基因 a_1 必须传递 6 步，由 P_1 经 B_1 传给 S 计 3 步，由 P_1 经 B_2 传给 S 也计 3 步，所以总共传递 6 步。因为每一步的传递概率是 1/2，所以通过所有 6 步的传递概率是 $(\frac{1}{2})^6$。这个概率同样也适用于 a_2a_2、a_3a_3 和 a_4a_4，所以表亲结婚所生子女的近交系数 F 是 $4\times(\frac{1}{2})^6=1/16$。

各种血缘个体间交配所生子裔的近交系数见表 7-1。

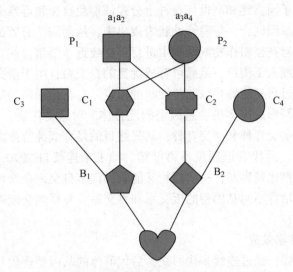

图 7-2　植物表亲交配后代一个基因座上纯合的概率

表 7-1　各种近交所生子裔的近交系数 F

交配形式	F	交配形式	F
自交	1/2	堂表兄妹	1/16
同胞兄妹	1/4	从表兄妹	1/64
叔父侄女	1/8	再从表兄妹	1/256

7.2.3　近交的遗传效应

7.2.3.1　自交的遗传学效应

杂合体通过自交或近亲交配，其后代都将表现以下几方面的遗传学效应。

第一，导致后代基因发生分离，也可使后代群体的遗传组成趋于纯合化。以一对基因为例。$AA×aa$，其 F_1 是 100%杂合体（Aa）。F_1 自交产生 F_2，将分离为 $1AA:2Aa:1aa$，在 F_2 代中，杂合体和纯合体各为 50%；然后每代自交就使群体杂合率减少 50%，纯合率增加 50%。这样连续 n 代自交，后代群体杂合率减少至 $(1/2)^n$，相应地纯合率增至 $1-(1/2)^n$。

杂合体通过连续自交，后代逐渐趋于纯合，但其纯合体增加的速度和强度取决于基因对数、自交代数、选择。基因对数多，纯合速率就慢，需要的自交代数多；基因对数少，纯合速率就快，需要的自交代数少。如果控制数量性状有 m 对异质基因（独立遗传、后代繁殖能力相同），自交 n 代，其后代群体中纯合体频率的计算公式为 $P=\left[1-\left(\frac{1}{2}\right)^n\right]^m$。

第二，由于等位基因纯合，导致近交衰退现象。异花授粉植物是杂合体，不表现隐性性状。但一经自交，由于成对基因的分离和重组，有害的隐性性状便会出现。因而异花授粉植物通过自交会引起后代的严重衰退。如松树自交后代常出现的白化苗、矮生植株等畸形症状。因此，在种子园营建和高世代育种十分强调避免自交和近亲交配。

第三，由于等位基因纯合，使隐性性状表现出来，从而淘汰有害的隐性性状，改良群体的遗传组成。如在异花授粉作物或动物中进行自交或近亲繁殖，使其有害的隐性基因暴露出来，随之被自然或人工淘汰，最后可育成优良的自交系，用于杂交育种。

第四，杂合体通过自交能够导致遗传性状的稳定。自花传粉植物杂交后，经几个世代的自花传粉，又可重新形成许多纯合基因型的混合体。对这类作物，通常采用混合选择、纯系育种、品种间的杂交育种和回交育种，其最终目的是育成纯合度高的品种。植物连续近亲交配多个世代后，后代衰退现象不再继续。如玉米连续自交 20 代，产量趋于稳定。由于玉米自交或杂交都比较容易，一次授粉又能收到许多自交或杂交种子，常利用多代近交的方法，结合选择培育不同基因型的近交系和自交系，并择优交配以产生杂种优势强的杂交种。

7.2.3.2 回交的遗传学效应

回交也与自交一样，经过连续多代回交，后代群体的基因型逐代趋于纯合。后代群体中趋向轮回亲本的纯合体比率同样可用自交群体纯合体比率公式进行计算。但回交与自交在基因纯合的内容及进度上有重大差别，主要表现在以下两个方面。

(1) 基因替代

一个杂种与其轮回亲本回交一次，可使后代非轮回亲本细胞核增加轮回亲本 1/2 基因的组成；多次连续回交，其后代基因基本上被轮回亲本的基因所替代。两个亲本杂交后再经回交，在回交一代中，非轮回亲本的核基因成分又减少了 1/2，即成为 1/4，轮回亲本提供的核基因则占 3/4。依此类推，在回交 n 代后的群体中，非轮回亲本的核基因成分占 $(1/2)^{n+1}$，而轮回亲本的基核因成分占 $1-(1/2)^{n+1}$。如果连续回交 4 代，后代中轮回亲本的基因比率达到 31/32，后代基本上被轮回亲本取代。

(2) 定向纯合

回交后代纯合率仍可用公式 $P=\left[1-\left(\frac{1}{2}\right)^n\right]^m$ 估算，求得纯合率值也相同。但式中 n 代表从杂合体为起点的回交代数，m 代表需要替换为轮回亲本的基因对数。回交纯合率与自交纯合率的内容不同。自交后代纯合率是各种纯合基因型的纯合率累加值；而回交后代纯合率只有轮回亲本一种纯合基因型的数值。在基因型纯合的进度上，回交显然大于自交。一般回交 5~6 代后，杂种基因型已基本被轮回亲本的基因组成所置换。

7.3 杂种优势

7.3.1 杂种优势及其遗传学解释

7.3.1.1 杂种优势的概念与特点

杂种优势(hybrid vigor)是指两个基因型不同的亲本杂交所产生的杂种一代在生长势、生活力、繁殖力、抗逆性、产量和品质等方面比双亲优异的现象。

杂种优势按其性状表现的性质可分为 3 种类型：①营养型。杂种营养体发育旺盛，但它的生存和繁殖能力并没有提高，这类杂种优势又称为杂种旺势。②生殖型。杂种生殖器官发育旺盛，主要应用于以果实和种子为主要生产目的的作物，如果数、粒重等。③适应型。杂种对外界不良环境适应能力较强，生存能力提高，如抗性。后两种杂种优势有进化上的适应意义，被看成真正的杂种优势。

杂种优势的表现具有以下特点：

①杂种优势不是一两个性状单独地表现优势，而是多个性状的综合表现。例如，梁彦和黄东森(1994)采用美洲黑杨 I-69(*P. deltoids* 'Lux' ♂)与美洲黑杨 I-63(*P. deltoids* 'Harvard' ♀)进行种内有性杂交，F_1 表现出显著杂种优势，不仅生长量超过双亲，而且树干通直圆满、抗虫、抗寒、木材密度提高。说明杂种优势是由于双亲基因型的异质结合和综合作用的结果。

②杂种优势的大小取决于双亲性状间的相对差异和相互补充。在一定范围内，双亲的基因型差异越大、亲缘关系越远，杂种优势越强。这可能是因为亲缘关系远了，双亲性状的优缺点彼此可互补，其优势就强，反之则弱。

③杂种优势的大小与双亲基因型的纯合度有关。双亲的基因型纯合程度越高，杂种优势越强，这是因为双亲高度纯合时，F_1 的杂合性就是一致的，没有分离，群体优势强。如玉米自交系间杂种的优势就远比品种间杂种的优势高。

④杂种优势的大小与环境条件有关。同一种杂种一代由于种植的条件不同，产量差距很大。若种植的环境条件好，杂种优势就可充分表现。但是，一般地，在同样不良的环境条件下，杂种比其双亲具有较强的适应能力。

⑤杂种优势一般只表现在 F_1 代。根据性状遗传的基本规律，在 F_2 群体内必然出现性状的分离和重组。因此，F_2 与 F_1 相比较，在生长势、生活力、繁殖力、抗逆性、产量和品质等方面都会表现下降，这种现象称为近交衰退(inbreeding depression)，所以生产上需年年制种。而且，两个亲本的纯合程度越高、性状差异越大，F_1 的杂种优势表现就越大，F_2 的表现衰退现象也就越明显。

7.3.1.2 杂种优势遗传学解释

对杂种优势现象的认识较早，在 19 世纪 60 年代，达尔文就提出了"异花授粉一般对后代有利，而自花授粉一般对后代不利"的结论。但杂种优势的遗传学假说于 20 世纪初才出现，并一直受到人们的关注。有关杂种优势的遗传学假说很多，其中，"显性假说"和"超显性假说"较为普遍认可。

(1) 显性假说(dominance theory)

显性假说最先由 Bruce(1910)以数学形式提出，后经 Jones 等(1917)发展为显性互补假说。该假说认为杂种优势来源于等位基因间的显性效应和非等位基因间互作效应的累加作用。显性基因(dominant gene)对生长有利或效应较大，隐性基因(recessive gene)对生长有害或效应较弱。杂交使亲本一方的某些有利的显性基因掩盖了另一方不利的隐性基因，使杂种获得多于双亲任何一方的显性基因，由此表现出杂种优势。

比如，母本基因型为 $AAbb$，父本为 $aaBB$，杂交子代(F_1)为 $AaBb$。假如 A 的效应等于 B，值为 2，a 的效应等于 b，值为 1。则母本和父本基因型效应值均为 6。由于 A 和 B 分别对 a 和 b 起掩盖作用，Aa 和 Bb 的效应等于 AA 和 BB，则 F_1 代基因型效应值为 8，比双亲都大。

(2)超显性假说

超显性假说(overdominance theory)由 Shull 等于 1908 年提出。该假说认为等位基因之间的关系不仅是显隐性关系,而是互作关系。由于等位基因之间产生互作效应,杂合体 Aa 比纯合体 AA 或 aa 在生长和适应性等方面都有优势。关于超显性产生的原因,有人认为是由于两个等位基因分别产生不同的产物,或控制不同的反应,杂合体(heterozygote)存在两种基因,能同时产生两种产物,或控制两种反应,具有超过双亲的功能。

杂种优势形成的遗传机理是很复杂的,是一个至今尚未得到很好解决的问题。应用分子遗传学技术,探讨杂种优势基因的作用和表达,阐明杂种优势产生的遗传机理,在此基础上,提出动植物杂种优势预测的方法和利用途径,将是未来动植物杂种优势理论以及数量性状遗传育种研究的一个主要方向。近年来,转录组学、蛋白质组学、代谢组学以及表观遗传学得到发展,相信在不久的将来杂种优势的遗传机理将被揭示。

7.3.2 杂种优势度量方法

为了评价杂种优势的强弱,为亲本选择提供依据,可以通过计算配合力来估计,也可以采取比较简便的方法来度量。比较常用的方法有超中亲值法和超优亲值法两种。

(1)超中亲值法

这是以某个性状双亲平均值为标准的计算方法。设 H 为杂种优势度量值,F_1 为杂种第一代表型值,P_1 和 P_2 分别为两个亲本的表型值。计算式如下:

$$H = \frac{F_1 - \frac{1}{2}(P_1 + P_2)}{\frac{1}{2}(P_1 + P_2)} \tag{7.1}$$

(2)超优亲值法

这是以双亲中最优亲本表型值(P_S)为标准计算杂种优势度量值(H_S)的方法。即:

$$H_S = \frac{F_1 - P_S}{P_S} \tag{7.2}$$

杂种优势只能在其发育的某个阶段表现出来,而不是任何阶段都显示出优势。如 Zobel(1984)曾列举火炬松(Pinus taeda)×长叶松(P. palustris)的杂种,该杂种在苗床上往往比任何亲本都高。然而,移栽后,火炬松生长往往超过杂种,40 年后长叶松可能生长量最大。另外,杂种只是在某种环境下显示出优势,而不是在任何环境下都超过亲本。

7.4 天然杂种与人工杂种

7.4.1 天然杂种

由于同一属不同的树种自然分布区重叠,或树种发生迁移,只要花期相遇,就有可能产生天然杂种。因此,林木的天然杂种是常见的。如在北美 110 个科的北方植物区系中,发现了 465 个种间杂种。

在自然界中,同一属不同的种通过相互传粉而产生天然杂种(natural hybrid),杂种随之与其亲本回交，使一个种的基因逐步渗透到另一个种之中，这种现象称为种质渐渗（introgression）。种质渐渗可以分为3个时期：①开始形成杂种一代；②杂种一代与亲本树种之一回交，或与双亲回交；③通过自然选择，选出一定的有利的重组类型（图7-3）。例如，美国火炬松分布区的西部种源对锈病的抗性比其他地方的种源强，可能是由于分布区内短叶松种质渐渗的结果。在日本，赤松与黑松的花期相差1周左右，虽然两个树种之间有隔离，仍时常发生天然杂交，而且这种天然杂种比它的双亲赤松和黑松的表现都好。

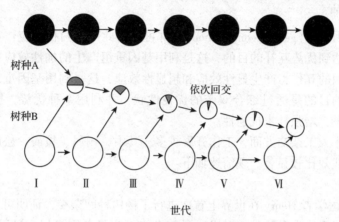

图 7-3　树种种质渐渗示意

天然杂交经常发生在两个种的接壤地带。油松、云南松、马尾松、黄山松、高山松（*Pinus densata*）等树种接壤处，由于相互传粉，容易发生种质渐渗，出现天然杂交。吴中伦（1956）在对我国松属研究中首次提出高山松可能是油松和云南松的种间杂种。王晓茹等（1990）利用RFLP（限制性片段长度多态性分析）技术和cpDNA（叶绿体基因组）异源探针证明了高山松种群内有油松和云南松的叶绿体基因组，RFLP分析证实了高山松是油松和云南松的渐渗杂种。

天然杂交也经常发生在生境遭到干扰的地带，如耕种、放牧和火灾的地带。长叶松（*P. palustris*）与火炬松（*P. taeda*）在美国路易斯安那州和北卡罗来纳州形成了杂种集群。生境遭到干扰的地区会产生另一种小生境，在这种生境中，原来亲本种不能很好适应，而杂种却生长得很好。这种生境称为"杂种生境"，通常这是建立大规模杂种或衍生种的先决条件。

松、落叶松、杨、柳、栎、桉、泡桐等属中多见天然杂交。由于天然杂种广泛存在于自然界中，变异十分丰富，又经历了自然选择，是遗传变异的主要来源，应重视对它们的选择和利用。例如，美洲黑杨于18世纪引入欧洲后，作为绿化树种，与欧洲黑杨（*Populus nigra*）栽在一起，由于没有地理隔离，两者又容易杂交，由此产生了许多天然杂种。1819年记载的第一个天然杂种，由 Monch 于1889年定名为加杨（*P. canadensis*）。在自然状态下，这些杂种与其亲本回交，或与杂种交配，产生了一系列新杂种。著名的 I-214 杨是1929年从美洲黑杨（*P. deltoides*）的栽培种与欧洲黑杨的天然杂交实生苗中选育出来的。我国杨树在天然林分和栽培群体中，蕴藏着很多优良天然杂种，并具有显著的杂交优势。如银灰杨（*P. canescens*）是银白杨（*P. alba*）与欧洲山杨（*P. tremula*）的天然杂种，在我国新疆有大面积的天然分布；白城杨是小叶杨(*Populus simonii*)与钻天杨(*P. nigra* var. *italica*)的天然杂种，在白城铁路林场，21年生树高达19 m，胸径达37.1 cm，材积达0.841 24 m^3，分别是小青杨(*P. pseudo-simonii*)的147.4%、167.1%和394.1%；赤峰杨是赤峰地区选出的小叶杨与钻天杨天然杂交种，在水分条件好的平地，生长量超过小叶杨的40%，在干旱瘠薄的沙地，赤峰杨比小叶杨快1~3倍。

7.4.2 人工杂种

杂交导致基因重组(gene recombination)，并可能由此产生两种效应：一是集中父母双方的有利基因，达到优势互补的目的，这是利用基因重组产生的加性效应；二是等位基因间和非等位基因间的互作，产生显性效应和超显性效应，这是利用基因重组产生的非加性效应。人工杂交的目的是通过综合双亲的优良性状，并利用杂种优势，提高树种的生长量，改进产品质量，增强林木抗逆性。

国内外在树木人工杂交方面，工作开展较多，其中，杨属、桉属、松属和落叶松属等树种的杂交育种成效比较显著。现简述如下：

(1) 杨属

1912年，英国学者Henry在世界上首次进行了杨树种间杂交，证明可以通过杂交综合父母的性状，并显示出杂种优势。从此，种间杂交一直是各国杨树育种采取的主要手段。我国的林木杂交育种是以杨树为起点的。1946年，叶培忠教授在甘肃天水开展了白杨派杂交工作；1954年，徐纬英教授等采用多亲本、多组合进行大规模、有计划的杨树杂交育种，到了20世纪70年代，全国已培育出一批速生、优质、抗病的杨树新杂种及其优良无性系。如钻天杨与青杨人工杂交培育出的北京杨(*P.* ×*beijingensis*)，以小叶杨为母本、钻天杨及旱柳的混合花粉(1:8)为父本进行杂交，通过选择培育出的群众杨(*P.* × *populatis*)和以小叶杨为母本、钻天杨为父本的人工杂交选育出的合作杨(*P. simonii* × *P. pyramidalis*)等杨树杂交品种。1982年，国家科技攻关项目开展了以黑杨派杨树为中心的杂交育种工作，选育出'中林46号'杨、'中林三北1号'杨、'南林80121号'杨等无性系。

(2) 桉属

桉属包括700余个种和变种，遗传基础极为广泛，种间杂交产生杂种优势的潜力巨大。国外20世纪70年代就有目的、有计划地开展桉树杂交育种，杂交育种作为桉树遗传改良主要途径，一直受到广泛的重视，并且取得了显著的成效。如巴西Aracruz公司培育的巨桉×尾叶桉杂种(*Eucalyptus grandis*×*E. urophylla*)，不仅生长快，无性系人工林年均材积达到55 m^3/hm^2，而且萌芽力和树干溃疡病抗性比巨桉纯种表现好。南非培育的巨桉×赤桉杂种(*E. grandis* ×*E. camaldulensis*)的速生性、抗旱性和造纸性能显著优于种内改良繁殖材料。

我国桉树杂交育种始于60年代，但早期引种工作因基因资源有限，杂交育种工作进展较慢。中国林业科学研究院热带林业研究所于1985年开始与澳大利亚农业研究中心合作，开展桉属树种、种源和家系试验，引进了63个树种的258个种源和572个半同胞家系。在此基础上，开展杂交育种。据吴坤明(2001)报道，广东新会的桉树杂种试验林中，4年生尾叶桉×细叶桉(*E. tereticornis*)优良杂交组合的平均单株材积比母本自由授粉子代高

251.56%，8年生时最优单株高近30 m，胸径36.8 cm。

(3) 松属

20世纪20~50年代松属杂交研究较热。美国加利福尼亚州的林木遗传研究所从1924年起，陆续用近80种做了4500多个杂交组合。东北林业试验站则以五针松为重点，做了东西两半球17种120多个组合的杂交。1980—1982年，苏联在乌克兰林业研究所也做了近200个组合的松属种间杂交。从20世纪50年代开始，德国、比利时、希腊和南斯拉夫等国也以当地乡土松树为主，以外来松树为父本进行了大量种间杂交。日本从1955年开始，在20年间也开展了东西两半球双维管束亚属多种温带松树间的杂交。澳大利亚为提高外来松树的生产力，进行了热带和亚热带松类种间杂交，已得到147个种间杂种，其中不少表现出杂种优势和所需优良特征。但由于生产杂种困难，所以在生产中应用有限。韩国于20世纪50年代中期大量通过人工控制授粉生产刚松（*Pinus rigida*）和火炬松（*P. taeda*）杂种，生长量接近火炬松，为刚松的2倍多。现该杂种造林已占全国造林总面积的20%。松属杂交育种成功的实例还有火炬松×短叶松（*P. banksiana*）、欧洲赤松（*P. sylvestris*）×欧洲黑松（*P. nigra*）、日本黑松（*P. thunbergii*）×马尾松（*P. massoniana*）等。

我国于20世纪60年代开展松属杂交育种工作。自1961年起，南京林业大学在油松和南方松各派间做了约30个杂交组合。在刚松×火炬松、黑松（*P. thunbergii*）×长叶松（*P. palustris*）、黑松×云南松等杂种中都见到杂种优势。在70年代中期至80年代，广东省的湿地松（*P. elliottii*）×古巴加勒比松（*P. caribaea*）研究，结果表明：杂交育种可取得较高的经济效益。广东省林业科学研究院国外松项目组于1991年系统开展了以湿地松作母本、加勒比松作父本的杂交育种研究，年配制及生产杂交组合100多个，获得有明显杂种优势的优良杂种后代，通过扦插繁殖手段，大量推广湿加松优良组合。2007年，中国林业科学院林业研究所在广东省遂溪、阳江和湛江对加勒比松杂种松的22个杂交组合进行了生长性状调查，其中遂溪和阳江的试验林为13年生，湛江的试验林为11年生。结果表明：有多个杂交组合在生长上超过加勒比松古巴变种（*P. caribaea var. carlbaea*）。加勒比松与湿地松的种间杂交、加勒比松的种内杂交均可在生长性状上表现出一定的杂种优势。

(4) 落叶松

从1900年欧洲落叶松（*Larix decidua*）与日本落叶松（*L. kaempferi*）杂种在苏格兰发现以后，落叶松杂交育种便在很多国家和地区开展。1926年，丹麦发现日本落叶松×欧洲落叶松杂种10年生时的生长显著高于日本落叶松。日本落叶松和兴安落叶松的杂种在日本最北的岛屿北海道表现良好，杂种一代的生长速度与日本落叶松相近，但耐寒性及抗鼠害能力较强。据Gother报道，联邦德国Schlitz地区1954年栽培的欧洲落叶松×日本落叶松杂种，到1987年生长量仍然超过双亲平均值，树高超过12%~14%，胸径超过9.0%。

我国于20世纪70年代初开展了落叶松杂交工作。东北林业大学、原中国科学院林业土壤研究所和黑龙江林业科学研究院先后得到了日本落叶松和兴安落叶松正反交、日本落叶松×长白落叶松等杂种，并对杂种生长、材性、抗逆等性状进行了研究。如黑龙江省林业科学研究所自1979年建立第一批落叶松杂种试验林以来，以日本落叶松、兴安落叶松和长白落叶松为对象，开展落叶松杂种优势的研究，生产了大量落叶松种间杂种，建立起一大批杂种试验林。

此外,我国在泡桐、榆树、柳树、刺槐、鹅掌楸和银杏等树种中作了不少的杂交育种工作。其中,杂种鹅掌楸是叶培忠教授于 1963 年首次以鹅掌楸属(*Liriodendron*)的鹅掌楸(*L. chinense*)和北美鹅掌楸(*L. tulipifera*)为亲本育成的种间杂种。30 多年的栽培试验表明,该杂种不仅在生长和适应性等性状上表现出强大的杂种优势,而且具有树形美观、枝叶浓密、生长期长、花色鲜艳等特点,已成为中国南方地区重要的庭院绿化优良树种。

7.5 杂交方式与亲本选择

7.5.1 杂交方式

杂交时,供应花粉的植株称作父本,以符号"♂"表示;接受花粉,发育成果实和种子的植株称作母本,以符号"♀"表示,字母"P"表示亲本;乘号"×"表示有性杂交,母本写在前面,父本写在后面。例如,杂交组合钻天杨×青杨,即表示钻天杨为母本,青杨为父本。从杂交所得的种子及其长出的植株,为杂种第一代,用"F_1"表示。

在杂交育种中,为了得到预期效果,常常采用不同的杂交方式。最常见的是选配两个亲本进行一次杂交。当一次杂交不能达到育种目标时,还可以采用回交和复式杂交。

(1) 单交

单交(single cross)是两个亲本进行一次杂交。如北京杨是钻天杨×青杨杂交培育出来的。单交可采用正交和反交。如果 A×B 为正交,则 B×A 为反交。在细胞质不参与遗传的情况下,正交和反交杂种后代应当是一致的。但是,如果细胞质参与遗传,杂种性状倾向于母本。例如,以黑杨派为母本,毛白杨为父本,生长速度与母本相似,甚至优于母本,而反交,则杂种苗一般生长较慢。毛白杨插条不易生根,若作母本进行派内种间杂交,多数杂种插条生根仍难,若作父本,与插条生根容易的杨树进行杂交,杂种插条较容易生根。在育种工作中,通常用花期较晚,优良性状多的乡土树种作为母本。此外,还应根据杂交亲本花粉生活力、胚败育等情况,确定两个亲本中哪个作父本或母本。

(2) 回交

林木杂交育种运用回交方法至少有两个用途:第一,使轮回亲本优良性状在后代中得以恢复或加强。根据遗传学理论和实践,随着回交次数增加,后代的轮回亲本性状逐代加强。例如,刚松×火炬松的 F_1 代生长优于母本,但是抗寒性不如母本,通过 F_1 与母本回交,F_2 代抗寒性得到提高。又如,Frage 等(1980)做过火炬松×萌芽松杂种与火炬松回交,得到杂种,其生长等于或优于火炬松,而且较火炬松抗锈病;第二,克服远缘杂交不可配性。远缘杂交常出现杂交不可配的问题,通过用亲本之一作轮回亲本回交,可以逐代提高远缘杂种的结实性。如毛白杨不易交配结实,特别是毛白杨作母本时尤其困难。北京林业大学用毛白杨与新疆杨的杂种作母本,用毛白杨回交,每个蒴果所含种子数和发芽率显著提高。

回交和自交一样,随着世代增进,后代中纯合体的比例按下式增加:

$$f = \left(1 - \frac{1}{2^r}\right)^n \tag{7.3}$$

式中,f 为纯合体频率;r 为回交世代数;n 为独立遗传的杂合基因对数。

（3）复式杂交

复式杂交（multiple cross）是指用两个以上的品种经过两次以上的杂交。复式杂交的优点有两个：一是集多个亲本的优点；二是丰富杂种的遗传基础。其目的是创造具有遗传基础宽，变异幅度大的后代群体，从中选育更优良品种。根据第二次杂交使用的亲本遗传组成，可分为三亲杂交和双杂交（double cross），其中双杂交又称为四亲杂交。

①三亲杂交：指两个种杂交后，再与另外一个种杂交的方式。如下图为南林杨杂交育种过程：

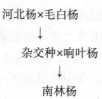

②双杂交：是指四个种先配成两个单交杂种，然后两个单交杂种再进行杂交。如下图所示：

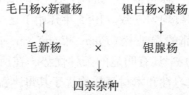

由于生产水平不断地提高，对育种目标性状的要求越来越多，在要求高产、优质的同时，还要求适应性强。要将这些优良性状集中在一个新品种中，仅靠单交是很难成功的，用多个亲本，通过多次杂交，有可能获得理想的结果。正因如此，复式杂交成为目前杨树育种中主要的杂交方式之一。复式杂交对于提高远缘杂交可配性也有一定的作用。张金凤等（1999）对 8 个白杨派基因型和 5 个黑杨派基因型组成的 21 个杂交组合进行了黑杨派-白杨派间杂交试验，结果表明：单交组合没有得到苗木，20% 的三交组合和 67% 的双交组合得到了苗木，其中有的双交组合的杂种苗生长旺盛。

7.5.2　杂交亲本的选择和选配

亲本选择是指根据选育目标，从育种资源中选用性状优良的植株作为杂交亲本。亲本选配是指从入选亲本中选用哪两个亲本作杂交，这里有一个合理搭配的问题。正确选择和选配亲本是杂交工作成败的关键。

7.5.2.1　杂交亲本植株的选择

在杂交组合确定后，要选择优良的植株作亲本。一般来说，应选择优树作为杂交亲本。现在各地已建立优树收集区和种子园，可以利用种子园的无性系进行杂交。

在未选优的用材树种中进行杂交，对亲本植株要求如下：

①树木通直、圆满，尖削度小，树冠完整，枝叶茂盛，生长快，材质优良；

②抗性好，生长健壮，无病虫危害；

③达到正常开花结实年龄；

④冠形较窄，均匀对称，分枝角度小，自然整枝好；

⑤对于扦插繁殖的树种，要求亲本植株的插条容易生根。

7.5.2.2 亲本选配的原则

(1) 根据育种目标选择亲本

如果育种目标是速生丰产，则应选择速生树种为亲本。同样，如果育种目标是抗病，则应选择抗病强的树种。如1904年美国板栗普遍发生严重的栗疫病，几乎整个板栗林被毁，后来用中国板栗与美国板栗杂交，获得的杂种栗生长快且抗病。

(2) 选择原产地、生态类型差异较大的种源，或亲缘关系较远的树种做亲本

这类亲本杂交，遗传基础较宽，能达到性状互补目的，还常常会出现一些超过双亲的优异后代。杨树杂交育种经验表明，用两个高纬度起源的种在中纬度地区培育不出生长期长的速生类型；两个低纬度起源的种在中纬度地区不能育出适时封顶、适时木质化的类型；用低纬度的种与高纬度的种杂交，在中纬度地区可能形成最适应的类型。

(3) 选择性状互补的材料作亲本

亲本双方的优缺点能够互补，亲本优良性状突出，容易达到育种目标。澳大利亚在引种中发现湿地松树干通直圆满、林相整齐、抗风力强、耐水湿，而加勒比松生长快、抗风力差、树干扭曲、变异大、木材均匀一致。1955年开始了这两个树种的杂交育种试验。结果表明，美国佛罗里达州北部的湿地松(*Pinus elliottii* var. *elliottii*) ×洪都拉斯加勒比松(*P. caribaea* var. *hondurensis*)的F_1具有明显的杂种优势，在所有立地上，生长速率、木材和纸浆产量、抗旱能力、分枝习性和木材品质均优于其母本湿地松，其树干通直度、抗风能力、耐水渍能力、抗寒能力、木材密度和强度均优于其父本洪都拉斯加勒比松，商品林材积比亲本增加30%以上。

(4) 选用配合力高的材料作亲本

首先根据一般配合力选择亲本，但由于一般配合力高的亲本杂交，不一定能产生优势的杂种，因此，需进一步根据特殊配合力选配杂交组合。澳大利亚昆士兰州总结过去30多年的湿地松和洪都拉斯加勒比松等松树杂交育种经验，认为不同的树种、种源、家系和无性系间的杂种，生长表现差异极显著。

(5) 根据亲本性状遗传力和正反交的可配性选配亲本

通过了解已知各树种重要性状的遗传参数，将有助于合理选配亲本组合。例如，小叶杨的抗寒性和抗旱性和钻天杨的窄冠性状遗传力较高，如果以培育抗旱、抗寒、窄冠品种为目标，可考虑将两者作为杂交组合。在林木杂交试验中，经常看到杂交组合正反交的可配性是不同的现象。例如，毛榆(*Ulmus wilsniana*) ×榔榆(*U. parvifolia*)能产生杂种，但反交却失败了。欧洲白榆(*U. laevis*) ×榔榆杂交未成功，但反交能产生种子。张金凤(1999)的杨树杂交试验表明，黑杨果实成熟期长达两个多月，尽管采用了靠接雌花枝的措施，但大多数用黑杨作母本的组合仍由于营养不足和杂交障碍的原因，果序提前脱落，没有得到种子，而白杨作母本的组合大多得到了种子。

(6) 利用种内遗传变异选配亲本

国内外许多研究表明，树种在种源、家系和无性系等水平存在丰富遗传变异，并且这些变异显著影响杂交育种效果。Cellerino(1976)从美国引种18个种源52个家系的美洲黑杨种子，每一家系测20个无性系，内容包括对褐斑病、锈病、疮痂病及早春低温的反应，

结果南方种源对上述 3 种病害是抗病的，并把它与南方型欧洲黑杨杂交，育成适应南欧的南方型欧美杨。据宗亦臣等(2011)在广东遂溪、阳江和湛江 3 地点的试验结果，在 11 年生、13 年生的杂种松中，以加勒比松古巴变种优良家系为父母本进行的种内杂交获得的优良杂种松，以及与湿地松优良家系进行种间杂交而获得的杂种松组合，均有在胸径、树高和单株材积方面明显超过对照加勒比松古巴变种的组合。

7.6 人工杂交技术

7.6.1 开花生物学

杂交前要了解亲本树种花的构造。阔叶树种大多数为双子叶被子植物。被子植物花的构造变异很大，有两性花(bisexual flower)和单性花(unisexual flower)之别。泡桐、刺槐、榆树、桉树、楸树、油茶、鹅掌楸等在同一朵花中有雌蕊和雄蕊，属两性花。单性花有两种情况，一种如杨树、柳树等树种，雌、雄花分别着生在不同植株上，有雄株和雌株之分；另一种如胡桃类、壳斗科等树种，雌雄花在同一植株的相同枝条上。对于两性花，杂交前要先去雄蕊。被子植物柱头分泌黏液，固着花粉，花粉在柱头上膨大，花粉管穿透花柱组织，到达胚珠，释放出两个精核，一个与卵结合，发育成胚(二倍体)，另一个与极核结合，发育成胚乳(三倍体)。针叶树雌、雄球花不少着生在同一枝条上，松属树种头年春末夏初开花，到第二年秋才能收获种子，从传粉到结实需 1 年以上。有关针叶树种开花生物学知识详见第 10 章。

进行开花物候观察，准确掌握杂交亲本的开花期，以便不失时机地收集花粉和适时进行人工授粉，是杂交育种的重要环节。雌雄同株的树木，常有雌雄异熟现象。即在雌蕊尚未成熟前，花药已经开放散粉，这类植物称为雄花先熟型；反之称为雌花先熟型。不同树种、同一树种的不同种源、同一种源的不同个体、同一个体在不同年份，其开花物候期不尽相同。例如，据吴坤明(1997)报道，在广东省，尾叶桉的盛花期在 9 月中下旬至 10 月中下旬，少数植株在 11 月至翌年 1 月；窿缘桉(*Eucalyptus exserta*)的盛花期在 6 月中旬至 7 月上旬；巨桉和粗皮桉 8~9 月开花；柳桉 5~6 月开花。

杂交要求两个亲本的花期一致，否则将给杂交工作造成困难。调整花期的目的，就是使亲本双方花期相遇。花期可用人工方法调整。例如，为了使杨树、柳树等树种提前开花，可把杂交用的花枝放入温室，插在水瓶中培养，控制温度和光照；为了推迟开花，把它放在低温阴暗地方。凡花期相差几天到 1 个月的杂交组合，如白杨×胡杨、柳杉×杉木等组合，因父本的花期比母本的花期晚，可以预先对父本进行催花，或抑制母本使之延期开花。但有的树种花期相隔太远，如榔榆与白榆，前者在秋天开花，后者在春天开花，这就无法用上述措施来调整，只能用贮藏的花粉进行杂交。在通常情况下，如果杂交双亲的花期相同，也须把雄花枝提前 3~5 天放在较温暖的地方，使之先开花，以便及时收集花粉备用。

7.6.2 花粉技术

(1)花粉采集

为了保证杂交工作正常进行，必须在雌花开放之前准备足够的花粉。花粉按其授扮方式有风媒花和虫媒花两种。风媒花树种的花粉数量多,质轻且干,可从树上直接采集,或采集花枝收集花粉。为了提前得到花粉,可以提前切取花枝到温室培养。杨树、柳树、榆树、白蜡等树种杂交育种常常采用这种方法。切取花枝的时间因树种而异,通常情况下,在花粉母细胞减数分裂以前采集花枝培养,花粉发育受到抑制。所以,杨树在自然散粉前10~15天采条水培,能得到正常花粉。虫媒花树种的花粉数量少,粒大且黏,采集方法可于开花前数日,采集即将开放的花蕾,取出花药(勿带花丝),放进培养皿或其他容器内,贮藏备用。不同花期的花粉质量有明显差异。李周岐等(2000)研究了鹅掌楸属花期与花粉质量的关系,结果表明:同一单株花粉品质随开花时期不同而呈规律性变化,以盛花期花粉萌发率为最高。姜景民(1999)研究了木兰科木兰属、含笑属树种花粉品质与花的开放阶段的关系,结果表明:以花的半开期的花粉萌发率最高,此时花瓣初张,花药近于开裂或始散粉,易于采集处理。当父母本花期重合时可直接采盛开期花药花粉授粉,而贮藏花粉则应在半开期采集花药,室内处理。

(2)花粉贮藏

在自然条件下,花粉容易丧失生活力。因此,暂时不用的花粉要立即贮藏,妥善保存。花粉的寿命随树种而异。有些树种的花粉在自然条件下数天就失去发芽力,而有些树种的花粉在适当的温度和干燥条件下可保存数年。花粉寿命的长短,对杂交育种很重要。如果能延长花粉的寿命,则开花晚的亲本也可以和开花早的杂交。例如,杉木的花期虽比柳杉晚1个月,但可使用头年贮藏花粉做杂交。

花粉贮藏期的长短与花粉壁的性质以及在贮藏期间花粉的原生质的代谢有关。贮藏期间可溶性糖类和有机酸消耗较少的花粉,保持生活力的时间长。但是,控制温度和湿度等条件对延长花粉的寿命有重要影响。低温、干燥、黑暗有利于保存花粉生活力。一些松树花粉贮藏条件和发芽情况见表7-2。多数树种的研究结果表明,控制温度更为关键。如许多桉树花粉可在室温贮藏35天,但在-16℃条件下,贮藏1年仍保持高的活力。

表7-2 松树花粉贮藏条件和发芽率

树 种	贮藏条件			发芽率	
	温度(℃)	相对湿度(%)	贮藏期(d)	贮藏前	贮藏后
班克松	2	25.75	365	90	90
欧洲黑松	5	0	920	80	20
欧洲黑松	5	60-80	378	80	10
美国白松	18	25	413	93	20
美国白松	18	15-35	365	90	70
美加红松	4	25	413	93	70
美加红松	0	50	413	93	91
欧洲赤松	2	25-75	365	90	90

注:引自 Khosla,1981。

据 Ahlgren 等实验，白松（*Pinus ayacahuite*）花粉在硅胶中深冻干燥 48 h 抽气 20～30 min，当水银柱高为 2 mm 时，密封于安瓿瓶中，在 5℃下贮藏 8 年。用贮藏花粉作控制授粉，所得有生活力的种子数并不减少。据吴坤明等（1997）报道，经干燥处理的桉树花粉，装入小玻璃瓶内，用医用注射器抽去瓶内的空气，置冰箱冰冻室内，保持在 -22～-18℃的低温下，贮藏 42 个月的细叶桉和窿缘桉的花粉，其发芽率仍分别为 66.4% 和 60.4%。

收集的花粉经去杂质后，进行干燥。多数针叶树种最适宜的贮藏含水量为 8%～10%。当干燥到这个程度时，花粉松散，不黏附玻璃皿壁，倾倒时能像水一般流动，可分装到指形管或其他小容器中。干燥后可把花粉装在器皿内。不论盛在任何容器，都不宜过满。为了使花粉保持干燥，常采用干燥器。干燥器内放置氯化钙，在 0℃条件下可控制相对湿度为 32%；用比重为 1.45 的硫酸，在 4℃条件下，可控制相对湿度为 30%；用硅胶，可干燥到 5% 左右；用醋酸钾饱和溶液，可使湿度保持在 22% 左右；用石灰，可控制湿度在 25% 左右。

(3) 花粉生活力测定

为了保证杂交成功，对经过长期贮藏或从外地寄来的花粉，授粉前需要测定花粉的生活力。测定花粉生活力的方法有直接测定和间接测定两种。对于部分阔叶树种可采用直接测定法。先把花粉直接授在植株的柱头上，隔 2～3 天采集已授过粉的柱头，用固定液固定，通过染色，在显微镜下观察。若花粉具有生活力，可看到染过色的花粉管伸入柱头组织。间接测定是人为创造特定条件，鉴别花粉生活力。如有生活力的花粉粒在培养基上能长出花粉管，这种测定方法称为培养基法；有些酶能使有生活力的花粉粒产生氧化—还原作用而着色，这种方法称为染色法。与培养基法比较，染色法简便，但检测出有生活力的花粉偏低。有关花粉生活力鉴定的具体操作参见相关实验、实习指导书。

7.7 杂交方法

树木杂交主要有两种方法，即室内切枝授粉和树上授粉。

7.7.1 树上杂交

松、杉、落叶松等开花结实过程长的树种，都是树上杂交。控制授粉的操作过程如下：

(1) 去雄

雌雄异株或雌雄同株异花的树种，只需分别套袋而不必去雄。两性花在杂交前则必须将雄蕊除去，以免自花授粉。去雄要在花粉成熟前进行，最适当的时期是当花朵张开，花粉呈绿色还未成熟的时候。但对于刺槐这类树种，在开花前就已散粉，可在花瓣初裂时，取出花内的花药。完成一个亲本的去雄后，用 95% 酒精消毒干净后再对下一个亲本去雄。已确知自花不孕(self-sterility)的树种，或自交不亲和(self-incompatibility)的树种，不必去雄，开花前套袋即可。

(2) 套袋隔离

为防止其他花粉的侵入，人工授粉前必须对雌花套袋隔离。若为单性花，凡从外部形态能清楚识别雌花芽的，在雌球花突破芽鳞时，可套袋隔离。雌雄异株的树种，如果附近没有同种雄株，可以不套袋。隔离袋的大小，因树种而异，松树雌球花生在当年生嫩枝的顶端，并随着嫩枝伸长，因此要用 5 cm×28 cm 或 7.5 cm×30 cm 的隔离袋；杉木控制授粉常用 15 cm×25 cm 的隔离袋。隔离袋的材料必须能防水、透光、透气。一般可采用薄而透明、坚韧的材料制成。风媒花树种，如杉木、松树等可用羊皮纸或硫酸纸做的袋子，这种袋透明、透气，又便于授粉和观察雌花的发育。虫媒花可用细纱布或细麻布作袋子，袋子的两端都开口，顶端向下卷折，用回形针夹住，下端缚在老枝上。因为当年生嫩枝脆弱易断，扎缚处须用棉花裹衬，以免风折或机械损伤，并防止昆虫潜入传粉。

(3) 授粉

要事先调查雌花开放的时期和雌蕊最适合接受花粉的时间。对阔叶树种，一般用棉花球或毛笔蘸着花粉授粉。针叶树授粉使用授粉器，或用改装的喉头喷雾器喷射花粉。授粉 1~3 天后，柱头开始变干，雌球花的胚珠变色、萎缩，说明授粉良好。如柱头仍膨大、湿润，应重新授粉。为了保证授粉充足，可隔日再授一次粉。不同杂交组合的授粉应更换授粉器，防治花粉污染。授粉后，必须在着生授粉雌花的枝条上挂牌标记，并做记录。在正常情况下，授粉 3~10 天后，柱头因已受精而干枯，雌球花珠鳞增厚，闭合，这时应拆除隔离袋，以免妨碍杂种果实的发育，为防虫、鸟危害，可改套网袋。

7.7.2 切枝杂交

杨树、柳树、榆树等树种，由于种子小，成熟期短，从开花到种子成熟仅需要 1~2 个月，可以将花枝剪下，在室内杂交。室内杂交比树上杂交方便，通过控制室内温度和调节枝条进入温室的时间，可以克服双亲花期不遇，便于隔离和操作管理，也可减少外界不利因素，如晚霜、风雨等影响。室内切枝杂交(cutting cross)包括花枝采集和修剪、花枝水培管理、去雄、隔离和授粉、果实发育期的管理、收获种子等若干过程。具体操作见有关实验、实习指导书。

7.7.3 克服远缘杂交不亲和性的方法

树木远缘杂交不像种内杂交那么容易，可能出现杂交不亲和、杂种不育现象。所谓杂交不亲和性(incompatibility)，是指由于亲缘关系较远，在漫长的进化过程中，形成了各种隔离机制，主要表现如下：①由于双亲亲缘关系较远，柱头环境和柱头分泌物差别太大，导致花粉不能在对方柱头上发芽；②花粉管生长缓慢，或花粉管太短，不能达到胚囊；③花粉管虽然能达到胚囊，但受精不正常；④胚停止发育、落果等。亲缘关系越远，不亲和现象越明显。所谓杂种不育性(sterility)，是指远缘杂交所得种子不能发芽或幼苗夭折，一些杂种虽能成活，但不能开花结实，或虽能开花结实，但配子败育，不能繁衍后代。下面简要介绍一些克服远缘杂交不亲和性的方法。

(1) 正确选择亲本和杂交组合

选择亲本时，除根据育种目标，选择优良性状多的类型作为杂交亲本外，还要考虑到远缘杂交的可配性。例如，黑杨派、青杨派为母本与白杨派为父本杂交容易，但若白杨派为母本，则杂交困难。

杂种起源的亲本杂交容易成功。如杨属中胡杨是难以杂交的树种，南京林业大学用响叶杨（Populus adenpoda）×毛白杨的杂种与胡杨杂交，得到了杂种苗。新疆八一农学院用苦杨（P. laurifolia）×钻天杨的杂种与胡杨杂交也得到了杂种。

（2）中介亲本法

如果两个种杂交不亲和，可先由其中一个种与第三者杂交，杂种再与另一个种杂交，这种中介方法，有可能获得杂种。例如，黑杨派与白杨派直接杂交，由于两者的亲缘关系较远，杂交亲和性（cross affinity）很差。北京林业大学（1989）研究了白杨派种及杂种间杂交的杂交方式和杂交难易程度，发现杂种在杂交可配性方面优势突出且子代杂种优势明显，选出毛新杨（P. tomentosa×P. bolleana）×毛白杨、毛新杨×银灰杨2个最佳组合。

（3）喷父本柱头液和花粉提取液处理柱头

远缘杂交不孕的原因之一是父本花粉不能在母本柱头上发芽。柱头分泌的液体，通常能刺激母本柱头上亲缘关系近的花粉发芽。因此，可在授粉前采集一些父本的柱头，研碎后涂抹在母本的柱头上，或将父本的柱头移植到母本柱头上，然后授粉。胡杨与杨属其他派树种杂交具有严重的不亲和性。李驹等（1980）用小叶杨花粉提取液处理胡杨的柱头，获得小叶杨×胡杨杂种。彭儒胜等（2013）用美洲黑杨花粉提取液处理胡杨的柱头，也有效克服美洲黑杨与胡杨杂交受精前障碍。

（4）特殊授粉方法

①蒙导花粉授粉　据研究，成熟花粉粒壁上的蛋白质根据存在的部位分为内壁蛋白和外壁蛋白。外壁蛋白是由花药绒毡层合成的一种特异蛋白质，贮存在花粉粒的外壁中，对柱头与花粉的识别起主要作用。将有亲和性的花粉用放射线等方法杀死，但花粉壁蛋白没有发生变化，然后与不亲和性的花粉混合。没有生活力的亲和性花粉称为蒙导花粉（mentor pollen），其蛋白质作为"认亲"物质，可以"蒙骗"柱头，接受不亲和性花粉，达到受精的目的。Knox等（1972）在克服美洲黑杨×银白杨杂交不亲和的试验中，把亲和的花粉用γ射线杀死后，作为识别花粉与不亲和的花粉混合，授于柱头上，于是识别花粉扩散出的粉壁蛋白布满柱头，而不亲和的花粉可借此识别物质进入柱头，结果得到杂交种子。

②混合花粉授粉　混合花粉能突破远缘杂交不亲和的障碍，是由于不同花粉相互影响，改变了授粉的生理环境，解除母本柱头上分泌的某些有碍异种花粉发芽的特殊物质的影响，有助于花粉发芽和使花粉管迅速而顺利地穿过花柱组织。李毅等（2002）以箭杆杨为母本，用胡杨花粉和5000R射线辐射处理的毛白杨花粉混合授粉，经强度筛选得到箭胡毛杨，经RAPD标记证明，该品种为胡杨和箭杆杨的杂种，它既保持了箭杆杨的窄冠、速生特点，也拥有胡杨抗旱、抗寒、耐盐碱和抗病虫特点。

自20世纪70年代以来，不少学者对蒙导花粉和混合花粉授粉作了大量的研究，目前对其有效性和机理仍在探讨中。

③重复授粉　处在不同发育时期同一母本柱头，其成熟度和生理状况都有差异。所以，在不同发育时期进行重复授粉可能会遇到最有利的受精条件，以提高结实率。西北农业大学曾报道利用此方法得到葡萄与番茄的远缘杂交种。

④提前或延迟授粉　一般而言，母本柱头对花粉的识别或选择能力在未成熟和过熟时最低。所以，在开花前1~5天或开花数天后授粉，可以提高结实率。在小麦、红三叶草、

烟草和甘蓝等远缘杂交中已有成功的报道。

⑤预先无性系渐近法　把两个不易杂交的树种嫁接在一起，由于砧木与接穗营养物质相互同化，使之生理上逐渐接近，然后进行杂交。例如，花楸(*Sorbus*)和梨(*Pyrus*)是不同的属，两者不能交配，苏联米丘林曾将普通花楸与黑色花楸先行杂交，将杂种幼龄实生苗嫁接到成年的梨树上，经6年砧木的影响，两者在生理上逐渐接近，当杂种花楸开花时授梨的花粉，成功地获得了梨与花楸的远缘杂种。沈阳农业大学于1955—1958年曾把苹果高接到梨的树冠上，开花后用梨的花粉授粉，获得了苹果与梨的杂交种。

对于杂种不育，可根据具体原因，采用胚胎离体培养、杂种染色体加倍、杂种回交等方法加以克服。

7.8　杂种的测定、选择和推广

杂交是基因重组的过程，是创造遗传变异的手段。但杂交不等于杂交育种，因为并不是所有杂种都表现优良，而是需要对其作进一步选择。杂交育种包括通过杂交获得杂种，对杂种进行遗传测定和选择，以获得优良品种的过程。

7.8.1　杂种苗的培育

杂种种子的育苗原则上与常规育苗相同。但由于杂种种子数量少，育苗工作应特别仔细。杨树、柳树、泡桐等小粒种子可在温室盆播，幼苗移至杂种圃，松类可采用营养杯育苗。杂种种群越大，选择具备所需性状的杂种的可能性也越大。因此，第一，要采取有效的育苗措施，以生产最多杂种苗；第二，要保证培育条件的一致性，只有条件一致，才有可能进行客观的评定和选择；第三，要注意防止混淆，应及时做好挂牌、观测、登记等工作。

7.8.2　杂种的测定和选择

杂交产生的子代，个体间有遗传差异，只有通过选择才有可能把具有优良遗传基础的个体挑选出来。选择应贯穿于杂交育种的全过程。从杂种萌发到品种试验，都要对繁殖材料进行不断的观测、鉴别，并根据育种目标进行选择和淘汰。

杂种选择的时期不一，可以在苗期进行，也可以在幼龄时或成龄后选择。耐寒、耐旱和抗病虫害能力在苗期或幼龄期一般能够表现出来，短轮伐期速生树种在这个时期鉴定生长性状也有一定的把握。

不同树种因繁殖方式不同，选择和鉴定的程序也有所不同。下面以中国林业科学研究院选育北京杨和意大利选育欧美杨为例来说明。

中国林业科学研究院选育北京杨的工作始于1956年，2年杂交共得种子10 538粒，育成杂种苗506株。这些杂种苗在1年生时高生长就有很大差别，叶形有倾向于父本的，也有偏向母本的。苗木在苗圃生长2年，作第一次选择。淘汰侏儒个体，选择高生长在平均值以上的苗木。第一次中选苗木213株，2年生时于秋天平茬。次年秋，作第二次选择，共选出苗木33株，分别编号，作插条繁殖。由33株苗木繁殖成的混合群体称北京杨。

1963年起，又从这33株苗木中，根据生长、物候、抗叶部病害等特性选出了13株作为原种，并繁育成13个无性系。

我国在杨树、柳树、泡桐等杂交育种工作中，基本上采用了上列选择程序。这样做，能在短期内取得一定成效。但是，由于杂种的性状不可能在苗期完全表现出来，在没有掌握早期鉴定技术之前，苗期选择不可避免会产生错选或漏选现象。因此，选择宜分阶段进行，经较长时期的观测后逐步推广为好。

意大利的黑杨派树种资源并不丰富，天然林少，对残存为数不多的黑杨（*Populus nigra*）天然林作了仔细调查和收集。一方面，积极从邻国引进野生植株，由120株雌株和120株雄株组成未经遗传改良的黑杨良种群体；另一方面，系统地从北美引进不同种源的美洲黑杨，特别是南方种源的棱枝杨（*P. deltoides* var. *angulata*），也由雌雄各120株组成初选改良的美洲黑杨良种群体。对育种群体分两条线工作，同时测定配合力和杂种优势。一是以美洲黑杨为母本，欧洲黑杨为父本，作种间杂交，取得杂种，经无性系测定后，选择杂种优势明显的植株，繁殖成无性系；二是分别在美洲黑杨和欧洲黑杨育种群体内作种内控制授粉，通过子代测定，测定配合力，从中挑选出雌雄各40株组成改良群体。对改良群体，重复上一阶段的工作内容，如此循环，螺旋上升，使育种群体和杂种无性系的遗传品质不断提高。意大利欧美杨的育种程序如图7-4所示。为同时能测定种内各个亲本的一般配合力和杂交组合的特殊配合力，专门制订了一个交配设计方案（图7-5），并相应编制了两个群体多世代组配、测定、选择和种间杂交的方案。

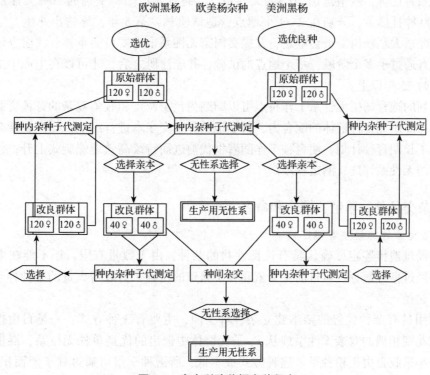

图7-4 意大利欧美杨育种程序

```
           欧洲黑杨                   欧美杨杂种
        1    2    3    5           A    B    C    D
      1×6  2×6  3×6  4×6   6      A×6  B×6  C×6  D×6
      1×7  2×7  3×7  4×7   7      A×7  B×7  C×7  D×7
      1×8  2×8  3×8  4×8   8      A×8  B×8  C×8  D×8
      1×9  3×9  3×9  4×9   9      A×9  B×9  C×9  D×9

                                     美洲黑杨
                                  A    B    C    D
                                A×W  B×W  C×W  D×W   W
                                A×X  B×X  C×X  D×X   X
                                A×Y  B×Y  C×Y  D×Y   Y
                                A×Z  B×Z  C×Z  D×Z   Z
```

图 7-5 意大利欧美杨交配设计

杨树无性系的推广遵循严格的评选程序，评选分 3 个阶段：①初选阶段。将每株杂种苗繁殖成 15 株扦插苗，按 50 cm×200 cm 栽植，栽植当地主栽品种 2 株为对照，第 2 年按抗病性和生长量，选出 25% 的无性系。②复选阶段。将初选无性系按 5 m×5 m 定植，仍以当地主栽品种为对照，第 2 年或第 3 年从中挑选 40% 无性系。中选无性系各繁殖 500 株，营造无性系对比林，从中选出 20% 的无性系。③终选阶段。将中选的 20% 无性系繁殖出 2000~3000 株扦插苗，分别在 2~4 个地点营造试验林，第 5 年，终选出速生、抗病无性系，最后经意大利杨树委员会鉴定，并提交国家无性系审定委员会审核、注册登记。一个无性系只有通过了多个阶段、多个地点的试验，并经注册之后，才可以在生产中推广，这个过程历时 25 年以上。

意大利的选育杨树无性系工作特点可以归纳为：①调查和收集双亲的育种资源，建立育种群体；②研究育种群体的配合力，科学地选择杂交亲本进行组配；③重视杂交亲本改良，制订了长期育种计划，使育种工作随着世代前进而持续高效地螺旋式上升；④制定并执行严格的无性系评选、测定程序。

7.8.3 杂交品种的繁殖、推广和命名

(1) 杂交品种的繁殖与推广

品种经过遗传鉴定，确认具有优良性状的杂种，由于数量有限，还不能在生产上推广，需要经过良种繁育。对目前主要依靠种子繁殖的树种，为取得大量的杂种种子，一般采用如下途径：

①利用具有杂种优势的亲本建立杂种种子园，主要有 3 种方式：一是自由授粉种子园。即把花期相遇的双亲无性系或从 F_1 子代群体中选出的优良单株无性系，混植建立种子园，每年采收自由授粉种子。这种方式成本低，所需种子量可通过种子园面积来调控。其缺点是：一是花期相遇无性系产生的种子不一定都是杂种，杂种更不一定都是优良的。如在兴安落叶松和日本落叶松种子园中，4 年间兴安落叶松母树种子中杂种率变动在

21.3%~74.7%。日本落叶松母树种子中杂种率相应变动在18.5%~36.0%。二是人工控制授粉制种园。澳大利亚采用篱式单系种子园生产湿地松×加勒比松杂种。即把入选的母本按无性系在隔离地段建园，同时营建父本无性系采粉区。前1~2年母本无性系雄花少时，可不去雄，进行人工授粉，3年后，要先去雄再授粉。为方便去雄操作，采用化学去雄。到1988年已可生产性提供杂种种子。这类种子园的最大缺点是结实受气候影响。三是温室杂交制种。把双亲都栽在容器内，在温室培育，通过调节温室的温度、湿度和控制容器土壤水肥条件，控制双亲球花的发育阶段。

②利用杂种第一代衍生的各种种子，包括 $F_1 \times F_1$，F_1 与亲本回交等获得的种子。据韩国刚松×火炬松的实践证明，这类杂种比较容易取得，同时，杂种的经济性状与 F_1 相仿，认为这类杂种虽有分离，但可以利用。Zobel(1984)列举巴西由生长优势明显的巨桉杂种自由授粉产生的子代，生长矮小、品质低劣的事实，从而对利用 F_1 代衍生种子持不同意见。

由于人工控制授粉生产杂种，种子昂贵，为降低苗木成本，对能无性繁殖的杂种常采用幼龄杂种苗建采穗园，大量生产扦插苗。这在松、云杉和落叶松上已普遍采用，但同一杂种不同亲本形成的杂种家系及家系内个体扦插生根率有很广泛变异，需要进一步选育。

在一个新品种大量推广之前，应根据新品种推广地区的自然地理条件类型，选择有代表性的地点作为区域化栽培试验。试验点多少取决于品种推广范围及自然条件的复杂程度，一般应有2个以上的试验点。试验中应包括当地主要树种，采用的栽培管理措施，应完全一致，并为当地生产单位所能接受，以便将来推广。最后，根据试验结果，提出新品种推广地区和适当的栽培技术措施。

(2) 杂种的命名

现在主要有3种命名方式。一是对自然杂种常在属名之后加"×"，如 *Populus* ×*canadensis*（加拿大杨）；二是写出杂种的组合，如 *P. rigida*×*P. teada*（刚松×火炬松）。三是用品种名称，如 *Populus euramericana* cv. I-214（欧美杨 I-214）。

提要与小结

植物的不育性分为雄性不育和雌性不育两大类。植物雄性不育的形成原因多种多样。以不育基因的遗传方式和在细胞中的定位可分为细胞质不育型、细胞核不育型和质核互作不育型。雌性不育的表征主要涉及雌蕊败育和胚败育两个方面。由于雌蕊结构及雌配子体发育的复杂性，雌性不育现象错综复杂，并由诸多因素决定。林木存在雄性不育、雌性不育植株，在遗传研究和育种中有很好的应用价值。

由于产生雌配子和雄配子的亲本来源不同，有性繁殖分为杂交和近交。近交按亲缘关系远近程度分为全同胞、半同胞和亲表兄妹交配，自交是近交中极端的方式。植物根据天然杂交率可分为自花授粉植物、常异花授粉植物和异花授粉植物3种类型。近亲交配的程度可以用近交系数(F)来衡量，F是指个体某基因位点上的两个等位基因来源于共同祖先的同一基因的概率。自交导致后代基因发生分离，也可使后代群体中的遗传组成趋于纯合化，杂合体通过自交能够导致遗传性状的稳定，在育种中可利用这些特点。

杂种优势的表现具有以下特点：①杂种优势不是一两个性状单独地表现优势，而是多个性状的综合表现；②杂种优势的大小取决于双亲性状间的相对差异和相互补充；③杂种优势的大小与双亲基因型的纯合度有关；④杂种优势的大小与环境条件有关；⑤杂种优势一般只表现在 F_1 代。关于杂种优势的遗传学理论很多，其中"显性学说"和"超显性学说"较为普遍认可。

在自然界中，同一属不同的种通过相互传粉而产生天然杂种，由于天然杂种广泛存在于自然界中，变异十分丰富，又经历了自然选择，是遗传变异的主要来源，在开展人工杂交的同时，不能忽视自然杂种的选择和利用。人工杂交可以通过亲本选配，将不同树种或同一树种两个或多个优良性状集中在一个新品种中，还可以产生杂种优势，获得比亲本品种表现更好的新品种。因此，杂交育种是林木育种的有效途径，国内外在林木杂交育种上取得了很多成就。

杂交方式取决于育种目标和亲本特性，杂交组合和亲本植株的选择影响杂交育种效果。为了保证杂交成功，必须了解亲本开花生物学特性，掌握花粉处理技术；采取有效方法，克服远缘杂交不可配性。获得杂交种子，仅仅是杂交育种的开始。杂种要经过培育、鉴定和选择，最后才能选育出优良的杂交品种。杂交品种还需要经过良种繁育以及杂种推广前的区域化试验。

复习思考题

1. 名词解释

   杂交　异交　远缘杂交　近亲繁殖　自交　回交　近交系数　细胞质雄性不育　细胞核雄性不育　雌性不育　杂交育种　两性花　单性花

2. 简述自交的遗传效应。
3. 一对等位基因杂合体的数目占100%，试计算在F_6代自交后代中纯体类型所占的比率。
4. 杂种优势的表现具有哪些特点？
5. 杂交育种应包括那些步骤？为什么说取得杂种只是杂交育种工作的起点？
6. 亲本选择应考虑哪些因素？其理由何在？试从遗传学角度加以讨论。
7. 花粉和杂交技术中包括哪些内容？每一内容中的技术关键是什么？
8. 试述室内杂交和室外杂交的异同，各适用于哪些树种？
9. 提高杂交可配性有哪些方法？
10. 树种繁殖方式不同，在鉴定、选择和推广等做法上有何异同？
11. 试从区域化试验来讨论品种的含义。

第8章 无性繁殖与无性系选育

知识导图

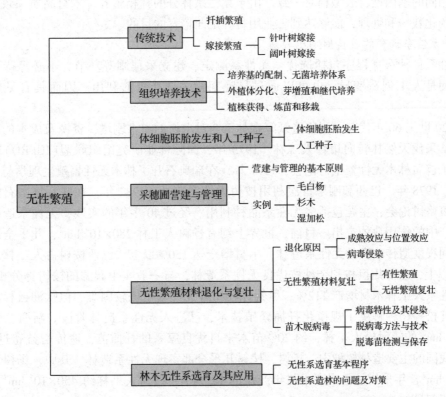

无性繁殖(vegetative propagation)，也称营养繁殖，是指采集植物的部分器官、组织或细胞，在适当条件下使其再生为完整植株的过程。基于细胞全能性的原理，植株上任何具有分生能力的细胞、组织或器官，在一定条件下均可以发育成为独立的完整植株。由于无性系是由原株的离体器官、组织或细胞经体细胞有丝分裂再分化、发育而成的再生群体，没有通过有性生殖过程，不会发生基因分离与重组现象，因此，无性系分株与原株具有相同的基因型，可以保持原株的基本特性。

无性系选育(selection of clone)是指从天然群体或人工杂交、诱变群体中，选择优良个体，通过无性繁殖成无性系，经无性系测定，选育出优良无性系，并应用于生产的过程。20世纪80年代出现了一个名词"clonal forestry"，包含两方面内容：一是无性系选育；二是优良无性系造林。与种子繁殖良种选育相比较，无性系选育和造林有如下优势：

(1) 综合利用加性与非加性遗传效应，遗传增益较高

在遗传学上，遗传效应可剖分为加性效应(additive effect)、显性效应(dominance effect)和上位效应(epistatic effect)。在无性系繁殖条件下，原株的基因型与其分株完全相同。分株不仅继承了原株全部的加性效应，而且还继承了显性效应和上位效应。而在有性繁殖条件下，由于基因的分离与重组，子代只能继承亲本部分的加性效应，不能继承显性效应和上位效应。因此，在同一改良世代内，优良无性系的遗传增益理应高于家系。

(2) 无性系性状整齐一致，便于集约化栽培和管理

树木种子繁殖不可避免地会产生遗传分化，家系内个体生长表现出差异。而同一无性系具有相同的基因型，表型相对一致。由于无性系林分的林相整齐，木材品质一致，因而便于集约化栽培和管理，能够达到工业用材林定向培育的目的。

(3) 无性系选育的改良周期比较短

无性系良种选育程序包括选优、无性系测定、建立采穗圃等环节，不必等待开花结实，即使是人工创造变异，也可以通过早晚期相关选择提前利用，因而具有见效快的特点。

从20世纪60年代起，制浆造纸等森林工业对木材的需求剧增，资源及成本的压力迫使各国从采伐天然林转向培育人工林。1973年，国际林业研究组织联盟(IUFRO)在新西兰召开了首届林木无性繁殖讨论会，1977年，在瑞典召开了林木无性繁殖生理学与实用法讨论会。1978年，巴西和刚果首次利用桉树无性系造林。1982年，在联邦德国召开了林木育种策略讨论会，主题包括多无性系品种利用。经过40多年的实践，无性系造林在人工林生产中的作用愈加突出。目前，世界上约有杨树人工林280×10^4 hm^2，几乎全部采用经过不同程度遗传改良的无性系造林，木材增产达150%以上。巴西桉树占人工林总面积的50%以上，主要用巨桉和杂种桉优良无性系造林，与一般实生起源的桉树林分相比，7年生无性系人工林木材增产112%。尽管针叶树种无性繁殖比较困难，但欧洲云杉、辐射松、落叶松等树种解决了规模化扦插繁殖技术，已进入无性系造林阶段。新西兰营造了156×10^4 hm^2的辐射松人工林，约20%苗木来自优良家系的扦插苗，遗传增益超过30%。目前在我国的主要造林树种中，杨树、桉树几乎全部实现无性系造林。其中，杨树人工林854×10^4 hm^2，年采伐量占国产木材年产量的18.14%；桉树人工林约450×10^4 hm^2，占全国木材年产量的26.9%。

当然，无性繁殖和无性系造林也存在一些问题。一是遗传多样性降低，由于虫害、病害、恶劣环境等种种不测因素，有可能发生灾难性后果；二是无性系繁殖材料存在生理年龄老化问题；三是长期集约经营遗传基因一致的无性系林，会使土壤肥力逐渐衰退。如何有效解决这些问题，本章将在后面做些讨论。

8.1 传统无性繁殖技术

传统无性繁殖包括扦插、嫁接、根蘖、埋(压)条等方法。其中扦插和嫁接繁殖简单，在无性系造林和种子园营建中也应用普遍。

8.1.1　扦插繁殖

扦插繁殖(cuttage propagation)是利用植物器官的再生机能,由原株上切取一定大小的茎、枝条、叶、根等材料插入基质中,在适宜的外部环境条件下,通过自身遗传以及生理机能调节,再次形成完整植株的繁殖方法。按插条材料的性质可分为硬枝(冬枝)、嫩枝(春枝和夏枝)、根、针叶束(短枝)扦插等。扦插繁殖具有操作简单、效率高、成本低等优点。

插条生根能力受遗传和环境因素影响。其中,遗传因素起主导作用。不同树种,或同一树种不同种源、家系和无性系的插条生根能力有差异。采条原株的年龄、采条部位以及采条季节对插条生根也有影响。一般从树龄小的树上或从树干基部采条,或用根萌条作插条,扦插比较容易成功;反之,如果从树龄较大的树冠上采集枝条,插条生根率一般较低。硬枝插条多于秋末至春初采集,嫩枝扦插多采用半木质化枝条。根插可于深秋采根,沙藏越冬,或在春天随采随插。对于刺槐等根蘖能力极强的树种,甚至可以将根截成1~2 cm,采取播根的方式育苗。

插条生根率高低与温度、湿度、光照以及基质等有密切关系,为提高扦插成功率应注意如下几个方面:

(1)选择通气保湿的插床基质

黑杨、柳树、水杉等容易生根的树种对基质选择不甚严格,大田扦插也能成活。但对于难于生根的树种,由于生根时间长(40天以上),如果插床基质的颗粒过粗,孔隙度大,虽然通气性好,但持水性差,易造成插条水分亏缺萎蔫;而当插床基质过于黏重时,又会因通气性差甚至积水造成生根部位无氧呼吸,并引起病菌增殖,从而导致插条腐烂。此外,一些树种对扦插基质的pH值要求较为严格,如雪松插条只有在微酸性的介质中成活率才会高。

(2)保证足够的光照以及适宜的温度和湿度

在缺乏光照的情况下,植物不能制造生根活性物质,往往会导致扦插失败。而在充足的光照条件下,嫩枝的叶片或硬枝插条萌生的叶片光合作用正常,不仅能合成碳水化合物等生命活动的能源以及形态建成的组分,而且还会合成促进生根的生长素等,从而缩短生根时间,提高扦插成活率。扦插基质温度较高,地面气温较低,有利于减少蒸腾,加速插条基部愈伤组织形成和生根物质的合成,从而提高扦插成功率。插条在尚未生根前,主要通过被动吸水维持地上部分的蒸腾,在这期间,必须保证空气湿度,减少蒸腾失水,维持水分平衡,这一点对嫩枝扦插尤为重要。

20世纪70年代以来,全光照自动喷雾扦插育苗技术得到了迅速发展。它以间歇喷雾或恒定湿度控制喷雾方式为插条提供水分,同时起到调节插床和空气温度、湿度的作用,具有生根迅速、育苗周期短、技术简单等优点,值得推广应用。

(3)采用生长素等方法处理插条,促进插条生根

植物的生根能力同自身所含生根促进物质与抑制物质的比例有关,采取人工措施增加插条促进生根物质的比例,或降低插条抑制生根物质的含量,可以提高扦插的成活率。最常采用的方法是用生长素处理插条,通过补充外源激素,加速内源激素的合成,促进插条不定根

的形成。此外，还可以采取插条沙藏越冬催根、插条流水冲洗等方法提高扦插生根率。

8.1.2 嫁接繁殖

嫁接(grafting)是将一个植株的芽或枝条与另一植株的茎段或带根系植株适当部位的形成层对接，愈合生长，并发育成新植株的方法。其中，前者称为接穗(scion)，后者称为砧木(rootstock)。嫁接的方法很多，按材料的来源，可分为枝接、芽接和针叶束(短枝)嫁接；按取材的时间，可分为冬枝接、嫩枝接；按嫁接方式不同，又可分为劈接、舌接、切接、袋接、靠接、髓心形成层对接等。嫁接在树木基因资源收集保存、无性系种子园营建、树冠矮化、提早开花结实、增强树种适应能力、繁殖材料返幼复壮和良种扩繁等方面具有重要的作用。

嫁接成败主要取决于砧木与接穗的亲和力，即砧木与接穗嫁接愈合及其进一步生长发育的能力。嫁接不亲和，或亲和力低，主要表现为：①嫁接不愈合，接穗逐渐干枯，或虽不干枯，但不发芽，或萌芽后生长极弱，最后死亡；②接口愈合差，出现断裂、结瘤或流胶流脂等，嫁接结合部位上下不一致，形成砧木细或砧木粗现象；③接穗生长缓慢，叶片变小，叶色变黄，或大量开花；④接口虽愈合良好，但若干年后接穗生长缓慢，树势衰退甚至死亡等。嫁接亲和力的高低主要取决于砧木与接穗内部组织结构、遗传和生理特性的相似程度。一般接穗与砧木亲缘关系越近，亲和力越强。同品种或同树种的植株间嫁接，即本砧嫁接，亲和力最强；不同树种间嫁接，即异砧嫁接，亲和力因树种而异。同科异属的树种嫁接，亲和力一般较小，但也有嫁接成活并在生产上广泛应用的实例，如核桃嫁接在枫杨上。

此外，嫁接的成败还取决于砧木与接穗的活力、嫁接方法、嫁接季节、嫁接环境条件、嫁接技术和嫁接后管理等。一般而言，生长健壮，营养器官发育充实，体内储藏的营养物质较多，嫁接容易成活。不同的嫁接方法受植物生长发育的限制，如枝接一般在冬季或早春树木萌发前实施，而芽接大多在生长季节砧木与接穗的韧皮部与木质部分离阶段进行。在室外嫁接时应注意天气条件，低温、阴雨、大风等天气不宜于嫁接。嫁接后要及时进行截砧、松绑、抹芽、培土等常规管理。下面列举两类树种的嫁接技术。

8.1.2.1 针叶树嫁接

(1) 髓心形成层对接

对接法是针叶树种子园常用的嫁接方法(图 8-1)。接穗长 8~10 cm，具有完整的顶芽。保留顶端 10 束左右的针叶，去除其余针叶。先将接穗的一面削一段斜面，然后在其背面从顶芽针叶附近逐渐切至髓心，顺着髓心纵向削去半边接穗。一般砧木为 2~3 年生的移植苗，嫁接部位比接穗稍粗，切

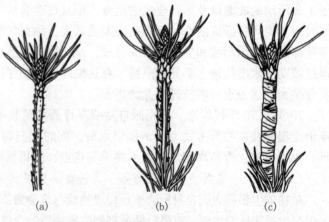

图 8-1 针叶树髓心形成层对接法示意
(a)接穗 (b)砧木 (c)嫁接植株

面长度同接穗一致，将接穗切面贴在砧木的切面上，形成层相互对正，用塑料薄膜从上往下缠绕，绑紧。1个月后检查成活情况，如果确认嫁接已成活时，随即将砧木顶梢剪除，半年后可松绑。

接穗一般采用木质化枝条，但有的树种也采用嫩枝作接穗。如20世纪80年代以前，马尾松种子园多采用老枝嫁接，生产性嫁接成活率为20%~30%；后来采用嫩枝嫁接，成活率可达80%以上。嫩枝木质化程度低，从采穗到嫁接管理整个过程容易失水，影响成活率，因此，采集后要注意保湿、保鲜。

（2）短枝嫁接

20世纪80年代中期以来，短枝嫁接在湿地松、马尾松、火炬松、油松等树种上获得成功，较常规嫁接技术接穗利用率提高40~60倍，突破了松树嫁接繁殖系数低的难关。北京林业大学分别于1989年、1991年在河南辉县林场、河北山海关林场油松种子园营建中应用短枝嫁接技术，累计繁殖苗木2万株，解决了短期内提供大量接穗的困难。短枝嫁接可采用贴接法（图8-2）、嵌接法、"T"字形接法等多种方法。采用贴接法，砧木和接穗形成层接触面积大，愈合快，成活率高。砧木为2~3年生实生苗，地径大于1.0 cm。在第二年秋季和第三年春季剪去最上层轮枝，加强水肥管理，促进主梢生长。由枝条下部往上部取接穗，在所取短枝的四周各切一刀，深达木质部，呈长方形，再从右侧切口轻轻掀起，取下带有一枚短枝的长0.6~1.0 cm、宽6~8 cm范围的韧皮块，取穗时宜将短枝的枝痕连同取下。在砧木当年生幼茎或上年生幼茎的中上部，先摘除6~8 cm范围的针叶束，然后切下大小和形状与接穗相同的韧皮块。将接穗贴入砧木的去皮处，贴紧、绑扎，使针叶外露。必要时，套塑料袋保湿，1个月后去袋，50~60天松绑。

8.1.2.2 阔叶树嫁接

一般认为，阔叶树嫁接的工序复杂且成本高，主要用于经济价值较高的树种繁殖以及无性系种子园营建等，很难在其他树种育苗中大规模应用。但实际上，如果嫁接技术经过

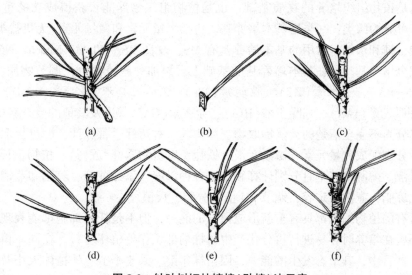

图8-2 针叶树短枝嫁接（贴接）法示意
（a）切取接穗 （b）接穗 （c）切砧 （d）砧木侧面 （e）贴合 （f）捆扎

科学的组配，可以用于林木规模繁殖。例如，北京林业大学通过"一条鞭"嫁接，解决了毛白杨三倍体品种生根难、扦插成活率低的难题，具有方法简便、繁育快、成活率高等特点。在具体操作过程中应掌握好以下几点：①砧木的选择。一般选1年生、粗1~2 cm的加杨、大官杨、大青杨等苗木做砧木。②掌握好嫁接时间。接早了易萌发，冬季受冻害，生长不旺。接晚了接口皮层不好剥离，愈合慢。在华北等地一般在立秋前后10天嫁接。③嫁接方法。采取"T"字形芽接（贴皮接）。在当年生已木质化的苗干上，每隔16~18 cm嫁接一个芽，注意的是不要在同一个方向上接，要螺旋上升嫁接，有利于愈合。取接芽时，从芽下部向上削，接芽内的小突起保留，以免造成假活。过嫩的部分不宜嫁接。接后绑紧，嫁接3天后用手触叶柄脱落为成活，成活后及时解绑。可以在母条上越冬，明春边剪边插，当年苗高3~5 m。④扦插时采用沟插。插条上的接芽低于地面3~5 cm，当苗高15 cm左右时及时培土，促进毛白杨接芽苗木基部产生新根。出圃时，去掉砧木后再造林，否则容易产生"小脚"现象，影响苗木生长。

8.2 组织培养技术

通过组织培养（tissue culture）可以将一个外植体（explant）在一定的时间内，繁殖出比常规繁殖多几百倍，甚至千万倍与母体遗传性状相同的健壮小植株，可以达到大田苗的标准。由于组培繁殖具有增殖快、易于工厂化生产等特点，因而被用于林木、花卉、药用植物等工厂化生产苗木，也用于种质资源长期保存和珍稀濒危植物的繁殖。但组培过程中会易出现污染、褐化和玻璃化等问题，导致组培的成本加大。因此，迄今也只有桉树、杨树、相思等少数树种实现工业化生产。

8.2.1 培养基的配制及无菌培养体系的建立

培养基是植物组织培养的物质基础，也是植物组织培养能否获得成功的重要因素之一。培养基可分为两类：一类是基本培养基。包括大量元素和微量元素（无机盐类）、维生素、氨基酸、糖和水等。常用的基本培养基有 MS、改良 MS、White、Nitsch、N6、B5 等。第二类是完全培养基。即在基本培养基的基础上，添加一些植物生长调节物质，如 6-苄氨基嘌呤（6-BA）、玉米素（ZT）、激动素（KT）、2,4-二氯苯氧乙酸（2,4-D）、萘乙酸（NAA）、吲哚乙酸（IAA）、吲哚丁酸（IBA）、赤霉素（GA_3）等以及其他的复杂有机附加物，包括有些成分尚不完全清楚的天然提取物，如椰乳、香蕉汁、番茄汁、酵母提取物、麦芽膏等。一般分别配成大量元素、微量元素、铁盐、有机物质（除蔗糖）、植物生长调节剂等不同浓缩母液。配制培养基时分别计算和量取各种母液，添加蔗糖、琼脂和蒸馏水，混合并加热融化琼脂，煮沸后定容，调节 pH 值，分装，灭菌。

尽管所有的植物细胞都具有重新形成植株的能力，但不是任何细胞都能表现出来，所以要选择那些在培养时容易进行再分化产生植株的部位作外植体材料。在同一植物不同部位的组织、器官中，其形态发生的能力，因植株年龄、采集季节、外植体大小及其着生部位和生理状态而有很大不同，因此，外植体的选择对离体快速繁殖是十分重要的。一般选择生长健壮优良植株，在春季取幼年树体较基部的材料为好。

首先清理材料，将需要的部分用软毛刷、毛笔等在流水下刷洗干净，也可用毛笔蘸少量洗衣粉或肥皂水刷洗，把材料切割到适当大小，用流水冲洗几分钟。然后用灭菌剂（如70%酒精、10%的过氧化氢、84消毒液、0.1%的升汞）进行材料的表面灭菌。在超净工作台上将外植体置入一个无菌的三角瓶或广口瓶内，用70%酒精处理较短时间，至少用无菌水冲洗一次；用无菌的镊子将外植体移入另一无菌的瓶内；倒入灭菌液处理一定时间，加入表面活性剂（如吐温-80）数滴，轻轻摇动灭菌器皿；到预定时间后倒出灭菌溶液，立即用无菌水冲洗3~5次，即可接种。

有些外植体在启动培养过程中常常会发生褐变（browning）。褐变是外植体在培养过程中体内的多酚氧化酶被激活，使细胞里的酚类物质氧化成棕褐色的醌类物质，这种致死性的褐化物不断向外扩散致使培养基逐渐变成褐色，而且还会抑制其他酶的活性，严重影响外植体的脱分化和器官分化，最后变褐而死亡。影响褐变的因素极其复杂，随着植物种类、基因型、外植体的部位及生理状况等的不同，褐变的程度也有所不同。选择适当的外植体并建立最佳的培养条件是克服褐化的主要手段。改善培养条件，连续转接，勤换新鲜培养基，利用液体培养，在培养基中加入活性炭、抗氧化剂，或用抗氧化剂进行材料的预处理或预培养可抑制褐化。

8.2.2 外植体的分化、芽的增殖和继代培养

在启动培养阶段所获得的芽、苗和胚状体等数量不多，还需要增殖培养。试管苗增殖是快速繁殖的重要环节，是提供大量遗传性稳定种苗的手段，增殖过程受到外植体的部位与生理状态、培养基种类、外源激素浓度与配比、温度、湿度、光照和通气状况等的影响。增殖有下列4种途径：

(1) 无菌短枝型（minicutting type）

即无菌短枝扦插，又称节培法或微型扦插法。将微小短枝扦插在试管的培养基上，促使其基部分化出根而成为一完整植株。该方法一次成苗，遗传性状稳定。

(2) 丛生芽增殖型（organ type）

又叫丛生芽增殖型，在适宜的培养基上不断诱导腋芽，从而形成丛生芽，然后转入生根培养基，诱导生根成苗。其遗传性状稳定，繁殖速度快，是目前快速繁殖中采用的主要方法。

(3) 器官发生型（organogenesis type）

由植物器官诱导愈伤组织，再诱导不定芽。切割不定芽诱导发根形成植株，也可以直接从离体器官和组织上诱导不定芽产生小植株。这种方法可能会发生不良变异，用于良种繁殖时应注意。

(4) 胚状体发生型（embryoid type）

从植物器官、细胞或愈伤组织通过胚状体途径，经原胚期、心形胚期、鱼雷形胚期及子叶期发育成植株。胚状体发生的特点是数量多，结构完整，易成苗，繁殖速度快，受到国内外普遍重视。

能否保持试管苗的继代和增殖培养能力，是获得大量试管苗并用于生产的关键问题。一般认为分化再生能力衰退是由多种原因引起，在培养过程中，逐渐消耗了母体中原有的

与器官形成有关的特殊物质，一些组织经长期继代培养后发生了一些变化。不同植物保持再生的能力有很大差异。植物不同种类、同种不同品种、同一植株不同器官和部位，继代增殖能力不同。一般是被子植物大于裸子植物，幼年材料大于老年材料，刚分离组织大于已继代的组织，芽大于胚状体并大于愈伤组织。培养基及培养条件适当与否对继代培养影响颇大，所以常改变培养基和培养条件来保持继代培养。有研究表明，即使原来培养过程中丧失分化能力的一些组织，加入腺嘌呤、酵母汁和酪蛋白等物质后，器官分化能力又可得到一定的恢复。

在植物组织与细胞培养过程中，细胞、组织和再生植株以及后代中会出现各种变异，这种变异具有普遍性。影响遗传稳定性的因素有培养材料的基因型、试管苗继代培养次数和离体器官发生方式等。应尽量采用不易发生体细胞变异的增殖途径，缩短继代时间，限制继代次数，取幼年的外植体材料，采用适当的生长调节物质种类和较低的浓度，减少或不使用在培养基中容易引起诱变的化学物质，定期检测，及时剔除异常苗，多年跟踪检测，调查再生植株开花结实特性，以确定其生物学性状和经济性状是否稳定。

玻璃化(vitrification)现象是茎尖脱毒、工厂化育苗和材料保存中的严重障碍。所谓玻璃化是试管苗叶、嫩梢呈水晶状透明或半透明，整株矮小肿胀、失绿，叶片皱缩成纵向卷曲，脆弱易碎。玻璃苗分化能力下降，生根困难，移栽难以成活，有时高达50%以上，危害严重。细胞分裂素浓度和培养温度与玻璃化呈正相关，琼脂和蔗糖浓度与玻璃化苗的比例呈负相关。液体培养和密闭的封瓶口材料也是导致玻璃化的主要原因。增加培养基中Ca、Mg、Mn、K、P、Fe、Cu、Mn元素含量，降低N和Cl元素比例，特别是降低铵态氮浓度，提高硝态氮含量，增加自然光照强度和时间，可在一定程度上减轻玻璃化现象。

8.2.3 植株获得与试管苗炼苗和出瓶移栽

外植体通过大量增殖后，多数情况下形成无根的芽苗。绝大部分离体繁殖产生的芽、嫩梢需要生根培养才能得到完整的植株。生根难易与母株的年龄和所处的生理状态有关，同时与取材季节和外植体所处的环境条件有关。对于难生根的植物不仅要从培养条件中去找原因，同时也应从取材上考虑。一般为木本植物比草本植物，成年树比幼年树，乔木比灌木难生根。

植物生长调节物质对不定根形成起着决定性作用，生长素促进生根，而赤霉素、细胞分裂素、乙烯通常不利于发根。降低培养基的无机盐浓度，有利于根的分化。生根需要适量的磷和钾；钙离子多数情况下有利于根的形成和生长；硼、铁等微量元素对生根有利。生根培养时通常使用低浓度的蔗糖。由于植物根系形成与生长具有向暗性的特点，添加活性炭也可促进试管苗生根。

试管苗长期在弱光、恒温、高湿的特殊环境下生长，适应性较差，在移植之前必须进行锻炼，增强小苗抗性以提高移苗成活率。目前较为成功的炼苗方法是采用"封口"阳光下炼苗，可在较长的炼苗时间内保持试管苗不污染，在炼苗过程中，温度和光强度要适宜。

试管苗移栽时从瓶中取出小苗，清洗干净，迅速栽在已经过消毒处理的基质中，喷淋透水，放在干净、排水良好的温室或塑料保温棚中，保持较高的空气湿度，20天左右可定植到大田。基质以疏松、排水性和透气性良好者为宜，如珍珠岩、蛭石、河沙、过筛炉灰渣、椰糠等。

8.3 体细胞胚胎发生和人工种子

8.3.1 体细胞胚胎发生

体细胞胚胎发生(somatic embryogenesis)是指不通过配子受精,但经胚胎发育形成胚的类似物,即胚状体(embryoid),再进一步生长发育成完整植株的过程。在20世纪50年代末,Steward和Reinert几乎同时在胡萝卜根组织培养中观察到了体细胞胚的形成。林木的体细胞胚胎发生的研究始于70年代后期,到90年代初得到迅速发展。目前,在已成功诱导出体细胞胚胎的100多种植物中,有40多种是木本植物。在落叶松、云杉、松等属和黄杉和北美红杉等针叶树种中,至少有20个种成功地研制了体细胞胚。其中,火炬松、挪威云杉、花旗松和辐射松等树种的体细胞胚诱导和植株再生已应用于生产实践。如新西兰一家公司已形成了年产200万株辐射松体细胞胚再生植株的能力。新西兰林业研究所在辐射松良种繁育过程中,将种子园、采穗圃常规繁育技术与基因工程、组织培养和体细胞胚胎发生技术相结合,加速了辐射松良种无性系繁殖与推广的进程(图8-3)。在杨树、柳树、鹅掌楸等阔叶树种中,有20多个种观察到体细胞胚胎发生或获得了再生植株。我国已在鹅掌楸、云杉属、火炬松、马尾松、桉树、桃树、枫香、杉木和马尾松等树种中开展了相关研究。

体细胞胚胎发生有3条途径:一是从外植体上直接发生;二是在固体培养基上,外植体先形成愈伤组织,再分化产生细胞胚;三是悬浮培养中,先产生胚性细胞团,再形成体

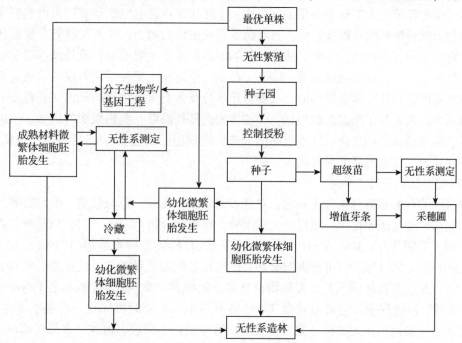

图8-3 新西兰林业研究所辐射松良种繁育过程

细胞胚。体细胞胚大多首先起源于一个胚性细胞，胚性细胞经过首次分裂形成二细胞原胚，以后经过细胞分裂形成多细胞原胚。原胚形成后，细胞分裂活跃，很快形成球形胚结构，进而完成胚胎繁育。

在植物体细胞胚的诱导过程中，影响诱导体细胞脱分化、再分化和发育过程的因素很多。选择适当的外植体是成功诱导体细胞胚的关键。目前松柏类植物几乎均以合子胚为外植体。幼化细胞系诱导体细胞胚的能力较强，老化细胞形成胚的能力明显下降。2,4-D 是诱导体细胞胚胎发生的必需条件，它是胚性感受态表达的重要因子。高浓度的 2,4-D、BA 和 KT 组合对快速诱导胚发生愈伤组织有利，而要形成后期原胚则必须将激素浓度降低。此外，也可采用 NAA、BA 和 KT 的组合，特别是在增殖培养阶段，用 NAA 代替 2,4-D 更有利于体细胞胚的发生。长时间培养在 2,4-D 的培养基上易造成体细胞胚成熟能力的丧失。ABA 能抑制不正常胚的发育，促进体细胞胚的正常化，提高体细胞胚的发生频率。胚细胞分化早期与多胺的生物合成关系较密切，多胺抑制剂可抑制球形胚的形成，但不影响愈伤组织生长，在球形胚后期不再影响胚的发育，可以提高体细胞胚的质量。此外，影响体细胞胚胎发生的因素还包括培养基、碳源、渗透压、活性炭、光照、温度、微量元素、氮源成分、琼脂、蔗糖浓度以及 pH 值等。

8.3.2 人工种子

人工种子（artificial seeds）即人为制造的种子，是一种含有植物胚状体或芽、营养成分、激素以及其他成分的人工胶囊，又称合成种子（synthetic seeds）。这一技术是 20 世纪 80 年代在植物离体繁殖的基础上发展起来的，人工种子的产生，减少试管移苗、苗木包装运输等生产环节。人工种子由三部分构成。①胚状体：是由组织培养产生的有胚芽、胚根，类似天然种子胚的双极性结构，具有萌发长成植株的能力；②人工胚乳：保证胚状体生长发育需要的营养物质，一般以诱导胚状体的培养基为主要成分，或外加一定量的植物激素、抗生素、农药以及除草剂等；③人工种皮：包裹在人工种子最外层的胶质薄膜，这层薄膜既要保证内外气体交换畅通，又要防止水分及各类营养物质的外渗，且具备一定的机械抗压力。人工种子研制大致包括：外植体的选择和消毒、愈伤组织的诱导、体细胞胚的诱导、体细胞胚的同步化、体细胞胚的分选、体细胞胚的包裹（人工胚乳）、包裹外膜、以及发芽成苗和体细胞胚变异等内容。

(1) 人工胚乳及人工种皮

包裹胚的营养基质称为人工胚乳，对营养需求因种而异，但与细胞、组织培养的培养基大体相仿，通常还要配加一定量的天然大分子碳水化合物（淀粉、糖类）以减少营养物泄漏。常用人工胚乳有：MS（或 SH、White）培养基+马铃薯淀粉水解物（1.5%）；1/2SH 培养基+麦芽糖（1.5%）等。也可根据需要在上述培养基添加适量激素、抗生素、农药、除草剂等。人工种皮是指胚状体及其类似物以外部分的统称。聚氯乙烯（商品名 Polyox WSR-N750）适用于包制种子。它可直接溶于 MS 培养基中，干燥后可固化，再遇水又会溶解。有多种水溶性胶适用作人工种子胞衣，其中以海藻酸钠、明胶、树胶、水晶洋菜（Gelrite）为最佳。人工种子胞衣制作的方法有：干燥法、离子交换法和冷却法。其中以离子交换法较实用、方便。此法又以海藻酸钠最为常用，其价格低廉，使用方便，对胚状体基本无毒害作用，具有一定的保水、透气性能，经 $CaCl_2$ 离子交换后，机械性能较好。为了克服人工种子易于沾黏和变干的缺点，美国杜邦公司以一种称为 Elvax 4260 的涂料对人工种子进行表面处理，效果较好。此外，以 5%$CaCO_3$ 或滑石粉抗黏，也有一定效果。

(2) 人工种子贮存

由于农林业生产的季节性限制，人工种子需要贮存一定时间，但人工种子含水量大，容易萌发，种球易失水干缩，贮存难度较大，目前技术尚不成熟。一般将人工种子保存在温度为 4~7℃、相对湿度<67%条件下。

(3) 人工种子的萌发与转换

转换(transformation)指人工种子在一定条件下，萌发、生长、形成完整植株的过程。转换的方法可分为无菌条件下的转换和土壤条件下的转换。

无菌条件下的转换也称离体条件下的转换。是将新制成的人工种子播种在 1/4MS 培养基，附加 1.5%麦芽糖，8 g/L 的琼脂中，培养后统计人工种子形成完整植株的数目，即人工种子的转换率。转换率的高低主要取决于提高体细胞胚质量的培养基成分和改进转换条件。如麦芽糖代替蔗糖，有利于体细胞胚的萌发和转换。

土壤条件下的转换也称活体条件下的转换。人工种子真正目的是直接播种于土壤，即在活体条件下，使其转换成功。人工种子的土壤转换试验报道较少，目前以蛭石和珍珠岩试验较多，附加低浓度无机盐，0.75%麦芽糖有利于转换。

在无机盐转换中没有硝酸钾、硫酸镁、氯化钙时就不会发生转换，缺乏磷酸铵，转换率下降。显然这些无机盐成分作为人工种子营养是不可缺少的。0.75%麦芽糖有利于提高转换率。因而推测，碳源也是人工种子转换的制约因子。

人工种子有以下几方面优点：①可以使在自然条件下不结实、结实率低或种子昂贵的植物得以繁殖；②固定杂种优势；③不受季节限制，快捷高效；④在制作人工种子时加入的菌肥、微生物、农药，为后期的管理工作带来方便；⑤能够克服营养繁殖造成的病毒积累，可快速繁殖脱毒苗。然而，人工种子的研制涉及的问题较多，在技术上还需要进一步完善。迄今，林木人工种子仍处于实验研究阶段。

8.4 采穗圃营建与管理

采穗圃(cutting orchard, nursery of scion)是提供优质无性繁殖材料的圃地，是实现无性繁殖材料规模生产的必要环节。它和种子园一起构成林木良种繁殖的主要形式。营建采穗圃的材料有尚未经过遗传测定的，如为营建初级无性系种子园提供接穗的优树采穗圃，也有用经过遗传测定的优良品种营建的采穗圃，后者称良种采穗圃。20 世纪 30 年代，意大利、法国等在杨树繁殖中较早采用了采穗圃技术。70 年代以来，我国也开展了杨树、桉树、杉木、落叶松、湿加松(湿地松×加勒比松)等树种的采穗圃营建与管理技术研究，并积累了一定的经验。

采穗圃对种条生产进行集约经营管理，可以通过一定的技术措施保证穗条的遗传品质，提高穗条的产量，使品种的遗传潜力得到充分的发挥。其优越性表现在如下几个方面：

①采穗圃实行集约化经营，可大幅度提高繁殖系数，保证穗条的供应。

②采取幼化、复壮措施，可将成熟效应与位置效应的影响降到最低程度。通过采取修剪、施肥等措施，可保证穗条的质量，提高繁殖成活率。

③采穗母树集中管理，便于病虫害防治以及穗条采集。

④采穗圃与苗圃距离近，可避免穗条长途运输、保管，甚至可随采随用，有利于提高繁殖成活率。

8.4.1 采穗圃营建与管理的基本原则

林木采穗圃经营的核心工作是幼化控制，同时还要采取积极有效的管理措施，满足母树的生长需求，最大限度地生产具有幼年性、一致性的无性繁殖材料。采穗圃营建应遵循如下原则：

①选择作业方便、条件优良的圃地。采穗圃应设置在苗圃附近，以便于采穗，避免穗条长途运输，最大限度地提高扦插或嫁接的成活率。圃地应选择土壤肥沃、光照充足、便于灌溉的农田或地势较平缓的坡地。

②适时整形修剪，将幼化控制贯穿于经营全过程。采穗母树的整形修剪是采穗圃营建与管理的基本工作。通过整形修剪，不但可以矮化树体，便于穗条采集，更重要的是可以促进幼年区域休眠芽与不定芽的萌发，以获得大量幼化的穗条。

③加强水肥管理，保证种条质量，延长采穗圃使用寿命。采穗圃的整地应精耕细作，施足基肥。在日常管理中应注意施肥、灌水、除草以及病虫害防治工作，保证种条健壮生长。特别是在经过多年采穗后，更应该加强水肥管理，以免因地力过度消耗影响母树生长，造成树势衰退，甚至不能利用。

④合理密植，提高单位面积的穗条产量。无性系的定植密度因树种、整形修枝以及立地条件不同而不同。合理密植可增加单位面积穗条的产量，从而充分利用土地资源，提高经济效益。

⑤块状定植，标识清楚，避免品种或无性系混杂。无性系以块状排列定植为最佳，这样便于管理操作。对于根蘖能力强的树种，应考虑不同无性系小区之间的隔离，以防止因串根而造成品系混杂。最后要作好记录，画好定植图，标注清楚每个品系的位置和数量，并设置标牌，以免错采造成品系混淆。

8.4.2 采穗圃营建与管理实例

在采穗圃营建和管理技术方面，阔叶树种与针叶树种差别较大。下面以毛白杨、杉木、湿加松（*Pinus elliottii* var. *elliottii*×*P. caribaea* var. *hondurensis*，Pee×Pch）为例，对采穗圃营建与管理技术作简要介绍。

8.4.2.1 毛白杨采穗圃的营建与管理

北京林业大学于20世纪末开展了三倍体毛白杨采穗圃的营建，方法如下：选择土壤条件较好的苗圃，于秋末冬初深耕，施足底肥。因毛白杨根萌能力强，为防止因串根造成品系混杂，可采取方块状定植，不同无性系间埋设水泥板阻隔根系，或通过路、渠隔离。

母树的定植行向以南北向为佳，株行距一般为 0.5 m×1.2 m，每亩*约 1110 株，这样配置有利于采光、通风以及田间作业。

建圃材料应是来源清楚且幼化的 1 年生实生苗、组培苗、根萌苗或嫁接苗等。其中，用 1 年生实生苗、组培苗建圃，要求在苗木离地 5~10 cm 处平茬，当萌条高达 10 cm 时定苗，每株选留 4~6 根生长健壮、分布匀称的枝条；用嫁接插条建圃，应在培土后苗木生长到 60 cm 左右时截顶，每株保留 4~6 个休眠芽；用根萌苗建圃，可利用毛白杨根萌能力强的特点将繁殖圃转化为采穗圃，一般在春季繁殖圃起苗造林后，根条萌蘖苗长到 20~30 cm 时进行定苗培土，每亩保留根萌苗 6000~7000 株。对于利用原有繁殖圃转化而来的采穗圃，可于翌年通过分株调整株距，将定植密度保持为每亩 1110 株。以后每年于根颈处平茬，剪口逐年向上提高 5 cm 左右，同样每株选留 4~6 根枝条。毛白杨采穗圃的使用年限根据母树生长以及土地肥力状况确定，一般 3~4 年更新一次。

采穗圃的经营管理包括培土、施肥、灌水、除草、病虫害防治以及保幼复壮等工作。如选用嫁接插条，应于毛白杨苗木生长到 30~40 cm 时及时培土，促进自生根形成以及苗木生长。由于采穗圃为多年经营，连年采穗对树体营养消耗大，要加强水肥管理。用于夏季芽接的采穗圃，采穗时应保留一定的带叶枝条，增加采穗母树营养，防止烂根死亡。毛白杨采穗圃一般采取连年平茬，利用从根颈处萌发幼态条。也可以在 3~4 年时将老根挖除，或将繁殖圃转化为根萌采穗圃，利用根部不定芽萌条，达到幼化复壮的目的。平茬保幼、采穗圃与根繁圃互换等经营措施是保证毛白杨穗条质量的关键。

8.4.2.2 杉木采穗圃营建与管理

杉木采穗圃宜选择在光照充足、土壤疏松肥沃且排灌良好的缓坡地或农田营建。一般初植采穗母株为 1~2 年生优良家系实生苗或优株伐桩萌条嫁接苗，可采用斜干式、截干式及埋干式等作业方法。

(1) 斜干式采穗圃

1980 年，湖南零陵地区林业科学研究所与中南林学院合作建立了第一个斜干式杉木采穗圃。母株初植密度采用 100 cm×(50~60) cm，3 年后疏伐一半，株行距变为 100 cm×(100~120) cm。定植时使植株根颈部与地面持平，并培土 8~10 cm，即浅栽高培土。采穗树成活后扒开培土使根颈外露，并弯干，使植株主干与地面呈 45°。当主梢与地面垂直高度达到 100 cm 时要截顶，并随时剪除干部萌条，进行疏冠等抑制顶端优势的树体管理。使母株保持在高 100~150 cm，冠幅为 90 cm × 90 cm，冠厚 50 cm 左右。人为抑制主干生长，促使在根颈部位产生大量萌条，而且随着树龄和采穗次数的增加，根颈处会逐渐形成一龟背状的萌蘖基盘，基盘逐年扩大，产条量亦逐年增多(图 8-4)。

(2) 截干式采穗圃

中国林业科学研究院亚热带林业研究所于 1978 年采用截换主干的方式建立采穗圃。母株的株行距为 30 cm × 100 cm 或 50 cm × 100 cm，采取浅栽高培土方式定植。一年后于植株距地面 10 cm 处截掉主干。以后每次采条时保留一根粗壮的萌条，让其代替主干的功能。下次采条时又将原来保留主干截除，再留一根健壮的萌条代替。每次不断调换截干部

---

* 1 亩 = 1/15 hm²。

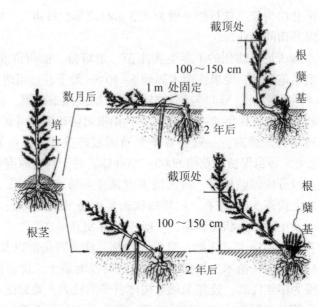

图 8-4　杉木斜干式采穗圃母株处理方法(引自方程，1992)

位，促使根际产生大量的萌条。

(3) 埋干式采穗圃

华中农业大学于 1986 年建立埋干式采穗圃。定植时母株深栽，使根颈埋入土内 8~10 cm，并沿着等高线方向倾斜 45°，在主干距地表 10~15 cm 范围内，紧靠侧枝上方将主干剪除。到 6 月中下旬，待侧枝伸长后，将主干全部横埋土中 8~10 cm，仅侧枝露出地表。株行距 30 cm × 50 cm。埋干后，在主干下部会萌发新根，上部萌发新条供扦插用(图 8-5)。

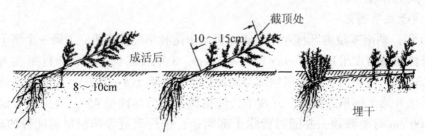

图 8-5　埋干式杉木采穗圃(引自方程，1992)

以上 3 种杉木采穗圃作业方式，虽然对主干的处理方法差异较大，但基本经营原则都是在保证采穗母树一定营养需求的前提下，尽可能促进根颈处产生更多幼化的萌条。一般每年可采条 2~3 次，其中，以斜干式单株产条量最高，且经营持续时间长；截干式单株产条量居中，持续时间长；埋干式单株产条量虽低，但早期单位面积产条量高。适时采条、换枝限冠、换干促萌、弯干截顶等措施，对于保障采穗树养分需要，提高产条量具有重要作用。防旱排涝、追肥等措施，也是促进母株多发萌条，实现持续经营的重要手段。

8.4.2.3　湿加松采穗圃营建与管理

根据广东省乐昌市龙山林场、华南农业大学林学与风景园林学院和广东省林业种苗与基地管理总站(2007)的经验总结，湿加松采穗圃的营建与管理技术的技术要点包括：苗期管理、高强度和有规律修剪、"矮干平台式"株型培育和肥水管理等。

(1) 苗期管理与苗木定植

整地按坡地水平方向起宽 1.2 m，高 25~30 cm 的苗床。采穗母株的苗木为秋季后期播种的健壮苗木，初植密度 60 cm × 60 cm。入冬前定植，植后苗床表面覆盖稻草或泥炭，以保温保湿。

(2) 高强度有规律修剪

高强度修剪包括早剪、低剪两个方面。早剪，苗木定植后 2 个月左右，根系生长稳定即可修剪；低剪，初次修剪高度不高于 10 cm。有规律修剪，指不论采收插穗与否，当枝条生长达到一定的生理状态(半木质化或更早)时，都要进行修剪。

(3) "矮干平台式"株型培育

修剪要注意两点。第一，"水平修剪法"，即整个植株修成平面，且剪口基本保持在初次修剪的高度。每次采收插穗后都必须把植株表面修平。第二，"平均角度分枝法"，初次修剪且第 1 次采收插穗后第 1 年，用此法修剪，尽量使各分枝间保持平均角度，控制第 1 级分枝的数量，为日后穗条的生长预留空间。经过 1 年的修剪，分枝级数达到 3~4 级，采穗平台已经形成，不再考虑分枝角度的均匀，直接以水平修剪法修剪即可。

(4) 肥水管理

采穗修剪前 3~5 天和采穗修剪后施肥，两次修剪中间每隔 7 天左右施肥 1 次，均淋施兑水的有机肥或水溶处理的复合肥；若 2 次修剪之间相隔 45 天以上，则需要埋施有机肥或复合肥。

通过上述管理，广东省乐昌市龙山林场湿加松采穗圃第 1 年插穗产量可达 50~70 条/株，2 年生母株产量可达 300~450 条/(株·a)，3 年以后产量不断增加，最高可达 750~900 条/(株·a)，使用寿命长可达 6~8 年或更长。

8.5 无性繁殖材料退化与复壮

在林木无性繁殖过程中，经常会遇到同一无性系造林在生长表现等方面不完全一致的现象，如表现出树势衰退、提前开花结实、苗期斜向生长或无顶端优势、形态畸变、抗逆性降低等。品种原有优良种性削弱的这种现象被称为品种退化(deterioration of strains)。

8.5.1 无性繁殖材料退化原因

无性繁殖材料退化主要与非遗传因素有关，包括成熟效应(cyclophysis)、位置效应(topophysis)以及病毒侵染等。

(1) 成熟效应与位置效应

树木从一粒种子萌发开始，随着个体发育，在不同时期会表现出一定的生理、形态特征。以树木开花结实为界限，由加速生长而进入平缓生长阶段，标志树木结束幼年期而步入成熟期，经过一段稳定的生长时期，进入生长衰退阶段，直至死亡；从形态上看，随着树龄的增加，侧枝增多，分枝角增大，节间变短，树皮变粗增厚，叶形变小等；从生理代谢方面看，分生组织活力降低，内部生长素含量减少，而生长抑制物质逐渐增多，从而导致植株生活力下降、器官再生能力降低等问题。一般而言，采穗母树年龄越大，生根率越低。树木无性繁殖能力随着树龄增加而下降的现象称为成熟效应。用侧枝扦插或嫁接繁殖，插穗或接穗会出现斜向生长，顶端优势减弱，提早开花结实等现象。树冠不同部位的穗条对无性繁殖效果的影响称为位置效应。由于繁殖材料都是从一定年龄、一定部位上采集的，因此成熟效应与位置效应总是相伴发生的，在树木无性繁殖中表现为综合效应。

(2) 病毒侵染

病毒是一类没有细胞结构，但有遗传、复制等生命特征的寄生物。一个完整的病毒粒子由核酸(RNA 或 DNA)和蛋白质外壳组成。病毒只能在一定种类的活细胞中增殖，利用寄主细胞进行复制，并通过其核酸转移至其他寄主细胞。植物遭受病毒侵染后，会导致叶部产生病斑，叶片卷曲，根茎细胞增生，植株矮小畸变，生活力下降，甚至枯死。由于病毒几乎分布在整个植物体内，能通过无性繁殖传递并导致病毒积累。因此，随着无性繁殖代数的增加，危害程度加剧。由于病毒的复制增殖与植物的正常代谢密切相关，采用病毒抑制剂会造成严重药害。病毒病害与细菌、真菌病害不同，不能通过化学药剂进行防治。如柑橘的衰退病曾毁灭了巴西 75% 的柑橘，至今仍威胁着世界上的柑橘产业；番木瓜的扭叶环斑病使番木瓜栽植 1 年后即行淘汰；葡萄扇叶病毒和卷叶病毒使葡萄减产 10%~50%；枣疯病毁掉了北京密云的金丝小枣；苹果锈果病也是我国果树生产上亟待解决的问题。

8.5.2 无性繁殖材料复壮及其方法

复壮(rejuvenation)是指针对品种退化而采取的恢复并维持树木幼龄状态的措施。无性繁殖因方式不同，衰退速率也有所不同。谭健晖等(2007)对桉树不同繁殖方法及繁殖代数衰退过程的研究结果表明：组培苗抗衰退能力强于扦插苗，组培 1 代抗衰退能力最强，组培 8 代次之，扦插苗的衰退速率显著大于组培苗。由于引起树木无性繁殖材料退化机理不同，因此所采取的复壮措施也不同。对于与老化相关的成熟效应和位置效应而引起的退化，可直接通过种子更新复壮，或利用树木的幼态组织区域复壮；而对于病毒引起的无性繁殖材料退化，可利用病毒复制与传递的弱点进行脱毒复壮等。

8.5.2.1 有性繁殖复壮

老化效应在针叶树种中发展特别快，4~5 年生就开始进入急速老化期。如杨俊明、沈熙环等(2002)试验结果表明，在自然生长状态下，华北落叶松扦插生根率和根系质量随树龄增加而明显下降。即使是 2 年生幼树与 4 年生幼树，扦插生根率和根重量也表现出极显著差异(图 8-6)，虽然可以通过强度修剪进行复壮，但复壮效果与母树年龄呈负相关，采穗树更新年限为 6~7 年生。老化不仅影响扦插成活率，同时还影响扦插苗造林后的生长。目前，辐射松、落叶松等树种的良种生产是采用优良亲本控制授粉家系苗建立采穗圃，再通过嫩枝扦插实现优良家系的无性系规模化利用。一般针叶树种采穗圃大多连续采条 3~5 年，随后用优良家系种子实生苗重新营建新的采穗圃，通过种子实现优良无性繁殖材料的复壮。

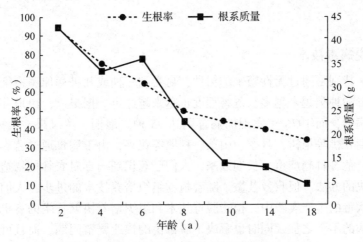

图 8-6 华北落叶松嫩枝扦插年龄效应

8.5.2.2 无性繁殖复壮

无性繁殖复壮技术方法主要有以下几种：

(1) 根萌条或干基萌条法

树干基部存在处于幼年阶段的休眠芽以及不定芽，而挖根促萌可以促进根部处于幼化状态的不定芽等分化发育获得根萌条。该方法在生产上应用最为广泛。如桉树采取树干基部环割，进而利用环割愈合部位萌条扦插。山杨、毛白杨通过截根促萌或挖取根段沙藏促萌，再利用根萌条扦插繁殖。胡杨、刺槐可采取根段直接扦插繁殖。

(2) 反复修剪法

通过强度修剪使树干维持年轻阶段的生理状态，或对老枝扦插、嫁接获得的苗木连续平茬，促使不定芽萌条，利用萌条作穗条，可显著提高生根率，改善生长状况。日本柳杉、辐射松、火炬松等均采用强度修剪树干的方法获得了较高生根能力的穗条。我国一些地区在进行毛白杨优树繁殖时，曾采用短枝嫁接结合连续平茬的方法，获得了幼化的无性繁殖材料。

(3) 幼砧嫁接法

通过将老龄接穗嫁接到幼龄砧木上，利用砧木幼年性的生理状态促进接穗返幼复壮，也能收到较好的效果。如欧洲云杉、红杉、桉树等曾采用该方法改善了插条的生根状况。

(4) 连续扦插法

从老龄树上采取的枝条虽然生根率较低，但对少数成活的植株再采取插条进行扦插，这样经过连续几年的反复扦插，可以明显地改善生根状况。如从 80~120 年欧洲云杉大树上采条扦插生根率仅为 6%，经过 3 轮连续扦插后，生根率可达到 80%。挪威云杉、栎树、山杨、桉树等也采用该方法获得成功。

(5) 组织培养法

植物组织培养获得的再生植株，由于经过脱分化，可以达到返幼复壮的目的。此外，因病毒侵染造成的品种退化，可通过组织培养脱除致病病毒。

有关树木老化与复壮的研究虽较多，但对于无性复壮的生理基础研究还不够，其中一些无性复壮方法尚存在争议，但一般认为，从成熟植株的根部等幼态区获得材料进行复壮最为可靠。

8.5.3 苗木脱病毒技术

许多树种，特别是通过无性繁殖的树种，易受到一种或几种病原菌侵染。随着栽培时间的增加，病毒的种类越来越多，危害程度也越来越严重。据报道，1930年在核果类植物中只发现5种病毒，而1976年发现的病毒则达95种。泡桐、罗汉果、桑树等树种，枣、苹果、梨、葡萄、桃等果树，月季、山茶、杜鹃等花卉，由于病毒通过营养体传递，在母株内逐代积累，危害日趋严重。长期以来，人们已意识到病毒对农林植物造成的危害，并探讨了各种解决的办法，但收效甚微。随着植物组织培养技术的进步，人们已将这一技术应用到植物脱病毒的生产实践中。植物脱毒技术和组织培养快繁技术的有机结合，不仅解决了苗木病毒病的不治之症，同时也解决了脱毒苗的快速繁殖问题，而且可获得了良好的经济效益。

8.5.3.1 病毒特性及其侵染

病毒是在活体细胞内寄生增殖的不具细胞结构的生命体，只有在电子显微镜下才能观察到它的形状。病毒的主要特征表现在简单的结构和复制的机制。例如，病毒没有细胞结构，仅有蛋白质和核酸，严格在活细胞内寄生，不能进行独立的代谢活动，也缺乏自身的核糖体，必需依赖寄主来合成蛋白质。所含核酸使得病毒能利用寄主细胞进行复制，具有侵染力，能够将其核酸从一种寄主细胞转移到其他寄主细胞。

大多数病毒的"生活周期"分为两个阶段：一是细胞内阶段。病毒的核酸（DNA或RNA）进入细胞，进行复制，或以自身DNA结合到寄主DNA上，这是处于有生命的状态。二是细胞外阶段。它以侵染性病毒粒子的形式存在，不能进行代谢和繁殖，处于惰性状态。

病毒不同于真菌，在寄主体外的存活期一般比较短，只能被动传播。自然界植物病毒侵染主要通过3种途径：农业操作时的机械损伤；昆虫、螨、线虫、真菌等造成的伤害；无性繁殖和嫁接。植株被病毒侵染后，因叶绿体被破坏或不能合成新的叶绿素而引起花叶、黄化或红化等症状，导致植株矮化、丛生或畸形等，出现枯斑或坏死、产量和品质下降等现象。

8.5.3.2 脱病毒方法与技术

脱病毒方法有多种，目前常见的有以下几种：

（1）热处理脱毒

热处理（heat treatment）又称温热疗法。原理是植物组织处于高于正常温度的环境中，组织内部的病毒受热以后，部分或全部钝化，但寄主植物的组织很少或不会受到伤害。热处理的方法有两种：对于休眠器官等，在50℃左右的温水中浸渍数分钟至数小时，该方法简便易行，但易致使材料受伤；将试管苗或盆栽植株移入温热治疗室（箱）内，温度为35~40℃，短则几十分种，长可达数月。每一种植物热处理均有其临界的温度范围，超出这一范围或处理时间过长，则使寄主植物的组织受伤。热处理方法的主要缺陷是并非所有的病毒对温度都敏感，热处理对球状病毒和类似线状的病毒等所导致的病害才有效，对杆状和线状病毒的作用不大。

(2) 微茎尖培养脱毒

通过茎尖培养(shoot tip culture)脱除病毒，后代遗传稳定，是目前培育植物无毒苗使用最广泛的一种方法。感染病毒植株其体内病毒分布并不均匀，病毒的数量随植株部位与年龄而异，越靠近茎顶端区域的病毒浓度越低，因分生区域内无维管束，病毒只能通过胞间连丝传递，赶不上细胞不断分裂和生长速率，所以生长点含有病毒的数量极其微少，几乎检测不出病毒，因此脱除病毒的效果与茎尖大小呈反比。采用茎尖培养脱毒法，必须将植物种类、病毒种类、剥离茎尖的大小及培养基营养组成四方面统一考虑，才能收到理想的脱毒效果。苹果、梨、枣树、桃树、葡萄、柑橘、甜樱桃、泡桐与桑树等均利用了该方法进行了脱毒。

(3) 茎尖培养与热处理结合的脱毒

将休眠茎段在恒温水浴锅内 40~50℃下处理几十分钟到几小时，或将材料放入 30~38℃的人工气候箱中热处理 1~2 个月，这样可在一定程度上脱除病毒，减少茎尖部位的病毒含量，以便可剥离较大的茎尖，如切取 0.5 cm 的茎尖，这样大的茎尖很容易启动培养。也可以将试管苗进行热处理，然后从试管苗上切取较大的茎尖。利用热处理结合茎尖组织培养，培育的无病毒枣树、苹果、梨的植株，不仅提高了果实产量，还改善了果实品质。

(4) 珠心胚培养脱毒

柑橘类多胚品种中除一个受精胚外，尚有多个由珠心细胞形成的无性胚，称为珠心胚。因为珠心与维管束系统无联系，由其产生的植株全部无病毒，但珠心胚大多是不育的，必须进行离体培养才能发育成正常的幼苗。用这一技术对柑橘的主要病毒与类病毒的病原体，包括不能为热疗法除去的病毒，如银屑病叶脉突出症、柑橘裂皮病、柑橘速衰病均十分有效。

(5) 愈伤组织脱毒

一些植物的愈伤组织经过反复继代培养后会不含病毒，从该愈伤组织上再生的不定芽也不含病毒，这可能是由于病毒的传播需要经过维管组织、输导组织以及胞间连丝，而愈伤组织之间无病毒传播的有利条件，因此从愈伤组织上诱导再生芽也是获得无病毒的植株的途径之一。

(6) 茎尖微体嫁接脱毒

一些木本植物茎尖培养难以生根，可将其砧木在人工培养基上培育成试管苗，再从成年无病树枝上切取 0.14~1.0 mm 茎尖，在砧木切断面上进行试管内微体嫁接以获得无病毒幼苗，这一技术已成为西班牙培育柑橘无病毒苗的方法，柑橘类嫁接成活率为 30%~50%，移植成活率 95%，嫁接后 2 年即可结实。在桃树、苹果等树种上应用茎尖微体嫁接脱毒也获得成功。

8.5.3.3 脱毒苗检测与保存

所谓无病毒苗(virus-free seedling)只是相对而言，通过脱毒处理产生的幼苗经过了鉴定，也仅仅脱除了一些造成主要危害的几种病毒，对于那些危害不严重的病毒则没被关注，因此应称脱毒苗为"无特定病毒"或"无特定病原菌"的苗木，亦可称为"检定苗"。这比泛称为"无病毒苗"更为合理。

(1) 无病植株的鉴定

通过不同途径脱毒处理培育的植株，并非都能完全脱除病毒，必须对脱毒后的种苗体内的病毒做进一步定性、定量分析，进行病毒检测和鉴定。而且许多病毒具有延迟的恢复期，在最初 18 个月中每隔一定时期仍必须对培养的植株进行鉴定，仅具有持续的负反应，则属于针对专一病毒的无病毒植株。无病毒植株仍易于再感染，因此在繁殖的不同阶段仍须重复鉴定。脱毒效果的检测方法有以下几种：

①视觉观察法　直接观察植株茎叶有无这一病毒可见的症状特征是一种最简便的方法，然而在寄主植物上感染病毒后出现症状需要的时间较长，还有的寄主植物不表现可见的症状，因此还需要更敏感的测定方法。

②生物鉴定法（敏感植物或指示植物法）　有些植物对病毒极为敏感，一旦感染病毒就会在其叶片乃至全株上表现特殊的病斑，把这种植物称为敏感植物或指示植物（indicator plant），又称为鉴别寄主。出现的症状分两种类型：一种是接种后产生系统的症状，并扩张到非接种的部位；另一种是只在接种部位产生局部病斑，根据病毒的类型而出现坏死、褪绿或环状病斑。将被接种的指示植物置于防蚜虫网罩的温室（15~25℃）内，如接种的浆液内含有病毒，经数天至几周后，指示植物即出现可见的症状。这种方法简单、操作方便，所以自 Holmes（1929）首创以来一直沿用至今。

③抗血清（antiserum）鉴定法　不同病毒产生的抗血清都有各自的特异性，用已知病毒的抗血清来鉴定未知病毒，这种抗血清就成为高度专一性的试剂，特异性高，测定速率快，一般几小时甚至几分钟就可以完成鉴定。是目前快速定量测定病毒的常规诊断以及建立病毒之间相互关系的方法。

④酶联免疫法（enzyme linked immune sorbent assay，ELISA）　是用酶标记抗原或抗体的微量测定法，将抗原固定在支持物上，加入待检血清，然后加入酶（过氧化物酶或碱性磷酸酶）标记的抗体，使待检血清中与对应抗原的特异性抗体结合，最后用分光光度计诊断。此法灵敏度极高，适用于检测大量样本，尤其适用于常规测定田间苹果花叶病毒、李皮疹病毒、李属坏死环斑病毒等。

⑤电子显微镜检查法　电子显微镜可以直接观察、检查有无病毒微粒的存在以及微粒大小、形态和结构，借以鉴定病毒的种类，是病毒鉴定的一种重要方法。电镜鉴定法是一种既准确又科学的鉴定方法。

⑥分光光度法　为了对病毒作定量观测，可以采用分光光度法测定。把病毒的纯品经过干燥、称重，配成已知浓度的病毒悬浮液，在 260 nm 波长下测其光密度，并折算成消光系数（E10.1% cm）。一般常见病毒的消光系数都可以从文献中查出来。

(2) 无毒原种苗的保存和应用

无毒原原种（initial stocks）和原种（pedigree plant）的获得不易，如果保存不好会很快重新感染病毒，为防止再度感染，应在隔离的条件下保存，这项工作十分重要。一般脱毒试管苗出瓶移栽后的苗木被称为无毒原原种，多在隔离网室中保存；无毒原原种繁殖的苗木称作原种，多在良种繁育基地保存。如果原种保存得好，无毒原原种可以利用 5~10 年，在生产上可以创造更高的经济效益。一般可采取离体保存，此外也可在隔离区或隔虫网室内进行隔离保存。隔离区可以为海滩、山地、未种植过该种植物（有时是属甚至科）的新区；隔虫网室以使用 300 目的网纱为好。种植圃的土壤也应该消毒，保证无毒原种在与病毒严密隔离的条件下栽培。无毒原种即使种植在隔离区内，仍有被重新感染的可能性，因此，还要定期进行重感病毒的检测。获得无毒原种后，要尽快加速无毒苗木的繁殖和推广工作。

8.6 林木无性系选育及其应用

8.6.1 无性系选育基本程序

因树种的生物学特性不同，在无性系选育程序方面也各具特点。归纳起来，林木无性系选育程序主要包括基因资源收集与保存、选择、人工诱变、杂交、无性繁殖、无性系测定、无性系选择和推广等几个环节。

(1) 基因资源收集与保存工作是无性系选育的物质基础

无性系遗传增益的利用一般只限于一个世代。当某一树种的一个或数个无性系的遗传增益被证实后，在经济利益驱动下，往往有可能会在短期内造成由数个无性系取代原有的人工林，导致树种遗传多样性降低，遗传基础窄化，为此必须注意广泛搜集和保存基因资源。

(2) 变异是无性系选育的前提

只有经过选择并被证明生长或品质得到改善的品系才有可能应用于林业生产。与作物相比，林木大多处于野生或半栽培状态，自然变异丰富，选育潜力很大。在选择利用自然变异的基础上，还可以进一步通过杂交、染色体加倍、基因工程等创造人工变异，从而最大限度地挖掘树种的遗传潜力。

(3) 无性繁殖与幼化技术的解决是无性系造林的前提条件

不管哪个树种，均可以通过选择获得遗传增益超出群体平均值的优良基因型（品系），但如果不能从技术方面解决树种的规模化无性繁殖问题，则这些优良基因型的价值就难以在生产中得到体现。简单、实用和低成本是无性繁殖技术能否走向生产的关键，而优良无性系能否实现可持续经营，则取决于幼化与保幼技术。

(4) 测定是无性系选育的核心环节

无性系只有经过遗传测定才能判定其优劣，无性系测定的每一步都直接关系到最终的选择效果。其中，无性繁殖过程中的一般环境效应会影响优树基因型值的准确评价。对于材料来源存在差异的优树，在测定前必须进行幼化，以消除无性系内由于成熟效应与位置效应等引起的各种非遗传性偏差，满足无性系测定材料的一致性与可比性，并通过科学的试验设计与统计分析，取得准确、可靠的测定结果。

(5) "适地适无性系"是无性系造林成功的保证

不同的无性系处于不同的环境之中，其生长表现不尽相同，优良无性系与适宜的环境条件相配合，才可能取得最大限度的增产效果。因此，应充分利用无性系的基因型与环境互作效应，重视良种的适地适无性系栽培。必须通过多地点、多年度的无性系测定，为不同的生态环境条件选配适宜的无性系，或选择适生范围较宽、丰产且表现稳定的无性系。

8.6.2 无性系造林的问题及对策

与农作物生产不同，林业的生产周期较长、环境复杂、立地条件较差、经营管理比较粗放，因此，森林经营更重视林分的稳定性及其相应抵御自然灾害风险的能力。无性系选育导致遗传基础变窄，如果在大面积不同立地条件下栽培单一的无性系，会因环境多变造成林木生长不良，一旦病虫袭击，会造成毁灭性的损失。

虽然在林业上因种植单一无性系造成损失的报道不多，但风险存在。如1977—1979年，南斯拉夫杨树传染病害 *Dothichiza populea* 广泛流行，认为发展单一的无性系人工林是造成新的病原生理小种发生侵染流行的原因。在日本营造的大面积日本柳杉单一无性系人工林中容易发生干癌病、叶鳞病流行。鉴于单一无性系造林可导致林分抗性降低的风险，对于集约化程度低、采伐周期长以及立地条件相对复杂的人工林经营，应避免单一无性系大面积造林，而应采取多无性系造林。

使用无性系品种造林时，如果单纯从林分的稳定性考虑，当然是选用的无性系越多越好，但无性系数量多会降低遗传增益，同时还会造成生产与管理上的不方便。巴西对桉树的研究表明，用100个无性系造林的增益比用600个是要增产1倍。德国和瑞典为保证云杉无性系林业的安全性，颁布了无性系林业法规，规定在混合繁殖时，母树至少要来自亲缘不同的20个全同胞家系。德国规定欧洲云杉造林使用的无性系数目下限为100个，瑞典规定一个人工林应保证29~67个无性系。而Libby(1980)则认为无性系造林使用7~30个无性系是安全的。对于一个特定树种，以及在一个特定造林地点而言，选用多少无性系较为适宜，应该根据树种特性、无性系的遗传变异大小、无性系测定等级、造林规模、采伐周期、经营管理强度以及造林地点的立地条件、气候特点、病虫害状况等情况确定。一般而言，对于乡土树种、短周期树种，以及在立地条件好、造林规模小、集约化程度高的条件下，无性系数量可以少些；反之，应采取多无性系造林。

多无性系造林有3种方式，即无性系混合繁殖、无性系行栽、无性系块状混栽等。其中无性系混合栽植是指将用于推广的无性系插条随机混合在一起育苗，用多个无性系的混合苗木造林。这种方式防范风险能力最强，且具有操作简单、造林成本低等优点。但要求各无性系在生长势、冠幅、根幅以及对立地条件的要求等方面相对一致，否则造林后，由于不同无性系在竞争力以及与环境相互作用方面存在差异，会导致无性系生长参差不齐，从而影响营林以及收益。无性系行栽是指在造林时分无性系隔行间作，每一行或数行只栽植一个无性系。该方式可从行向上控制无性系之间的竞争，降低优势无性系对生长相对较慢无性系的影响，降低根部传染病害的传播等，但仍难以体现无性系的生产优势，且因造林操作麻烦而较难实施。块状混栽在无性系造林中被广泛采用，该利用方式是指将造林地划块作业(10~20 hm^2)，每块只栽植一个无性系。块状栽植具有如下优点：①林分整齐一致，可避免无性系之间的竞争，保证产品质量与效益；②适合集约经营，育苗、造林以及抚育管理过程简单、费用相对较低；③可为不同的林地条件选用适宜的无性系，充分利用基因型与环境的互作效应；④当某一个无性系发生问题时，利于集中采取措施，甚至可皆伐重建，从而保持林地的利用效率等。

提要与小结

无性繁殖是指采集植物的部分器官、组织或细胞，在适当条件下使其再生为完整植株的过程。由于无性系是由原株的离体器官、组织或细胞经体细胞有丝分裂再分化、发育而成的再生群体，没有通过有性生殖过程，不会发生基因分离与重组现象。无性系选育和造林具有综合利用加性与非加性遗传效应、无性系性状整齐一致、无性系选育的改良周期比较短等特点，无性系造林在人工林生产中的作用愈加突出。国内外利用选育的优良无性系开展大规模造林已取得了显著成绩。

无性繁殖包括扦插、嫁接、根蘗、埋（压）条和组织培养等方法。其中扦插和嫁接繁殖简单，在无性系造林和种子园营建中普遍应用。插条生根率受遗传控制，也与温度、湿度、光照以及基质等有密切关系。嫁接成败主要取决于砧木与接穗的亲和力，也取决于砧木与接穗的活力、嫁接方法、嫁接季节、嫁接环境条件、嫁接技术和嫁接后管理等。

组培繁殖具有增殖快、易于工厂化生产等特点。但是组培过程中会出现污染、褐化和玻璃化等问题，导致组培的成本加大。培养基可分为两类：一类是基本培养基，包括大量元素和微量元素（无机盐类）、维生素、氨基酸、糖和水等；第二类是完全培养基，即在基本培养基的基础上，添加一些植物生长调节物质。在同一植物不同部位的组织、器官中，其形态发生的能力，因植株年龄、采集季节、外植体大小及其着生部位和生理状态而有很大不同，选择外植体对离体快速繁殖是十分重要的。污染、褐变和玻璃化是组织培养三大障碍，选择适宜的灭菌剂及其浓度，摸索最佳的培养条件，可以解决这些问题。

体细胞胚胎发生是指不通过配子受精，但经胚胎发育形成胚的类似物，即胚状体，再进一步生长发育成完整植株的过程，该技术已在部分树种得到应用。2,4-D 是诱导体细胞胚胎发生的必需条件，它是胚性感受态表达的重要因子。此外，影响体细胞胚胎发生的因素还包括培养基、碳源、渗透压、活性炭、光照、温度、微量元素、氮源成分、琼脂、蔗糖浓度以及 pH 值等。人工种子是一种含有植物胚状体或芽、营养成分、激素以及其他成分的人工胶囊，人工种子生产工艺过程目前还处在研发阶段。

采穗圃是提供优质无性繁殖材料的圃地，是实现无性繁殖材料规模生产的必要环节。采穗圃经营的核心工作是幼化控制，同时还要采取积极有效的管理措施，满足母树的生长需求，最大限度地生产具有幼年性、一致性的无性繁殖材料。在采穗圃营建和管理技术方面，阔叶树种与针叶树种差别较大。

无性繁殖材料退化主要与非遗传因素有关，包括成熟效应、位置效应以及病毒侵染等。由于引起树木无性繁殖材料退化机理不同，因此所采取的复壮措施也不同。对于与老化相关的成熟效应和位置效应而引起的退化，可直接通过种子更新复壮，或利用树木的幼态组织区域复壮；而对于病毒引起的无性繁殖材料退化，可利用病毒复制与传递的弱点进行脱毒复壮。植物脱毒技术和组织培养快繁技术的有机结合，不仅解决了苗木病毒病的不治之症，同时也解决了脱毒苗的快速繁殖问题，而且可获得了良好的经济效益。

不同的无性系处于不同的环境之中，其生长表现不尽相同，优良无性系与适宜的环境条件相配合，才可能取得最大限度的增产效果。无性系选育导致遗传基础变窄，如果在大面积不同立地条件下栽培单一的无性系，会因环境多变造成林木生长不良，一旦病虫袭击，会造成毁灭性的损失。应避免采用单一无性系大面积造林，以防止病虫袭击或环境改变造成重大损失。多无性系造林有 3 种方式，即无性系混合繁殖、无性系行栽、无性系块状混栽等。其中无性系混合栽植防范风险能力最强，且具有操作简单、造林成本低等优点。

复习思考题

1. 为什么说无性系选育是属于高层次利用变异的一种形式？
2. 如何提高林木扦插生根率和嫁接存活率？
3. 利用组织培养方法进行树木的快速繁殖有何优点？包括哪些步骤？

4. 脱除植物病毒的方法有哪些？如何对经过脱除病毒处理的植株进行病毒含量检测？
5. 简述体细胞胚胎发生与人工种子的意义及制作程序。
6. 林木无性繁殖材料复壮有哪些措施？
7. 分析杉木等树种采穗圃营建技术的成功特点，以及进一步提高繁殖系数的条件。
8. 林木无性系选育中应注意哪些问题？
9. 无性系造林应注意哪些问题？如何解决？

第 9 章　遗传测定

知识导图

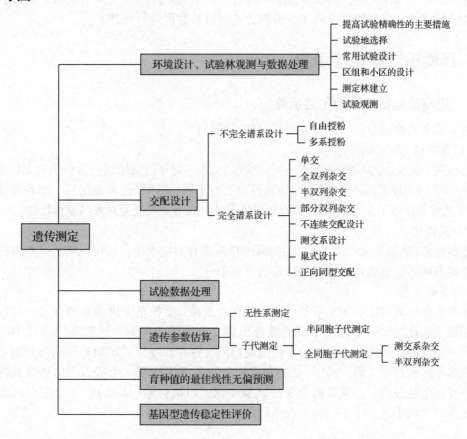

根据表型选择出来的优树，以及通过杂交产生的子代，其遗传品质是否优良，亲本的优良性状能否传递给子代，传递能力有多大等问题，事先并不知道。但是如果对选择出来的优树通过无性繁殖得到的植株，或通过各种交配设计获得的子代，进行田间对比试验，并进行遗传分析，就能回答上述问题。这种试验称为遗传测定（genetic test）。由于测定的方法和繁殖方式不同，遗传测定可以分为无性系测定（clonal test）和子代测定（progeny test）两类。前者是通过扦插或嫁接等无性繁殖产生植株进行测定；后者是通过交配设计产生子代进行测定。一般而言，无性系测定不能确切地反映该材料在有性繁殖下的遗传表现。

表现型优良的植株并不一定产生优良的子代或无性系，没有遗传测定，就无法对母树或无性系原株遗传品质进行评定。因此，遗传测定是解决林木良种选育中的质量问题，是林木遗传改良的关键。遗传测定解决的主要问题可归纳如下：

①估算母树或原株的育种值。通过遗传测定，估算母树和原株的育种值，从而可对其遗传品质优良程度进行评定，其结果可用于优良无性系选择、种子园的入园亲本的选择和种子园去劣疏伐等方面。

②估算各种遗传参数。在林木遗传改良中，必须了解性状遗传力等遗传参数，在此基础上，才有可能确定有效的选种和育种方法。

③通过田间对比试验，估算入选群体的遗传增益。

④为多世代育种提供没有亲缘关系的繁殖材料。

遗传测定有多种目的，但很难找到一种设计能最大限度地满足所有要求。所以，需要设计合适的试验，并采取相应的统计分析方法对试验数据进行处理。

9.1 环境设计与试验观测

9.1.1 提高试验精确性的主要措施

为了减少试验误差(error)，主要采取如下措施：

(1) 重复(replication)

指在同一试验点的不同地段，或不同试验点上，或不同年份栽植同一批种子或无性系。重复是必须的，因为即使同一个地段，立地条件也有所不同，不同年份采集的同一个种源或优树的种子，遗传品质也不会完全相同，只有通过重复才能充分反映被测对象的遗传特性。

(2) 随机化

被测对象(家系或无性系)在不同的区组排列没有固定次序。这可以防止某些被测对象在试验地不同区组里总是处于好的或差的立地条件。

(3) 局部控制

林业试验用地的地形和土壤条件往往存在着差异，要把整个试验布置在同一地段往往比较困难。为此，设计中把整个试验地按地形、土壤等条件的一致程度划分成不同的地段。同一地段内，条件基本一致，不同的地段间允许存在差异。试验地的局部控制主要通过区组和小区设计来实现。小区(plot)是由同一家系或无性系一个或若干植株组成的试验单元。在每个地段内，以同等机会安排试验小区，组成区组(block)。一个完全区组包括所有被测对象的小区，一个试验由若干区组组成。

9.1.2 试验地选择

试验地的选择应考虑如下几个问题：

①试验地要有代表性。考虑到试验结果的推广应用，试验地应能代表试验材料将来推广地区的生态条件。

②试验地的环境条件要一致。试验地土壤条件相差不能太大，至少在一个区组内是一致的。因此，试验地的面积至少要能容纳一个完整的区组。

③试验地应远离人畜要道，以免试验植株遭到破坏。

④试验地最好建在国有林场，以保证能永久使用。

⑤试验地点交通方便，便于管理。

9.1.3 常用试验设计

试验设计方法有多种。在林木遗传测定中使用最为普遍的是随机完全区组设计和平衡不完全区组设计。

(1) 随机完全区组设计(randomized complete block, RCB)

这种设计是把一个栽植点划分为若干面积大致相等的区组，每个区组包括所有处理（家系或无性系）和对照，每个处理和对照分别占据面积相等的小区，在区组内的小区排列是随机的。这种设计精确性高，易于统计分析，因此是最常用的试验设计。但是，随着供试的家系或无性系增加，小区数目增多，如果一个区组的面积太大，同一区组内土壤等环境条件难于保证一致，由此造成各家系或无性系在不同等的条件下比较，试验误差大，结果不可靠。

(2) 平衡不完全区组设计(balanced incomplete block, BIB)

当供试家系或无性系多时，采取这种设计是能够获得比随机完全区组设计更准确的结果。这种设计是把供试的家系或无性系分为若干组，组内试验条件一致，虽然组间有差异，但是每一个家系在每个组(区组)中只出现一次，任何两个家系在同一区组中出现的次数相等，这就可以得到合理的比较。

9.1.4 区组和小区的设计

根据试验材料、试验地状况和研究目的差别，区组和小区的形状、大小也有所差异。

(1) 小区大小和区组数目

小区可以是单株，也可以由多株多行组成，形成块状小区。小区越小，区组越小，区组内立地条件的变异越小。因此，一般而言，区组多而小区小的试验林统计精确性大于区组少而小区大的试验林。一些研究表明，从4株小区得到的每株树的信息量比从单株小区得到的少20%~30%，而从100株小区得到的信息量，则比从单株小区得到的少80%~90%。在统计上，单株小区效率最高。但是，采用单株小区时，一旦有1株死亡，统计分析就会很复杂。所以，在开展子代测定和无性系测定时，一般采用单行多株小区，或2×2、3×3、4×4块状小区，在美国，多采用8~10次重复、4~10株小区设计。当被测对象是种源或树种时，宜采用大块式小区。因为不同的种源或树种生长速率可能差异很大，小区面积大，不同处理间相隔距离较大，可以降低竞争效应，从而能充分表现出它们的遗传潜力。采用大块小区设计时，每区四周的树木通常作为边行，调查时，仅测量中间的部分树木。

(2) 小区和区组的方向

为了使每个区组内立地条件一致，区组的短轴和小区的长轴应与环境变化梯度平行。例如，试验布置在坡上，采用行式小区布置时，每个小区内海拔高度变化应最小，那么家系小区的行就应沿山坡到山脚方向顺坡设置(图9-1)，而区组应平行于山的等高线。因排水不良挖沟的试验地，小区的行应垂直于排水沟，试

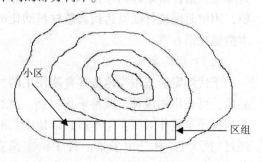

图9-1 在山坡布置区组和小区示意

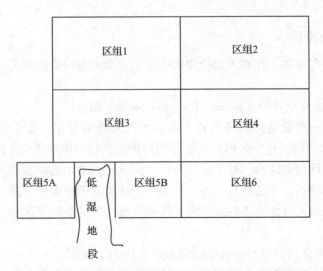

图 9-2 试验区内有低湿地段情况下区组布置的示意

验地如果存在单向风,小区的行要与风向垂直。试验区内一个重复中间如遇地形突变,常用拆开或增加填充行的办法来避免,但分割的小区要尽可能靠近(图9-2)。

9.1.5 测定林建立

(1) 苗木的要求

苗圃地的条件应满足苗木健壮生长的要求,并应尽可能地保持一致。如果受条件限制,不能将全部家系或无性系种在同一块圃地时,应将全部家系或无性系分散播种在不同圃地,每个圃地含所有家系或无性系。育苗管理措施应一致,保证可比性。

供试苗木在起苗、包装和运输过程都必须相同。如果定植苗木不是随机取样的,而是事先分级的,应分别记载各家系合格苗和淘汰苗的比率。供定植用的苗木入选率应保持一致。

无性繁殖中插穗和接穗采集的部位,会在繁殖后的几年内对植株产生非遗传的影响。如杉木用树冠下部的枝条嫁接,嫁接苗会出现偏冠现象,表现出位置效应。在无性系测定中,应注意采集穗条的部位,如果发生位置效应,应采用平茬等措施加以纠正。

采穗母树的年龄对无性繁殖以及无性系测定都有很大的影响。树龄增加,插条生根能力降低,这种现象称为年龄效应。北京林业大学在毛白杨优树对比试验中,采取室内埋根,用根萌嫩枝扦插以达到繁殖材料幼化的效果。关于位置效应和年龄效应及其克服的技术措施见第6章。

(2) 对照的要求

子代测定应选用当地造林普遍使用的种子作为对照。为测定改良代种子园种子的遗传品质,可采用初级种子园种子作对照。无性系测定中,应采用当地常用的无性系作对照。下列种子不能作对照:①不适宜该地生长的种源;②从生长不良树木上采集的种子;③从经过"拔大毛"林分中采集的种子;④孤立木上的种子,或其他可能来源于自花授粉的种子。

(3) 保护带的设置

为了减少试验林分的边际效应，防止人畜践踏，造林试验时，应在试验林周围栽植一定宽度的苗木，采取与试验林相同的管理措施，称为保护带。保护带最好与试验林的树种相同(图 9-3)。

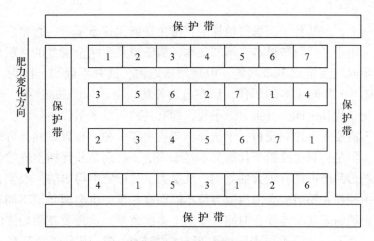

图 9-3　随机完全区组试验设计图示

(4) 林分的管护

造林后要加强幼林的抚育管理，及时除掉杂灌、草，以免影响苗木的生长。此外，还要注意防止野生动物和牲畜等对试验林的危害和火灾的发生。如果不是为了测定林木对病虫害的抗性，要采取有效措施防止病虫害。造林后，对死亡的植株要及时补植。

(5) 档案的建立

试验林定植后，应及时绘制定植图，做好各种记录，建立档案。记录的内容应包括下列各项：①试验材料来源，如子代测定林，应说明亲本、制种方式、种子处理过程等。对无性系测定，应说明穗条来源，采集方法；②育苗过程；③造林地立地条件；④试验设计；⑤对照来源等。

9.1.6　试验观测

根据改良目标确定观测性状和指标。主要观测性状有：①树高、胸径(地径)、材积、根系等生长性状；②主干通直度、圆满度、树皮厚度、分枝角度、侧枝粗度、节疤大小、自然整枝状况等形质指标；③抗病虫害、抗旱、抗寒、抗盐碱等抗逆性指标；④木材比重和密度、纹理通直度、早材和晚材比率、纤维和管胞长度等木材性状；⑤树胶、树脂等次生代谢产物的产量和品质。

试验观测年限以能正确评定性状为度。如用材树种生长性状最终评定的年限一般为 1/4~1/2 轮伐期。在试验期间，每隔 3~5 年要作阶段总结。

9.2　交配设计

为了解被测亲本的遗传品质，根据试验具体要求和工作条件，对亲本的交配方式所做的安排，称为交配设计。交配设计种类很多，各有其优点和特定的用途。为方便起见，将交配设计分成两类：即不完全谱系设计和完全谱系设计。

9.2.1 不完全谱系设计

(1) 自由授粉

直接从优树上，或从种子园嫁接植株上，按单株或无性系采种、育苗、造林，对各种性状进行鉴定。由于子代只知母本，不知父本，属于谱系不完全清楚的交配设计，通常把这种测定称为半同胞测定或单亲测定。但是严格地讲，这并不确切。因为，半同胞(half sib)应指仅具有一个共同亲本的子代，而在自由授粉(open pollination)中，不仅含半同胞子代，还含自交子代和全同胞(full sib)子代，即有共同的双亲子代。

这种设计不需要人工控制授粉，于选择当年或翌年采种，布置试验，可较早得到一般配合力的估量。但是，自由授粉子代的父本是未知的，特别是从优树上直接采种时，由于各林分的花粉遗传品质可能有较大的差别，从这类子代评定中得出的一般配合力会产生偏差。同时，自由授粉花粉组成会因树冠方位不同而有差异，也会因年份不同有差异。为了可靠地评定自由授粉子代，需要在时间、空间上多次重复。这需要花费较多的人力、物力和时间。此外，从同一林分或种子园中取得自由授粉种子，因有亲缘关系，不宜进一步选育。

(2) 多系授粉

多系授粉(polycross)，又称混合授粉，是指对待测的每个无性系用本系以外的若干无性系的混合花粉授粉。用这种测定方式，组合少，工作较方便。同时，测定结果较自由授粉更符合于筛选无性系的实际需要，遗传增益也较高。

多系授粉法具备上述优点，在生产中应用较广。但是，这种方式也存在一些缺点：第一，混合授粉产生的子代，同样不能判断其父本，因此，只能得到一般配合力估量，不能估算特殊配合力。第二，混合花粉的组成，实际上是难以测定的。不论按重量，或按体积比例混合花粉，都不能准确反映其组成的比例。混合授粉产生的子代中，有相当一部分苗木具有共同的父本。因此，子代不宜做进一步选育。第三，混合花粉需要等待无性系植株开花，或上树授粉，比较困难。第四，对花期不一致的无性系，存在催花和花粉储藏等问题。

9.2.2 完全谱系设计

(1) 单交

单交(single pair mating)就是在一个育种群体中，一个亲本只与另一个亲本交配，而不再与第二个亲本交配。由这种交配方式得到的子代，双亲都是知道的，交配组合之间没有亲缘关系。这种设计能用最少数量的交配组合，生产最大数量的没有亲缘关系的子代，因此，有利于改良代育种，这是单交最大的优点。此外，两个亲本只作一次交配，无须如多系交配那样要从许多植株上采集花粉进行授粉，因而操作比较方便。

单交的最大缺点是一个亲本只作一次交配，不能提供一般配合力的估计，也不能用来估计加性方差(additive variance)和非加性方差(non-additive variance)。因此，对种子园疏伐不适用。比较理想的做法是，先作亲本一般配合力测定，再用已证明遗传上优良的亲本作单交，产生供下一世代选择的群体。这样做，虽然评定时间增加了一个世代，但工作量减少了许多。

(2) 完全双列杂交

完全双列杂交(full diallel)中，每个亲本既做父本又作母本，包括了所有可能的交配组合[图9-4(a)]。这种设计的试验可以估算一般配合力，也可以估算特殊配合力。由于子代亲缘关系清楚，可供改良代育种选择。这种设计最为精密，如果亲本数量不多，特别是为了研究自交和正反交效应，可选用这种设计。但是，如果亲本多，按这种设计很难实施。例如，100个亲本的试验，则需要作1万个交配组合；如果每个交配组合套10个袋，则需要对10万个袋的雌花进行授粉，如此大规模的交配试验，无论在树上授粉，还是在室内授粉，都很难完成。

(3) 半双列杂交

半双列杂交(half diallel)与完全双列杂交相类似，只是不包括反交和自交[图9-4(b)]。由此，工作量减少了一半多，但是杂交工作量仍然很大。例如，对100个亲本开展半双列杂交，则杂交组合数量为：$n(n-1)/2=4\,950$。

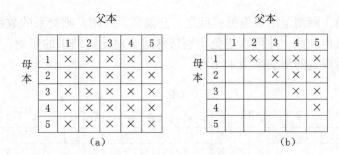

图9-4　完全双列杂交与半双列杂交设计图示

(4) 部分双列杂交

为了改进完全双列杂交和半双列杂交工作量大的缺点，采用部分双列杂交(partial diallel)(图9-5)。这种设计可以提供一般配合力和特殊配合力估量，也可以提供没有亲缘关系的子代。

(5) 不连续双列杂交

不连续双列杂交(disconnected diallel)也是一种部分双列杂交，把所有亲本进行分组，在每一组内进行杂交(图9-6)。这种设计保留了所有亲本，杂交工作量减少很多，可以提供大量没有亲缘关系的子代。这是美国北卡罗来纳州树木改良协作组推荐应用于改良代育种的交配方案，目前在林木育种中应用较多。

(6) 测交系设计

所谓测交系，是指用来与待测无性系交配的少量无性系。测交系可以作父本，也可以作母本，但目前多用作父本，测交系测定(tester design)的一般如图9-7所示。

测交系的选定，按理应事先经过遗传学鉴定，但由于林木世代长，在实践中完全做到这一点有一定困难，所以，在多数情况下不得不随机选取测交系。随机选择测交系的育

父本

母本

	1	2	3	4	5	6	7	8	9	10	11	12	13	14	15	16	17	18
1		×	×					×	×	×							×	×
2			×	×					×	×	×							×
3				×	×					×	×	×						
4					×	×					×	×						
5						×	×					×	×	×				
6							×	×					×	×	×			
7								×	×					×	×	×		
8									×	×					×	×	×	
9										×	×					×	×	×
10	×										×	×					×	×
11	×	×										×	×					×
12	×	×	×										×	×				
13		×	×	×										×	×			
14			×	×	×										×	×		
14				×	×	×										×	×	
16					×	×	×										×	×
17						×	×	×										×
18							×	×	×									

图 9-5　部分双列杂交图式(引自 Zobel 等，1984)

值如果低于平均值，则测定结果偏低；反之，会偏高。因此，测交系的数目以多为好，以便较可靠的估量遗传参数，并可以避免个别特殊组合对测定结果的影响。但测交系越多，工作量越大，目前规定的测交系为 4~6 个。

父本

母本

	1	2	3	4	5	6	7	8	9	10	11	12	13	14	15	16	17	18
1		×	×	×	×	×												
2			×	×	×	×												
3				×	×	×												
4					×	×												
5						×												
6																		
7								×	×	×	×	×						
8									×	×	×	×						
9										×	×	×						
10											×	×						
11												×						
12																		
13														×	×	×	×	×
14															×	×	×	×
14																×	×	×
16																	×	×
17																		×
18																		

图 9-6　不连续双列杂交图式

	父本				
母本		A	B	C	D	E
	1	×	×	×	×	×
	2	×	×	×	×	×
	3	×	×	×	×	×
	4	×	×	×	×	×
	5	×	×	×	×	×

图9-7 测交系设计图式

测交系可以提供加性和非加性方差的估量,而且设计和统计分析简单。但是,这一设计所产生的子代中,没有亲缘关系的杂交数目不会多于所利用的测交系数目;其次,测定的无性系较多,工作量也较大。

为了克服上述缺点,可把待测无性系划分成几组,再在组内进行测交。如图9-8所示,把18个无性系分成3个组,各含6个亲本,作9个组合的交配,这种交配设计称为不连续的测交。这种设计的优点是能够产生最大量的没有亲缘关系的家系,同时,又保证了必须测定的组合数目。所以,如果测定的目的是家系选择,这种设计很适用。但是,由于不同的组中亲本不同,所得到一般配合力估量可能会有偏差。只有当每个组内有较多的亲本时,这种偏差可以得到纠正。

(7) 巢式设计

巢式设计(nested design)是每一父本与另一组不同的母本之间的交配(图9-9)。这种交配设计能够很好地估算父本的一般配合力,但母本只参加一次交配,不能提供一般配合力的估计。另外,子代中无亲缘关系的个体数目受较小性别组成员数量的限制。巢式设计在林木上应用得最好的例子是火炬松遗传力的研究。该研究是由国际造纸公司等与美国北卡罗来纳州立大学合作开展的,目的是确定一个未经改良的火炬松群体的遗传方式。

	父本								
母本		A	B	C	D	E	F	G	H	I
	1	×	×	×						
	2	×	×	×						
	3	×	×	×						
	4				×	×	×			
	5				×	×	×			
	6				×	×	×			
	7							×	×	×
	8							×	×	×
	9							×	×	×

图9-8 不连续测交系设计图式

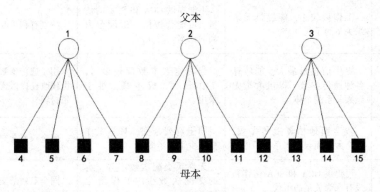

图9-9 巢式设计图式

(8) 正向同型交配

正向同型交配(positive assortative mating)是按亲本育种值大小安排不等的交配次数,育种值越大,交配次数越多。图9-10(a)为分组的正向同型交配示例,图9-10(b)为育种群体整体统一设计的正向同型交配。正向同型交配的设计思想是让育种值大的亲本有更多的交配机会,以便产生更多优良的子代,其优点是可以在一个育种周期内获得更高的遗传增益。美国北卡罗来纳州立大学-工业合作树木改良计划从火炬松第三轮回育种开始采用

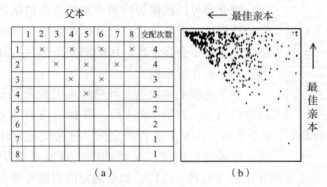

图 9-10 正向同型交配图示

这种交配设计,并将其称为智慧设计(smart design)。

选择交配设计主要考虑的问题有:工作量大小;能否立即开展子代测定,或需要等待开花结实后再制种测定;能否为改良代育种提供无亲缘关系的繁殖材料;能否提供一般配合力和特殊配合力的估量,等等。各种设计的优缺点列入表9-1。

表 9-1 林木育种常用交配设计比较

交配设计名称	优 点	缺 点	应用情况
自由授粉	简便易行,成本较低,能够在选优同时立即开展子代测定	不能提供 SCA 估量。由于子代有亲缘关系,子代不适宜供下一代选择	选择育种初期一般采用这种设计,测定结果用于种子园去劣疏,和1.5代种子园入园亲本选择
多系授粉	同自由授粉	不能提供 SCA 估量,需要催花和储藏花粉	同自由授粉
单 交	工作量较小,能提供无亲缘关系的子代	不能提供 GCA 和 SCA 的估量。可能会淘汰一般配合力高的亲本	特别有利于改良代育种
全双列杂交	提供信息量最大,能估算各种遗传参数。提供大量无亲缘关系的个体	当测定亲本数量较多时,工作量大,成本高,难于采用	用于遗传参数估算,为下一世代改良提供无亲缘关系的繁殖材料
半双列杂交	较全面地估算遗传参数,生产大量无亲缘关系的子代	同全双列杂交,只是工作量减少了一半多	同全双列杂交
部分双列杂交	可提供 GCA 和 SCA 估算和没有亲缘关系的子代	无性系交配次数不等,有的交配次数少,工作量也较大	同全双列杂交
不连续交配设计	保持了双列杂交的多数优点,但可显著减少交配组合数量	工作量仍比较大	用于多世代育种
测交系设计	能估算待测群体所有亲本的育种值,能合理地估算方差分量和遗传力、以及 GCA 和 SCA 估算	可用于作下一世代亲本无亲缘关系的子代数目受测交系数目的限制	用于遗传参数估算

(续)

交配设计名称	优 点	缺 点	应用情况
巢式设计	能估算父本一般配合力	不能估算母本一般配合力；提供无亲缘关系的子代受性别组成员数量的限制	用于遗传参数估算
正向同型交配	能提供大量无亲缘关系的个体，估算广义、狭义遗传力和特殊配合力，单个育种轮回的遗传增益高	需要先通过半同胞子代测定了解亲本的一般配合力，或通过遗传分析软件预测亲本单株育种值	用于高世代育种

9.3 试验数据处理

遗传测定的关键在于对试验结果进行合理分析和解释。遗传测定基本的统计分析方法包括方差分析、多重比较等，对于复杂的交配设计和田间试验设计的遗传分析方法，可参阅有关数理统计、数量遗传学等书籍。方差分析等统计分析方法对数据有一些基本的要求，在进行统计分析之前，需要对观测数据做必要的处理，使其满足统计的要求。

野外调查的数据是否可以直接进行方差分析呢？答案是：有时行，有时不行。因为在方差分析中，对试验误差 ε_{ij} 有下列基本要求：

①独立性，即 ε_{ij} 互相独立；
②无偏性，即 ε_{ij} 的均值都为 0；
③等方差，即 ε_{ij} 的方差都是 σ^2；
④正态性，即 ε_{ij} 均遵从正态分布。

独立性一般是可以满足的，只要各次试验之间没有互相关联。无偏性也容易满足，因为误差有正有负，正负相当。但是等方差和正态性在很多情况下不能满足，如果勉强直接对原始数据进行方差分析，可能会导致错误的结论。为此，应将原始数据 X_{ij} 转化为另一种数据 X'_{ij}，使 X'_{ij} 满足正态、等方差条件后再作方差分析。常用的数据转化方法如下：

(1) 反正弦变换

数据是百分率的情形，可采用如下反正弦变换：

$$X'_{ij} = \arcsin\sqrt{X_{ij}}$$

(2) 平方根变换

计数形式的数据往往遵从 Poisson 分布，这时可采用平方根转化。一般将原观测值 X_{ij} 转换为 $\sqrt{X_{ij}}$，如果观测值小，甚至有零出现，则可用 $\sqrt{X_{ij}+1}$ 转换。

(3) 对数转换

对于百分率数据和计数形式数据有时也可以用对数变换。甚至这种转换比平方根转换更有效。一般将 X_{ij} 转换为 $\lg X_{ij}$，如果数据有零，且数据均不大于 10，则可用 $\lg(X_{ij}+1)$ 转换。

9.4 遗传参数估算

遗传参数的估算是遗传测定数据分析的主要内容，根据无性系测定和子代测定，可估算遗传力、重复力和配合力等。遗传力、重复力和配合力的概念已在第6章中做了介绍。

9.4.1 无性系测定

对一个地点无性系测定林某些性状，如树高、胸径、材积、形率等进行实测，并对数据进行整理，然后进行方差分析，可以了解供试无性系间的遗传差异是否显著，为无性系选择提供依据，同时，还能够估算重复力。

设有 c 个无性系，RCB 设计，s 个地点，每地点 b 个区组，n 株小区，统计模型为：

$$y_{ijkl} = \mu + S_i + B_{j(i)} + C_k + SC_{ik} + BC_{j(i)k} + E_{ijkl} \tag{9.1}$$

进行无性系间差异显著性检验时，将模型 9.1 视为固定模型，模型中各效应均视为固定效应。此处进行遗传参数估算，则视为随机模型。

式中，y_{ijkl} 为 i 地点 j 区组 k 无性系 l 单株的观测值（$i=1, 2, \cdots, s$；$j=1, 2, \cdots, b$；$k=1, 2, \cdots, c$；$l=1, 2, \cdots, n$）；μ 为总体平均值；S_i 为 i 地点固定效应值；$B_{j(i)}$ 为 i 地点内 j 区组的固定效应值；C_k 为 k 无性系随机效应值；SC_{ik} 为 i 地点与 k 无性系的互作效应值；$BC_{j(i)k}$ 为 i 地点内 j 区组与 k 无性系的互作效应值；E_{ijkl} 为误差。各随机效应的数学期望=0，方差分量以 σ^2 表示。

该模型的含义是：测定林每个单株的生长受到其所在地点和区组的环境条件，所属无性系的遗传性，所在地点与所属无性系的互作，所在区组与所属无性系的互作，以及误差的影响，所有这些效应都是在测定林总平均值 μ 的基础上增加或者减少一定的生长量。

根据统计模型进行方差分析，列出期望均方。所谓期望均方，就是根据参试材料的遗传结构和田间试验设计，得出各个效应的均方差在理论上由哪些成分构成。方差分析见表 9-2。

表 9-2 多地点无性系测定的方差分析表

变异来源	自由度(df)	平方和(SS)	均方差(MS)	F值	期望均方（随机模型）
地点	$s-1$	SS_S	MS_S	MS_S/MS_E	
地点内区组	$s(b-1)$	SS_B	MS_B	MS_B/MS_E	
无性系	$c-1$	SS_C	MS_C	MS_C/MS_{SC}	$\sigma_E^2 + n\sigma_{BC}^2 + nb\sigma_{SC}^2 + nbs\sigma_C^2$
地点×无性系	$(s-1)(c-1)$	SS_{SC}	MS_{SC}	MS_{SC}/MS_{BC}	$\sigma_E^2 + n\sigma_{BC}^2 + nb\sigma_{SC}^2$
区组×无性系	$s(b-1)(c-1)$	SS_{BC}	MS_{BC}	MS_{BC}/MS_E	$\sigma_E^2 + n\sigma_{BC}^2$
误差	$sbc(n-1)$	SS_E	MS_E		σ_E^2

根据期望均方的组成，就可以计算各方差分量的值。有了方差分量，便可估算重复力，公式如下：

无性系重复力：
$$R_C^2 = \frac{\sigma_C^2}{\sigma_C^2 + \sigma_{SC}^2/s + \sigma_{BC}^2/bs + \sigma_E^2/nbs}$$

个体重复力： $$R_i^2 = \frac{\sigma_C^2}{\sigma_C^2 + \sigma_{SC}^2 + \sigma_{BC}^2 + \sigma_E^2}$$

当试验为单株小区，或者采用小区平均值为统计单元时，对模型 9.1 进行简化，$n=1$，删去效应 BC；当试验为单地点时，$s=1$，删去效应 S 和 SC。简化后的模型分别如下。

多地点，单株小区或以小区均值为统计单元：
$$y_{ijk} = \mu + S_i + B_{j(i)} + C_k + SC_{ik} + E_{ijk} \tag{9.2}$$

单地点，多株小区，以单株观测值为统计单元：
$$y_{ijk} = \mu + B_i + C_j + BC_{ij} + E_{ijk} \tag{9.3}$$

单地点，单株小区或以小区均值为统计单元：
$$y_{ij} = \mu + B_i + C_j + E_{ij} \tag{9.4}$$

相应的期望均方表达式和重复力计算公式进行简化即可。

【例 9.1】湿加松扦插试验，355 个无性系，随机完全区组设计（RCB），3 次重复，4 株小区，按小区统计生根率，数据经过反正弦变换。方差分析表见表 9-3。

表 9-3 湿加松扦插生根率方差分析表

变异来源	自由度（df）	平方和（SS）	均方差（MS）	F 值
区组	2	0.557 9	0.278 9	6.60**
无性系	354	112.995 0	0.319 0	7.56**
误差	708	29.900 5	0.042 2	

方差分量：$$\sigma_C^2 = \frac{MS_C - MS_E}{b} = \frac{0.319\ 0 - 0.042\ 2}{3} = 0.092\ 3$$

$$\sigma_E^2 = MS_E = 0.042\ 2$$

重复力：$$R_C^2 = \frac{\sigma_C^2}{\sigma^2 C + \sigma_E^2/b} = \frac{0.092\ 3}{0.092\ 3 + 0.042\ 2/3} = 0.868$$

$$R_i^2 = \frac{\sigma_C^2}{\sigma^2 C + \sigma_E^2} = \frac{0.092\ 3}{0.092\ 3 + 0.042\ 2} = 0.686$$

9.4.2 子代测定

根据授粉方式不同，可分为半同胞子代测定和全同胞子代测定两类。

9.4.2.1 半同胞子代测定

设有 f 个家系的子代测定，RCB 设计，s 个地点，每地点 b 个重复，n 株小区，统计模型为：
$$y_{ijkl} = \mu + S_i + B_{j(i)} + F_k + SF_{ik} + BF_{j(i)k} + E_{ijkl} \tag{9.5}$$

进行家系间差异显著性检验时，将模型 9.5 视为固定模型，模型中各效应均视为固定效应。此处进行遗传参数估算，则视为随机模型。

式中，F_k 为 k 家系的随机效应；其他符号的含义参照模型（9.1）。方差分析表见表 9-4：

方差分量的遗传学解释：

$$\sigma_F^2 = \frac{1}{4}V_A \quad \sigma_F^2 + \sigma_{SF}^2 + \sigma_{BF}^2 + \sigma_E^2 = V_P$$

式中，V_A 为加性遗传方差；V_P 为表型方差。

单株遗传力：
$$h_S^2 = \frac{V_A}{V_P} = \frac{4\sigma_F^2}{\sigma_F^2 + \sigma_{SF}^2 + \sigma_{BF}^2 + \sigma_E^2}$$

家系遗传力：
$$h_F^2 = \frac{\sigma_F^2}{\sigma_F^2 + \sigma_{SF}^2/s + \sigma_{BF}^2/bs + \sigma_E^2/nbs}$$

表 9-4 多地点半同胞子代测定的方差分析表

变异来源	自由度(df)	平方和(SS)	均方差(MS)	F 值	期望均方（随机模型）
地点	$s-1$	SS_S	MS_S	MS_S/MS_E	
地点内区组	$s(b-1)$	SS_B	MS_B	MS_B/MS_E	
家系	$c-1$	SS_F	MS_F	MS_F/MS_{SF}	$\sigma_E^2 + n\sigma_{BF}^2 + nb\sigma_{SF}^2 + nbs\sigma_F^2$
地点×家系	$(s-1)(c-1)$	SS_{SF}	MS_{SF}	MS_{SF}/MS_{BF}	$\sigma_E^2 + n\sigma_{BF}^2 + nb\sigma_{SF}^2$
区组×家系	$s(b-1)(c-1)$	SS_{BF}	MS_{BF}	MS_{BF}/MS_E	$\sigma_E^2 + n\sigma_{BF}^2$
误差	$sbc(n-1)$	SS_E	MS_E		σ_E^2

当试验为单株小区，或者采用小区平均值为统计单元，或者单地点时，参照模型 9.2、模型 9.3、模型 9.4，对模型 9.5 进行简化，并相应对期望均方表达式和遗传力计算公式进行简化。

【例 9.2】火炬松半同胞子代测定，4 个家系，RCB 设计，3 个地点，每地点 3 个区组，2 株小区，树高观测数据见表 9-5。

表 9-5 火炬松半同胞子代测定树高观测值(m)

家系 \ 地点 区组	1 I	1 II	1 III	2 I	2 II	2 III	3 I	3 II	3 III
024	7.0	9.1	9.3	5.6	6.8	7.2	6.5	6.1	6.0
	9.6	9.2	10.0	4.3	5.2	5.0	5.3	6.2	5.6
287	11.4	11.0	11.2	5.5	5.5	5.5	4.8	6.8	7.0
	9.8	10.8	10.0	5.3	7.2	6.3	6.4	4.4	6.1
P040	9.2	9.2	9.8	5.4	5.8	6.4	5.7	4.1	4.8
	9.9	9.6	9.2	5.9	6.7	6.9	4.6	5.7	6.4
W14	9.4	10.7	10.0	4.9	7.4	9.7	6.5	6.1	5.2
	9.8	9.9	9.9	6.5	6.8	7.0	3.6	7.7	6.8

方差分析表见表9-6：

方差分量：

$\sigma_F^2 = (MS_F - MS_{SF})/nbs = (2.6176 - 1.8584)(2 \times 3 \times 3) = 0.04218$

$\sigma_{SF}^2 = (MS_{SF} - MS_{BF})/nb = (1.8584 - 0.3999)/(2 \times 3) = 0.2431$

$\sigma_{BF}^2 = (MS_{BF} - MS_E)/n = (0.3999 - 0.9561)/2 = -0.2781$

$\sigma_E^2 = MS_E = 0.9561$

表 9-6　火炬松半同胞子代测定方差分析表

变异来源	自由度(df)	平方和(SS)	均方差(MS)	F值	期望均方（随机模型）
地点	2	212.1402	106.0701	110.94**	
地点内区组	6	9.3771	1.3962	1.46	
家系	3	7.8528	2.6176	1.41	$\sigma_E^2 + 2\sigma_{BF}^2 + 6\sigma_{SF}^2 + 18\sigma_F^2$
地点×家系	6	11.1501	1.8584	4.65**	$\sigma_E^2 + 2\sigma_{BF}^2 + 6\sigma_{SF}^2$
区组×家系	18	7.1989	0.3999	0.42	$\sigma_E^2 + 2\sigma_{BF}^2$
误差	36	34.4211	0.9561		σ_E^2

遗传力：

$$h_S^2 = \frac{4\sigma_F^2}{(\sigma_F^2 + \sigma_{BF}^2 + \sigma_{SF}^2 + \sigma_E^2)} = \frac{4 \times 0.04218}{(0.04218 + (-0.2781) + 0.2431 + 0.9561)} = 0.18$$

$$h_F^2 = \frac{\sigma_F^2}{\sigma_F^2 + \frac{\sigma_{SF}^2}{s} + \frac{\sigma_{BF}^2}{bs} + \frac{\sigma_E^2}{nbs}} = \frac{0.04218}{0.04218 + \frac{0.2431}{3} + \frac{-0.2781}{3 \times 3} + \frac{0.9561}{2 \times 3 \times 3}} = 0.29$$

9.4.2.2　全同胞子代测定

全同胞交配设计种类很多，这里仅介绍两种有代表性的交配设计及其田间试验结果分析。

（1）测交系杂交

设有 m 个父本，f 个母本的测交系设计，RCB 设计，s 个地点，每地点 b 个区组，每小区 n 个单株，统计模型如下：

$$Y_{ijklv} = \mu + S_i + B_{j(i)} + F_k + M_l + SF_{ik} + SM_{il} + FM_{kl} + SFM_{ikl} + BF_{j(i)k} + BM_{j(i)l} + BFM_{j(i)kl} + E_{ijklv} \quad (9.6)$$

进行遗传力估算时，视为随机模型。

式中，Y_{ijklv} 为试验林任意单株的观测值（$i=1, 2, \cdots, s$；$j=1, 2, \cdots, b$；$k=1, 2, \cdots, f$；$l=1, 2, \cdots, m$；$v=1, 2, \cdots, n$）；S、B、F、M、E 分别代表地点、区组、母本、父本效应和误差，各字母的组合代表相关效应的互作效应。方差分析见表9-7。

表 9-7　测交系设计多地点子代测定方差分析表(随机模型)

变异来源	自由度(df)	平方和(SS)	均方差(MS)	F 值	期望均方(随机模型)
地点	$s-1$	SS_S	MS_S		
地点内区组	$s(b-1)$	SS_B	MS_B		
母本间	$f-1$	SS_F	MS_F	$\dfrac{MS_F}{MS_{FS}+MS_{FM}-MS_{FMS}}$	$\sigma_E^2+n\sigma_{FMB}^2+nm\sigma_{FB}^2+nb\sigma_{FMS}^2+nbm\sigma_{FS}^2+nbs\sigma_{FM}^2+nbsm\sigma_F^2$
父本间	$m-1$	SS_M	MS_M	$\dfrac{MS_M}{MS_{MS}+MS_{FM}-MS_{FMS}}$	$\sigma_E^2+n\sigma_{FMB}^2+nf\sigma_{MB}^2+nb\sigma_{FMS}^2+nbf\sigma_{MS}^2+nbs\sigma_{FM}^2+nbsf\sigma_M^2$
母本×地点	$(f-1)(s-1)$	SS_{FS}	MS_{FS}	$\dfrac{MS_{FS}}{MS_{FMS}+MS_{FB}-MS_{FMB}}$	$\sigma_E^2+n\sigma_{FMB}^2+nm\sigma_{FB}^2+nb\sigma_{FMS}^2+nbm\sigma_{FS}^2$
父本×地点	$(m-1)(s-1)$	SS_{MS}	MS_{MS}	$\dfrac{MS_{MS}}{MS_{FMS}+MS_{MB}-MS_{FMB}}$	$\sigma_E^2+n\sigma_{FMB}^2+nf\sigma_{MB}^2+nb\sigma_{FMS}^2+nbf\sigma_{MS}^2$
母本×父本	$(m-1)(f-1)$	SS_{FM}	MS_{FM}	MS_{FM}/MS_{FMS}	$\sigma_E^2+n\sigma_{FMB}^2+nb\sigma_{FMS}^2+nbs\sigma_{FM}^2$
母本×父本×地点	$(m-1)(f-1)(s-1)$	SS_{FMS}	MS_{FMS}	MS_{FMS}/MS_{FMB}	$\sigma_E^2+n\sigma_{FMB}^2+nb\sigma_{FMS}^2$
母本×区组	$s(f-1)(b-1)$	SS_{FB}	MS_{FB}	MS_{FB}/MS_{FMB}	$\sigma_E^2+n\sigma_{FMB}^2+nm\sigma_{FB}^2$
父本×区组	$s(m-1)(b-1)$	SS_{MB}	MS_{MB}	MS_{MB}/MS_{FMB}	$\sigma_E^2+n\sigma_{FMB}^2+nf\sigma_{MB}^2$
母本×父本×区组	$s(m-1)(f-1)(b-1)$	SS_{FMB}	MS_{FMB}	MS_{FMB}/MS_E	$\sigma_E^2+n\sigma_{FMB}^2$
误差	$sbmf(n-1)$	SS_E			σ_E^2
总和	$sbmfn-1$	SS_T			

方差分量的遗传学解释:

$$\sigma_M^2 = \frac{1}{4}V_A \qquad V_A = 4\sigma_M^2$$

$$\sigma_F^2 = \frac{1}{4}V_A \qquad V_A = 4\sigma_F^2$$

$$\sigma_{MF}^2 = \frac{1}{4}V_D \qquad V_D = 4\sigma_{FM}^2$$

遗传力估算(H^2 和 h^2 分别表示广义遗传力和狭义遗传力):

母本家系:$h_{FF}^2 = \dfrac{\sigma_F^2}{\dfrac{\sigma_E^2}{nbsm}+\dfrac{\sigma_{FMB}^2}{bsm}+\dfrac{\sigma_{FB}^2}{bs}+\dfrac{\sigma_{FMS}^2}{sm}+\dfrac{\sigma_{FS}^2}{s}+\dfrac{\sigma_{FM}^2}{m}+\sigma_F^2}$

父本家系:$h_{MF}^2 = \dfrac{\sigma_M^2}{\dfrac{\sigma_E^2}{nbsf}+\dfrac{\sigma_{FMB}^2}{bsf}+\dfrac{\sigma_{MB}^2}{bs}+\dfrac{\sigma_{FMS}^2}{sf}+\dfrac{\sigma_{MS}^2}{s}+\dfrac{\sigma_{FM}^2}{f}+\sigma_M^2}$

全同胞家系：

$$H_F^2 = \frac{m\sigma_F^2 + f\sigma_M^2 + \sigma_{FM}^2}{\frac{\sigma_E^2}{nbs} + \frac{\sigma_{FMB}^2}{bs} + \frac{\sigma_{FB}^2}{bs} + \frac{\sigma_{MB}^2}{bs} + \frac{\sigma_{FMS}^2}{s} + \frac{m\sigma_{FS}^2}{s} + \frac{f\sigma_{MS}^2}{s} + \sigma_{FM}^2 + m\sigma_F^2 + f\sigma_M^2}$$

$$h_F^2 = \frac{m\sigma_F^2 + f\sigma_M^2}{\frac{\sigma_E^2}{nbs} + \frac{\sigma_{FMB}^2}{bs} + \frac{\sigma_{FB}^2}{bs} + \frac{\sigma_{MB}^2}{bs} + \frac{\sigma_{FMS}^2}{s} + \frac{m\sigma_{FS}^2}{s} + \frac{f\sigma_{MS}^2}{s} + \sigma_{FM}^2 + m\sigma_F^2 + f\sigma_M^2}$$

母本单株：$h_{FS}^2 = \dfrac{4\sigma_F^2}{\sigma_E^2 + \sigma_{FMB}^2 + \sigma_{FB}^2 + \sigma_{FMS}^2 + \sigma_{FS}^2 + \sigma_{FM}^2 + \sigma_F^2}$

父本单株：$h_{MS}^2 = \dfrac{4\sigma_M^2}{\sigma_E^2 + \sigma_{FMB}^2 + \sigma_{MB}^2 + \sigma_{FMS}^2 + \sigma_{MS}^2 + \sigma_{FM}^2 + \sigma_M^2}$

全同胞单株：$H_S^2 = \dfrac{2(\sigma_F^2 + \sigma_M^2) + 4\sigma_{FM}^2}{\sigma_E^2 + \sigma_{FMB}^2 + \sigma_{FB}^2 + \sigma_{MB}^2 + \sigma_{FMS}^2 + \sigma_{FS}^2 + \sigma_{MS}^2 + \sigma_{FM}^2 + \sigma_F^2 + \sigma_M^2}$

$$h_S^2 = \frac{2(\sigma_F^2 + \sigma_M^2)}{\sigma_E^2 + \sigma_{FMB}^2 + \sigma_{FB}^2 + \sigma_{MB}^2 + \sigma_{FMS}^2 + \sigma_{FS}^2 + \sigma_{MS}^2 + \sigma_{FM}^2 + \sigma_F^2 + \sigma_M^2}$$

进行配合力估算时，模型 9.6 视为固定模型。方差分析见表 9-8。

表 9-8 测交系设计多地点子代测定方差分析表（固定模型）

变异来源	自由度 (df)	平方和 (SS)	均方差 (MS)	F 值	期望均方（固定模型）
地点	$s-1$	SS_S	MS_S	MS_S/MS_E	
地点内区组	$s(b-1)$	SS_B	MS_B	MS_B/MS_E	
母本间	$f-1$	SS_F	MS_F	MS_F/MS_E	$\sigma_E^2 + nbsm\sigma_F^2$
父本间	$m-1$	SS_M	MS_M	MS_F/MS_E	$\sigma_E^2 + nbsf\sigma_M^2$
母本×地点	$(f-1)(s-1)$	SS_{FS}	MS_{FS}	MS_{FS}/MS_E	$\sigma_E^2 + nbm\sigma_{FS}^2$
父本×地点	$(m-1)(s-1)$	SS_{MS}	MS_{MS}	MS_{MS}/MS_E	$\sigma_E^2 + nbf\sigma_{MS}^2$
母本×父本	$(m-1)(f-1)$	SS_{FM}	MS_{FM}	MS_{FM}/MS_E	$\sigma_E^2 + nbs\sigma_{FM}^2$
母本×父本×地点	$(m-1)(f-1)(s-1)$	SS_{FMS}	MS_{FMS}	MS_{FMS}/MS_E	$\sigma_E^2 + nb\sigma_{FMS}^2$
母本×区组	$s(f-1)(b-1)$	SS_{FB}	MS_{FB}	MS_{FB}/MS_E	$\sigma_E^2 + nm\sigma_{FB}^2$
父本×区组	$s(m-1)(b-1)$	SS_{MB}	MS_{MB}	MS_{MB}/MS_E	$\sigma_E^2 + nf\sigma_{MB}^2$
母本×父本×区组	$s(m-1)(f-1)(b-1)$	SS_{FMB}	MS_{FMB}	MS_{FMB}/MS_E	$\sigma_E^2 + n\sigma_{FMB}^2$
误差	$sbmf(n-1)$	SS_E			σ_E^2
总和	$sbmfn-1$	SS_T			

表 9-9 火炬松测交系试验小区树高平均值

父本	重复\母本	014	017	201	202	243	259	288	W16	$\bar{X}_{.j}$
S1	I	11	10	11	14	14	14	12	11	
	II	10	12	15	13	10	13	10	13	
	III	13	10	13	11	12	13	11	10	
X_{i1}		11.33	10.67	13.00	12.67	12.00	13.33	11.00	11.33	11.92
S2	I	13	9	15	13	13	11	11	7	
	II	13	14	11	14	17	11	12	8	
	III	12	12	12	14	11	13	13	11	
X_{i2}		12.67	11.67	12.67	13.67	13.67	11.67	12.00	9.67	12.08
N4	I	14	12	14	14	12	12	13	14	
	II	10	11	11	14	16	11	13	15	
	III	13	13	18	12	15	14	14	13	
X_{i3}		12.33	12.00	14.33	13.33	14.33	12.33	13.33	14.00	13.25
$\bar{X}_{i.}$		12.11	11.44	13.33	13.22	13.33	12.44	12.11	11.33	12.42

方差分析见表 9-10。

表 9-10 火炬松测交系试验树高方差分析表

变异来源	自由度 (df)	平方和 (SS)	均方差 (MS)	F 值 固定	F 值 随机	期望均方 固定	期望均方 随机
区组间	2	1.7500	0.8750	0.28	0.28		
母本间	7	41.7222	5.9603	1.93	1.65	$\sigma_E^2 + 9\sigma_F^2$	$\sigma_E^2 + 3\sigma_{FM}^2 + 9\sigma_F^2$
父本间	2	25.3333	12.6667	4.10*	3.52	$\sigma_E^2 + 24\sigma_M^2$	$\sigma_E^2 + 3\sigma_{FM}^2 + 24\sigma_M^2$
母本(父本)	14	50.4444	3.6032	1.17	1.17	$\sigma_E^2 + 3\sigma_{FM}^2$	$\sigma_E^2 + 3\sigma_{FM}^2$
误差	46	142.2500	3.0924			σ_E^2	σ_E^2

方差分量：

$\sigma_F^2 = (MS_F - MS_{FM})/bm = (5.9603 - 3.6032)/9 = 0.2619$

$\sigma_M^2 = (MS_M - MS_{FM})/bf = (12.6667 - 3.6032)/24 = 0.3777$

$\sigma_{FM}^2 = (MS_{FM} - MS_E)/b = (3.6032 - 3.0924)/3 = 0.1703$

$\sigma_E^2 = MS_E = 3.0924$

一般配合力方差分量占比：

$$\sigma_g^2(\%) = \frac{\sigma_F^2 + \sigma_M^2}{\sigma_F^2 + \sigma_M^2 + \sigma_{FM}^2} \times 100\% = \frac{0.2619 + 0.3777}{0.2619 + 0.3777 + 0.1703} \times 100\% = 79.0\%$$

特殊配合力方差分量占比:

$$\sigma_s^2(\%) = \frac{\sigma_{FM}^2}{\sigma_F^2 + \sigma_M^2 + \sigma_{FM}^2} \times 100\% = \frac{0.1703}{0.2619 + 0.3777 + 0.1703} \times 100\% = 21.0\%$$

表明火炬松高生长的遗传以加性效应为主。

遗传力的估算:

母本单株: $h_{FS}^2 = \dfrac{4\sigma_F^2}{\sigma_F^2 + \sigma_{FM}^2 + \sigma_E^2} = \dfrac{4 \times 0.2619}{0.2619 + 0.1703 + 3.0924} = 0.30$

母本家系: $h_{FF}^2 = \dfrac{\sigma_F^2}{\sigma_F^2 + \sigma_{FM}^2/m + \sigma_E^2/bm} = \dfrac{0.2619}{0.2619 + 0.1703/3 + 3.0924/9} = 0.40$

父本单株: $h_{MS}^2 = \dfrac{\sigma_M^2}{\sigma_M^2 + \sigma_{FM}^2 + \sigma_E^2} = \dfrac{4 \times 0.3777}{0.3777 + 0.1703 + 3.0924} = 0.42$

父本家系: $h_{MF}^2 = \dfrac{\sigma_M^2}{\sigma_M^2 + \sigma_{FM}^2/f + \sigma_E^2/bf} = \dfrac{0.2619}{0.3777 + 0.1703/8 + 3.0924/24} = 0.72$

全同胞单株: $H_{FSS}^2 = \dfrac{2(\sigma_F^2 + \sigma_M^2) + 4\sigma_{FM}^2}{\sigma_F^2 + \sigma_M^2 + \sigma_{FM}^2 + \sigma_E^2} = \dfrac{2 \times (0.2619 + 0.3777) + 4 \times 0.1703}{0.2619 + 0.3777 + 0.1703 + 3.0924}$
$= 0.50$

$h_{FSS}^2 = \dfrac{2(\sigma_F^2 + \sigma_M^2)}{\sigma_F^2 + \sigma_M^2 + \sigma_{FM}^2 + \sigma_E^2} = \dfrac{2 \times (0.2619 + 0.3777)}{0.2619 + 0.3777 + 0.1703 + 3.0924} = 0.33$

全同胞家系: $H_{FF}^2 = \dfrac{m\sigma_F^2 + f\sigma_M^2 + \sigma_{FM}^2}{m\sigma_F^2 + f\sigma_M^2 + \sigma_{FM}^2 + \sigma_E^2/b}$
$= \dfrac{3 \times 0.2619 + 8 \times 0.3777 + 0.1703}{3 \times 0.2619 + 8 \times 0.3777 + 0.1703 + 3.0924/3} = 0.79$

$h_{FSF}^2 = \dfrac{m\sigma_F^2 + f\sigma_M^2}{m\sigma_F^2 + f\sigma_M^2 + \sigma_{FM}^2 + \sigma_E^2/b} = \dfrac{3 \times 0.2619 + 8 \times 0.3777}{0.2619 + 0.3777 + 0.1703/3 + 3.0924/24} = 0.76$

配合力的估算:

母本一般配合力　　$g_i = \overline{X}_{i.} - \overline{X}_{..}$

例如, 母本 014 的一般配合力　　$g_{014} = \overline{X}_{1.} - \overline{X}_{..} = 12.11 - 12.42 = -0.31$

父本一般配合力　　$g_j = \overline{X}_{.j} - \overline{X}_{..}$

例如, 父本 S1 的一般配合力　　$g_{S1} = \overline{X}_{.1} - \overline{X}_{..} = 11.92 - 12.42 = -0.50$

特殊配合力　　$s_{ij} = X_{ij} - \overline{X}_{..} - g_i - g_j$

例如, 母本 014 与父本 S1 交配组合的特殊配合力

$s_{014} \times S1 = X_{11} - \bar{X}_{..} - g_{014} - g_{S1} = 11.33 - 12.42 - (-0.31) - (-0.50) = -0.28$

按照同样方法可计算其他亲本的一般配合力和各组合的特殊配合力，结果见表9-11。

表 9-11 火炬松测交系试验树高配合力估算结果

父本 \ 母本 s_{ij}	014	017	201	202	243	259	288	W16	g_j
S1	-0.28	-0.27	0.17	-0.05	-0.83	1.39	-0.61	0.50	-0.50
S2	0.90	0.57	-0.32	0.79	0.68	-0.43	0.23	-2.32	-0.34
N4	-0.61	-0.27	0.17	-0.72	0.17	-0.94	0.39	1.84	0.83
g_i	-0.31	-0.98	0.91	0.80	0.91	0.02	-0.31	-1.09	

(2) 半双列杂交

Griffing 提出的双列杂交共有4种方法，其中以方法4最常用。

设有 p 个亲本，按 Griffing 方法4做交配设计，产生 $v=p(p-1)/2$ 个杂交组合，田间试验 RCB 设计，s 个地点，每地点 b 个区组，n 株小区。统计模型如下：

$$y_{ijklt} = \mu + S_i + B_{j(i)} + g_k + g_l + s_{kl} + gS_{ik} + gS_{il} + sS_{ikl} + HB_{j(i)kl} + \varepsilon_{ijklt} \quad (9.7)$$

进行遗传力估算时，视为随机模型。

式中，y_{ijklt} 为第 i 地点内 j 区组 k 母本与 l 父本子代 t 个体的表型值；μ 为总体平均值；S_i 为 i 地点固定效应；$B_{j(i)}$ 为 i 地点内 j 区组的固定效应；g_k 为第 k 母本的一般配合力随机效应；g_l 为 l 父本的一般配合力随机效应；s_{kl} 为 k 母本与 l 父本的特殊配合力随机效应；gS_{ik}，gS_{il}，sS_{ikl} 分别为一般配合力和特殊配合力与地点的随机互作效应；$HB_{j(i)kl}$ 为 i 地点内 jkl 小区 (杂交组合×区组) 的随机效应；ε_{ijklt} 为第 $ijklt$ 单株上产生的随机误差；$i=1, 2, \cdots, s$；$j=1, 2, \cdots, b$；$k=1, 2, \cdots, p-1$；$l=k+1, k+2, \cdots, p$；$t=1, 2, \cdots, n$。方差分析见表9-12。

表 9-12 半双列杂交方差分析表（固定模型）

变异来源	自由度(df)	均方差(MS)	F 值	期望均方
地点	$s-1$	MS_S	MS_S/MS_E	
地点内区组	$s(b-1)$	MS_B	MS_B/MS_E	
杂交组合	$p(p-1)/2-1$	MS_H	MS_H/MS_{HS}	$\sigma_E^2 + nb\sigma_{HS}^2 + nbs[1/v-1]\sum H_q^2 [q=1, 2, \cdots, v, v=p(p-1)/2]$
一般配合力(gca)	$p-1$	MS_g	MS_g/MS_{gS}	$\sigma_E^2 + nb(p-2)\sigma_{gS}^2 + nbs[(p-2)/(p-1)]\sum g_k^2$
特殊配合力(sca)	$p(p-3)/2$	MS_s	MS_s/MS_{sS}	$\sigma_E^2 + nb\sigma_{sS}^2 + nbs[2/p(p-3)]\sum\sum s_{kl}^2 (k<l)$
组合×地点	$(s-1)[p(p-1)/2-1]$	MS_{HS}	MS_{HS}/MS_E	$\sigma_E^2 + nb\sigma_{HS}^2$

(续)

变异来源	自由度(df)	均方差(MS)	F值	期望均方
gca×地点	$(s-1)(p-1)$	MS_{gS}	MS_{gS}/MS_E	$\sigma_E^2 + nb(p-2)\sigma_{gS}^2$
sca×地点	$(s-1)p(p-3)/2$	MS_{sS}	MS_{sS}/MS_E	$\sigma_E^2 + nb\sigma_{sS}^2$
组合×区组	$s(b-1)[p(p-1)/2-1]$	MS_{HB}	MS_{HB}/MS_E	$\sigma_E^2 + nb\sigma_{HB}^2$
机误	$sb(n-1)[p(p-1)/2-1]$	MS_E		σ_E^2
总和	$sbnp(p-1)/2-1$			

方差成分的遗传学解释：

$$\sigma_g^2 = \frac{1}{4}V_A \quad \sigma_s^2 = \frac{1}{4}V_D$$

$$V_A = 4\sigma_g^2 \quad V_D = 4\sigma_s^2$$

$$V_P = 2\sigma_g^2 + \sigma_s^2 + 2\sigma_{gS}^2 + \sigma_{sS}^2 + \sigma_{HB}^2 + \sigma_E^2$$

遗传力的估算：

单株遗传力：$H_S^2 = \dfrac{4\sigma_g^2 + 4\sigma_s^2}{2\sigma_g^2 + \sigma_s^2 + 2\sigma_{gS}^2 + \sigma_{sS}^2 + \sigma_{HB}^2 + \sigma_E^2}$

$h_S^2 = \dfrac{4\sigma_g^2}{2\sigma_g^2 + \sigma_s^2 + 2\sigma_{gS}^2 + \sigma_{sS}^2 + \sigma_{HB}^2 + \sigma_E^2}$

家系遗传力：$H_F^2 = \dfrac{\sigma_g^2 + \sigma_s^2}{MS_H/nbs}$

$h_F^2 = \dfrac{\sigma_g^2}{MS_H/nbs}$

进行配合力估算时，模型9.7视为固定模型。方差分析表见表9-13。

表9-13 半双列杂交方差分析表（随机模型）

变异来源	自由度(df)	均方差(MS)	F值	期望均方
地点	$s-1$	MS_S		
地点内区组	$s(b-1)$	MS_B		
杂交组合	$p(p-1)/2-1$	MS_H	MS_H/MS_{HS}	$\sigma_E^2 + n\sigma_{HB}^2 + nb\sigma_{HS}^2 + nbs\sigma_H^2$
一般配合力(gca)	$p-1$	MS_g	MS_g/MS_{gS}	$\sigma_E^2 + n\sigma_{HB}^2 + nb\sigma_{sS}^2 + nbs\sigma_S^2 + nb(p-2)\sigma_{gS}^2 + nbs(p-2)\sigma_g^2$
特殊配合力(sca)	$p(p-3)/2$	MS_s	MS_s/MS_{sS}	$\sigma_E^2 + n\sigma_{HB}^2 + nb\sigma_{sS}^2 + nbs\sigma_s^2$
组合×地点	$(s-1)[p(p-1)/2-1]$	MS_{HS}	MS_{HS}/MS_{HB}	$\sigma_E^2 + n\sigma_{HB}^2 + nb\sigma_{HS}^2$
gca×地点	$(s-1)(p-1)$	MS_{gS}	MS_{gS}/MS_{sS}	$\sigma_E^2 + n\sigma_{HB}^2 + nb\sigma_{sS}^2 + nb(p-2)\sigma_{gS}^2$
sca×地点	$(s-1)p(p-3)/2$	MS_{sS}	MS_{sS}/MS_{HB}	$\sigma_E^2 + n\sigma_{HB}^2 + nb\sigma_{sS}^2$
组合×区组	$s(b-1)[p(p-1)/2-1]$	MS_{HB}	MS_{HB}/MS_E	$\sigma_E^2 + n\sigma_{HB}^2$
机误	$sb(n-1)[p(p-1)/2-1]$	MS_E		σ_E^2
总和	$sbnp(p-1)/2-1$			

配合力计算公式如下：

一般配合力(GCA)：$\hat{g}_i = \dfrac{1}{p(p-2)}(pX_{i.} - 2X_{..})$

特殊配合力(SCA)：$\hat{s}_{ij} = X_{ij} - \dfrac{1}{p-2}(X_{i.} + X_{.j}) + \dfrac{2}{(p-1)(p-2)}X_{..}$

单地点测定，单株小区或以小区均值为统计单元等情况，对模型、表达式和计算公式进行简化。

【例9.3】 有6个亲本($p=6$)，不包括自交和反交，共有组合数 $v=15$ 个，RCB 设计，3次重复($b=3$)。各小区树高平均值列入表9-14。

表9-14 半双列杂交试验树高平均值

父本\重复\母本	1			2			3			4			5			6			$X_{i..}$
	Ⅰ	Ⅱ	Ⅲ	Ⅰ	Ⅱ	Ⅲ	Ⅰ	Ⅱ	Ⅲ	Ⅰ	Ⅱ	Ⅲ	Ⅰ	Ⅱ	Ⅲ	Ⅰ	Ⅱ	Ⅲ	
1				10.7	9.1	9.5	11.2	11.6	10.7	10.5	9.2	10.1	11.1	10.1	12.6	11.1	10.7	11.2	159.4
2	(29.3)						13.4	9.1	10.4	9.8	10.0	11.2	12.2	11.0	10.9	11.0	10.1	11.0	159.4
3	(33.5)			(32.9)						10.7	11.1	9.6	9.6	11.9	10.6	11.5	12.0	12.5	164.9
4	(29.8)			(30.0)			(31.4)						10.7	9.7	10.3	10.4	10.7	12.0	155.0
5	(33.8)			(34.1)			(31.1)			(30.7)						12.1	13.3	13.2	169.3
6	(33.0)			(32.1)			(36.1)			(33.1)			(39.6)						172.8

注：括号内数据为该组合三次重复之和；$X_{.j.} = X_{i..}$；区组和分别为 $X_{..Ⅰ}=164$，$X_{..Ⅱ}=160$，$X_{..Ⅲ}=166$，$2X_{...}=978.8$

方差分析的离差平方和的分解分两个层次进行。

第一层，剖分区组、杂交组合以及误差的离差平方和。

校正值：$C = \dfrac{X_{...}^2}{vb} = \dfrac{489.4^2}{15 \times 3} = 5\,322.496\,9$

总离差平方和：$SS_T = \sum X_{ijk}^2 - C$
$= 10.7^2 + 9.1^2 + \cdots + 13.2^2 - 5\,322.496\,9 = 58.783\,1$

区组间：$SS_B = \dfrac{\sum X_{..k}^2}{v} - C$
$= \dfrac{1}{15}(164^2 + 160^2 + 166^2) - 5\,322.496\,9 = 1.356\,4$

组合间：$SS_H = \dfrac{\sum X_{ij.}^2}{b} - C$
$= \dfrac{1}{3}(29.3^2 + 33.5^2 + \cdots + 38.6^2) - 5\,322.496\,9 = 28.529\,8$

误差：$SS_E = SS_T - SS_B - SS_H$

$= 58.7831 - 1.3564 - 28.5298 = 28.8969$

第二层，从杂交组合中剖分出一般配合力和特殊配合力平方和。

一般配合力：$SS_g = \dfrac{1}{b(p-2)}\sum X_{i..}^2 - \dfrac{4}{bp(p-2)}X_{...}^2$

$= \dfrac{1}{3\times 4}(159.4^2 + 158.4^2 + \cdots + 172.8^2) - \dfrac{4}{3\times 6\times 4}\times 489.4^2$

$= 18.8128$

特殊配合力：$SS_s = \dfrac{1}{b}\sum_{i<j}\sum X_{ij.}^2 - \dfrac{1}{b(p-2)}\sum X_{.j.}^2 + \dfrac{2}{b(p-1)(p-2)}X_{...}^2$

$= \dfrac{1}{3}(29.3^2 + 33.5^2 + \cdots + 39.6^2) - \dfrac{1}{3\times 4}(159.4^2 + 159.4^2 + \cdots + 172.8^2)$

$+ \dfrac{2}{3\times 5\times 4}\times 489.4^2 = 9.7170$

方差分析结果列入表 9-15。

表 9-15 半双列杂交试验树高方差分析结果

变异来源	自由度(df)	平方和(SS)	均方(MS)	F 值	期望均方(随机模型)
重复	2	1.3564	0.6782	0.66	
杂交组合	14	29.5298	2.0378	1.97	
一般配合力	5	19.8128	3.7626	3.48*	$\sigma_E^2 + 3\sigma_s^2 + 3(6-2)\sigma_g^2$
特殊配合力	9	9.7170	1.0797	1.05	$\sigma_E^2 + 3\sigma_s^2$
试验误差	28	29.896	1.0320		σ_E^2

遗传参数估算：

方差分量：$\sigma_g^2 = \dfrac{1}{b(p-2)}(MS_g - MS_s) = \dfrac{1}{3\times(6-2)}(3.7626 - 1.0797) = 0.2236$

$\sigma_s^2 = \dfrac{1}{b}(MS_s - MS_E) = \dfrac{1}{3}(1.0797 - 1.0320) = 0.01588$

$\sigma_E^2 = MS_E = 1.0320$

两种配合力的相对重要性比较如下：

一般配合力方差占比：$\dfrac{\sigma_g^2}{\sigma_g^2 + \sigma_s^2} = \dfrac{0.2236}{0.2236 + 0.01588} = 93.4\%$

特殊配合力方差占比：$\dfrac{\sigma_s^2}{\sigma_g^2 + \sigma_s^2} = \dfrac{0.01588}{0.2236 + 0.01588} = 6.6\%$

由此可见，在本例中，一般配合力是主要的。

遗传力估算如下：

全同胞单株遗传力：$h_{FSS}^2 = \dfrac{4\sigma_g^2}{2\sigma_g^2 + \sigma_s^2 + \sigma_E^2} = \dfrac{4\times 0.2236}{2\times 0.2236 + 0.01588 + 1.0320} = 0.60$

全同胞家系遗传力：$H_{FSF}^2 = \dfrac{\sigma_g^2 + \sigma_s^2}{MS_H/b} = \dfrac{0.2236 + 0.01588}{2.0378/3} = 0.35$

$$h^2_{FSF} = \frac{\sigma^2_g}{MS_H/b} = \frac{0.223\,6}{2.037\,8/3} = 0.33$$

配合力估算：

首先，列出杂交组合平均值(表9-16)。

表 9-16　各杂交组合树高平均值

父本 母本	1	2	3	4	5	6	$X_{i.}$
1		9.77	11.17	9.93	11.27	11.00	53.13
2			10.97	10.00	11.37	10.70	52.80
3				10.47	10.37	12.00	54.97
4					10.23	11.03	51.67
5						12.87	56.10
6							57.60
						$2X_{..}$ =	326.27

一般配合力效应值计算如下：

$$\hat{g} = \frac{1}{p(p-2)}(pX_{i.} - 2X_{..})$$

如，$\quad g_1 = \frac{1}{6 \times 4}(6 \times 53.15 - 326.27) = -0.31$

其他各亲本的一般配合力效应值均按此方法计算。

特殊配合力效应值计算如下：

$$\hat{S}_{ij} = X_{ij} - \frac{1}{(p-2)}(X_{i.} + X_{.j}) + \frac{2}{(p-1)(p-2)}X_{..}$$

如，$\quad \hat{S}_{1 \times 2} = 9.77 - \frac{1}{4}(53.13 + 52.80) + \frac{2}{5 \times 4} \times 163.135 = -0.40$

其他亲本组合特殊配合力效应值均按此方法计算，结果列入表9-17。

表 9-17　半双列杂交试验树高配合力估计值

父本\母本 s_{ij}	2	3	4	5	6	$\hat{g}_i$
1	-0.40	0.46	0.05	0.27	-0.37	-0.31
2		0.34	0.20	0.46	-0.59	-0.39
3			0.12	-1.09	0.17	0.15
4				-0.40	0.03	-0.68
5					0.76	0.43
6						0.81

9.5 育种值的最佳线性无偏预测

最佳线性无偏预测（best linear unbiased prediction，BLUP）由美国学者 Henderson 于 1950 年提出的一个线性模型分析方法，最早用于动物育种值的估计。在群体规模很大、群体结构复杂、获得的数据十分不平衡的情况下，可以获得比传统的育种值估计方法更为准确的估计育种值。采用 BLUP 法估计育种值的优点有：①充分利用个体及其父母、同胞、子代等所有信息，提高了育种值估计的准确性；②可消除环境因素造成的偏差，获得个体真实的育种值；③能校正由于杂交组配所造成的偏差，例如，优良父本于遗传品质不同的母本；④能考虑不同群体、不同世代的遗传差异。

育种值的 BLUP 估计法基于混合线性模型：

$$y = Xb + Zu + e \tag{9.7}$$

式中，y 是所有观察值构成的向量；b 是所有固定效应构成的向量；X 是固定效应的关联矩阵；u 是所有随机效应构成的向量；Z 是随机效应的关联矩阵；e 是随机误差向量。

Henderson 对式(9.8)采用混合模型方程组（mixed model equations，MME）解法，具体如下：

$$\begin{bmatrix} X'R^{-1}X & X'R^{-1}Z \\ Z'R^{-1}X & Z'R^{-1}Z + G^{-1} \end{bmatrix} \begin{bmatrix} \hat{b} \\ \hat{u} \end{bmatrix} = \begin{bmatrix} X'R^{-1}y \\ Z'R^{-1}y \end{bmatrix} \tag{9.8}$$

通过重排上述混合模型方程组，就可以得到固定效应（b）和随机效应（u）的解式，如下所示：

$$\begin{bmatrix} \hat{b} \\ \hat{u} \end{bmatrix} \begin{bmatrix} X'R^{-1}X & X'R^{-1}Z \\ Z'R^{-1}X & Z'R^{-1}Z + G^{-1} \end{bmatrix}^{-1} = \begin{bmatrix} X'R^{-1}y \\ Z'R^{-1}y \end{bmatrix} \tag{9.9}$$

$$BLUE(b) = \begin{bmatrix} X'R^{-1}X & X'R^{-1}Z \end{bmatrix}^{-1} \begin{bmatrix} X'R^{-1}y \\ Z'R^{-1}y \end{bmatrix} \tag{9.10}$$

$$BLUP(u) = \begin{bmatrix} Z'R^{-1}X & Z'R^{-1}Z + G^{-1} \end{bmatrix}^{-1} \begin{bmatrix} X'R^{-1}y \\ Z'R^{-1}y \end{bmatrix} \tag{9.11}$$

对于固定效应，其解称为最优线性无偏估计（best linear unbiased estimation，BLUE）；对于随机效应，其解称为最优线性无偏预测（BLUP）。由于 BLUP 法对混合模型方程组求解的计算量比较大，直到 20 世纪 80 年代随着计算机和信息技术的普及后，BLUP 法才开始被广泛应用。目前，植物上广泛应用 BLUP 法的软件有 ASReml、SAS、Genstat 和 R 语言等，其中只有 R 语言是免费软件，R 语言可以在 Windows 等操作系统中安装运行。R 语言有 breedR、sommer、MCMCglmm 等程序包专门用于遗传评估，它们均可基于混合线性模型估计育种数据的方差分量和育种值。

假定某树种试验有 4 个半同胞家系，4 次重复，单株小区，测量的树高见表 9-18。

表 9-18　某树种半同胞家系树高的观测值

子代	母本	父本	重复	树高
5	1	0	1	3.99
6	1	0	2	5.33
7	1	0	3	5.44
8	1	0	4	5.41
9	2	0	1	4.58
10	2	0	2	4.47
11	2	0	3	6.15
12	2	0	4	2.49
13	3	0	1	5.51
14	3	0	2	4.83
15	3	0	3	5.06
16	3	0	4	4.85
17	4	0	1	6.13
18	4	0	2	6.33
19	4	0	3	5.35
20	4	0	4	5.05

假定重复(rep)作为固定效应,子代个体(id)作为随机效应。统计模型可写成:

$$y_{ij}=\mu+rep_i+id_j+\varepsilon_{ij}$$

式中,y_{ij} 是第 i 个区组第 j 棵树观测值;μ 是总体均值;rep_i 是重复固定效应($i=1$,2,3,4);id_j 是加性随机效应 $\sim N(0, \sigma_\alpha^2)$;$\varepsilon_{ij}$ 是误差效应 $\sim N(0, \sigma_\varepsilon^2)$。

现在使用 R 语言 sommer 程序包进行上述数据中各子代个体和亲本的育种值估计,分析程序如下:

```
# install.packages(c('sommer','nadiv')) # 所需程序包的安装
library(sommer)
# 数据读取
tt=scan(what=list(id=0,female=0,male=0,rep=0,height=0))
5  1 0 1 3.99
6  1 0 2 5.33
7  1 0 3 5.44
8  1 0 4 5.41
9  2 0 1 4.58
10 2 0 2 4.47
11 2 0 3 6.15
12 2 0 4 2.49
13 3 0 1 5.51
14 3 0 2 4.83
15 3 0 3 5.06
16 3 0 4 4.85
17 4 0 1 6.13
18 4 0 2 6.33
19 4 0 3 5.35
20 4 0 4 5.05

df=as.data.frame(tt) # 转为数据框
for(i in 1:4) df[,i]=factor(df[,i]) # 变量转为因子型
ped=df[,1:3] # 谱系数据
ped1=nadiv::prepPed(ped) # 谱系转换
Am=as.matrix(nadiv::makeA(ped1)) # 谱系亲缘关系矩阵
levels(df$id)=c(levels(df$id),
           setdiff(dimnames(Am)[[1]], levels(df$id)))
m1=mmer(fixed=height~rep, random=~vs(id,Gu=Am), data=df)
randef(m1)
```

基于 BLUP 法估计的子代个体和亲本的育种值结果如下：

```
> randef(m1)
$`u:id`
$`u:id`$`height`
        5             6             7             8             9            10
-0.306915057   0.022124501  -0.020700604   0.270510111  -0.260607496  -0.345543954
       11            12            13            14            15            16
 0.059867041  -0.685289788   0.130985939  -0.116685919  -0.125250940   0.114569649
       17            18            19            20             1             2
 0.436536613   0.440105372   0.086084503   0.300210029  -0.009994586  -0.351878342
        3             4
 0.001033923   0.360839005
```

其中，1~4 是亲本育种值，例如，1 号亲本育种值约为 -0.010；5~20 是子代个体育种值，例如，5 号子代育种值约为 -0.307。

基于育种值定义估计的亲本育种值结果如下：

```
dat=aggregate(height~female,data=df,FUN=mean)
dat$hmu=mean(df$height)
dat=transform(dat, bv=2*(height-hmu))
> dat
  female height    hmu       bv
1      1 5.0425 5.060625 -0.03625
2      2 4.4225 5.060625 -1.27625
3      3 5.0625 5.060625  0.00375
4      4 5.7150 5.060625  1.30875
```

将 BLUP 法和定义法估计的亲本育种值进行比较，结果见表 9-19，从中可知，两种方法估计的亲本育种值之间差异较大，正如上文所提的定义法无法使用子代个体间亲缘关系和纳入环境因素（本例中为重复 rep），因此其估计的育种值准确性不如 BLUP 法。此外，经典的定义法无法估计每个子代个体的育种值。

表 9-19　基于 BLUP 法和定义法估计的亲本育种值

亲本	BLUP 法	定义法
1	-0.010	-0.036
2	-0.352	-1.276
3	0.001	0.004
4	0.361	1.309

进行育种值 BLUP 估计的注意以下几点：①BLUP 法估计的育种值准确性与混合线性模型的优化有关；②基于多变量模型估计的育种值准确性往往高于单变量模型；③使用多世代谱系数据，可以在相同尺度上估计祖父代甚至起始代的亲本育种值；④可使用大规模分子标记数据，基于全基因组水平进行育种值估计；⑤育种值虽是个体值，但跟具体群体有关，且值不是恒定的。

9.6　基因型稳定性的评价

这里所讲的基因型是广义的，包括种源、家系、无性系。假如，1 号无性系在 A 地比 2 号无性系生长快，而在 B 地却比 2 号生长慢(图 9-11)，这表明存在着遗传型与环境交互作用。如果，不存在交互作用，则可以根据供试无性系在各地平均表现进行选择，如果存在交互作用显著，就必须进一步了解哪些无性系稳定，哪些无性系不稳定，不同无性系分别适于哪种环境条件等问题，以便在造林中做到"适地适品系"。遗传型与环境交互作用越来越受到重视，要了解遗传型和环境是否存在交互作用，需要通过多点试验。

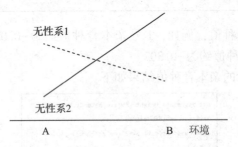

图 9-11　遗传型与环境交互作用示意

遗传型和环境的交互作用可以通过下列数学模型来表示：

$$y_{ij}k = \mu + g_i + e_j + (ge)_{ij} + \varepsilon_{ijk} \tag{9.12}$$

式中，μ 为试验总的平均值；y_{ijk} 为第 i 个品系在第 j 个环境的第 k 个单株的生长量；g_i 为第 i 个品系的遗传效应；e_j 为环境效应；$(ge)_{ij}$ 为第 i 个品系在第 j 个环境的互作效应；ε_{ijk} 为误差。

关于遗传型与环境的交互作用的统计，先后提出了若干方法。例如，1963 年 Finlay 和 Wilkinson 提出将品系 i 与环境 j 中的平均表现剖分为下列组分之和：

$$y_{ij} = \mu + \beta_i I_j + \delta_{ij} \tag{9.13}$$

式中，μ 为全部试验品系在所有环境中的平均值；β_i 为品系 i 对于环境指数(I_j)的回归系数(regression coefficient)；δ_{ij} 为距回归的离差。1966 年，Eberhart 和 Russell 又提出用回归系数和距离回归离差两个参数作为研究遗传型与环境的交互作用的两个参数，并用此来评定推广品系的稳定性。Eberhart 统计方法应用较为普遍，下面举例介绍。

【例 9.4】 有 5 个毛白杨无性系在 12 个地点的对比试验，采取随机区组设计，重复 2 次，2 年后，对高生长进行了调查，试验结果见表 9-20。

统计分析可按下列步骤进行：

第一步，方差分析，检验遗传型与环境交互作用是否显著。

校正系数：$C = \dfrac{X_{..}^2}{5 \times 12 \times 2} = \dfrac{503.6^2}{120} = 2113.4413$

表 9-20 毛白杨 5 个无性系在 12 个地点造林 2 年后的高生长小区平均值

无性系 \ 地点	1	2	3	4	5	6	7	8	9	10	11	12	$X_{i.}$
A	5.1 5.4 (10.5)	4.9 4.3 (9.2)	4.2 3.7 (7.9)	4.5 4.0 (9.5)	5.8 5.9 (11.7)	4.5 4.0 (9.5)	5.9 5.8 (11.7)	3.0 3.1 (6.1)	4.0 4.7 (9.7)	3.0 3.2 (6.2)	6.8 6.2 (13.0)	7.4 7.7 (15.1)	117.1
B	4.5 4.0 (9.5)	4.3 4.8 (9.1)	2.3 2.8 (5.1)	3.6 3.7 (7.3)	4.9 4.8 (9.7)	3.3 3.4 (6.7)	5.5 5.6 (11.1)	2.8 2.9 (5.7)	3.9 3.6 (7.5)	2.8 2.7 (5.5)	6.0 6.2 (12.2)	6.4 6.6 (13.0)	101.4
C	4.4 4.5 (9.9)	4.0 4.2 (9.2)	2.6 2.7 (5.3)	3.4 3.5 (6.9)	4.0 3.9 (7.9)	3.5 3.0 (6.5)	4.8 4.2 (9.0)	3.0 2.8 (5.8)	3.7 4.3 (9.0)	2.8 2.3 (5.1)	4.8 4.9 (9.7)	5.0 5.8 10.8	92.1
D	4.1 4.2 (9.3)	4.4 4.2 (9.6)	3.9 3.8 (7.7)	3.0 4.7 (7.7)	5.4 5.2 (10.6)	3.7 3.0 (6.7)	5.0 5.5 (10.5)	2.1 3.2 (5.3)	3.9 4.0 (7.9)	3.0 2.9 (5.9)	5.4 5.2 (10.6)	4.2 5.9 (10.1)	99.9
E	4.0 4.1 (9.1)	4.0 4.5 (9.5)	3.0 3.5 (6.5)	4.6 4.1 (9.7)	3.6 3.4 (7.0)	3.2 2.6 (5.8)	4.1 4.7 (9.8)	2.4 3.0 (5.4)	4.3 4.5 (9.8)	2.7 3.5 (6.2)	4.8 4.0 (9.8)	5.1 5.4 (10.5)	93.1
$X_{.j}$	44.3	43.6	32.5	39.1	46.9	34.2	51.1	29.3	40.9	29.9	54.3	59.5	$X_{..}$=503.6

总离差平方和：$SS_T = \sum X_{ijk}^2 - C = 5.1^2 + 5.4^2 + \cdots + 5.4^2 - 2113.4413 = 153.0987$

无性系：$SS_C = \dfrac{1}{2 \times 12} \sum X_{i.}^2 - C = \dfrac{1}{24}(117.1^2 + 101.4^2 + \cdots + 93.3^2) - 2113.4413$

$= 16.7420$

地点：$SS_S = \dfrac{1}{2 \times 5} \sum X_{.j}^2 - C = \dfrac{1}{10}(44.3^2 + 43.6^2 + \cdots + 60.2^2) - 2113.4413$

$= 109.2207$

无性系×地点：$SS_{CS} = \dfrac{1}{2} \sum X_{ij.}^2 - C - SS_C - SS_S$

$= \dfrac{1}{2}(10.5^2 + 9.2^2 + \cdots + 10.7^2) - 2119.3208 - 16.5888 - 111.7203 = 18.9560$

机误：$SS_E = SS_T - SS_C - SS_S - SS_{CS} = 8.1800$

经方差分析(表9-21)，无性系与地点的交互作用达到显著水平。因此，有必要对各个无性系的稳定性进行评价。

表 9-21　方差分析结果

差异来源	自由度(df)	平方和(SS)	均方(MS)	F 值
无性系	5-1=4	16.742 0	4.185 5	30.70**
地点	12-1=11	109.220 7	9.929 2	72.83**
无性系×地点	(5-1)(12-1)=44	19.956 0	0.430 8	3.16**
机误	5×12(2-1)=60	9.180 0	0.136 3	

第二步，稳定性的评价

（1）环境指数及回归系数的计算

无性系在各个地点的平均数列入表 9-22 中。

表 9-22　无性系在各地点的平均值

环境\无性系	1	2	3	4	5	6	7	8	9	10	11	12	$Y_{i.}$
A	5.25	4.60	3.95	4.25	5.85	4.25	5.85	3.05	4.35	3.10	6.50	7.55	59.55
B	4.25	4.55	2.55	3.65	4.85	3.35	5.55	2.85	3.75	2.75	6.10	6.50	50.7
C	4.45	4.10	2.65	3.45	3.95	3.25	4.50	2.90	4.00	2.55	4.85	5.40	46.05
D	4.15	4.30	3.85	3.85	5.30	3.35	5.25	2.65	3.95	2.95	5.30	5.05	49.95
E	4.05	4.25	3.25	4.35	3.50	2.90	4.40	2.70	4.40	3.10	4.40	5.25	46.55
$Y_{.j}$	22.15	21.8	16.25	19.55	23.45	17.1	25.55	14.15	20.45	14.45	27.15	29.75	251.80

环境指数(I)：

$$I_j = \sum_i Y_{ij}/c - \sum_i \sum_j Y_{ij}/cp$$

式中，c 为无性系数；p 为地点数

例如，地点 1 的环境指数(I_1)计算如下：

$$I_1 = \frac{5.25 + 4.25 + \cdots + 4.05}{5} - \frac{251.80}{5 \times 12} = 0.23$$

按此方法，计算其他地点的环境指数，全部环境指数计算结果如下：

$I_1 = 0.23$　　　$I_4 = -0.29$　　　$I_7 = 0.91$　　　$I_{10} = -1.31$

$I_2 = 0.16$　　　$I_5 = 0.49$　　　$I_8 = -1.37$　　　$I_{11} = 1.23$

$I_3 = -0.95$　　　$I_6 = -0.78$　　　$I_9 = -0.11$　　　$I_{12} = 1.75$

各地点环境指数总和应该为零。即 $\sum_j I_j = 0$

各无性系对于环境指数的回归系数(b)：

$$b_i = \frac{\sum_j Y_j I_j}{\sum_j I_j^2}$$

式中，$\sum_j I_j^2 = 0.23^2 + 0.16^2 + \cdots + 1.75^2 = 10.9221$

$\sum_j Y_j I_j = XI$，即有：

$$\begin{bmatrix} 5.25 & 4.60 & 3.95 & 4.25 & 5.85 & 4.25 & 5.85 & 3.05 & 4.35 & 3.10 & 6.50 & 7.55 \\ 4.25 & 4.55 & 2.55 & 3.65 & 4.85 & 3.35 & 5.55 & 2.85 & 3.75 & 2.75 & 6.10 & 6.50 \\ 4.45 & 4.10 & 2.65 & 3.45 & 3.95 & 3.25 & 4.50 & 2.90 & 4.00 & 2.55 & 4.85 & 5.40 \\ 4.15 & 4.30 & 3.85 & 3.85 & 5.30 & 3.35 & 5.25 & 2.65 & 3.95 & 2.95 & 5.30 & 5.05 \\ 4.05 & 4.25 & 3.25 & 4.35 & 3.50 & 2.90 & 4.40 & 2.70 & 4.40 & 3.10 & 4.40 & 5.25 \end{bmatrix} \begin{bmatrix} 0.23 \\ 0.16 \\ -0.95 \\ -0.29 \\ 0.49 \\ -0.78 \\ 0.91 \\ -1.37 \\ -0.11 \\ -1.31 \\ 1.23 \\ -1.75 \end{bmatrix}$$

$$= \begin{bmatrix} 14.5182 \\ 14.1660 \\ 9.4725 \\ 9.2235 \\ 7.2302 \end{bmatrix}$$

$$b_A = \sum_j Y_{1j} / \sum_j I_j^2 = \frac{14.5182}{10.9221} = 1.33$$

按照此方法，其他无性系对于地点的回归指数计算结果如下：

$$b_B = 1.30 \quad b_C = 0.87 \quad b_D = 0.84 \quad b_E = 0.66$$

各无性系距离回归线的方差 S_d^2：

$$S_{di}^2 = (\sum_j \delta_{ij}^2)/(p-2) - MS_E/r$$

式中，p 为地点数；r 为每个地点的重复数；$MS_E = 0.1363$，为表 9-21 中的机误均方。

$$\sum_j \delta_{ij}^2 = (\sum_j Y_{ij}^2 - Y_{\cdot j}^2/P) - (\sum_j Y_{ij} I_j)^2 / \sum_j I_j^2$$

$\because \quad b_i = \sum_j Y_j I_j / \sum_j I_j^2$

$\therefore \quad (\sum_j Y_{ij} I_j)^2 / \sum_j I_j^2 = b_i \sum_j Y_{ij} I_j$

则 $\sum_j \delta_{ij}^2 = (\sum_j Y_{ij}^2 - Y_{\cdot j}^2/p) - b_i \sum_j Y_{ij} I_j$

如

$$\sum_j \delta_{1j}^2 = (5.25^2 + 4.60^2 + \cdots + 7.55^2 - 58.55^2/12) - 1.33 \times 14.5182 = 1.0090$$

$$S_{dA}^2 = [1.0090/(12-2)] - (0.1363/2) = 0.033$$

按照此方法，其他无性系距离回归线方差计算结果如下：

$S_{dB}^2 = 0.0083$　　$S_{dC}^2 = -0.0066$　　$S_{dD}^2 = 0.077$　　$S_{dE}^2 = 0.11$

(2) b 和 S_d^2 差异显著性检验

$b=1$ 和 $S_d^2=0$ 定为衡量品系稳定性的两个参数。如果某个品系 b 值较高，S_d^2 与零无显著差异，则说明该品系对立地条件变化反映敏感，可在土壤水肥条件的地方方推广使用。相反，如果 b 值很小，S_d^2 值与零差异显著，这个品系这可以在土壤水肥条件较差的地方使用，而 $b=1$，$S_d^2=0$ 的品系则是相对稳定的品系。为此要对 b 和 S_d^2 进行差异显著性检验。方差分析公式见表9-23。

表9-23　方差分析方法与结果

差异来源	自由度(df)	平方和(SS)	均方
无性系	$c-1=4$	$\frac{1}{p}\sum_i Y_{i.}^2 - C = 8.3710$	$MS_1 = 2.0928$
环境+(无性系×环境)	$c(p-1)=55$	$\sum_i\sum_j Y_{ij}^2 - \frac{1}{p}\sum_i Y_i^2 = 64.0883$	
环境(线性)	1	$\frac{1}{c} = (\sum_j Y_{.j}I_j)^2/\sum_j I_j^2 = 54.6103$	
无性系×环境	$c-1=4$	$\sum_i[(\sum_j Y_{ij}I_j)^2/\sum_j I_j^2] - 环境SS = 3.8520$	$MS_2 = 0.9630$
合并离差	$c(p-2)=50$	$\sum_i\sum_j \delta_{ij}^2 = 5.6260$	$MS_3 = 0.1125$
总和	$cp-1=59$	$\sum_i\sum_j Y_{ij}^2 - C = 72.4593$	

注：$C = (\sum_i\sum_j Y_{ij})^2/(cp) = 251.8^2/(5\times12) = 1056.7207$

为检验各个无性系平均值间的差异显著性，假定 $H_0: \mu_1=\mu_2=\cdots=\mu_5$

$$F = MS_1/MS_2 = 2.0928/0.9630 = 2.17$$

说明无性系间高生长平均值差异不显著。

为检验各个无性系回归系数间的差异显著性，假定 $H_0: b_1=b_2=\cdots=b_5$

$$F = MS_2/MS_3 = 0.9630/0.1125 = 8.56^{**}$$

说明各无性系的回归系数间有极显著的差异。

根据下列 t 检验公式，检验各个回归系数与回归系数平均值的差异显著性。

$$t_i = \frac{b_i - \bar{b}_i}{\sqrt{MS_3/\sum_j I_j^2}}$$

式中，$\bar{b}_i = \sum_i b_i/c = 5/5 = 1$

$$t_A = \frac{1.33 - 1}{\sqrt{0.1125/10.9221}} = 3.244$$

根据自由度为 $10(df=p-r)$，查 t 检验表，$t_{0.01}=3.169$，即 $t_A>t_{0.01}$，可得出 A 无性系的回归系数与平均数间存在着极显著差异。按照上述方法，可得出其他无性系的 t 检验值（表9-24）。

表 9-24 稳定性参数显著性检验结果

无性系	平均高生长	b	t 值	S_d^2	F 值
A	4.88	1.33	3.244**	0.033	1.48
B	4.23	1.30	2.926**	0.0083	1.12
C	3.84	0.87	−1.308	−0.0066	0.90
D	4.16	0.84	−1.532	0.077	2.12*
E	3.88	0.66	−3.330**	0.11	2.63*

注：总平均高 = 4.20。

最后，按照下列公式，检验各个无性系距离回归离差的显著性。

$$F = \left[\sum_j \delta_{ij}^2/(p-2)\right]/(MS_E/r)$$

$$F_A = (1.009\ 0/10)/(0.136\ 3/2) = 1.48$$

根据自由度：$df_1 = p - r = 12 - 2 = 10$；$df_2 = cpr - cp = 5 \times 12 \times 2 - 5 \times 12 = 60$，查 F 检验表，$F_{0.05} = 1.99$，即 $F_A < F_{0.05}$，可得出 A 无性系距离回归离差没有达到显著水平。按照上述方法，可以得出其他无性系的 F 检验值(表 9-24)。

通过以上分析，无性系 A、B 只适合在立地条件好的地方推广，无性系 C 符合 Eberhart 定义的稳定性品系，虽然无性系 D 的 S_d^2 为 0.077，在 5% 的水准上与零差异显著，但是产量平均数与群体平均数接近，所以是值得推广的无性系。而无性系 E 只适合在干旱瘠薄地方推广。

提要与小结

优良的表现型并不一定产生优良的子代或无性系，没有遗传测定，就无法评定选择材料的遗传品质。因此，遗传测定是林木良种选育的关键和核心工作。

田间试验设计对于提高遗传测定的准确性非常重要，试验设计应遵循重复、随机、局部控制三个原则。试验地选择要有代表性、环境条件要一致。在林木遗传测定中使用最为普遍的是随机完全区组设计和平衡不完全区组设计。为了使每个区组内立地条件一致，区组的短轴和小区的长轴应与环境变化梯度平行。对照要有代表性。子代测定应选用当地造林普遍使用的种子作为对照。为测定改良代种子园种子的遗传品质，可采用初级种子园种子作对照。无性系测定中，应采用当地常用的无性系作对照。为了减少试验林分的边际效应防止人畜践踏，造林试验时，应在试验林周围栽植保护带。试验观测年限以能正确评定性状为度。如用材树种生长性状最终评定的年限一般为 1/4~1/2 轮伐期。

为了有效地开展子代测定，需要制订交配设计方案。交配设计方案较多，可大致分为完全谱系交配设计和不完全谱系交配设计两类。各种交配设计各有其优点、缺点和应用范围。选择交配设计主要考虑工作量大小；能否立即开展子代测定；能否为改良代育种提供无亲缘关系的繁殖材料；能否提供一般配合力和特殊配合力的估量等问题。

遗传测定分为无性系测定和子代测定两类。无性系测定可以了解供试无性系间的遗传差异是否显著，能够估算重复力，为无性系选择提供依据。子代测定根据授粉方式不同，可分为半同胞子代测定和全同胞子代测定两类。半同胞子代测定简便易行，成本较低，能够在选优同时立即开展子代测定，能提供遗传力参数，选择育种初期一般采用这种设计，测定结果用于种子园去劣疏伐，和 1.5 代种子园入园亲本选择。除单交外，全同胞子代测定可提供 GCA 和 SCA 估算和没有亲缘关系的子代，并可为下一世代改良提供无亲缘关系的繁殖材料。

最佳线性无偏预测在群体规模很大、群体结构复杂、获得的数据十分不平衡的情况下，可以获得比传统的育种值估计方法更为准确的估计育种值。不同品系在不同立地条件下的表现有所不同，遗传型与环境往往存在着交互作用，在品系推广前，应通过多地点试验，了解各个品系的生产力和稳定性。用回归系数和距离回归离差两个参数可以评定推广品系的稳定性。

复习思考题

1. 简述各种交配设计的优缺点和用途。
2. 简述田间试验设计的原则和提高试验精度的措施。
3. 利用方差分析估算遗传参数，有固定和随机两种模式，试述两种模式适用的条件。
4. 熟悉主要试验设计重复力、遗传力、配合力估算方法和统计检验。
5. 简述遗传型与环境交互作用的含义及其重要性。

第 10 章 种子园

知识导图

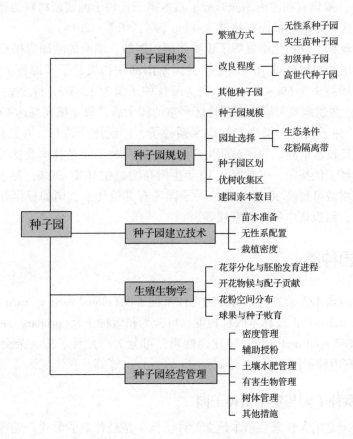

种子园(seed orchard)是由遗传特性优良的林木组成的人工林，其目的是生产大量、优质的种子。为避免或减少外源花粉污染，对种子园采取隔离和管理措施，并通过集约经营，保证种子高产、稳产，并便于采收。

用种子园生产优质林木种子的想法始见于 1787 年。当时德国的 von Burgsdorff 建议用无性繁殖来实践这一想法。1880 年，荷兰人为了提高金鸡纳树的奎宁含量，在爪哇营建了金鸡纳种子园。1934 年，Larson 比较系统地论述了营建无性系种子园的主张，对欧美国家的种子园发展有重要影响。20 世纪 40 年代后期，瑞典和丹麦开始营建欧洲赤松和落叶松种子园。20 世纪 50 年代后，种子园得到迅速发展，60 年代，开始风靡世界，从此，林木良种开始走上基地化道路，造林用种开始进入良种化时期。种子园在实践中也不断得到发展，已由初级种子园、去劣疏伐种子园、1.5代种子园、第二代种子园，循序发展到第三代和第四代种子园。

我国于1964年在福建洋口建立第一个杉木无性系种子园，20世纪70年代，林木种子园有较大发展，特别是80年代初开始，种子园营建技术列为国家重点科技攻关项目，并受到林业生产部门的重视，投入了大量的人力和物力，有力地推动了我国林木种子园发展。截至2019年年底，建园树种达40余种，有国家重点林木良种基地294处，除西藏外，全国各地均有分布。我国主要造林树种初级种子园建立工作已完成，部分种子园已开展了去劣疏伐，或建立1.5代种子园，马尾松、华北落叶松、油松等树种已建立了第二代种子园。2003年，福建省在国内率先开展了杉木第三代种子园建园材料的选择和营建技术研究，目前第三代种子园建设面积超过430 hm²（郑仁华等，2018）。

种子园在实现林木良种化中发挥了重要作用。例如，瑞典的欧洲赤松造林用种基本上由种子园提供，增加木材产量10%以上。美国东南部用初级种子园的种子造林，20年生林分的材积实际增益为7.6%~12.9%；去劣疏伐种子园为12.8%~17.9%；1.5代种子园为17.1%~22.5%。梭锈病是美国东南部地区严重的树干病，每年损失高达4900万美元。经过20年的努力，种子园已大量生产抗病家系种子，广泛用于造林，并已证明是最有效、最经济的林木改良技术措施。我国林业生产实践也表明种子园是林木改良的有效途径。如油松初级种子园经子代测定，多数家系10年生树高增益在10%~30%。杉木第二代种子园子代的平均材积增益可提高30%~36%。种子园还有其他优点，诸如提早开花结实、树体矮化、便于采收、面积集中和有利管理等。

10.1 种子园种类

种子园按建园苗木繁殖方式，可分为无性系种子园（clonal seed orchard）和实生苗种子园（seedling seed orchard）；按林木改良程度，可分为初级种子园（primary seed orchard）、改良种子园（advanced seed orchard）；按建园性质，可分为产地种子园、杂交种子园（hybrid seed orchard）、室内种子园（green house seed orchard），等等。

10.1.1 无性系种子园与实生苗种子园

无性系种子园是用无性繁殖苗木建立的种子园，是最普遍的形式。无性繁殖方式有嫁接、扦插和组织培养，但多数种子园的苗木是通过嫁接繁殖的。因为接穗取自成年母树，由于阶段发育年龄的缘故，接穗嫁接后可提早开花结实。比如，杉木实生苗造林一般需10~15年才能开花结实，如果从已开花结实的优树上采集穗条嫁接，第二年可见雌花，第三年可以收获种子。另一类种子园称为实生苗种子园。这类种子园是用优树自由授粉（open pollination）或控制授粉（controlled pollination）的种子培育的苗木建立的，继而通过去劣疏伐，保留优良家系中的优良单株来生产种子。

早期建立的种子园是无性系种子园。1959年，J. Wright提出应建立实生苗种子园。究竟哪类种子园更好，在20世纪60年代初期有过激烈的争论。事实上，这两类种子园各有利弊，有各自的适用条件。

对于轮伐期短及幼年期与成熟期性状相关性大的树种，可由子代测定林改建成种子园，在一定时期能起到遗传测定与种子生产双重作用。在这种情况下，实生苗种子园优越性能体现出来。然而，双重作用在多数情况下难于同时得到发挥。子代测定林应当建在该树种造林典型的地段，生态条件有代表性。而这种地段不一定适宜建种子园。比如，落叶松是高海拔造林树种，子代测定林应建在高海拔地段，但这种地段的气候条件显然不利于开花结实。此外，子代测定林的初植密度比种子园的大，为了保证正常开花结实，必须在林分郁闭前疏伐，以保证光照充足、树冠发育充分，开花结实层低和种子产量高。但是在林分郁闭前疏伐，子代测定林还处于幼林期，往往不能对家系和单株作正确的评定，子代测定的任务无法完成。如果子代测定林按种子园的栽植密度定植，树冠得到了充分发育，但子代测定效果就会降低，而且占地面积较大。

对于开花结实早的树种，如桉属中的多数树种，可以考虑建实生苗种子园；对于开花结实晚的树种，如红松、油松等则应采用无性系种子园。实生苗种子园所包含的亲本比无性系种子园多，因此，具有更广泛的遗传基础。无性系种子园同株或不同分株间会发生自交，特别是建园无性系数量少时，自交率(selfing rate)会更高。在实生苗种子园中，自交只出现在同一株树上，同一家系不同植株的交配为近交(inbreeding)。自交和近交都是不利的，其中自交危害更大。因此，种子园无性系和家系单株的配置应当使同一无性系或有亲缘关系的家系保持适当的距离。

10.1.2　初级种子园与高世代种子园

初级种子园通常是从未经改良的天然林或人工林中选择优树建立的种子园，入园亲本的谱系一般不清楚，遗传特性有待研究。根据子代测定结果，对初级种子园进行去劣疏伐，即可转化为去劣疏伐种子园(rogued seed orchard)；根据子代测定结果，对初级种子园亲本无性系作再选择重建的种子园，称为第一代改良种子园(first generation improvement clonal seed orchard)。为了强调建园亲本是经过遗传测定和选择，遗传品质更优，有别于初级种子园，也称为1.5代种子园(1.5-generation orchard)。利用第一代建园材料作控制授粉，选择优良杂交组合中的优良单株，建立的无性系种子园，称为第二代种子园(second generation seed orchard)。各类种子园关系如图10-1所示。

在多世代育种中，不必过分强调繁殖材料的世代，而应重视材料的遗传品质和亲缘关系。美国东南部的一些第三轮选择营建的火炬松种子园包含有第一代和第二代的选育的材料。从理论上分析，1.5代种子园是根据子代表现，对亲本进行选择，利用子代表现优良的母本穗条建立的种子园，属于后向选择(backward selection)。而第二代种子园的材料来源于优良家系中的优良单株，属于前向选择(forward selection)，其遗传增益理论上应该大于或等于1.5代种子园。但事实上，在建立1.5代种子园前，已对各无性系的开花结实习性进行了多年的观察，也根据子代平均值对各个无性系进行了评价，在此基础上，确定的入园无性系，其种子遗传品质、播种品质和产量是有保证的。而第二代种子园的亲本，只通过表型选择，未作子代测定，亲本的开花需结实习性尚需观察，其遗传增益和种子品质是否一定大于1.5代种子园，还有待观测验证。

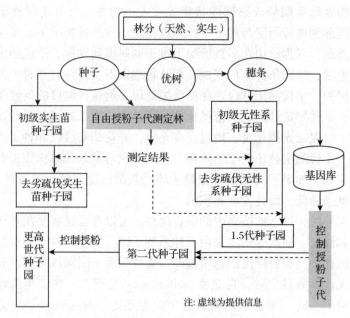

图 10-1　各类种子园的关系

10.1.3　其他形式的种子园

由两个树种的繁殖材料建立杂交种子园，用以生产优良的杂交种子。建园前要做杂交试验，证明有明显的杂种优势，树种间花期相遇。建园时，将不同树种的植株适当排列栽植，以提高不同树种间的杂交率，降低同一树种植株间的授粉率。如黑龙江省林业科学研究院等单位于 1979 年选择花期相遇、花量适中、树干通直、生长量大的日本落叶松 10 个无性系和长白落叶松 30 个无性系，建立了杂交种子园，1986 年结实，3 年生子代的树高生长量比长白落叶松种子园的子代高 20%。

自然界有雌雄异株树种(dioecious species)如银杏、构树、杨树、杜仲、雪松、柳树、桑树、黄连木等树种，雄树的花粉给雌树授粉，其后代都是杂交种。对于雌雄异株树种种子园，要在确保雌株授粉有充足的花粉的前提下，将种子园的雄株数量降到最少。雄株作为"授粉树"，在种子园中是系统定植的。例如，每个组有 9 株(3 行×3 列)组成，中心是 1 株授粉树，即 8 株雌株围绕 1 株雄株。9 株树可以重复，排列也可以变化。

在种源选择中，如果发现某地存在着最佳种源，或种源间的杂交种生长较好，可建立种源种子园，以生产特定种源的种子。

芬兰、美国、加拿大、英国等国利用塑料大棚建立室内种子园。通过采取增温、提高 CO_2 浓度、延长光照、赤霉素处理、水分胁迫和绞缢等技术措施，诱导桦木、云杉、铁杉、火炬松等树种提早开花结实。有关知识将在第 14 章详细介绍。

10.2　种子园总体规划和经营区划分

种子园规划和区划内容包括园址选择、建园规模和入园亲本的确定，以及优树收集区、采穗圃、花粉隔离区、子代测定区、示范区、苗圃、种子加工场地等布局。

10.2.1 种子园规模

种子园面积大小主要取决于两个因素：一是种子园供种地区的造林任务和种子需求量；二是该树种种子园单位面积的种子产量。如杉木无性系种子园 3 年生左右开始结实，结实盛期产种子 11~45 kg/hm²；油松无性系种子园 5~6 年生开始结实，盛期产种子 15~30 kg/hm² 以上；马尾松种子园嫁接后 5 年生开始结实，盛期产种 20~40 kg/hm²；火炬松盛期产种子 22~55 kg/hm²。为方便管理，提高效率，有效地防止外来花粉污染，曾规定种子园面积不得小于 10 hm²。在建设和管理资金有保证，生产的种子有销路的情况下，这个规定无疑是有依据的。但是，如果上述条件得不到保证，只要园址周围没有同种或近缘树种，可适当减小规模。

10.2.2 园址选择

园址对于种子园种子产量影响很大，在一定程度上还会影响种子的遗传品质和播种品质。种子园应建立在树种能正常生长与发育，并且能有效防止外源花粉污染的地方。此外，选择园址时还应考虑地形地貌、主风方向、地块连片、交通、水源、劳力资源、技术力量、行政区划、土地权属和当地社会风尚等诸多因素。

（1）生态条件

选择园址时，首先要分析当地的生态条件能否满足建园树种的生长和发育，包括温度、雨量、海拔，尤其要注意有效积温、日照时数、早晚霜、传粉期降水量等气候条件。土壤以壤土或砂壤土为宜，土壤肥力中等，过于肥沃或过于贫瘠都会影响正常开花结实。还要注意土壤湿润条件、排水性能和灌溉条件。种子园应建在地势开阔、平坦、背风、向阳的地段，要避免霜冻、雪压等不良气候因素。

对杉木种子园园址选择问题曾讨论较多。杉木中心产区种子产量变动很大，播种品质差。原因是多方面的，其中散粉期降水量大和日照时数不足是重要原因。一些学者提出，将种子园从杉木中心区适当南移或北移有利于提高杉木种子园种子产量和品质。其实，杉木分布区地形复杂，气候多样，仍可以选择有利地段建立种子园。如在贵州黔东南 3 个杉木种子园中，锦屏种子园建在小山坡顶上，地势平坦、开阔，日照条件好，土壤肥力中等，虽然树体生长不如黎平东风林场的种子园，但是 5~10 年生树年产种子 75~105 kg/hm²，单位面积产种量是黎平种子园的 3~4 倍。天柱种子园多为阴坡和半阴坡，且坡面较长，种子产量比黎平的还低。

考虑到树种的适应性，种子园一般应设在该树种自然分布区内。若分布区的气候条件不会限制开花结实，可以就地建园；反之，可以将种子园建在用种区立地条件好的地方。但未经试验或调查论证，不应贸然把种子园建在树种分布区之外，以免带来不必要的损失。

（2）花粉隔离带

理想的种子园应当是一个封闭的传粉系统。即种子园内不同植株间传粉，外源花粉不得侵入。因为园外遗传品质低的花粉大量侵入种子园，会降低种子园种子的遗传增益。为此，种子园的位置应与同树种的林分相隔一定距离，将外源花粉的污染降低到最小程度。尤其是改良代种子园，更有必要设立花粉隔离带。

花粉传播距离取决于树种花粉的形态结构、种子园地势和散粉期的主风方向、风速、湿度等因素。20世纪八九十年代，北京林业大学开展了油松、华北落叶松和杉木等树种花粉飞散距离的研究。结果表明，油松花粉粒有气囊，花粉传播比较远，至少在 2 km 范围内不能有油松林或近缘种大量分布。杉木沿主风方向传播，在 600 m 范围内，外源花粉的浓度占花粉源花粉浓度的 10% 以上。因此，杉木种子园花粉隔离距离应不少于 600 m。华北落叶松花粉粒无气囊，飞扬能力远低于松属，不论在坡地，还是在平地，设 100 m 的隔离带，便可以防止外源花粉的污染。

为了防止花粉污染，华南农业大学等单位在广东省遂溪县林业试验场建立了多树种种子园。由于有加勒比松、尾叶桉和火炬松作为隔离带，湿地松母树林与湿地松种子园相距 740 m。还因有湿地松种子园隔离，尾叶桉实生苗种子园与无性系种子园相距 160 m。几个树种相互交错的这种布局，起到了花粉隔离作用，节省了营建隔离林带的费用。又如，云南省林业科学研究院在普文试验林场营建的思茅松无性系种子园，以天然的阔叶林作为隔离带，这样不但起到良好的隔离效果，同时还节省了专门营建隔离带的费用。

10.2.3 种子园区划

种子园区划内容包括优树收集区、采穗圃、子代测定林、苗圃、温室、种子加工设施等，可根据各经营项目的性质和要求进行区划，应注意以下几点：

①种子园、优树收集区、采穗圃、子代测定林如果建在同一地段，必须对种子园进行花粉隔离，种子园应建在花粉飞散的上风地段。

②为便于施工和经营管理，种子园可划分成若干大区，大区下再设置小区。区划要因地制宜。在地势平缓地区，可划分为正方形或长方形的大、小区。大区面积在 3~10 hm²，小区面积在 0.3~1 hm²。在山区，可按山脊、山沟和道路区划，不必强求形状规整或面积一致，但应连接成片。小区划面积的大小，不仅要考虑地形，也要考虑经营集约程度。经营愈精细，小区面积愈小。

③区划时要考虑道路的布置，以便于运输和管理，要设置防火道，以及采取防止人畜破坏的措施。

④房屋建筑、种子加工等生产辅助场所应尽可能设在种子园中心地带，这有利于集中管理，并可减少支出。

⑤区划应留有发展余地，应考虑今后营建改良代种子园的用地。

10.2.4 优树收集区

优树收集区是收集和保存优树资源的场地。其功能有：①保存优树资源。这是异地保存种质资源的一种形式，为可持续地开展遗传改良奠定基础；②为营建种子园提供接穗。没有建立采穗圃任务的单位，可兼作采穗圃的则用；③作为育种园，开展控制授粉；④为种子园人工辅助授粉提供花粉；⑤开展无性系开花结实和形态特征观察研究。

一个树种应该收集多少优树？根据多数学者的估算结果，认为 300~400 个无性系能基本满足要求。同一无性系应保存若干分株。如果收集区主要目的是保存优树，以及开展无性系生物学观察和控制授粉，每个无性系一般保存5~10个分株。如果收集区兼作采穗圃，分株数量根据种子园规模而定。为了便于开展生物学观察、穗条和花粉的采集、控制授粉等工作，同一无性系的分株最好栽在一起。优树收集区要建在易于管理、地势平坦、生态条件好的地段。要特别注意的是优树定位要准确，不能错号。

10.2.5 建园亲本数目

林木多为异花授粉植物，自交会引起球果败育或种子生活力衰退，子代遗传品质降低。为了防止近亲繁殖，维持子代的遗传基础，种子园必需具有足够数量的无性系或家系。加之，初级种子园的亲本通常来自不同林分，对开花习性一般都不清楚，可能会出现部分无性系相互之间花期不遇的现象。在这种情况下，如果没有一定数量的无性系作后备，日后即使有了子代测定数据，也难于进行去劣疏伐。

种子园内应采用多少个无性系，这取决于亲本是否经过遗传测定、种子园世代和性质、遗传增益要求、遗传多样性、树种传粉距离、定植密度、无性系或家系花期的同步程度、去劣疏伐的强度等。目前，国外初级无性系种子园一般有20~60个无性系。我国对初级无性系种子园规定如下：面积为 10~30 hm^2 的种子园，应有 50~100 个无性系；31~60 hm^2，要有 100~200 个无性系；60 hm^2 以上，需要 150 个无性系。

实生苗种子园所用家系数目应多于无性系种子园所用无性系数目，以便今后去劣疏伐。但是，无性系或家系越多，子代测定的工作量就会越大。

1.5代种子园所用无性系数量可为初级无性系种子园的 1/3~1/2。杂种种子园可选择少数亲本组成。种子园经过一般配合力和特殊配合力选择，理论上可以由花期一致的两个无性系组成种子园，但至今生产中还很少采用。

10.3 种子园建立技术

10.3.1 苗木准备

无性系种子园苗木可以是插条苗，也可以是嫁接苗。由于多数针叶树种，特别是老龄树木很难用插条繁殖，所以，无性系种子园几乎都用嫁接苗。为了保证嫁接苗有足够的接穗，要提前建立采穗圃。采穗圃的面积根据种子园面积、完成年限、定植密度、嫁接成活率、嫁接后每年可采的穗条量等因素测算，针叶树采穗圃的面积一般为种子园的 5%~10%。

嫁接方法很多，具体可参考第8章和有关文献。为了避免嫁接的位置效应，保证植株正常生长，接穗应取自树冠中、上部发育良好、健壮的顶枝，不要使用下垂的侧枝作接穗。种子园嫁接或定植会有部分不成活，应按照配置及时补接或补植。

实生种子园苗木的生产可用优树自由授粉的种子或控制授粉的种子。

10.3.2 无性系配置

种子园中无性系植株的配置应考虑下列问题：①同一无性系的个体应保持最大间隔距

离，尽量避免自交；②避免无性系间的固定搭配，以免降低种子园种子的遗传多样性(genetic diversity)；③种子园的设计应便于施工及今后的经营管理；④经过疏伐后，各个无性系的分株数量大体相等，并分布均匀；⑤便于对无性系植株的生长和开花结实量作统计分析；⑥无性系排列不受种子园大小和形状的限制。上述六点，有的是相互矛盾的，设计时只能根据主要要求和具体条件来考虑。

有关种子园无性系植株配置的方式有很多，下面对生产中常用的几种配置方式作简要介绍。

(1)随机排列

随机排列是不按一定顺序或主观愿望配置无性系，使各无性系在种子园小区中占据任何位置的机会均等，防止系统性误差。随机排列往往出现同一无性系的分株靠得很近，通常需要做些调整，使得同一无性系的两个分株间有足够的距离。这种排列方式基本上能满足上述配置要求，其主要缺点是：当种子园面积较大和无性系较多的情况下，定植和嫁接比较麻烦，也不便于调查和经营管理。

(2)分组随机排列

首先把种子园的小区划分成面积相等的组(重复)，使每一个组容纳数目相等的无性系，一般为20~25个。组内无性系随机排列，组间轮换排列。该设计基本上能满足配置的要求，但缺点是要求无性系数量多，管理不太方便。

(3)顺序错位排列

简单地将各无性系或家系按号码顺序在一行中依次排下去(图10-2)。并在接着在下一行重复这一过程，但在另排一行时错开几位，以另一号码开头。这种设计的优点是：适用于各种大小或不同形状的种子园；由于排列有序，嫁接、定植和分系号采果球等操作简单易行，也便于经营管理；可最大限度地分隔开同一无性系的分株植株；通过间伐或淘汰后，其空隙呈有规则的分布；如已知某些无性系或家系的配合力强，配对设计容易。其缺点是：由于有固定的邻居，会产生很多固定亲本的子代，减少了随机交配的概率，不利于扩大遗传基础。此外，由于不是随机排列，不利于统计分析。

1	②	3	④	5	⑥	7	⑧	9	⑩	11	⑫	13	⑭	15	⑯
⑰	⑱	⑲	⑳	①	②	③	④	⑤	⑥	⑦	⑧	⑨	⑩	⑪	⑫
⑬	14	⑮	16	⑰	18	⑲	20	①	2	③	4	⑤	6	⑦	8
⑨	⑩	⑪	⑫	⑬	⑭	⑮	⑯	⑰	⑱	⑲	⑳	①	②	③	④

图10-2　顺序错位排列示意(○表示疏伐时伐去的植株)

(4)固定和轮换排列区组

在同一地块(小区)内的不同重复间均采用一种排列模式，称固定排列区组。而对这一排列模式中不同区组中的无性系排列秩序作有系统的秩序变更时，则称为轮换排列区组。

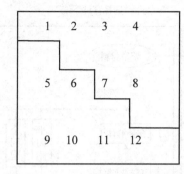 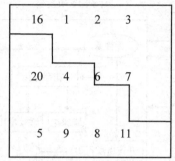

图 10-3　固定和轮换排列区组示意

如图 10-3 所示，对相邻的无性系实行有限的变换。这种排列方式虽稍能改变固定邻居，但增加了施工和管理难度。

（5）计算机配置

20 世纪 80 年代，南京林业大学、北京林业大学、福建农林大学等单位先后开发了借助计算机进行种子园无性系配置软件，并在一些树种的种子园营建中得到应用。利用计算机配置无性系，使无性系间的固定邻居关系、同一无性系分株间的间隔距离过小问题得到克服。但由于无性系配置无规律，导致嫁接、调查、果实采收等工作比较繁杂。

10.3.3　栽植密度

种子园栽植密度，要保证植株有充足的光照，能正常生长发育、开花结实。密度过稀，浪费土地，降低光能利用率；过密会造成园内光照不足，影响开花结实。种子园密度与产种量呈动态关系，在一定密度下，随着树龄增加，前期适宜的密度，到后期则过密了。初植密度以多大为宜，要从不同树种开花结实的生物学特性、种子园盛果期长短、树冠发育进程、疏伐年限等方面综合考虑。

10.4　生殖生物学

种子园在种子生产上应发挥 4 个主要功能：即遗传增益显著、种子产量高、播种品质好和保持树种遗传多样性。这些功能的发挥受种子园生殖和选择育种两个子系统的控制（图 10-4）。一个理想的生殖系统应具备下列基本条件：①没有园外花粉侵入；②实行随机交配；③没有自交或近交。这些条件与无性系着花能力、花期相遇程度、园内花粉密度、花粉传播距离、受精和胚胎发育状况有密切的关系。此外，还受环境条件的制约。由于种子园群体育种值由亲本的育种值和配子贡献决定，因此，种子园的遗传增益不仅取决于建园无性系自身的遗传品质，而且还与交配过程有密切关系。只有深入系统地了解种子园生殖生物学特性，通过优化种子园配子的遗传组成，才能从整体上充分发挥种子园的功能。

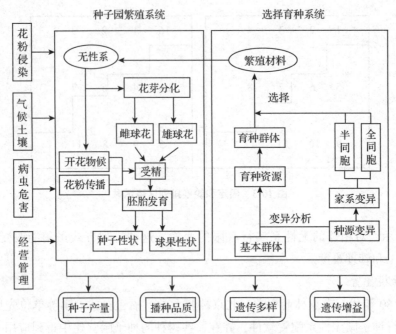

图 10-4 提高种子园整体效益示意

10.4.1 花芽分化与胚胎发育进程

研究无性系大小孢子的发生、雌雄配子体的形成、受精和胚胎发育过程，是针叶树种子园经营管理的基础工作。这有助于探讨授粉机理、球果和种子败育的原因，研究授粉和促进开花结实技术，对于提高种子产量和质量具有重要意义。20 世纪八九十年代，北京林业大学先后对油松、杉木、华北落叶松等树种花芽分化和胚胎发育进行了研究。

(1) 油松

1993—1995 年在河南卢氏县东湾油松种子园对 12~13 龄嫁接植株的雌雄配子体形成及胚胎发育作了观察。结果表明：6 月中旬新梢伸长生长停止，6 月下旬雄球花原基开始分化。新梢停止生长后 15~30 天，新生芽进入快速生长期，生长点呈钝圆状，其两侧雌球花原基开始分化。雄球花 7 月初开始分化，造孢细胞在 9 月底进行第一次有丝分裂，随即越冬。翌年 3 月上旬造孢细胞分裂增大，4 月上旬减数分裂，形成小孢子，小孢子再经过 3 次有丝分裂后，4 月末至 5 月初形成含有 4 个细胞的成熟花粉粒。雌球花在 7 月中旬分化，先在大孢子叶球基部分化 2~3 个苞鳞原基。翌年 3 月上旬，苞鳞基部分化产生胚珠原基和珠鳞原基，4 月底或 5 月初形成大孢子母细胞，随即进行减数分裂，近合点端的一个发育为大孢子，大孢子有丝分裂形成雌配子体。5 月 20 日左右形成成熟的颈卵器，5 月 26 日左右受精。从花芽分化、雌配子体形成、受精、胚胎发育至种子成熟，历时 3 年。

(2) 杉木

在贵州黎平，雄花芽分化最早在 5 月下旬，最晚在 7 月初。8 月上旬出现小孢子叶球原基，9 月中旬可见到小孢子叶球雏形。10 月上旬，出现孢子囊原基，12 月中旬可见造孢细胞。翌年 1 月下旬出现初生造孢细胞，2 月上旬小孢子母细胞分裂成 4 分体，2 月下旬出现多核花粉粒，3月初小孢子成熟。10月上旬雌球花原基分化，10月下旬出现孢鳞原基，11月下旬形成大孢子叶球雏形。翌年2月上旬出现珠鳞原基，2月下旬形成珠被，3月初胚珠形成。

(3) 华北落叶松

落叶松雌雄球花分别单生于短枝顶端。雄球花7月中旬开始分化，2个小孢子囊生长在孢子叶的下部表面，经过造孢细胞阶段，以花粉母细胞过冬，翌年的3月下旬进行减数分裂，形成小孢子。小孢子经过4次有丝分裂后，5月末形成含有5个细胞的成熟花粉粒。雌花也在7月中旬开始分化，先产生苞鳞，由苞鳞基部分化产生胚珠原基和珠鳞原基。翌年4月上旬形成大孢子母细胞，4月底授粉，6月10日左右受精。从花芽分化、雌配子体形成、受精、胚胎发育至种子成熟，历时2年。

10.4.2 开花物候与配子贡献

随机交配是理想种子园的一个基本条件。按这个条件，种子园无性系与其子代的育种值相等。然而，如果无性系间开花物候和花量差异较大，各无性系对同一母本的授粉概率不平衡，从而两代的育种值也不相等。虽然种子园的遗传增益通常是根据一般配合力估算的，但是，开花物候差异使一些交配组合比例较高，它们的特殊配合力可能对种子园子代的遗传增益有明显的影响。此外，如果无性系间花期和花量差异较大，少数无性系配子贡献占垄断地位，还会造成子代遗传多样性降低，自交率增大，使种子园无性系潜在的遗传增益无法实现。

(1) 开花物候

我们从1989年开始，在贵州黎平、锦屏、天柱和四川洪雅杉木种子园连续4年观察开花物候。虽然不同年份种子园开花的日期差别较大，但开花模式是一致的，即可授期比散粉期来得早，且持续时间长，可授期与散粉结束期基本同步，或后1天。开花早晚与积温有一定关系。可授期的早晚与$\geq 5℃$积温关系较密切，而散粉期与$\geq 10℃$积温更紧密(表10-1)。种子园开花持续期在年份间的差异与开花高峰期前后的天气状况，尤其与降水量有直接的关系。花期阴雨连绵天气对雌雄球花的发育都有影响，但对散粉影响更大。不同无性系在不同年份开花的先后秩序是相对稳定的。开花早的无性系，开花的持续时间也长。虽然某些无性系的可授期较早，但种子园散粉的高峰晚到10~15天，在此期间，空气中的花粉密度很低，胚珠难接收到花粉，珠鳞不闭合，因而持续时间较长。这说明，雌花有等待授粉的行为。也正是由于这个原因，绝大多数无性系组合的可授期与散粉期是相遇的。但是，在盛花期的重叠时间上，不同交配组合间的差异很大。据1990年对157个无性系花期数据的统计，在雌、雄盛花期不重叠的组合约占15%。因此，无性系间的交配概率是不等的。1992年取样镜检了胚珠接受的花粉数量，早花、中花和晚花的胚珠平均含1.28粒、1.65粒和0.83粒花粉；胚珠授粉率分别为76.65%、83.45%和64.43%。El-Kassaby等对花旗松的研究结果也发现可授期较早、较晚的无性系，其饱满种子百分率低于中花类型的无性系。关于无性系间可授期与散粉期的重叠程度分析，可采用Askew提出的开花同步指数，计算方法见陈晓阳等(1995)。

表 10-1　杉木种子园历年可授期与散粉期开始时间与积温的关系

年份		1989	1990	1991	1992	1993	1994	平均	变异系数
可授期	始期	3.15	3.12	3.7	3.1	2.28	3.1		
早花	≥5℃	229.6	317.8	299.7	262.7	271.2	278.2	288.2	0.072
	≥10℃	118.8	109.3	139.8	142.8	146.0	83.7	123.4	0.179
中花	始期	3.26	3.17	3.11	3.8	3.8	3.10		
	≥5℃	375.4	373.5	340.0	340.3	295.6	352.6	346.2	0.084
	≥10℃	129.6	156.8	170.3	165.0	157.6	136.0	152.6	0.106
晚花	始期	3.31	3.20	3.14	3.11	3.11	3.19		
	≥5℃	439.1	418.0	351.3	365.7	301.0	399.3	379.0	0.132
	≥10℃	191.5	201.3	173.0	190.4	157.6	160.9	179.1	0.100
年份		1989	1990	1991	1992	1993	1994	平均	变异系数
散粉期	始期	3.22	3.14	3.8	3.1	3.2	3.2		
早花	≥5℃	351.8	342.6	309.5	262.7	284.4	278.2	304.8	0.119
	≥10℃	129.6	124.4	139.8	142.3	146.0	83.7	127.1	0.182
中花	始期	3.29	3.18	3.13	3.9	3.9	3.15		
	≥5℃	407.1	385.8	345.7	352.7	301.0	373.4	367.0	0.102
	≥10℃	159.5	169.1	170.3	177.4	157.6	150.1	164.0	0.060
晚花	始期	3.31	3.20	3.15	3.12	3.11	3.22		
	≥5℃	439.1	418.0	356.7	377.5	301.0	427.8	386.7	0.136
	≥10℃	191.5	201.3	170.3	202.2	157.6	171.1	182.3	0.101

北京林业大学对河南卢氏县和内蒙古宁城县黑里河油松种子园 85 个无性系开花物候近 10 年的连续观察，共同结论是：雌球花可授期一般比雄球花散粉期来得早，持续时间长，散粉期常包含在可授期内。内蒙古宁城县黑里河种子园开花始期比河南卢氏晚 30 天，散粉期和可授期同步性较好。两地在不同年份开花始期前后相差 2~3 天，开花始期早晚与当年≥10℃的积温有关。由于受开花期间温度和降雨等因素的影响，不同年份花期长短可相差 10 天左右，但各无性系在不同年份开花的先后次序是相对稳定的。

为提高种子园亲本间开花物候的同步性，应选择花期同步的亲本建立种子园。据阮梓材等(1995)报道，在广东小坑、大水口、乐昌林场第一代杉木种子园中，采用以早花期为主无性系建园，可达到早结果、多结果要求，嫁接后 3 年收获种子 30.15~40.35 kg/hm^2，第 4 年产种子 59.7 kg/hm^2。

(2) 配子贡献

配子贡献是指种子园所产种子中各无性系所提供的雌、雄配子的比例。由于种子园各无性系配子贡献不平衡，将导致种子园子代的平均育种值偏离亲本无性系的平均育种值，还可能导致自交率的提高、种子园子代遗传基础变窄等问题。

在我国，种子园内无性系间雌雄配子不平衡的现象是很普遍的。例如，1992 年贵州黎平东风林场种子园 111 个无性系单株平均雄花量达 840 个，雄花最少的是 262# 无性系，仅 103 个，最多的是 568# 无性系，达 3461 个，极差达 33.6 倍；平均雌花量为 500 个，最少的无性系是 568#，仅 75 个，最多的是 88#，达 1957 个，极差达 26.1 倍。

关于种子园无性系配子贡献的平衡性，一般根据各无性系的花粉和种子产量占全园总产量的比例来表示。如北京林业大学曾用圆形扇面图来描述油松种子园各无性系雌、雄球花的比重。国外曾用 20/80（20% 的无性系提供 80% 的花粉或种子）表示种子园各无性系的配子差异。这些都属于定性描述，很难准确反映种子园无性系配子贡献的平衡状况。为此，黄智慧、陈晓阳等（1993）提出了度量种子园配子贡献的平衡指数。计算方法见黄智慧等（1993）。

除花粉数量与生活力、球果数量直接影响种子园配子贡献的平衡性外，不同无性系花期、球果、种子败育程度、种子数量与播种品质等方面的差异，也会导致种子园配子贡献的不平衡。比如，由于种子园不同无性系之间开花同步程度有很大的差异，这必然造成无性系雌、雄配子贡献不平衡。特别是那些花期过早或过晚的无性系，在传粉高峰期它们的配子较少，即使雌、雄花产量高的无性系，它们提供的配子也可能比产量低的无性系还少。因此，花期、球果、种子败育程度、种子数量与播种品质等也应纳入各无性系配子贡献的估算。

(3) 配子贡献对子代育种值的影响

在一个种子园内，一些无性系子代表现虽好，但它花期与其他无性系不相遇，雌雄球花数量又低，这些无性系的优良遗传品质不能发挥出来。因此，种子园子代的平均育种值不仅取决于无性系本身的遗传品质，也取决于交配无性系开花同步性和配子数量。El-Kassaby 建议，种子园的育种值应当在种子园雌雄配子贡献、开花同步性以及败育率、种子成苗率等研究基础上再进行计算。计算方法可参见陈晓阳等（1993）。

10.4.3　花粉空间分布

研究种子园内花粉空间分布规律，以便采取措施，改善种子园内的传粉条件，提高种子产量和品质。由于各个树种花粉特点不同，花粉在种子园的分布有所不同，下面以杉木、油松、落叶松为例加以说明。

(1) 杉木

编者于 1989、1990 和 1992 年在贵州黎平和 1992 年在天柱和锦屏的观测都表明，虽然雄球花集中于树冠中下部，但是树冠上部花粉密度却大于下部。如 1990 年黎平种子园 12 m 处花粉接受量是 3 m 处的 2.8 倍。1992 年对 12# 无性系 12 年生的 3 个植株分上、中、下 3 个冠层采集授粉后第 20 天的幼果，每个冠层观察 90 个胚珠中的花粉量，结果表明：树冠上层每个胚珠平均花粉数比下层多 0.316 粒，胚珠授粉率比下层高出 8.7%。林分郁闭度对垂直高度间的花粉接受量的差异也有影响。在林中空地，高度间花粉密度差异较大，12.5 m 处的花粉接收量是 2.5 m 处的 2.17 倍。而在密林（2.5 m×5.0 m）中，高度间的变化相对较少，12.5 m 处的花粉接收量是 2.5 m 处的 1.59 倍。

(2) 油松

北京林业大学于 1984—1991 年多次在兴城种子园 2 个大区内设 5~7 个采集花粉点。

各点花粉量的变异系数高达 0.45~0.49。造成花粉量差异的主要原因，是各无性系着生的雄球花量差异悬殊，同时与花期内的风向有关。据观测，林冠层上部 4 m、8 m 高处的花粉接受量在各个方位的变化趋势基本与风频大小一致，2 m 高处主要受下风方向植株的影响，距花粉树愈近，接受量愈多。在同一位点不同垂直高处的花粉量也有差别。如以 2 m 高处花粉接收量为 100%，则 4 m、6 m、8 m 处分别为 185%、190% 和 230%，1.5 m 和 0.5 m 高处的接受量低于 2 m 处。

(3) 落叶松

据李希才等(1988)对 14 年生的长白落叶松种子园花粉密度的观测，在垂直方向从地面 0 m 到 7 m 的平均花粉密度有 275 粒/cm^2 到 183 粒/cm^2，呈下降趋势，降低了 33%。沈熙环等在内蒙古卓资县上高台华北落叶松种子园选取东、南、西、北 4 个方向，分别测定距地面 1 m、2 m、3 m、4 m 和 5 m 处的花粉密度。结果表明，花粉密度在树冠 3 m 处最大，5 m 处最小。这与落叶松花粉特点有关。落叶松雄花多分布在树冠中下部，花粉无气囊，受重力影响大，飞扬不高。

10.4.4　球果与种子败育

针叶树从花芽分化、传粉、受精、胚胎发育到种子成熟，要经历 2~3 年的时间，容易受到不利因素的影响，造成球果和种子败育。

(1) 球果败育

球果败育是雌球花坐果后，在发育过程中由环境、遗传等因素导致的枯萎落果现象。球果败育现象在国内外针叶树种子园中普遍存在，是种子园减产的主要原因，但败育的进程和原因比较复杂。据北京林业大学在辽宁兴城市、河南卢氏县和内蒙古宁城县黑里河油松种子园多年的观测，1 年生球果败育都很严重。1987—1988 年河南卢氏县和内蒙古宁城县黑里河种子园的球果败育率分别为 44% 和 41.3%；1989 年相应为 54.6% 和 35.1%；兴城种子园最严重，球果败育率达 90% 左右。小球果的败育率随时间而变化，如卢氏县种子园在雌球花授粉后头 1 个月的败育率为 24.7%，随后 2 个月分别为 4.4% 和 4.1%，球果停止生长到翌年受精前的败育率为 6.5%。各地油松种子园的败育趋势相仿，只是败育程度有所不同。油松球果败育与营养和虫害等因素有关，但虫害是主要的，辅助授粉并不能缓解球果败育。据西南林学院于 2001—2003 年对普文试验林场思茅松无性系种子园部分无性系开花结实的观察，在雌球花授粉后闭合的当年，雌球花保存率才 11%，第二年球果成熟时的坐果率仅为 2%~3%，气候、虫害等可能是造成球果败育的主要原因。

(2) 胚珠和种子败育

种子园花粉产量直接影响胚珠和种子败育。据北京林业大学对辽宁兴城和河南卢氏油松种子园的观测，当花粉量为 3 kg/hm^2 时，胚珠败育率为 58.6%，花粉量增加到 7 kg/hm^2 时，败育率下降为 43.1%。

种子的质量与传粉期间天气状况有密切关系，降雨不利于传粉。例如，1992 年黎平东风林场杉木种子园开花物候较早，散粉期高峰期在 3 月 13~15 日。在此期间无雨，日平均相对湿度为 69%~84%，风力为 3.0~4.3 m/s，绝大多数无性系的花粉在这 3 天散尽。而锦屏和天柱杉木种子园开花较晚，16~25 日连续降雨，部分无性系花粉不能飞散而发霉。

这年黎平种子园可育籽率平均为58%，而锦屏和天柱种子园仅为30.78%和33.3%。

花粉生活力受多种因素影响。在欧洲云杉中报道过花芽分化期异常低温，能使多数无性系的花粉发芽率低于50%，饱满种子数显著减少。王培蒂等(1993)在马尾松中也观察到类似现象。1988年春季频繁的-3.1~-0.5℃低温，花粉发芽率为34%，而正常年份的花粉发芽率为85%。

Holl等把落叶松空籽形成原因归纳为两类：一是花粉不能到达珠心，或到达珠心而不能发芽；二是原胚不能在颈卵器中生长，或幼胚在后期停止发育。在北美黄杉中观察到雌雄配子不亲和，配子在形成过程中染色体异常导致败育；在欧洲云杉中也发现过花粉母细胞和大孢子母细胞减数分裂异常现象。李凤兰等(1992)在辽宁兴城油松种子园中发现雌性不育无性系，该无性系胚珠后期败育。种子败育可能与胚乳内储存物质的组成及遗传基础有关。

(3) 自交对种子品质的影响

叶培忠等(1981)通过杉木3×3全双列杂交试验得出，自交的健全籽率比异交低20%~60%，其涩籽率比异交增高了40%~100%，比自由授粉增高了34%~110%，空籽率与交配方式关系不明确。1992年笔者也做了杉木交配试验，结果表明：与异交相比，自交的平均健全籽率降低了58.1%，平均空籽率提高了14.5%，平均涩籽率提高了27.2%。1993年还对3年生1.5代种子园18#和19#无性系做了本系花粉不同比例的授粉试验。由表10-2看出，本系花粉比例与种子千粒重、空籽率关系不明显，而与健全籽率和涩籽率相关紧密，随着本系花粉比例增高，涩籽率提高，导致健全籽率降低。自由授粉的健全籽率和涩籽率与20%本系花粉的相当，据此估计，这年的1.5代种子园自交率在20%左右。

表10-2 杉木无性系不同比例的本系花粉授粉对种子质量的影响

无性系	本系花粉比例	0%	20%	50%	80%	100%	自由授粉
18#	健全籽率(%)	33.4	22.4	11.1	12.2	0.5	23.7
	空籽率(%)	22.8	0.1	3.4	1.7	11.1	2.9
	涩籽率(%)	43.8	77.5	85.5	86.1	88.4	73.2
	千粒重(g)	4.1	3.3	3.4	3.8	4.0	4.3
19#	健全籽率(%)	26.9	23.8	30.0	20.5	8.2	22.5
	空籽率(%)	7.5	0.4	0.0	0.8	4.8	2.5
	涩籽率(%)	65.6	75.8	69.8	78.8	87.0	75.0
	千粒重(g)	4.6	4.9	5.2	4.0	4.0	4.9

据贾桂霞等(1994)对华北落叶松球花的解剖观察，虽然自交花粉能够进入珠孔道并到达珠心，但绝大多数不能受精，传粉后约6周，大量胚珠败育，产生空粒，使种子园产量遭到严重损失。解剖自交种子，除少数饱满种子外，绝大部分种皮内只有一些膜状残余物，个别有部分雌配子体和胚，但发育不完全。华北落叶松的雌雄球花经常相互混合着生，花粉较大，无气囊，受重力的作用较大，在自由授粉条件下不可避免造成自交，导致胚珠败育，产生空粒。

10.5 种子园经营管理

种子园经营管理包括密度管理、树体管理、水肥管理、有害生物管理和花粉管理等内容。种子园通过去劣疏伐、整形修剪、施肥灌溉、病虫害防治和辅助授粉等技术措施可以达到优质高产的目的。

10.5.1 密度管理

疏伐能使树冠得到充分的光照，保证树冠正常发育，有利于结实，也有利于改善土壤营养条件，是提高种子园球果产量的重要措施。疏伐时，应依据子代测定结果、开花结实量、花期同步性和无性系分株生长势，确定保留的无性系和分株。近30年来，国内有关疏伐效果的报道很多，其主要经验归纳如下。

第一，疏伐要及时。我们曾对贵州黎平杉木种子园进行了疏伐试验。该种子园第五大区一小区为梯状整地，水平株行距为3 m×4 m，10年生时，植株间下层枝条已相互交错，雌雄球产量很低。1992年疏伐50%。据1994年调查，11个无性系单株平均雄球花数量为1164.0个，雌球花量为307个，分别是1991年（疏伐前）球花产量的3.9倍和3.4倍，是1994年南大区（2.5 m × 5.0 m）的6.0倍和5.3倍，是第七大区（5 m × 5 m）的2.2倍和2.5倍。但是，第五大区疏伐太晚，平均树高达13 m，冠幅超过5 m，下层部分侧枝已干枯，加之伐树时，保留木的许多枝条被打断，中、下层球果很少，有果难采。因此，疏伐一定要及时。

第二，疏伐要注意强度。廖舫林等于1986年在湖南桃林林场对10年生湿地松种子园作了不同强度的疏伐试验，共4个处理。强度疏伐：伐除64%的植株，保留150~180株/hm^2；中度疏伐：伐除42%的植株，保留270~300株/hm^2；轻度疏伐：伐除21%的植株，保留375株/hm^2。1988年调查结果表明：球果和种子产量随疏伐强度增加而增加（表10-3）。

表10-3 疏伐对湿地松种子园结实的影响

疏伐强度	保留率(%)	每公顷产种量(kg)	单株产种量(kg)
强度疏伐	36	22.85	0.20
中度疏伐	58	11.55	0.10
轻度疏伐	79	6.56	0.06
对照	100	5.45	0.05

注：引自廖舫林，1994。

疏伐强度要根据种子园种子产量与林分郁闭度关系来确定。如漳平五一林场马尾松种子园的郁闭度在0.6时，种子园产量最高。郁闭度由0.6升至0.72、产量按5%~35%递减。郁闭度在0.8以上小区，几乎没有产量。因此，种子园郁闭度在0.6以上，必须实施疏伐，将郁闭度降至0.4~0.5，确保种子园高产稳产。

第三，疏伐要分期进行。郁闭度随着林龄逐步变大，第一次疏伐后，过几年又会因林分郁闭度过大，还必须再疏伐。由美国北卡罗纳大学技术支撑的Charleston火炬松第二代种子园于1985年建园,面积为10.2 hm²,初植密度4.57 m×9.1 m,共2449株。1989年开始疏伐,每隔2~3年疏伐一次,截至2003年,先后疏伐7次,最后仅保存20%的植株,种子产量持续上升,如1993—1994年种子产量为5~7 kg/hm²,2003年达到152 kg/hm² (图10-5)。

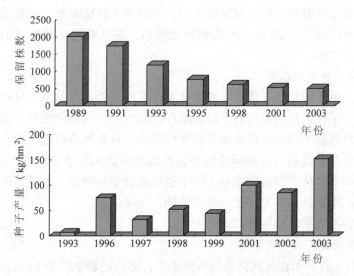

图10-5 美国Charleston火炬松种子园疏伐与种子产量

第四,疏伐前应对无性系充分调查,并对无性系进行分类,以确定疏伐对象。这样做,有利于提高种子园优良基因型频率,改良种子园遗传品质。

疏伐对种子园群体交配系统(mating system)和遗传组成有一定的影响。姚宇等(2013)分析了去劣疏伐对长白落叶松初级无性系种子园SSR遗传多样性的影响。结果表明长白落叶松初级无性系种子园依据无性系的子代表现及亲本生长结实能力对其实施去劣疏伐,在一定程度上减少种子园的遗传多样性。小于40%疏伐强度的疏伐,有效等位基因与疏伐前基本一致,降幅小于0.5%,期望杂合度在0.5以上,而50%、60%的疏伐强度,有效等位基因数降幅增大,分别下降了2.61%、3.27%,期望杂合度下降到0.5以下,因此,建议长白落叶松初级无性系种子园疏伐强度在40%疏伐强度以内。

10.5.2 辅助授粉

辅助授粉(supplementary pollination)就是将具生命力的花粉直接喷撒在未隔离的球花上。最早的做法是:鲜花粉添加填充剂,如滑石粉、死花粉,用竹竿系着纱布袋,摇散花粉,或用喷雾器喷散花粉。自从1966年Wakeley等人将辅助授粉引入种子园后,这项技术已被广泛应用。其作用可归纳如下:

(1) 提高种子产量和播种品质

有关辅助授粉对于提高种子园种子产量和播种品质的实例,国内外报道很多,举不胜举。如河北林业科学研究所于1983—1984年对河北遵化油松种子园进行了两次辅助授粉试验,种子产量相应增加了14.4%和33.6%,卢氏油松种子园对31个无性系也做过辅助授粉,平均出籽率由2.49%提高到3.42%。杉木空粒主要是授粉不足引起的,针对这个问题，笔者于1992年在黎平东风林场对12年生初级种子园作了辅助授粉，健全籽率由对照的52%，提高到64%，千粒重由对照的5.78 g提高到6.02 g。

(2) 减少球果和种子败育

卢氏和黑里河种子园于1987—1989年作了辅助授粉试验。辅助授粉显著增加了果鳞上的花粉密度，虽然对球果败育没有起到缓解作用，但对减少胚珠败育，提高球果的出籽率却有明显的作用。卢氏种子园29个无性系辅助授粉后，胚珠败育率减少了10.7%，出籽率由2.49%提高到3.63%。

(3) 改进种子园种子的遗传品质

其理由是：第一，由于用经过子代测定的优良无性系的花粉进行辅助，母树接受优良基因花粉的比例增加，子代遗传品质自然会得到改善；第二，采用辅助授粉，增加了入园亲本的花粉浓度，相对降低了园外花粉浓度，从而可以降低花粉污染程度，提高种子的遗传品质；第三，由于部分无性系间花期同步性差，或由于少数无性系花粉量占垄断地位，不可能随机交配，从而导致种子园自交率高、种子遗传基础窄等问题。通过辅助授粉可以改善亲本间配子贡献的平衡性，拓宽种子的遗传基础，并减少自交。

为了提高辅助授粉的效果，应注意如下几点：

(1) 辅助授粉重点应放在幼龄种子园

Sarvas(1962)指出，欧洲赤松林达到均匀传粉水平，需要花粉$20\sim30$ kg/hm^2。根据笔者于1994年对黎平杉木种子园的调查，杉木种子园6龄后的花粉产量才能达到这个水平。Owens对火炬松研究表明，进入珠孔的花粉粒平均达1.2粒，可满足受精。据笔者的观测，天柱3龄种子园胚珠花粉量，平均每个胚珠仅含花粉0.67粒，平均健全籽率仅23.1%。同年13年生种子园胚珠平均含花粉1.3粒，平均健全籽率为54%。1992年，对黎平2年生1.5代种子园进行辅助授粉，健全籽率由对照的26%提高到48%，千粒重由对照的4.95 g提高到5.74 g，正常球果由对照的70%提高到100%。

(2) 辅助授粉应考虑授粉时间和次数

笔者于1994年在洪雅林场杉木种子园对3个无性系分别在可授期的初期和盛期辅助授粉，检查了进入胚珠的花粉粒。结果表明，在初期辅助授粉，胚珠中花粉数量平均为1.2粒与自由授粉的差异没达到显著水平；在盛期授粉，达到3.2粒，在初期和盛期各授一次，花粉粒平均为3.7粒，与在盛期授一次粉没有显著差异，在初期授一次粉，在盛期授两次粉，胚珠中的花粉平均达到5.4粒。虽然随着辅助授粉次数增加，进入胚珠的花粉粒也随之增加，健全籽率也有所提高。但综合考虑，抓住可授期的盛期进行一次辅助授粉便可以满足授粉要求。

(3) 辅助授粉要注意无性系开花物候的差别

1992年，笔者在东风林场杉木种子园对3类无性系进行辅助授粉，健全种子比例均有显著的提高，辅助授粉后的健全种子比例是自由授粉的2.3~2.8倍。1994年，在洪雅林场作了辅助授粉试验，观测了胚珠中花粉粒数和有花粉的胚珠数，结果表明：辅助授粉对三种花期均有显著效果，其中，可授期早和晚两类无性系辅助授粉效果更加明显（表10-4）。因此，要注意对可授期早、晚两类无性系进行辅助授粉。

20世纪90年代一些种子园用风力灭火机在种子园内鼓风，以增加树冠周围和上部的

表 10-4　杉木不同花期无性系辅助授粉效果

授粉状况	无性系	自由授粉	辅助授粉
花粉粒平均数/胚珠	86(早花)	0.53	3.03
	17(中花)	1.20	5.24
	28(晚花)	0.33	3.62
含花粉的胚珠比例(%)	86(早花)	43.3	80.0
	17(中花)	66.7	79.3
	28(晚花)	20.0	85.5

花粉密度，提高授粉率。现在可采取无人驾驶飞机进行辅助授粉。如王邦富等(2019)采用六轴旋翼无人机(型号 SH-X6-10B)进行杉木种子园辅助授粉试验结果表明：采用无人机辅助授粉，坐果率比人工辅助授粉提高 46.0%，比自然授粉提高 117.5%；无人机辅助授粉的山地作业效率是传统人工辅助授粉的 33 倍。

10.5.3　土壤水肥管理

土壤是林木生长的基础，改善土壤水肥条件，有利于母树正常生长和开花结实。土壤管理包括土壤耕作、施肥、灌溉、种植绿肥、除草等。下面着重介绍灌溉、施肥中应注意的几个问题。

(1) 灌溉

适当干旱有利于花芽分化，但是林木生长发育需要水，适当灌溉有利于林木树冠增大，从而增加结实面积，增加球果产量。北京林业大学于 1989 年对兴城油松种子园 4 个无性系共 64 株作施肥和灌溉试验，每株施氮磷钾混合肥 0.75 kg，灌溉 3 次，每次 120 kg。1984 年对 9 年生种子园植株灌溉，结果显著增加当年生针叶长度和重量，第二年生长量增加了 25%~35%；灌溉使叶绿素含量提高 10.2%~11.4%，含氮量提高 4.8%~8.9%。但过量灌溉使针叶中磷和钾的含量分别下降 6.5%~12.9% 和 0~11.4%，因此灌溉要适量。

(2) 施肥

种子园进入开花结实时期，消耗营养物质较多，合理施肥，有利于母树正常生长发育，减少结实大小年间隔现象，达到高产稳产的目的。施肥要注意以下几点：

第一，施肥要"对症下药"。据迟键等对浙粤湘闽 4 省 8 个杉木种子园 1983—1992 年期间施肥的总结，在贫瘠土壤上施肥效果最显著，肥力中等以上土壤以磷钾肥为主，过于瘠薄土壤则酌情加入氮肥，施肥量依树龄和树体大小而异。最佳配方的施肥一般可增产种子 30%~100%，出籽率、千粒重、发芽率也有所提高。1992 年，编者在贵州黎平杉木种子作了施肥试验，结果并没有显著提高雌雄花量、球果干重和种子千粒重。据土壤化验结果，浙江姥山杉木种子园表层土全氮和磷的含量为 0.089% 和 0.045%，而黎平杉木种子园高达 0.3269% 和 0.4354%，是姥山种子园的 4 倍和 10 倍。由于土壤养分含量已满足开花结实的需要，所以施肥效果不明显。

第二，施肥要适时。同样的肥料在不同时间使用，效果是不同的。据迟键对杉木种子园施肥试验结果，以 6~7 月最关键，次为秋季和春季 4 月；每年施 2 次较好，这与杉木种子发育节律与花芽分化期有关。我国杉木花芽分化期一般在 6~8 月，因此 6 月施肥正当花芽分化前夕。此外，6~8 月是杉木种子快速增重期，6 月施肥后可迅速被球果与种子发育利用。美国南方松改良研究组的研究表明，火炬松、湿地松等在花芽分化期稍前施肥效果最好，可促进花芽分化。总之，种子园施肥不同于林木施肥，施肥时间应配合花芽分化与种子发育节律。

第三，施肥要合理配比营养元素。葛艺早等（2016）在福建省沙县官庄国有林场第三代杉木种子园开展了施肥试验。根据叶片营养诊断和土壤吸附试验，确定了 18 种施肥处理的平衡施肥试验。结果表明，经过施肥处理后，杉木种子千粒重、种子发芽率、种子的可溶性糖含量和蛋白质含量均明显高于对照。陆梅等（2019）对闽北马尾松二代种子园开展氮、磷、钾、镁、硼、钼等多元素配比施肥试验，结果表明：不同配比施肥对马尾松种子园的产量和质量影响很大，各肥料的最优组合为：每株施尿素 70.0 g + 过磷酸钙 338.5 g + 氯化钾 148.5 g + 硫酸镁 100.9 g + 硼砂 1.4 g。施肥组合中最高产量达到 27.68 g/株，是不施肥产量的 10 倍。

第四，施肥与灌溉相结合。美国 Weyerhaeuser 公司对火炬松连续 5 年进行施肥和灌溉试验。与对照相比，只施肥，球果产量平均增加 51%；只灌溉，球果产量平均增加 34%；施肥加灌溉，球果产量平均增加 59%（表 10-5）。

表 10-5 灌溉、施肥对火炬松种子园球果产量的影响

年份	对照	只施肥	只灌溉	施肥+灌溉
1971	45	60	81	102
1972	72	134	99	145
1973	70	88	88	100
1974	55	117	98	144
1975	210	281	240	224
平均	90	136	121	143

注：原文无计量单位。

第五，有机肥与无机肥相结合。施适量有机肥有利于改善土壤结构，种绿肥压青可降低施肥成本，因此不少种子园常施有机肥或种绿肥。此外，有机肥或绿肥的氮磷钾比例不一定符合结实要求，采用有机肥与无机肥配合使用，会收到更好的效果。浙江宝华种子园土壤为花岗岩风化砾质土壤，有机质含量仅 0.55%，全氮 0.02%，于 1986—1988 年连续 3 年套种紫云英等绿肥埋青，每年夏季又施 1 次 NPK 复合肥 0.4 kg/株，施肥区比对照增产种子 16.1%~35.7%。

第六，间种豆科作物、牧草。种子园内间种豆科作物和牧草有好处。第一，能改善种子园土壤理化性质，有利于母树生长和结实；第二，增加经济收入；第三，间种可以耕代抚，节省抚育经费，在幼龄种子园经营管理中值得提倡。毛玉琪等于 1986—1989 年在错海林木良种基地樟子松、落叶松种子园进行了间种了大豆、紫花苜蓿、草木犀的试验。从土壤分析结果看出，以种植紫花苜蓿效果最好，它增加有效氮 5.8%，有效磷 40.5%，有效钾 34.4%；种植草木犀提高有效磷 16.2%；种植大豆可提高有效氮 0.9%，有效磷 2.7%。

10.5.4 有害生物管理

病虫害和动物危害直接导致种子园减产，因此有害生物防止是种子园经营管理的重要内容。

李镇宇等(1987—1990)在兴城油松种子园作了多年观测，结果表明：危害1年生球果的主要害虫有松果梢斑螟和瘿蚊；危害2年生球果的主要害虫有松果梢斑螟、微红梢斑螟、松实小卷蛾。约占总数90%的球花遭虫害，其中由瘿蚊危害的约为30%。由于松果梢斑螟的危害，1987年1年生球果损失22.4%，2年生球果损失31.7%。

据钱范俊等(1988—1990)在福建洋口林场等地的调查，杉木种子园中的常见害虫有7目20科26种。对杉木种子园结实影响较大的主要害虫是杉木球果麦蛾、杉木扁长蝽及杉梢小卷蛾。杉木球果麦蛾主要以幼虫钻蛀危害杉木的球果，导致球果苞鳞、果轴、种子被蛀食，并加速球果变色、干枯。该虫在国内分布于浙江、安徽、江西、福建、湖北、湖南、广东、广西、贵州等地，平均球果虫害率13.6%。杉梢小卷蛾在杉木种子园中主要以幼虫危害侧梢。第一、二代危害梢率各达10%左右，第三代危害梢率较低。

杉木种子园主要病害有杉木赤枯病、杉木炭疽病、杉木叶枯病、杉木针叶黄化病等。加强种子园抚育管理，改善卫生条件，可增强母树的抗病能力。华山松主要病害有赤落叶病、赤枯病、针锈病和根腐病等12种，发病率为6%~58%。伍孝贤等认为合理施氮肥可以减轻叶病的发生与危害。

花鼠成为落叶松种子园的首害。潘本立等(1986)调查，花鼠可危害母树球果80%以上。防治的办法是在冬天把1.5 cm以下的侧枝打掉，7月上旬再在树干1 m以上高处裹上宽40 cm的尼龙胶片，花鼠无法从树干爬上树冠，可有效防止花鼠危害。

10.5.5 树体管理

树体管理包括截顶、修枝。通过树体管理改善树冠结构，调节树冠内部的光照，促进母树花芽分化。此外，还可以矮化树冠，便于采种。

(1) 截顶

广东乐昌市龙山林场新建杉木种子园，于2009年定砧，2010年冬嫁接，面积6 hm^2，建园亲本15个，密度1050株/hm^2。嫁接当年，视植株生长情况，在接穗主干出现第3级分枝时(距离嫁接口约40~50 cm)截梢。当分枝间距高于20 cm时，在分枝上方20 cm处截断主干，使其在截口产生分枝，人为控制分枝间距。截梢处理可在植株高生长期内持续进行，植株最终高度控制在2.0~2.5 m。当分枝过于浓密时，剪除弱小、分枝方向重叠的分枝。树体管理过程中，修剪生长旺盛、相互挤压的侧枝的顶梢，保证树冠充分采光。此外，还采取于每年6月下旬实行定向施肥和辅助授粉等措施。2013—2016年种子园单位面积产量分别为79.2 kg/hm^2、82.8 kg/hm^2、183.3 kg/hm^{2}和182 kg/hm^2，实现了杉木种子园高产稳产，并总结形成了杉木精选高效种子园营建技术。

(2) 疏枝

疏枝的对象为徒长枝、丛生枝、病虫枝等。疏枝时应考虑母树生长和着花特点，要注意树冠的层次及发展均衡性。对结实衰退区重剪，结实区轻度修剪，注意保留座有雌花的枝条。疏枝应严格掌握强度。据陈铁英报道，樟子松种子园母树进入结实旺盛时期，将树冠的每一轮枝保留3~4个主枝，其余的枝条全部剪掉。这样做可使树冠内部通风，增加光照，使雌花增加13%，球果增加10%，种子产量提高21%。张砚辉等(2017)根据长白落叶松大龄母树进行截干和修剪试验结果，认为长白落叶松母树修剪最优技术为以中度和重度修剪为宜，截顶保留轮枝数以5~7轮枝为宜。

在生产实践中，截顶和疏枝是结合应用的。广东韶关市曲江区国有小坑林场杉木第2.5代种子园于2010年嫁接建成，面积为14 hm^2，密度为600株/hm^2，2016年底截干控高和修枝控冠。截干控高技术主要在于高强度截干，保留3轮左右生长旺盛的粗壮侧枝，每年剪除树干截口处的萌条，将树高控制在3.0~4.0 m，修枝控冠技术主要在于修剪相互挤压的侧枝顶梢，控制植株间树冠叠压。修剪后的种子园树高控制在4.0 m以下，树体径向生长趋旺，雌花量随冠幅的增大而增加，发生部位趋于下移，且分布更为均匀。

10.5.6 其他措施

切根、环剥(girding)和赤霉素(GAs)等处理对于诱导针叶树种子园幼树开花，提高种子园雌雄球花产量有一定效果。

切根对许多树种开花有促进作用。Ross等(1985)报道，切根能促进花旗松开花结实。张娅姝等(1994)、李炳艳等(2000)报道，切根对促进樟子松种子园无性系开花结实，有明显的作用。常见截根方法为环状开沟，根据植株根系分布情况确定沟深和沟边与树根基的距离。沟内根系全部切断。切根对树木的营养生长有一定的抑制作用，但往往只影响当年。为了保护树势，可每隔3~5年进行一次切根。

1958年，日本学者Kato等首次报赤霉素能够成功地提高柳杉花量。之后，对杉科及柏科树种的促花技术研究较多。发现多种赤霉素促花效果都较好，GA$_3$效果最好。然而GA$_3$对松科树种的效果不理想。1973年发现了极性低的GA$_4$与GA$_7$的混合物和不带羟基的GA$_9$可成功地促进花旗松实生苗和成年树开花。在随后的10年中，开展了大量的研究证实GA$_{4/7}$至少对松科6个属21个树种都有较好的促花效果。如澳大利亚新南威尔士州Tumut地区林业局的短周期矮化控制授粉辐射松种子园，面积20 hm^2，采用激素处理母树幼株，以促进开花结实，该技术已成为种子园建设成败的关键。其主要方法是用赤霉素处理，第一次处理是对定植1年生的已嫁接母树幼株，在花芽形成前，用10 g/L浓度的赤霉素GA$_{4/7}$滴在幼树顶部生长点上；第二次处理是在2年生的母树幼株树干基部先用6 mm粗的钻头以45°斜向下钻一个1 cm深的小孔，然后注射0.5 mL的200 g/L浓度的赤霉素GA$_{4/7}$。经过处理后，2年生的幼树结了球果，建园3年就可得到种子，且进入盛果期，年产250~300 kg控制授粉种子，可采种15年。

环剥树干或枝条的树皮，也是促进林木开花方法之一，但效果多在实施1~2年后才可表现出来(Ebell, 1971)；用环剥处理花旗松(Pharis, 1980)、落羽松属(Bonnet-Masimber, 1982)、西加云杉(Philipson, 1983)、挪威云杉(Bonnet-Masimber, 1987)，再结合赤霉素处理，效果更佳。用绳索捆绑林木枝干，也具有环剥效果，也可促进林木开花结实。邓荫伟(2019)在广西壮族自治区全州县咸水林场杉木三代种子园开展了拉枝(分枝角度100°左右)、断顶、环扎(12#铁丝在距地35 cm处的主干或主枝上环扎一圈)、环割(距地面 35 cm 处的主干或侧骨干枝作环状切割深度至木质部)4 种方法的促花试验，结果表明：与对照相比较，4 种处理均有效果。雄球花形成值由高到低依次为环扎>环割>拉枝>断顶>对照；雌球花形成值由高到低依次为环割>断顶>环扎>拉枝>对照。

提要与小结

种子园是良种繁殖的主要方式，在推动造林良种化上发挥着重要作用。种子园有多种类型。按建园苗木繁殖方式，可分为无性系种子园和实生苗种子园，无性系种子园是最普遍的形式。按改良程度，可分为初级种子园和改良种子园。根据子代测定结果，对初级种子园进行去劣疏伐，即可转化为去劣疏伐种子园，对初级种子园亲本无性系作再选择重建的种子园，称为第一代改良种子园，利用第一代建园材料作控制授粉，选择优良杂交组合中的优良单株，建立的无性系种子园，称为第二代种子园。在多世代育种中，不必过分强调繁殖材料的世代，而应重视材料的遗传品质和亲缘关系。

种子园应建立在树种能正常生长与发育，并且能有效防止外源花粉污染的地方。此外，选择园址时还应考虑地形地貌、主风方向、地块连片、交通、水源、劳力资源、技术力量、行政区划、土地权属和当地社会风尚等诸多因素。种子园区划内容包括优树收集区、采穗圃、子代测定林、苗圃、温室、种子加工设施等，可根据各经营项目的性质和要求进行区划。

有关种子园无性系植株配置的方式有很多，主要考虑尽量避免自交和无性系间的固定搭配。理想的种子园应没有园外花粉侵入，园内实行随机交配，没有自交或近交。这些条件与无性系着花能力、花期相遇程度、园内花粉云密度、花粉传播距离、受精和胚胎发育状况有密切的关系。因此，要重视园外花粉污染、建园材料生殖生物学和种子园无性系或家系的配置。

种子园经营管理包括密度管理、树体管理、水肥管理、有害生物管理和花粉管理等内容。种子园通过去劣疏伐、整形修剪、施肥灌溉、病虫害防治和辅助授粉等技术措施可以达到优质高产的目的。

复习思考题

1. 简述种子园的含义，种子园的分类和世代更替。
2. 为什么说园址选择是种子园营建的关键？
3. 简述种子园总体规划和区划的内容和原则。
4. 简述外源花粉污染的危害性与防治的措施。
5. 在种子园经营管理中，为什么要强调对无性系开花结实生物学特性的观察？应重点观察哪些内容？
6. 自交有哪些危害？如何降低种子园的自交率？
7. 种子园配子贡献不平衡会带来哪些影响？产生不平衡性的主要因素有哪些？如何提高种子园配子贡献的平衡性？
8. 简述影响种子园的种子产量和播种品质的因素和种子园优质丰产技术措施？
9. 种子园疏伐和施肥应考虑哪些问题？

第 11 章 林木抗逆性及其选育

知识导图

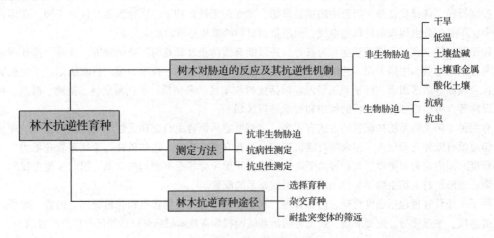

林木频繁地受环境胁迫(stress)，生长、发育和繁殖将受到不利影响，甚至死亡。胁迫可以是生物性的(biotic)，即由病虫害引起，也可以是非生物性的(abiotic)，即由物理、化学条件引发。导致林木损伤的物理、化学因素有干旱、寒冷、高温、水涝、盐渍、污染、土壤矿物质营养不足以及光照太强或太弱等。不同树种或同一树种的不同种源、林分和个体对环境胁迫有着不同反应。林木长期生长在各种胁迫的自然环境中，通过自然选择或人工选择，有利性状被保留下来，并不断加强，不利性状不断被淘汰，便产生一定的适应性，即能采取不同的方式去抵抗各种胁迫。林木抵抗各种胁迫因子的能力称为抗逆性(stress resistance)。充分利用林木种内在抗逆性上存在的遗传变异，通过一定的育种途径，选育出对某种不良环境具有抗性或耐性的群体和个体，应用于林业生产，这一过程称为抗性育种(resistance breeding)。

11.1 树木对胁迫的反应及其抗逆性机制

11.1.1 非生物胁迫

胁迫可以引起树木的一系列反应，从调节基因表达、细胞代谢到生长表现。胁迫的严重程度、持续时间、出现频率等都会对树木造成不同程度的影响。多种不利条件对树木的影响也不同于单因素造成的胁迫。树木对环境胁迫的反应取决于树木自身的特征，包括基因型、器官与组织的种类和发育阶段等(图 11-1)。树木抗胁迫机制可分为两大类：避性

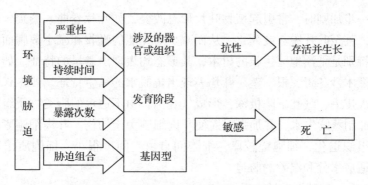

图 11-1 环境胁迫的因素与树木的反应

(avoidance)和耐性(tolerance)。

11.1.1.1 对干旱的适应

经过长期自然选择，树木可通过不同途径来抵御和适应干旱。Levitt（1972）将避旱性和耐旱性统称为抗旱性。Turner（1979）把栽培植物对干旱的适应性划分为避旱、高水势下耐旱和低水势下耐旱 3 种类型。Hall（1990）认为，植物对干旱的适应性应包括 3 种机制：避旱、耐旱和提高水分利用效率。树木是多年生植物，具有生命周期和年周期两个生长发育周期，对干旱的抵抗能力主要通过忍耐干旱和提高水分利用效率来实现的。综合现有的研究成果，树木的抗旱性机制可归纳如下（图 11-2）：

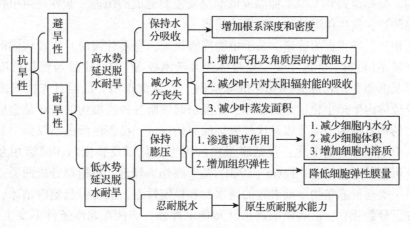

图 11-2 植物耐旱机理分类

（1）高水势下延迟脱水避旱性机理

在土壤或大气出现干旱胁迫时，植物首先通过增加吸水或减少水分消耗，维持较高的水势和水分利用效率，推迟组织脱水，以达到躲避干旱的目的。抗旱植物的一个普遍特征就是根系生长快、根深、根的活力强。许多观察发现，在干旱条件下植物根/茎比值会提高。

除了提高吸水能力外，某些植物的抗旱性完全或部分取决于减少蒸腾失水。减少水分损失的途径主要有 3 个：①增加气孔阻力和角质层阻力；②通过改变叶片的形态特征，减少对光能的吸收；③减少蒸腾表面积。

当干旱进一步加剧时，常引起植物叶片形态改变，如叶片卷曲、萎蔫、复叶闭合、茸毛或蜡质增厚，甚至叶片脱落或死亡，从而减少对光能的吸收和减小蒸腾面积。许多抗旱的植物种类，特别是荒漠地区生长的树木，其形态均表现出避旱的特征。如在中亚荒漠地区生长的常绿灌木沙冬青，根、茎、叶均表现出抗脱水的旱生特征。沙冬青叶片上下表皮皆具有浓密的表皮毛，气孔下陷极深，形成气孔窝，由不透水的脂类物质组成的角质层厚达 15 μm，以抑制蒸腾失水，并加强反射使叶肉细胞免于灼伤。叶肉细胞紧密排列，全部栅栏化，海绵组织退化，细胞壁较厚，细胞间自由空间度很小，细胞质浓厚，内含物丰富，都有利于适应水分和温差的胁迫。

(2) 低水势下忍耐脱水耐旱机理

在持续干旱下，推迟脱水的各种机制最终会失去作用，不可避免地造成植物脱水，严重时可导致不可逆的伤害或死亡。耐旱的树木均具有较强的耐脱水能力。植物组织耐脱水的主要机理：一是在低水势下保持一定的膨压和代谢功能，增加细胞的持水能力；二是细胞能忍受脱水，不受或少受伤害。当受到脱水伤害时，植物体内主要通过调整生物膜结构与功能、渗透调节作用和抗过氧化能力来完成抗脱水伤害。植物体内的这种反应是通过植物的合成和降解来实现的，最终受到植物基因的调控。

11.1.1.2 对低温的适应性

低温对植物的伤害可分为冷害和冻害两类。冷害是热带、亚热带喜温植物及生长旺盛的温带植物，突然遭到 0 ℃ 以上低温或低温反复侵袭造成的伤害。冻害是指植物受到冰点以下的低温胁迫，发生组织结冰而造成的伤害。

与冷害相比，冻害更为普遍。关于植物冻害机理，有多种假说，比较认同的是膜伤害假说。细胞膜系(质膜、叶绿体膜、线粒体膜及液泡膜等)的稳定性与植物抗冻性密切相关，细胞膜系形态变化和成分改变在抗冻机制上起关键作用。低温首先损伤细胞的膜体系，从而导致体内生理生化过程的破坏，低温引起细胞各种膜结构的破坏是造成植物冻害损伤和死亡的根本原因，而质膜是这种破坏的原始部位。伤害性低温不仅会引起膜脂的相变，而且会引起膜蛋白的变化，包括膜蛋白的构型变化以及膜蛋白和膜脂相互关系的变化，引起膜蛋白的迁移运动。Levitt (1980) 基于膜伤害理论，将植物分成两类：一类是敏感植物；另一类是抗寒植物。前者膜的透水性和稳定性差，极易引起胞内结冰，也易被胞内冰晶刺穿，导致死亡；后者膜的透水性和稳定性强，即使在寒冷条件下发生胞外结冰，

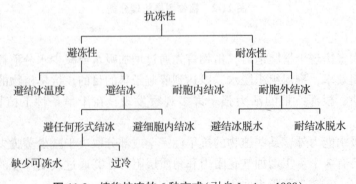

图 11-3　植物抗冻的 6 种方式(引自 Levitt, 1980)

当温度回升后也能缓慢恢复。Levitt（1980）还总结了植物抗冻性的6个机理(图11-3)，其中细胞外结冰和细胞液的过冷却是植物避免细胞内结冰伤害的最主要和最普遍的两种适应机制。

抗寒性是植物在长期寒冷环境中，通过本身的遗传变异和自然选择获得的，是适应低温的遗传特性。但这种特性只有在特定环境条件的诱导下才能表达出来，随环境的改变也可消失。在抗寒基因表达之前，抗寒性强的植物也是不耐寒的，只有当它表达后才能发展为抗寒力。抗寒基因表达为抗寒力的过程，就是抗寒性提高的过程，称为抗寒锻炼或寒冷驯化。植物进入抗寒锻炼，主要取决于内外两个方面的因素：一是低温与短日照。低温是主要的外界诱发条件，不同植物所要求的低温诱导临界温度不同，大多数植物为 $2\sim5℃$，锻炼的温度越低，抗寒效应越高，对降温速率的要求与植物的抗寒性有关。抗寒锻炼还受光的影响，如果缺光，植物即使在持续的低温下也不能得到抗寒锻炼。光在抗寒锻炼中所起的作用主要是光合效应和光周期效应，光周期效应是通过光敏素起作用的。二是植物生理活动强度。植物的生长活动与抗寒基因的表达是矛盾的，生长越旺盛，抗寒力越弱；降低生长活动是提高抗寒性的前提条件。植物必须在秋季低温和短日照条件下，逐渐停止生长活动，抗寒基因才能活动，才能表达出抗寒力。

11.1.1.3 对土壤盐碱的适应性

盐碱胁迫对植物造成的伤害主要表现在以下两个方面：一是细胞质中金属离子，主要是 Na^+ 的大量积累，它会破坏细胞内离子平衡并抑制细胞内生理生化代谢过程，使植物光合作用能力下降，最终因碳饥饿而死亡；二是盐碱土壤是一个高渗环境，它能阻止植物根系吸收水分，从而使植物因"干旱"而死亡。同时盐碱土壤pH值较高，这使得植物体与外界环境酸碱失衡，进而破坏细胞膜的结构，造成细胞内溶物外渗而使植物死亡。因而，受盐碱胁迫的植物一方面要降低细胞质中离子积累，另一方面还通过积累过程产生某些特殊的产物，如蛋白质、氨基酸、糖类等来增强细胞的渗透压，阻止细胞失水，稳定质膜及酶类的结构。

植物在系统发育过程中对盐害的抵御有不同的机理，形成了不同的植物抗盐类型。

①泌盐植物　吸收盐分以后，不积累在体内，而是通过盐腺排出体外，如柽柳。

②稀盐植物　生长快，吸水多，能把吸进体内的盐分稀释，如碱蓬属植物。

③聚盐植物　具有肉质茎，体内有盐泡，能将原生质内的盐分排到液泡里去，使细胞的渗透压增加，就可提高吸收水分和养分的能力，如盐角草等。

④拒盐植物　根部细胞中积累大量的可溶性碳水化合物，以提高渗透压，使根细胞有很强的吸水能力。

耐盐方式主要有渗透调节、区隔化、维持膜系统的完整性、改变代谢类型等。另一方面，它们的细胞膜对盐分透性很小，能把盐分拒之体外，这样根系在吸收水分时，可以不吸收或少吸收盐分，如长冰草、海蒿等植物。

①渗透调节　是指植物生长在渗透胁迫条件下，其细胞中有活性和无毒害作用的渗透溶质的主动净增长过程。渗透调节方式有两种：一是吸收和积累无机盐，一些盐生植物主要通过这种方式；二是合成有机化合物，包括非盐植物和一些盐生植物。

②离子区隔化　是在盐胁迫条件下，植物将主要的盐分离子转移至液泡中，而在细胞

质中合成代谢可兼容的溶质，来补偿液泡与细胞质之间的渗透差异。

③改变代谢类型　在盐胁迫条件下，一些植物的代谢途径不能适应，发生盐害。另一些植物能够采取放弃旧的代谢途径，产生新的代谢途径的方式去适应这种新的生境。如獐毛等盐生植物在低盐条件下是 C_3 植物，光合作用以 C_3 途径方式进行，若在高盐条件下，向 C_4 途径转化。

④维护膜系统的完整性　在盐胁迫条件下，细胞质膜首先受到盐离子胁迫影响而产生胁变，导致质膜受伤。质膜胁变最明显的表现是质膜透性增大。盐分条件下，植物膜系统的变化有 2 个阶段：首先是盐分对膜系统的破坏；然后是植物对膜系统的修复。植物能否维持其膜系统的稳定性，主要取决于其修复能力大小。

11.1.1.4　对重金属的适应性

重金属元素中有的是植物非必需的元素，如铅(Pb)、镉(Cd)、铬(Cr)等，有的是植物必需元素，如锌(Zn)、铜(Cu)、铁(Fe)、锰(Mn)等，但不能过多，否则会对植物的生长产生毒害作用。植物对土壤重金属胁迫的综合反映是生长量的变化。不同重金属对植物生长的影响的阈值不同，当重金属超过阈值时，就会抑制植物的生长发育。据李亚藏等(2005)对茶条槭、山梨、五角槭和山荆子在土壤镉胁迫下生长的观测，低浓度(≤ 50 mg/kg)能够刺激参试树种苗木生长，但随着浓度提高，苗木地上部分生长量下降。细胞膜的透性是评定植物对重金属胁迫反映的指标之一。重金属胁迫使得植物细胞膜结构和功能遭到破坏，膜的稳定性降低，细胞内的离子和大分子物质外渗，影响植物代谢。重金属胁迫下植物体内产生大量的活性氧物质，它们能破坏细胞膜透性，导致细胞代谢紊乱。

植物对重金属抗性的获得可通过避性(avoidance)和耐性(tolerance)两种途径，这两条途径并不相互排斥，且能协同作用于某一植物。①避性：一些植物可通过某种外部机制保护自己，使其不吸收环境中高含量的重金属从而免受毒害。在这种情况下，植物体内重金属的浓度并不高，在重金属污染条件下，植物通过限制对重金属的吸收，降低体内的重金属浓度。在重金属胁迫下，植物可以通过根系分泌物与重金属离子结合，保持其在重金属污染的环境中能正常的生长。②耐性：是指植物体内具有某些特定的生理机制，使植物能在高含量的重金属环境中不受到伤害，此时，植物体内具有较高浓度的重金属。耐性具备两条途径：一是金属排斥(metal exclusion)。植物原生质膜有主动排出金属离子的作用，植物还可以通过老叶的脱落把重金属排出体外；二是金属积累(metal accumulation)。许多研究认为，一些耐性植物能在根部积累大量重金属离子，并限制向地上部分运输，从而使地上部分免遭伤害。

不同树种对重金属的吸收、积累特性不同。据张炜鹏(2007)观测结果，垂枝榕、菩提树、凤凰木分别对 Pb、Cd、Hg 的积累作用较大，可用这些树种修复重金属污染的土壤，而洋紫荆、南洋杉、高山榕、小叶榕等树种对 Pb、Cd、Hg 很敏感，可用于重金属污染监测。树木对重金属的吸收和富集因树种、树的器官和重金属种类的不同而有差异。李秀珍(2007)的研究表明，枇杷树体各器官中镉和铜的含量为：根>枝>叶>果实。而汪有良等(2008)的研究认为，苏柳无性系对镉的吸收和积累量为：根>叶>枝。刘维涛等(2007)的研究得出：镉主要积累在树木根部，总趋势为：根>叶及枝>树皮>树干，而锌更多地积累在树木地上部分。

11.1.1.5 对酸化土壤的适应性

我国热带、亚热带地区广泛分布着各种红色或黄色的酸性土壤，近年来，伴随工业化的迅猛发展，我国土壤酸化面积逐渐扩大，且日益严重。由于大部分有色金属矿的地层都含有金属硫化物，在采矿过程中，金属硫化物由于与水和空气接触后即可因氧化作用而生成硫酸，导致矿土呈强酸性。例如，广东翁源大宝山矿区含有丰富的硫化矿物，采矿迹地部分地段的土壤 pH 可达到 2.1。Voeller 等(1998)提出在选择矿山植被恢复树种时，应重点考虑植物的耐酸性。

土壤酸化后，氮在土壤中不能转化成植物可吸收的硝酸盐或铵盐，磷酸盐也变成难溶而沉淀。酸化土壤由于缺少可供植物吸收的氮、磷等而影响植物生长。酸性土壤中铝、铁和锰等金属离子增加，污染加重，从而使植物受到的毒害进一步加剧。植物在酸性土壤中生长受限的主要因素是铝胁迫。在正常条件下，铝为固态，对植物和环境没有毒害作用。土壤酸化后，土壤中缺乏碱金属，而吸附大量 H^+。当 pH<5 时，铝则以 Al^{3+}、$Al(OH)_2$ 等离子形式存在，土壤中水溶性铝呈直线上升趋势，对植物具有严重的毒害作用。铝毒直接作用于根系，使根系生长减慢或停止，同时，铝毒改变细胞膜的透性，使细胞内物质向外渗漏，导致同化物减少，植株生长减缓，生物量下降。酸性土壤既能抑制细胞对营养物质的吸收，又能抑制根的生长，酸性土壤中的铝加重对植物的伤害。

在长期的进化过程中，植物为了适应酸性土壤，已形成了各种各样的耐酸性土壤机制。根据植物叶片铝累积的量，将植物分为铝累积植物(叶片铝累积≥1000 mg/kg)和铝排斥植物。目前所发现的铝累积植物主要有山茶科、厚皮香科、虎耳草科、大戟科、茜草科、野牡丹科和蜡烛树科植物等。外部排斥机制是指在细胞外铝与土壤中的有机质形成螯合物。这些有机物主要包括有机酸或磷酸根的分泌、细胞壁对铝的固定、根际 pH 值升高等。此外，根系形成外生菌根结构也是木本植物耐铝的一种重要的外部排斥机制。菌丝细胞的细胞壁能够累积铝，从而减少根细胞与铝的直接接触，降低铝毒。铝排斥的木本植物主要有桉树和柑橘。大部分的木本植物介于铝累积植物和排斥植物之间，如桂花、红松(*Pinus koraiensis*)、马尾松(*P. massoniana*)、楝树(*Melia azedarach*)、二色胡枝子(*Lespedeza bicolor*)和樟树(*Cinnamomum camphora*)等。

11.1.2 生物胁迫

11.1.2.1 病害及抗病

林木生长发育过程中，各个部位经常受到多种侵染性的或非侵染性的病害侵袭，不仅可使林木生长受到抑制，林产品变质或减产，有时甚至造成大量死亡。如杨树腐烂病和溃疡病，落叶松的枯梢病和早期落叶病，红松的疱锈病，杉木的黄化病，国外松的松针褐斑病和枯梢病，桉树及木麻黄等的青枯病，泡桐丛枝病和枣疯病等，都造成了重大经济损失。

造成植物病害的病原物主要有真菌、细菌、病毒、类病毒等。病原物侵染的途径和致病手段多种多样。病毒一般通过机械损伤、昆虫介导进入寄主细胞，经胞间连丝进入周围细胞，再经过维管束运往寄主全身。细菌一般经过伤口、气孔、皮孔等进入寄主细胞间隙和导管，有的还进一步侵入周围细胞。

植物的抗病性是指植物与病原物相互关系中，寄主植物抵抗病原物侵染的性能。植物被病原物侵染后一般表现为感病、耐病、抗病或免疫等4种反应。同一种植物对不同的病原物可以有不同的反应，某种植物对某种病原物的侵染会产生哪种反应，是由植物与病原物的亲和性决定的。如果植物受到不亲和的病原物的侵染就表现为免疫和抗病，而受到亲和的病原物的侵染时则表现为感病。植物与病原物不同程度的亲和性是这两类生物之间经过长期协同进化形成的。

树木与病原物在长期进化和相互作用的复杂过程中，逐渐形成和表现出各种抵御有害病原物的特性与能力，这在病理学上称之为抗病性(disease resistance)。植物的抗病性与其他性状有所不同，它除了受遗传性制约外，还受环境和病原物的致病性的影响，因此抗病性是一个综合性状。

树木的抗病性按遗传方式的不同，可分为以下3种：

①单基因抗病性(disease resistance based on single gene)　控制抗病性的基因只有一个，有显性与隐性之分。单基因遗传一般符合孟德尔的遗传规律，大量研究证明，寄主植物对许多病害存在着单基因抗性的遗传。大多数品种对抗真菌性病害的抗性属单基因显性遗传，少数抗性属于单基因隐性或不完全显性遗传。有时同一抗性基因对病菌某些小种是显性，对另一些小种却为隐性。在不同遗传背景下，一个抗病基因可表现为显性或隐性，植物抗病毒病害中的抗性基因多属于隐性基因。

②寡基因抗病性(disease resistance based on oligogene)　指由少数基因控制的抗病性，其作用方式分为基因独立遗传、复等位基因和基因连锁遗传。

③多基因抗病性(disease resistance based on polygene)　指由众多微效基因控制的抗病性。当这一性状分离时，在高抗性和低抗性之间，存在着一系列过渡的类型，没有显著的界限。

Flor(1956)最早提出"基因对基因"的假说，认为抗病是植物品种所具有的抗病基因和与之相应的病原物的无毒基因结合时才得以表现的。在此基础，Vanderplank(1968)根据寄主与病原物互作的性质，把植物抗病性区分为垂直抗病性(vertical resistance)和水平抗病性(horizontal resistance)两类的假设。认为垂直抗病性是由单基因控制的，由主效基因单独起作用，表现为质量遗传；而水平抗性是由多基因控制的，由许多微效基因综合起作用，表现为数量遗传。

大多数树种在抗病遗传上是复杂的，不能用孟德尔的简单显隐性关系来决定。树木遗传的杂合性很高，虽能看到两个抗性个体杂交的子代比敏感性个体间杂交子代中抗性植株多些，但往往看到后代分离的连续性，呈现多基因支配的性质，且由一般配合力决定。在辐射松抗针叶枯萎病、南方松抗梭锈病、花旗松抗瑞士落叶病、白松抗疱锈病、日本赤松抗落针病、杨柳抗叶锈病等的研究中，都得出加性效应远远大于非加性效应，亲本间互作效应小的结论。这种现象说明，在发病严重的林分内根据表型作抗病个体选择，使之相互交配，通过轮回选择是有效的。但选择必须在严格一致的条件下进行遗传测定，因为抗性个体是稀少的，并常被环境条件所修饰。

11.1.2.2　抗虫

林木的抗虫性(insect resistance)是树木与昆虫协同进化过程中形成的一种可以遗传的

特性，它使树木不受虫害或受害较轻。林木对害虫危害具有一定的防卫反应，按照林木受害虫危害而引起反应的时间先后，将防卫分为原生防卫和诱发防卫两种。原生防卫指林木在进化过程中形成的组织结构包括机械阻止，或产生有毒化学物质，使昆虫中毒或干扰昆虫生长发育及生殖等；诱发防卫是在昆虫侵害后，林木在非固有的理化因子刺激下所做出的组织和化学反应，包括分泌毒它性化合物、坏死反应和减少对入侵者所必需的营养物质的供给等。

抗虫植物体内还具有一整套化学防御体系，普遍认为其内含有抗虫性的化学物质，即营养物质和次生代谢物质。越来越多的研究发现次生性物质发挥着重要的作用。次生性物质大都是挥发性化学物质，例如，萜烯类、酚酸类、生物碱、糖苷、黄酮类化合物等。

植物对昆虫的化学防御类型主要包括以下3类：

①产生能引起昆虫忌避或抑制其取食的物质，使觅食昆虫避开、离去或阻碍取食中的昆虫取食。

②产生阻碍昆虫对食物消化和利用的化学因素。

③植物改变昆虫所需营养成分的食量和比例，使不利于昆虫的生长、发育和繁殖。

11.2 抗逆性测定方法

11.2.1 抗非生物胁迫能力的测定

测定方法很多，主要包括田间直接测定、盆栽测定、室内模拟测定和生理生化测定等，这些方法各有优缺点。

①田间直接测定　将待测材料直接播种或定植于苗圃或造林地，利用冬季低温、干旱地区少雨、盐碱地、酸性土壤、金属矿山迹地或人工造成干旱、盐碱、酸性和重金属胁迫，测定与抗冻、抗旱、抗盐碱、耐酸性和抗重金属有关的形态或生理生化指标。

②盆栽测定法　每个待测材料设置若干梯度，每个梯度重复若干次，将待测材料栽种栽花盆内，人工控制浇水，定期观测植株的生长量、叶色、受害症状等指标。

③室内模拟胁迫测定法　如将待测材料用纱布和塑料薄膜包裹，置于低温冰箱，经过低温诱导后进行不同低温级处理。材料经室温融冰后，在温室扦插，逐日观察恢复情况，或通过切片观察韧皮部、木质部等组织颜色，比较各种材料的耐冻性。又如，利用不同浓度的聚乙二醇(PEG)或盐溶液构成干旱或盐胁迫梯度，通过种子在上面发芽的时间和发芽率，比较不同材料的抗旱或抗盐能力。

④生理生化测定　包括质膜透性、水分生理、保护酶活性等。植物经过冻害和旱害，细胞膜透性发生改变，电解质大量外渗，电导率增高，电阻降低。因此，可以通过测定电导率和电阻了解质膜的伤害程度。抗旱生理测定常用 PV 技术(Pressure-Volume technique)，该技术可计算出被测植物体或器官(叶或小枝)的饱和含水时渗透势、质壁分离点渗透势、相对含水量、相对渗透水含量和质外体水相对含量等水分参数。具体测定方法可参见有关文献。在非生物因子胁迫下，植物的光合作用过程势必受到影响，而任何影响植物光合作用的因素必将引起叶绿素荧光(OJIP)曲线的变化，因此，近年来叶绿素荧光曲线被广泛应用于评价植物光合器官在各种非生物胁迫下的受伤害程度。

在实验室检测抗寒性时，准确掌握测定时期很关键。树木的抗寒能力与温度的季节变化一致。从秋末至寒冬，树木抗寒能力逐渐提高，之后随着休眠的解除，树液开始流动，抗寒能力又迅速下降。不同种源或无性系的抗寒能力在不同时期差异很大，在最冷季节差异最小，而封顶初期与临萌动期差异较大。

植物的抗旱和抗盐碱机理十分复杂，是受形态、解剖和生理生化许多特性控制的复合遗传性状。这种复合性状具有相对稳定性和潜在反应性两个特点。一般认为，植物是通过多种不同途径来抵御或忍耐干旱和盐碱胁迫的影响。单一的抗旱、抗盐碱性测定指标，难以充分反映出植物对干旱适应的综合能力，因此，许多学者都认为只有采用多项指标的综合评价，才能比较准确地反映植物的抗旱水平。目前应用较多的综合分析方法主要有主分量分析、聚类分析、模糊综合评判等。

11.2.2 抗病性测定

病圃符合病原物流行条件，因而通常在病圃测定。但温室特别是人工气候室只要模拟得当，可以避免异常条件的干扰。不过，温室测定不能测定植物的避病与耐病性，一般只能测定一代侵染，不能充分表现出群体的抗病性。

如果已知所要测定的抗病性是以组织、细胞、分子水平机制为主，则可采取植株的枝条或叶片等进行离体水培，进行人工接种。不少植物在离体条件下仍能保持某些抗病性的正常反应。

不用接种的方法而采用与抗病性相关性状的生理生化指标来间接测定，如致病毒素、植保素、酶法、血清学方法等。

抗病性测定的指标因不同病害和植物而不同，主要包括以下几类指标：

①发病率　发病率指标包括叶、果、梢，乃至整株的发病率。系统性病害用发病率表示，局部病害则用病情指数统计。

②潜育期　一般来说，寄主抗病性强，潜育期较长，反之则较短。

③过敏反应　该项指标包括坏死出现的速度及范围。寄主抗病力强，过敏反应出现的快。

④病斑扩展速度　该指标主要用于寄主对枝干（茎）腐烂病抗性的测定。抗病力弱的寄主，病斑扩展速度快，范围大。

除此以外，在抗病性测定中，还要考虑病害对产量和生长量的影响等因素。

11.2.3 抗虫性测定

树木抗虫性测定的方法迄今仍不完善。过去，林木的抗虫性测定一般基于自然感染，从试验林中选择抗虫个体。由于林木生长周期长，抗虫鉴定所需时间长。人工接虫能够早期测定林木的抗虫性，有助于缩短育种周期。人工接虫材料有卵、幼虫和成虫，成虫雌雄比例要恰当。用于人工接虫的虫源可以利用野外自然种群，也可以利用室内饲养种群。室内饲养的虫源要满足：①具有正常的生活力，特别是致害力；②遗传性比较一致；③饲料相对不变；④不带树木的病原物。

日本柳杉是日本重要的工业用材树种，但柳杉天牛、柳杉瘿蚊危害严重，从1984年开始选育抗双条杉天牛(*Semanotus bifasciatus*)的柳杉优良品种,采用了针刺测定、网室放虫测定和人工接幼虫测定3种方法。针刺测定是一种简单的方法,就是在天然或人工林分中,通过针刺试验,根据创伤树脂道的形成,选择抗虫无性系。加藤一隆等(1991)采用网室放虫的方法将经针刺测定选出的优树进行网室接虫试验,研究柳杉不同无性系抗柳杉天牛在性状上的差异及柳杉天牛种群的动态变化,发现不同无性系对柳杉天牛的抗性不同。网室放虫试验结束,在树干上进行人工接幼虫试验。

树木抗虫性表现是树木抗虫遗传特性、害虫为害遗传特性、接虫方法、环境条件等诸多因素相互作用的结果,动态性很强。只有在一致的虫源、接虫方法、环境条件和调查记载标准下,才能比较各供试材料遗传抗性的差异。

某些情况下,自然感染和人工接虫都难以保证树木受害的一致性,需要进行人工模拟危害。例如,在研究松树对松毛虫的抗性时,可以对松树进行人工摘叶试验,模拟不同的食叶水平,根据供试材料对松毛虫的各种直接或间接反映,确定其抗虫能力。

树木抗虫性测定方法分直接测定和间接测定两大类。

①直接测定 直接测定是按照林木受害后的反应或损失程度来评价,该方法是抗虫性测定的最重要依据,一般根据林木受害后的反应或损失程度来划分等级。直接测定可以在田间进行,也可以用盆栽树木进行。除供试材料外,还要以感虫和抗虫品种作为对照。

②间接测定 该方法主要根据林木抗虫性引起害虫产生一系列异常的行为和生理上的反应,来估测抗虫性的强弱。由于害虫种类不同,异常的行为和生理反应差别很大,需要根据实际情况来确定间接测定的指标体系。食叶害虫粪便的排泄量与取食量呈正比,可以根据粪便排泄量多少,间接确定抗虫性的表现程度。蚜虫类害虫取食过程中,在感虫品种分泌的蜜露量常高于抗虫品种,根据蜜露量可以估测品种的抗虫性程度。抗虫林木常导致害虫大量死亡、体重减轻、生长发育缓慢、繁殖率下降等结果,通过测定各阶段害虫死亡率、幼虫生长量(平均体重)、幼虫发育进度(进入各虫龄的数量)、产卵率等来评价其抗虫性。

11.3 林木抗逆育种途径

11.3.1 选择育种

在气候生态因子中,温度对树木生长影响最大,树木抗寒性的地理种源变异也最明显。Zobel(1984)对火炬松耐寒性变异研究表明,种源差异占70%,个体间差异占30%,通过种源选择可能取得良好效果。Hawkins等(1994)对黄扁柏(*Chamaecyparis nootkatensis*)不同种源抗寒性进行了测定,结果表明:高海拔种源幼树的抗寒能力比低海拔种源的强,抗寒性遗传变异有明显地理趋势。林木种内个体之间在耐寒性方面也存在着差异。

选种也是抗旱育种的主要途径。1966年,美国的Van Buijtenen等在得克萨斯州进行了火炬松种源的抗旱性研究,发现火炬松的地理小种在抗旱能力上有很大的差异,同时他们还看到家系间生长差异与抗旱性没有明显的相关,而气孔控制、根系和针叶形态、单位面积的气孔数量与种源和家系抗旱作用密切相关。日本在林木育种中很强调林木抗性的选育,在抗旱性及抗气象灾害方面也取得了不少成绩。如日本柳杉抗旱性品种"DR系统"的选育，在抗旱性选育方面的研究过程主要是利用树种与种内的遗传变异进行树种、种源和优树的选择与测定，进而建立以优树或精选树为材料的种子园或其他经遗传改良的抗性种苗生产基地。近20年我国越来越重视林木抗旱性选育，在林木抗旱测定和选育方面做了一些研究。如陈晓阳等（1990）对51个侧柏种源苗木根系形态进行了观测，认为侧柏不同种源在根系性状上遗传分化明显，西部和西北部种源为弱分枝主根型，具有耐干旱根系特征。戴建良等（1999）以侧柏的代表性种源为材料，通过扫描电镜和光学显微切片观察了鳞叶的解剖构造。结果表明：种源间在鳞叶下表面气孔密度、表皮厚度和孔下室深度等方面有显著差异，属北方种源的北京密云和陕西府谷的鳞叶旱性结构特点更为突出。北京林业大学"油松抗性育种及改良技术"课题组（2000）通过国家"九五"科技攻关，对油松25个种源、130个家系进行了多性状综合评价，筛选出抗旱能力强、树高生长量超过当地对照10%以上的优良种源4个，超过平均值14%~25.6%；优良家系16个，超过平均值17%~28.5%。在对种源的试验林和子代测定林生长调查的基础上，结合近10年气象因子，统计分析了各生长性状与气象因子的相关性，认为干旱对下一年高生长的影响作为油松抗旱性评价指标是可行的，并提出了油松抗旱性良种选育程序（图11-4）。

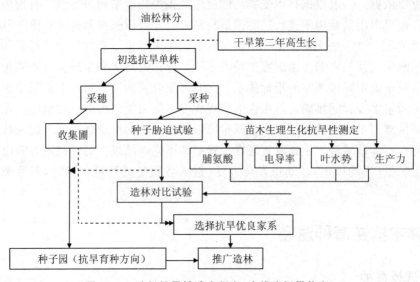

图11-4　油松抗旱性选育程序（虚线为提供信息）

盐渍化土壤在世界上分布广泛，在我国也有很大的面积。树木长期生长在各种土壤环境中，必然会产生耐盐性的遗传变异，因此选种很有潜力。目前耐盐性选种的研究主要集中在耐盐树种的选择上，而种内耐盐变异的利用研究的还比较少。杨树军等（2008）采用模拟盐碱生境的方法，选择引种生长表现好、保存率较高的12个美国皂角种源进行盐碱胁迫处理，调查各种源被害症状，测定叶片游离脯氨酸含量和外渗电导率。结果表明：6、16、17、21号种源耐盐碱能力相对较强，可在中度盐碱地造林中推广应用。李庆贱等（2012）以8个盆栽当年生白榆家系苗为材料，分6次对其施盐碱溶液，使土壤含盐碱量从0.15%开始，逐渐递增到0.95%。统计每次施盐碱溶液后白榆不同家系叶片受害形态情况，测定施盐碱前和试验结束后的生长指标，选出2、7号为较耐盐碱家系。澳大利亚多年进行桉树耐盐选种的结果表明，在盐胁迫条件下选出的实生苗无性繁殖后，在高盐分条件下保存率和生长都比同种源中未经耐盐筛选的实生苗好。

据统计，我国受重金属污染的耕地面积已达 $2000×10^4$ hm^2，且呈现不断加剧的趋势。制约金属矿山迹地植被恢复的主要障碍不是重金属本身，而是土壤重度酸化。华南农业大学于2013年从华南地区主要乡土树种和澳大利亚引进树种，共50种，筛选出13种耐强酸植物。其中，大叶相思在 pH 值为 2.0 的基质中，台湾相思、下垂白千层在 pH 值为 2.5 的基质中都可以存活，但生长受到严重抑制。在 pH 值为 2.0 的基质中，大叶相思虽无新根生出，但可结根瘤菌，且根系出现铁氧化膜。杨梅等（2011）根据4个不同桉树优良无性系幼苗在酸铝胁迫条件下的生长形态及质膜透性等指标的观测结果表明，不同桉树无性系对酸铝的适应性存在显著的差异。抗酸铝胁迫能力强弱依次为：巨尾桉9号＞巨尾桉12号＞韦赤桉3号＞尾叶桉4号。

通过种源选择提高抗病能力的报道较多。Martinsson（1980）用加拿大西部太平洋沿岸地区53个扭叶松种源进行种源试验，据对 *Cronartium coleosproriodes* 和 *Endocronartium harknessii* 等几种锈病累计发生率的统计，种源间发病率变动在 8%～42% 之间，南部种源比北部种源抗性强，同一种源内家系间的抗病性差异比种源间还高。许多树种的抗病性在无性系间也存在着差异。Conradie 等（1990）对20个巨桉无性系抗 *Cryptonectria cubensis* 测定结果表明，所有无性系均能发病，但病斑长度却有差异，最敏感的无性系病斑长度比最抗病的无性系的长 61.3%。罗马尼亚对花旗松无性系抗黑霉病（*Phaeocrypus gaumanii*）能力进行了调查，证明无性系间差异极显著，抗病性重复力为 0.807，选出的最优无性系，抗病性增益可达 36.9%。意大利和美国有关单位协作，制订了海岸松抗疱锈病（*Cronartium flaccidum*）的选择和良种繁育计划。主要步骤如下：首先从海岸松各个种源中选出20个单株，并从选择单株采集自由授粉种子，各接疱锈病400株苗木。在2年内选出抗病家系，在每一种源中最多挑选 4～5 个家系，每个家系栽植苗木50株。随机区组配置，重复50次，栽植密度为 1.5 m × 3 m。经过自然接种死亡的首先伐除，然后再按其他性状表现逐步淘汰。每一家系最多保留5株，以便每公顷不多于200株。

抗病性单株的选择应该在严重感病的林分中进行。一般病害愈严重的林分，选种的效果愈好。Hoff 等（1991）在总结了10年白松疱锈病研究结果后，提出了以林分选择为基础，以个体选择为主导的西部白松抗病育种策略。林分选择的标准是：①发病严重，分布均匀；②每株树上至少要有10个溃疡斑；③林龄至少应在25年生以上；④林分密度要小，树冠彼此能分开。个体选择标准以无病或少病为主，为此提出了不同发病程度林分中允许候选株的最高标准。

抗虫性与林木地理起源有关。据杨章旗（2017）报道，从马尾松地理种源桐棉种源试验林中选择出抗虫新品种——'松韵'。广西壮族自治区林业科学研究院于1992年在广西国有派阳山林场营造了马尾松桐棉种源人工林，1995—2005年林场发生了3次全场范围的以松毛虫为主的松毒蛾和松毛虫混合虫害，人工林受害严重，针叶基本被吃光，但"松韵"原株在3次虫害的大发生中抗性优良，初步认定该植株为抗松毒蛾和松毛虫的优良抗虫株。2010年通过嫁接方法将"松韵"异地收集保存于广西松树优良基因种质收集库内。为进一步证实其抗虫性，经过2次原地和异地嫁接保存后，嫁接繁殖能够保持原株抗虫能力的一致性和稳定性，通过针叶喂食试验，也证明其抗虫性表现稳定。

在虫害林分中选择单株是林木抗性育种的有效途径。1905年，日本首次在九州地区发生了大面积的松树枯死现象，直到1969年才认识到是松材线虫引起的。1973年开始实施在松材线虫病抗性育种计划。以日本西部14个府县为中心，选出日本赤松92株、黑松16株，1983年开始在各地建起采种园，大量生产具有抗性的苗木。根据九州育种场等地对采种园所产苗木的抗性调查，65%为抗性苗木，30%为一般苗木。再将采种园中抗性相对较低的母树去除，子代中抗性苗木可望达到75%。

曾丽琼等（2014）对48个木麻黄无性系抗星天牛能力进行了观测，结果表明：无性系间抗虫能力差异明显。惠13、惠76、惠83等3个无性系星天牛林间幼虫虫口密度小于0.12头/株，有虫株率低于12%，成虫羽化率为0，幼虫在被人工接种后能生存并到成虫的不超过20%。而惠58、惠88 2个无性系为感星天牛的无性系，其虫口密度在1.0头/株以上，有虫株率超过了66%，成虫羽化率在35%以上，幼虫在被人工接种后能完成生活史的高达60%以上。

抗虫性个体的选择也应该在严重感染虫害的林分中进行。一般虫害愈严重的林分，选种的效果愈好。在选择抗虫个体时，应根据害虫的危害特性，注意树木的筛选年龄。有时害虫侵袭的易感性很大程度上随寄主的年龄而改变。某些害虫只在树木的不同发育时期危害，例如，黄梁木和红椿在幼林时虫害严重，但5~6年生后，虫害明显减轻。再如，某些树皮甲虫很少危害幼树。个体选择的作用是明显的。但不能认为找到一个具有抗性的个体就可作为一个抗性品种，应当尽可能多地收集抗性林木。日本从1978年开始的松材线虫抗性育种，共选择了抗性单株25 000株，并进行了两次遗传测定。在大多数情况下，抗虫性遗传力是比较低的，如松实心虫被害的抗性广义遗传力约为0.1，选择效果很小。当抗虫性遗传力低时，必须进行家系选择，经过子代测定后必然要淘汰很多的家系，这就需要准备很多的选择个体。因此，在选择抗虫性个体时应降低选择强度，尽可能多选一些，同时要从尽可能多的具有不同遗传基础的林分中去选择。

11.3.2 杂交育种

苏联于1933年开始进行杨树杂交育种工作，在抗寒抗旱方面取得了显著成绩。先后从欧洲山杨×银白杨、香脂杨×中东杨、银白杨×新疆杨中选育出抗寒、抗旱、速生品种，从加杨×西伯利亚杨、加杨×香脂杨中选育抗寒品种。例如，从银白杨×新疆杨中选出抗寒、抗旱的莫斯科银毛杨、苏维埃塔形杨和乌克兰银毛杨；从欧洲山杨×新疆杨中选出的雅布洛考夫杨。对山杨抗寒性杂交育种研究结果表明，杂种的抗寒性与亲本的产地紧密相关，其冻害状况是随原产地纬度降低而冻害指数增高，每降低纬度1°，冻害指数约增加4%。以高纬度地区的山杨为母本，低纬度地区的山杨为父本，杂种冻害指数一般随父本产地纬度增加而降低；以低纬度地区的山杨为母本，高纬度地区的山杨为父本，其冻害指数略高于高纬度地区山杨母本的冻害指数。山杨与青杨派杂交基本体现了青杨派特点，有较高的耐寒性，且可扦插繁殖。

杂交育种是培育抗盐新品种的有效途径。一般以生长量为主要指标，生理生化指标的检测可作为辅助筛选措施，以提高选择效率。20世纪60年代，辽宁省杨树研究所开展了小叶杨（*Populus simonii*）与胡杨（*P. euphratica* 'Liaohu1'）的远缘杂交，获得了父本型和母本型2种类型的F杂种，然后在母本型的林内采集自然授粉的种子，通过种子繁殖、苗期选择、无性系造林试验和表型测定，选育出速生耐盐碱杨树新品种'辽胡 1 号杨'（*P. simonii*×*P. euphratica* 'Liaohu1'）。在含盐量 0.25%~0.4%、pH 值 9.0 左右的中盐碱地上，18 年生平均单株材积 0.1321 m^3，比对照小美旱杨材积生长量提高 140.0%。

杂交育种是抗病育种中常用的有效方法。1904 年，美国板栗普遍发生严重的栗疫病，几乎整个板栗林被毁。1924 年，美国大规模开展板栗抗枯萎病的杂交育种工作，用中国板栗（*Castanea mollisima*）与美国板栗（*C. dentata*）杂交，获得的杂种生长快、干形发达，具有高度抗病力。白松是美国的主要树种之一，但在造林上严重地受疱锈病限制。丹麦的 Larsenn 用材质不太好，但对疱锈病有高度抗性的马其顿松（*Pinus peuce*）与白松杂交获得抗病的杂种。我国在白花泡桐、川泡桐、毛泡桐、兰考泡桐、南方泡桐、台湾泡桐等 12 个种间杂交，发现在发病率和感病指数等方面都有显著差异，发病率变动在 26.7%~100%，感病指数变动在 0.08~0.72。在毛泡桐×白花泡桐同一杂交组合的 13 个杂种无性系，发病率变动于 37.8%~100%，感病指数变动于 0.12~0.62。说明在杂交组合及杂种子代中选择的重要性。

育种实践证明，要想在一个树种内找到抗所有主要病害的无性系是极为困难的。因此，需要进行种间杂交，以达到结合两个或更多个树种的抗病特点。例如，日本通过松树杂交开展日本黑松×马尾松、日本赤松×油松、黑松×硫球松、刚松×火炬松等杂交，杂交后代大多具有抗松材线虫侵染的特性。其中，日本黑松×马尾松对松干线虫抗性最强。1983 年，经中日双方协商，这个杂交品种被命名为"和华松"，并在日本大面积造林。为了选育抗云斑天牛杨树优良无性系，中国林业科学研究院用天牛危害较轻且速生的 I-69 杨为母本，与 I-63 杨、欧洲黑杨和晚花杨为父本进行有性杂交，对 3 个杂交组合杂种 F_1 代的 16 个无性系进行了比较研究。根据每株树木幼虫数通过聚类分析可将 16 个无性系分成 4 类，类群 1 的生长速率和抗虫性均明显低于对照；类群 2 生长速率和抗虫性与对照无显著差异；类群 3 生长速率与 I-69 杨无显著差异，但抗虫性显著高于 I-69 杨；类群 4 生长速率慢但抗虫性好。贾会霞等（2017）以转 *BtCry1Ac* 基因欧洲黑杨为父本，利用人工控制授粉杂交手段获取的 17 株 PCR 检测呈阳性杂交子代为材料，进行舞毒蛾饲虫试验以及连续 4 年田间生长量测定。饲虫试验表明，相比于丹红杨和未转基因的欧洲黑杨，杂交子代的抗虫性明显提高，其中系号 B3-8、B3-44、B3-45 和 B3-100 的抗虫性最为显著，舞毒蛾死亡率高于 90%。田间生长量测定显示，杂交子代系号 B3-44、B3-102、B3-132 和 B3-153 在树高和地径上表现出一定优势。研究证实了通过传统的杂交育种手段可将目的基因 *BtCry1Ac* 导入优良品种中，并筛选出兼具抗虫和速生特性的杂交子代 B3-44，为杨树生产应用以及种质创新提供理想的杨树资源。

11.3.3 耐盐突变体的筛选

通过对固体培养的愈伤组织或液体悬浮培养的细胞系进行盐或海水等选择剂的胁迫培养，从而诱导产生耐盐突变体植株，进而培育成耐盐品种。自 Nabor 等（1980）首次报道从烟草耐盐细胞系成功地筛选出耐盐突变体再生植株之后，已有很多报道筛选耐盐细胞系与变异体或突变体，研究的植物种类已近 40 种。建立愈伤组织无性系后，一般采用典型的直接选择法筛选耐盐愈伤组织变异系。从抑制培养基中分离出假定的突变体，通过有盐无盐连续几代培养，清除可能漏网野生型细胞，从而获得稳定的耐盐细胞系。

在筛选耐盐愈伤组织变异体之前,有学者进行了理化诱变处理,增大了选择机会,提高了变异频率,但也有提高变异频率不明显的报道。物理诱变剂包括^{60}Co-γ射线、X射线、离子束、激光、微波等,多用于照射种子或外植体。其中离子辐射的诱变频率高于射线,并能诱导多个性状同时发生变异,具有广阔的前景。化学诱变剂主要有烷化剂(如甲基磺酸乙酯、EMS)、氯化锂、亚硝基化合物、叠氮化物、碱基类似物、抗生素、羟胺和吖啶等,多用于处理愈伤组织。毛桂莲等(2005)用不同剂量^{60}Co-γ对以枸杞叶为外植体诱导出的愈伤组织进行辐射处理,将恢复增殖后的愈伤组织,采用逐步提高NaCl浓度的方法,分别接种于含0、0.25%、0.50%、1.00%、1.25%、1.50%NaCl的选择培养基上,将生长较快的愈伤组织逐级提高NaCl浓度,每21天转移一次,最终筛选出耐1.00%NaCl的愈伤组织变异体。王莹等(2019)采用EMS诱变处理,结果表明,0.4%EMS处理3 h为旱柳愈伤组织的半致死处理;愈伤组织存活率和生长率会随盐浓度的升高而降低,NaCl为0.4%时,愈伤组织的死亡率为93.6%;对筛选出的愈伤组织突变体进行盐胁迫形态与生理指标检测,诱变组氧化物酶(POD)、超氧化物歧化酶(SOD)、积累可溶性蛋白的能力比对照组高,而丙二醛(MDA)量始终低于对照组。旱柳愈伤组织突变体在0.4%NaCl胁迫下可正常生长,比原亲本耐盐性提高了1倍。

11.4 展望

数十年来,国内外以生长量为主要目标的林木育种取得了长足进步,但对抗性选育重视不够。由于生态建设的迫切性,今后林木育种的方向必然将由单一速生改良转向为生长、抗性和材质综合性状改良。林木抗逆性育种起步较晚,在揭示林木抗性机理和林木种内抗性遗传差异研究方面有较大进展,但向林业生产抗逆性品种还不多。在进行抗逆性遗传改良中应重视以下工作:

(1)加强对抗逆基因资源的收集和保存

基因资源是树木育种的基础,加强抗逆基因资源的收集、保存是培育抗逆品种的保障。树木存在着广泛的种内变异,在基因资源收集时,不仅应收集具有经济价值的资源,也应收集具有抗逆性的种质资源,建立与各种抗逆基因资源库。

(2)深入研究树木抗逆机理

林木抗逆性机理的形成是个复杂的过程,林木对不同逆境的抵御方式多种多样,如不同树种对不同病害的抵抗,有单基因、寡基因和多基因抗病机理;对害虫的抵抗有原生防卫系统和诱发防卫系统;对干旱的抵御有避旱性和耐旱性等不同途径。加强对林木抗逆机制的研究,可提高抗逆品种选择的准确性,缩短抗逆品种选择、测定时间。随着分子生物学等先进技术的不断发展和运用,林木抗逆机制研究将更加深入,会取得更大进展。

(3)改进和完善抗逆性测定指标和方法

采用适宜的测定指标和方法是准确测定林木抗逆性的基础,应充分利用先进的分析仪器和现代化的实验条件,不断提高测定的准确性。林木的抗逆性常常是受形态、解剖和生理生化特性控制的复合遗传性状。在不同形态、解剖和生理特性之间既互相联系,又互相制约,在许多情况下,林木是通过多种不同途径来抵御或忍耐逆境胁迫的影响。单一的测定指标,难以充分反映出植物对逆境适应的综合能力,只有采用多项指标的综合评价,才能比较准确地反映出林木的抗逆能力。

(4) 处理好抗逆性与丰产优质性状的矛盾

抗逆性育种是多目标改良，在育种过程中既要考虑品种对逆境的适应能力，又要考虑生产潜力。抗逆性与丰产性在很多情况下呈负相关，即抗逆性强的材料，其经济性状并不理想。抗逆性与丰产性的统一是较困难的，但也有少数材料抗逆性既强、产量又高。

(5) 利用生物技术手段培育林木抗逆品种，已受到广泛的重视

分离和克隆已筛选出来的抗逆基因或者直接从其他途径获取抗逆基因，将其转化到林木中，通过检验和测定，筛选出优良植株，进行抗性品种选育。分子标记技术已在树木上应用，通过分子标记，对重要性状基因定位和测序，作为性状测定的重要辅助工具，为由表型选择转化为基因型选择创造条件。但应该认识到，基因工程等生物技术手段仅能改良个别目的性状，要培育抗逆、丰产、优质林木品种，必须将生物技术与常规育种相结合，才能达到事半功倍的育种效果。有关利用基因工程技术开展林木抗逆性选育的内容将在第13章中作较为详细的介绍。

提要与小结

林木频繁地受环境胁迫，生长、发育和繁殖将受到不利影响，甚至死亡。胁迫可以是生物性的，即由病虫害引起，也可以是非生物性的，即由物理、化学条件引发。导致林木损伤的物理、化学因素有干旱、寒冷、高温、水涝、盐渍、污染、土壤矿物质营养不足以及光照太强或太弱等。

林木抗逆性机理的形成是个复杂的过程，对不同逆境的抵御方式多种多样。如对不同树种干旱的抵御有高水势下延迟脱水避旱性和低水势下忍耐脱水耐旱等不同途径；对低温的胁迫有多种机理，其中细胞外结冰和细胞液的过冷却是植物避免细胞内结冰伤害的最主要和最普遍的两种适应机制；耐盐方式主要有渗透调节、区隔化、维持膜系统的完整性、改变代谢类型等；对重金属抗性的获得可通过避性和耐性两种途径，这两条途径并不相互排斥，且能协同作用于某一植物；对不同病害的抵抗，有单基因、寡基因和多基因抗病机理；对害虫的抵抗有原生防卫系统和诱发防卫系统。

抗非生物胁迫能力的测定方法很多，主要包括田间直接测定、盆栽测定、人工气候室测定和室内模拟测定等，这些方法各有优缺点。不少植物在离体条件下仍能保持某些抗病性的正常反应，因此可采取植株的枝条或叶片等进行离体水培，进行人工接种。人工接虫能够早期测定林木的抗虫性，有助于缩短育种周期。一般情况下，采用多项指标综合评价，才能够准确地评价林木的实际抗逆能力。

选择育种和杂交育种是林木抗逆育种的主要途径。充分利用林木种内在抗逆性上存在的遗传变异，并通过杂交等育种手段，可选育出对某种不良环境具有抗性或耐性的群体和个体。随着分子生物学发展，利用生物技术手段培育林木抗逆品种，已受到广泛的重视。生物技术与常规育种相结合必将显著地提高抗逆性良种选育的效率。

复习思考题

1. 抗旱性测定指标有哪些？为什么说只有采用多项指标的综合评价才能准确测定植物抗旱性？
2. 抗旱性测定的主要方法有哪些？各种方法的优缺点是什么？
3. 为什么林木的抗旱性和抗盐性常结合在一起研究？
4. 抗寒性、抗旱性测定主要方法的原理是什么？应注意哪些问题？
5. 林木抗性育种的主要途径有哪些？如何提高抗性育种效果？

第 12 章 木材品质及其遗传改良

知识导图

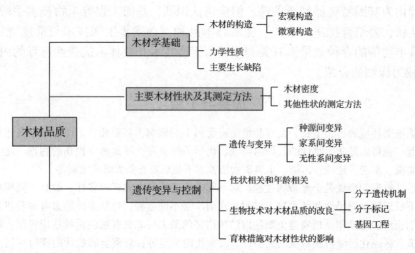

虽然大多数林木育种计划侧重于生长、干形、抗逆性等性状的改良，对木材性状关注较少。然而，木材性状也是决定木质产品质量的重要因素。例如，纸浆原料要求木材密度大、纤维较长、纤维长宽比大、纤维壁薄、微纤丝角小。Kirk 等(1972)对火炬松研究表明，比重小(0.37)的木材的纸浆产量只有正常比重(0.44)木材的90%。同一树种不同地理种源、家系和无性系间在木材性质上均有差异。木材性状具有较强的遗传性，通过选育，可望获得较大的经济效益。Zobel 等(1978)在1000株原始亲本中选用比重值最大的树木，在一个选择世代内就使幼龄材比重得到显著提高。当选用10个最优家系，10年生时木材干物质净增 22.4 kg/m^2。Zobel(1984)强调指出，无论将来需要的是何种类型的木材，几乎在所有的育种方案中木材性状改良都是有意义的。一个以木材生产为目标的林木改良计划，应当包括控制木材品质的内容。未来的工业用材林的培育既要有生长量指标，更要有质量指标，木材品质遗传改良工作将愈加受到重视。

12.1 木材品质改良的木材学基础

12.1.1 木材的构造

12.1.1.1 宏观构造

木材是由无数不同形态、不同大小、不同排列方式的细胞所组成，由于树木生长不均匀，致使各种树种的木材构造表现多样化，而且物理性质也有所不同。木材构造可通过三个切面来观察。横切面是与树干长轴或木纹相垂直的断面；径切面是沿树干长轴方向，与树干半径方向相一致，或通过髓心的纵切面；弦切面是沿树干长轴方向，与树干半径方向垂直，或与髓为圆心的同心圆相切的纵截面(图 12-1)。

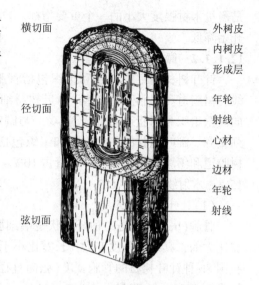

图 12-1　木材的三个切面
(引自申宗圻《木材学》，1990)

(1) 边材、心材、熟材

处于树干横断面的边缘，靠近树皮一侧的木材，称为边材(sapwood)。边材的薄壁细胞是有生机的，通常颜色较浅，水分较多，经过一段时间后，边材的生活细胞开始发生变化，细胞内原生质逐渐转化消失，而失去生机，变成颜色深的心材(heartwood)，水分较少。年复一年，心材直径逐渐变大，而边材的位置也逐渐外移。多数树种边材与心材区分明显，称为心材树种，如马尾松、落叶松、刺槐、檫木、漆树、板栗、香椿等树种；一些树种边材与心材颜色区分不明显，含水量不同，心材水分较少，称为熟材树种(ripewood tree)，如冷杉、水青冈、山杨等树种；一些树种边材与心材颜色区分不大，含水量相等，称为边材树种(sapwood tree)，如桦木、椴木等树种。

不同树种、不同个体及同一株树的不同部位，其边材的宽度存在明显差异。刺槐属、桑属、圆柏属和红豆杉属等树种的边材较窄，山核桃属、槭属、朴属和湿地松等树种的边材较宽。年幼的、生长旺盛植株心材很少或无心材；生长缓慢的和多数老树，在茎和根中有很大比例的心材。边材在树干的上方靠近树冠处最宽，向基部宽度减小。心材在树干中呈圆锥状，中心部分的直径和高度随树木一生持续增加。

(2) 生长轮

形成层在每一个生长季节里向内分生的一层次生木质部，称为生长轮(growth ring)。寒带、温带树种的形成层分裂与气候四季变化相一致，于是形成层所分生的次生木质部一年中仅一层，其生长轮即年轮(annual ring)。而热带树木一年内可以形成数个生长轮。不同树种的生长轮宽度存在显著差异。同一树种的不同个体之间、同一株树木在不同季节形成的生长轮、同一生长轮在树干不同高度的宽度也有明显差异。在有利生长的条件下或适宜的季节形成的生长轮较宽。

(3) 早材与晚材

寒带或温带树种通常在生长季节早期所形成的木材，细胞分裂速度快，体积较大，胞壁较薄，材质较松软，材色浅，称为早材(early wood, spring wood)。到了秋季，营养物质流动减弱，形成层细胞活动逐渐减低，细胞分裂也因此衰退，于是形成了腔小壁厚的细胞，这部分木材色深，组织较致密，称为晚材(late wood, summer wood)。在木材横切面上一定数量的年轮径向宽度范围内，晚材的径向宽度所占的百分率，即晚材率。晚材率大小是衡量木材强度大小的一个重要指标。自髓心向外，晚材率逐渐增加，但到达最大限度后开始降低。

12.1.1.2 微观构造

针叶树材的主要细胞和组织包括管胞、索状管胞、轴向薄壁组织、射线管胞、木射线、树脂道和泌脂薄壁细胞。针叶树材细胞以管胞为主，平均占96%，其余为木射线，轴向薄壁组织和树脂道通常低于1%。与阔叶树材相比，针叶树材细胞的组成单纯，细胞排列整齐。阔叶树材的主要细胞和组织包括导管、木纤维、管胞、轴向薄壁组织、木射线、树胶道和泌胶细胞。其中，导管占10%~30%、纤维占50%~70%、轴向薄壁组织占5%~15%、木射线占5%~15%。

(1) 针叶树材的管胞

管胞(tracheid)是一种纤维状锐端细胞。造纸和纤维工业需要一定的管胞长度，凡长宽比大的，其制品强度亦大；长宽比小于35的，制品强度比较小。据尹思慈统计(1996)，我国80种针叶树材的管胞宽度(弦向直径)为10~80 μm，平均长度为3.451 mm，早材平均为3.273 mm，晚材平均为3.654 mm，最长可达11 mm，最短仅为0.875 mm。

管胞长度径向变异性很大。在树干的横切面上，管胞长度的径向变动在髓心四周最短，在未成熟材部分向外侧迅速伸长，到达成熟材部分后，伸长急剧地减弱，以后平均长度较稳定。管胞长度还表现垂直变异。管胞长度从树干根部向上逐渐增大，到达距地面某一个高度后达到最大值，之后逐渐缩短。最大管胞长度所在位置因树种、高生长、径生长和树龄而异。管胞长度株间变异也很明显。据Zobel(1984)报道，在300株同龄火炬松样木中，一株树第30年轮的管胞长度为2.6 mm，而同一个地点另一株第30年轮的管胞却长达6.1 mm。这些变异为管胞大小的选择提供了依据。

(2) 阔叶树材的纤维

阔叶树的木材纤维是除导管分子、胞壁细胞之外的一切细长而壁厚的细胞，即韧性纤维和纤维状管胞，是阔叶树木材的主要组成部分，占木材总体积50%以上。木材纤维的主要功能是支持树体，承受机械作用。木材纤维的种类、排列方式和数量与木材硬度、容重和强度等力学性质有密切关系。纤维长度是纸张强度的一个重要因子。造纸用纤维宜细而长，因为细而长的纤维能增进造纸时的交织作用，其长宽比应大于30。纤维长度随树种不同而异，一般长500~2000 μm。纤维长度在接近髓的部位最短，从髓到一定年轮迅速变长，之后保持一定的长度。Yanchuk等(1984)对欧洲山杨研究表明：在1~10年，纤维长度增长率很大，直至25~30年才趋于平缓。与针叶树材的管胞相比，立地条件对纤维长度的影响较小。

(3) 木射线

在木材横切面上有颜色较淡的，从髓心向树皮呈辐射状排列的组织称为髓射线(pith ray)。髓射线在木质部的称为木射线(wood ray)。在树干内射线组织的分布和大小的变化，对观察树木径生长和成熟现象非常重要。针叶树材的射线组织基本单列，阔叶树材的射线组织的种类和组合非常复杂，变化多。以山毛榉多列射线为例，靠近髓的较窄，向外逐渐变宽，高度降低，射线组织的数量增多。

12.1.2 力学性质

木材力学性质是木材利用的重要指标。当压力方向平行于纹理作用于木材上时,产生顺纹压应力。顺纹抗压强度(compressive strength parallel to grain of wood)在结构和建筑材料中是至关重要的力学性质。顺纹抗压强度主要取决于细胞壁化学成分中的木质素。当在同一直线上两个相反的方向平行木材纹理的外力作用木材时,产生顺纹拉伸应力。顺纹抗逆强度主要取决于木材纤维或管胞的强度,以及这些细胞的长度和排列方位。纤维越长,微纤丝角越小,顺拉强度越大。当平行于木材纹理的外力作用于木材,欲使其中一个部分与它有内在联结的另一部分相脱离,产生顺纹剪应力。木材顺纹剪切的破坏特点是木材纤维在平行于纹理方向发生相互滑行。木材顺剪强度较小,只有顺压强度的10%~30%。纹理较斜的木材,其顺剪强度会明显增大。

12.1.3 主要生长缺陷

任何树种的木材都存在缺陷,木材中缺陷的种类和数量因树木的遗传因子、立地条件、生长环境、储存和加工条件等各种因素不同而可能有较大差别。根据木材缺陷的形成过程,通常将木材缺陷分为生长缺陷、生物危害缺陷和加工缺陷三类。

生长缺陷是指在树木生长过程中形成的木材缺陷,是存在于活立木木材中的缺点。它是由树木的遗传因子、立地条件和生长环境等综合因素造成的。生长缺陷包括:节子、心材变色和腐朽、虫害、裂纹、应力木、树干形状缺陷、木材构造缺陷和伤疤等。

(1) 节子(knot)

树枝和树干的形成层是连续的,因此树枝和树干的生长轮和组织是连续的。这种连续性在树枝的下侧比较明显,在树枝的上侧不明显,树干的纹理在节子的周围呈局部不规则状。当节子枯死后,形成层的分裂活动停止,但树木主茎的形成层仍然具有生机,继续分生,枯死的节子逐渐被埋藏于主茎木质部之中,最终在树干的外表难以观察到,此种节子称为隐生节。

(2) 裂纹(shake)

木材纤维和纤维之间的分离所形成的裂隙,称为裂纹或开裂。树木在生长过程中,树干振动、生长应力、冻害等原因产生的应力,使木质部破坏后产生裂纹。除轮裂外,大多数裂纹是细胞壁本身破坏造成的。

(3) 斜纹(cross grain)

斜纹是指木材中纤维的排列方向与树干的主轴方向不平行,包括螺旋纹理、交错纹理、波纹和皱状纹理等。其中螺旋纹理对木材的材质和使用影响较大,属于木材的重要缺陷。螺旋纹理广泛存在于各种树木的木材之中,排列方式受遗传控制。螺旋的斜率随树龄而变化;环境因子对螺旋的斜率也有重要影响。

(4) 应力木(reaction wood)

在倾斜的树干或与树干的夹角超过正常范围的树枝中所出现的畸形结构,是树木为了保持树干挺直,或使树枝恢复到正常位置所产生的一种生长应力,称为应力木。针叶树材和阔叶树材所产生应力木的类型、位置和性质完全不同。

(5) 伪心材(false heartwood)

指心材、边材区别不明显的阔叶树材,其中心材部位颜色较深且不均匀,形状也很不规则。在树干的横截面上,伪心材的形状有圆形、星状、铲状或椭圆形等,其颜色呈暗褐色或红褐色,有时并带有紫色或深绿色。伪心材是真菌侵入所致,分为未腐朽伪心材和腐朽伪心材两类。

(6) 内含边材(included sapwood)

在心边材有明显差别的树种中,其心材部分偶尔会出现材色较浅的环带,这种形似边材的部分称为内含边材。这是在树木生长过程中,由于菌类的寄生或气候的影响而形成的,在阔叶树种如栎类木材中较为常见。

(7) 树脂囊(resin pocket)

又称油眼,指呈现在木材横切面或径切面上的充满树脂的弧形裂隙,在弦切面上表现为充满树脂的椭圆形浅沟槽,位于一个生长轮范围内,弧形裂隙平坦的一面靠近髓心。树脂囊的尺寸变化很大,径向尺寸一般小于1.27 cm,沿着生长轮方向可以延伸10~20 cm。树脂囊是由于形成层的正常活动受到破坏,短时间内停止分生管胞,而分生泌脂细胞,从而形成类似树脂道的树脂囊。

(8) 压缩破坏

指立木木质部在纤维方向受到超过极限的压缩应力(生长应力、风或其他外力等产生的应力)作用,在接近于纤维直角方向产生的压曲破坏。用显微镜观察,可以明显看到纤维压曲产生的错移面。压缩破坏大多数存在于树干的中心部位,树干内的轴向生长应力是造成压缩破坏的主要原因。

12.2 主要改良性状及其测定方法

木材重要品质的测试取样方法分为两类:一是将树木伐倒后取胸高圆盘进行测试,取样方法依据《木材物理力学试材采集方法》(GB 1927—2009)进行;二是用生长锥在胸高处取树皮至髓心的无疵样品进行测试,可以保留采样植株。

如果按不同年龄取样,要能识别幼龄材和成熟材。由于成熟材木材性状比较稳定,在比较植株间木材性质时,应只用成熟材。考虑地面取样方便,取样高度一般在胸高处。由于株间木材性状存在差异,因此,要考虑样本数量,通常一个种源或家系不少于30株。

12.2.1 木材密度

12.2.1.1 概念

木材密度(wood density)是单位体积的质量,是木材性质中最主要的物理量。单位为 g/cm^3 或 kg/m^3。又称木材容积重或容重。与木材密度相关的另一个名词是木材比重(specific gravity),它是指一定体积木材的重量和同体积纯净水重量的比值。木材比重和密度之间可以换算,如果以千克表示,木材密度=比重/1000。对工业用材而言,木材密度是影响木材质量最重要的因素,木材密度的微小变化会导致单位体积干物质产量发生大的变化。另外,木材密度也是影响纤维产品的重要因子。木材密度分为以下4种:①生材密度，刚伐倒的新鲜木材称生材，其密度为生材密度(生材重量/生材体积)；②气干密度，指木材经过自然干燥，含水量达到15%左右时的木材密度(气干材重量/气干材体积)；③全干材密度，木材经人工干燥，含水量为零时的木材密度(全干材重量/全干材体积)；④基本密度，全干材重量除以饱和水分时木材的体积为基本密度(全干材重量/水分饱和体积)。其中，气干密度和基本密度最常用。

在遗传上，木材密度具有3个特点：株间变异大、遗传力较高、基因型与环境交互作用小。无论是针叶树还是阔叶树，木材比重的遗传力一般在0.5~0.7。由于该性状遗传力大，选择差大，因此，通过选种可望获得较大的遗传增益。正是由于这个原因，不论育种目标是针对纤维产品还是木质产品，木材密度是木材品质遗传改良计划中最受关注的性状。

木材密度是一个复合性状，主要由以下3种不同的木材性状决定：

①夏材含量 有些树种在年初就开始形成厚壁的夏材(晚材)细胞，有些树种则比较晚。由于夏材比重较高，因此，较早开始形成夏材的树种，木材比重通常较高。针叶树种木材性质的差异主要取决于夏材的特点。针叶树木材的全干密度早材部分为0.3~0.4 g/cm^3，夏材部分为0.7~0.9 g/cm^3，夏材密度与早材密度之比的平均值为1.6~3.0。通常随着年轮宽度的增加，木材密度降低，但年轮宽度极窄(1 mm以下)的木材密度反而减小。

②细胞大小 细胞小的树木，其木材比重较大。

③细胞厚度 夏材细胞壁厚，细胞腔小的树木，其木材比重较大。

阔叶树木材密度可能还与导管体积、射线细胞含量等因子有关。

12.2.1.2 密度的变化

同一株树的木材基本密度的变异是双向的，即自髓心到树皮的径向变异和自树基到干顶的纵向变异。Panshin(1980)将48种针叶树和46种阔叶树木材密度的径向变异归纳为三大类。第一类：沿半径方向年轮平均密度逐渐增大，或到一定年龄曲线变平；第二类：从髓心附近木材密度开始减少，然后转为逐渐增加；第三类：从髓心到树皮木材密度逐渐减少。骆秀琴(1999)用微密度分析方法对杉木19个种源的木材密度径向变化做了观察，结果表明，各种源木材密度平均值随年龄逐渐增大，10年生左右趋于稳定。绝大多数研究表明，树干基部木材密度最大，自树基向上逐渐减小，但在树冠部位略有增加。

幼龄材是由未成熟的形成层所形成的次生木质部，位于髓心附近。由幼龄材过渡到成熟材，有的树种较早，有的树种较晚，过渡期明显。针叶树幼龄材过渡到成熟材，材性变化明显，而阔叶树的变化较小。木材在幼龄期，树木生长快，管胞短而小，胞壁薄，年轮宽，晚材率低，因而造成木材各种密度较低。幼龄材过渡到成熟材后，木材生长速率缓慢下来，年轮宽度变窄且不均匀。细胞壁加厚，晚材率增大，因而木材密度增大。

与天然林相比较，由于人工林采用整地、良种壮苗、施肥、间伐等集约经营措施，生长发育较快，由幼林材转化为成熟材时间较短。有人认为，生长快的林分，木材密度可能较低。然而，鲍甫成、江泽慧等(1997)对杉木、长白落叶松、马尾松、云南松等天然林与人工林的基本密度、气干密度和全干密度进行了比较，结果表明，天然林和人工林在木材密度上差异不大。

12.2.1.3 测定方法

(1) 直接测定法

试样尺寸一般为 20 mm × 20 mm × 20 mm，相邻面要互相垂直。当一树种试材的年轮平均宽度在 4 mm 以上时，试样尺寸应增大至 50 mm × 50 mm × 50 mm。在试样各相对面的中心线位置，用测微尺分别测出其径、弦和顺纹方向的尺寸，准确至 0.01 mm，称重准确至 0.001 g。气干密度试样以气干材制作，测量尺寸后立即称重，然后放入烘箱。烘箱初始温度保持 60℃，约 4 h 后，升温到 103℃±2℃，直至烘干，约需 8 h。8 h 后从任选试样 2~3 个称重，以后每隔 2 h 称重一次，直到 2 次称重之差不超过 0.002 g 时，认为已达全干，随即由烘箱中将试样取出放置到有干燥剂的干燥器内，冷却后依次称重。

(2) 微密度测定

木材微密度测定(wood microdensitometry)是 20 世纪 60 年代兴起的一项重要的木材材性测定技术。当 X 射线穿过木材后强度的衰减与木材密度有如下关系：

$$I = I_0 e^{-\mu \rho t} \tag{12.1}$$

式中，I 为穿过木材后的射线强度，以每秒计数表示；I_o 为穿过木材前的射线强度；e 为自然常数；μ 为质量衰减系数(cm^2/g)；t 为试样厚度(cm)；ρ 为木材密度(g/cm^3)。

对于一定射线能源，μ 是依赖木材化学组分的特征值，如果 μ 和 t 已知，可以通过以上公式从 I 到 I_o 的测量结果求出密度。木材密度仪可利用衍射仪，自制部分零件组装。1994 年，中国林业科学研究院研制出 MWMY 型木材密度测定仪；1995 年南京林业大学将 X 射线衍射仪的性能扩展到微密度测定。

12.2.2 其他性状的测定方法

(1) 生长轮宽度和晚材率

将样品横切面刨平，作一条通过髓心且垂直于生长轮的直线，用显微测长仪测量直线上每一生长轮的宽度及其晚材宽度，精确至 0.01 mm。

(2) 纤维或管胞长度和宽度

从待测树木胸高处取通过髓心的木芯或圆盘中通过髓心的半径方向试样，隔轮取制离析材料备用。离析材料按早、晚材分布取样后，用 1∶1 过氧化氢和冰醋酸混合液离析。离析后的材料装载玻片上，在立体投影仪或光学投影显微镜下测量纤维或管胞长度、宽度。每张片子测 5 根，一个生长轮内早材 30 根，晚材 30 根。

(3) 微纤丝角

微纤丝角(microfibrillar angle)为细胞次生壁 S_2 层微纤丝排列方向与细胞主轴所形成的夹角，或可表述为细胞壁中纤维素链的螺旋卷索与纤维轴之间的夹角。微纤丝角越小，结晶度越高，则木材密度、弹性模量、抗拉强度、顺纹抗压强度、纤维素含有率、尺寸稳定性、硬度越强。相反，吸湿性、染料吸着、化学反应性、拉伸变形、韧性减小。由于微纤丝角直接关系到木材的机械和化学加工和利用，微纤丝角的研究受到重视，并从多方面考虑控制微纤丝角的变异程度，以培育尺寸稳定性好、强度高的建筑用材。木材微纤丝角的径向变异模式是：自髓向外随年轮的增加，微纤丝角变小，到一定年轮后稳定。

微纤丝角的测定方法主要有碘染色法、偏光显微镜法、光学显微镜观察法、汞浸法和

X 射线衍射法。①碘染色法：即用光学显微镜技术观测微纤丝的方向角。用光学显微镜不能直接观察木材细胞壁 S_2 层的纤丝，但胞壁经脱木素处理后，用碘化钾溶液染色，使其间隙中填以碘的针状结晶，该碘结晶的方向，即示纤丝或微纤丝的排列方向。目前，多采用此法。②偏光显微镜法：偏振片能吸收某一方向的光振动。木材纤丝长轴方向平行于胞壁层，呈层状排列。当垂直胞壁面入射的完全偏振光振动面平行于主截面，通过木材纤维试样后的光矢量振动方向不变。在正交偏光下，就出现消光，消光角即微纤丝角。③汞浸法：以水银加压纤维浸注纤维胞腔，用偏光显微镜观察。④光学显微镜观察法：在光学显微镜下观察木材纵切面或单根纤维与微纤丝方向一致的特征，如胞壁上的条纹、裂隙和纹孔等。⑤X 射线衍射法：主要是用 X 射线衍射来测定微纤丝角。X 射线测定法快速简便，对试材的要求也较低，只要具备一套专用的仪器设备就可以进行测量，所以这种方法在研究中应用较多。但 X 射线衍射谱处理仍需用碘染色法来校核。

纤维或管胞长度、宽度和微纤丝角的测定值是将早材与晚材的原始值分别与晚材率加权后的平均值。

(4) 力学性质与干形

木材力学性质测定可按照《木材物理力学试验方法总则》(GB 1928—2009) 进行。弯曲度、尖削度、圆满度等树干形状指标，依据《主要针叶造林树种 优树子代遗传测定技术》(LY/T 1340—1999)、《原木缺陷》(GB/T 155—2017)、《锯材缺陷》(GB/T 4823—2013) 进行测定。

木材性状测定技术不断创新，为深入开展木材性状遗传变异的研究提供了更好的工具。例如，现在采用超级电子显微镜技术研究木材纤维的表面形态特征和物理性质；利用激光共聚扫描显微镜研究早材纤维和晚材纤维断面，以及细胞壁 S_2 层微纤丝角；利用环境扫描电子显微镜定性研究纤维表面形态特征和木材细胞壁的微观力学性质；与数字图像分析技术相结合，深入了解木材细胞壁内的应力、应变分布，等等。

12.3　主要木材性状的遗传变异与控制

12.3.1　木材性状遗传与变异

(1) 种源间变异

同一树种不同种源在部分木材性状上存在着明显的差异。如姜笑梅 (2002) 对不同湿地松种源木材材性的研究表明，种源间在木材气干密度、抗弯强度、抗弯弹性模量和顺纹抗压强度上的差异达到极显著水平；管胞长度与宽度、冲击韧性差异达到显著水平。根据木材气干密度、力学强度和管胞形态进行种源选择，可取得良好的效果。储德裕等 (2010) 对浙江淳安国家马尾松种质库中 9 个产地(或省份) 180 个优树无性系 22 年生保存林观测分析结果表明，产地间木材基本密度差异显著，四川无性系木材最致密，平均基本密度为 0.4618 g/cm³，广东无性系木材基本密度最小，仅为 0.3691 g/cm³。与胸径、树高和单株材积等生长性状比较，木材基本密度在产地间的变异相对较大，产地选择对于木材密度等材性改良也很重要。

多数研究结果表明，种源间木材性状的变异有一定的地理趋势。如美国南部火炬松种源试验结果(图 12-2)表明,在树种分布区内,由海岸到内陆,由低海拔、低纬度到高海拔、高纬度,木材比重降低,管胞变短。王秀花等(2011)对福建建瓯的 7 年生 33 个产地的木荷种源试验林的观测结果表明,木荷生长和木材基本密度的种源变异主要受产地温度影响,呈典型的纬向变异模式,来自纬度较低、温度较高产地的木荷种源,其树高、胸径和材积指数等生长量较大,木材基本密度较小。但也有研究认为木材性状种源间的差异不显著,如 Wahlgren(1965)对花旗松、Ledig 等(1975)对刚松的研究。也有研究认为木材性状存在着明显的地理变异,但是地理变异规律不明显,如 Taglor(1977)对绒毛核桃、美国枫香的研究。

图 12-2 美国南部火炬松种源木材密度和管胞长度的地理变异(引自 Zobel,1995)
(小黑点表示采种点,数字为密度,括号中数字表示管胞长度/mm)

由于取样材料不同,以及木材性状易受环境的影响等原因,可能得出不同的结论,因此,种源木材性状遗传变异的研究结论不能轻易应用。如刘青华(2009)研究认为:24 年生马尾松种源木材基本密度与产地经度和纬度分别呈弱度的负相关和正相关,地理变异模式不明显。而徐立安等(1997)研究结果认为,12 年生马尾松种源木材基本密度表现出西南—东北走向,东部偏北的种源木材密度较大,西南部种源的基本密度则较小。

(2) 家系间变异

有关木材性状在家系水平的遗传变异国内外均有大量的报道，比较一致的结论是：家系间在木材性状上存在着差异，但与种源间和家系内个体间相比较，家系间的差异较小，家系间木材性状的变异受遗传控制的程度为中等，甚至偏低。如郑仁华等(2001)对福建三明市中村采育场9年生马尾松家系测定林中73个家系、656个单株木材测定了基本密度。结果表明，73个马尾松家系的木材基本密度大致呈正态分布(图12-3)，但木材基本密度在家系水平上变异较小，仅达到0.10水平的显著性，方差分量仅占3.14%，而家系内个体间的方差分量却高达88.54%。家系和单株遗传力均较低，分别为0.2418和0.1369。但有些树种研究得出不同结论。如李光友、徐建民等(2010)对75个月生32个尾叶桉家系的木材性状研究结果表明：木材含水量、树皮厚度、木材基本密度、纤维长、纤维宽和纤维长宽比在家系间存在显著或极显著差异，遗传力变异范围较小，其值范围为0.4764~0.6310，表明各性状均受到中等水平的遗传控制。又如，蒋燚等(2012)对来自广西的5个种源地的32个红椎家系进行了木材指标测定的结果表明：红椎家系间在木材的含水率、基本密度、气干密度、全干密度、体积吸胀率、体积气干缩率、体积全干缩率的差异均呈极显著差异，红椎木材的基本密度、气干密度和全干密度的遗传力分别为82.49%、76.49%和75.86%，稍加选择就可获得较大的增益。

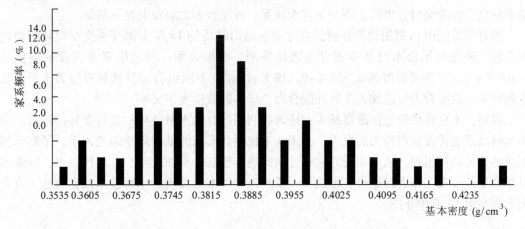

图 12-3　马尾松木材基本密度在家系水平上的频率分布

(3) 无性系间变异

无性系间在木材性状上存在着显著的遗传变异，重复力较高。如范桂华(2014)通过对漳平五一国有林场马尾松种子园135个无性系的木材基本密度进行测定，测定与分析结果表明：马尾松的木材基本密度在无性系间存在很大差异，变化范围为0.3640~0.6391，变异系数为9.6%，达到极显著差异水平，其广义遗传力为0.53。因此，可以通过选择获得基本密度高的优良无性系。又如，宋婉等(2000)研究表明，4个地点毛白杨木材基本密度的无性系间差异显著，重复力均在0.80以上，平均达0.86，这说明毛白杨木材基本密度受很强的遗传控制(表12-1)。胡德活等(2004)对3块7~10年生杉木无性系测定林的木材密度遗传变异分析表明：无性系木材密度的重复力为0.829~0.911。据储德裕等(2010)对马尾松产地和无性系试验林的观测分析结果，基本密度在产地内优树无性系间的变异远

表 12-1 4 个地点毛白杨无性系木材基本密度(g/cm^3)及其重复力

地点	无性系数目	平均值	最小值	最大值	重复力
元氏	113	0.442 9	0.362 8	0.497 4	0.906 5
冠县	98	0.467 8	0.406 3	0.499 7	0.821 4
天水	101	0.393 4	0.334 9	0.449 4	0.850 7
温县	96	0.441 2	0.364 2	0.544 5	0.848 5

注：引自宋婉等，2000。

大于产地间的变异，如福建产地内，9384 优树无性系的木材基本密度达 0.492 5 g/cm^3，而 9512 优树无性系的木材基本密度仅为 0.324 8 g/cm^3。

(4) 木材密度的配合力效应

谭小梅等(2011)以浙江淳安县富溪林场马尾松巢式交配设计的 12 年生遗传测定林为试材，分析其生长和木材基本密度等主要经济性状父本/母本效应和加性/显性效应。结果表明：不同杂交组合间、父本间以及相同父本不同母本间的生长与木材基本密度等存在显著的遗传差异。木材基本密度主要受母本效应的影响，其母本效应是父本效应的 1.56 倍。马尾松木材基本密度以加性效应控制为主，显性效应次之，不同杂交组合和父本无性系其生长与木材基本密度的相关性较小，速生的杂交组合和父本无性系并不一定具有较低木材基本密度。各杂交组合生长表现与父本无性系一般配合力之间相关性不明显。

刘青华等(2011)利用设置在浙江省淳安县姥山林场的 14 年生测交系交配设计的遗传测定林，研究马尾松木材基本密度的遗传控制。结果表明：马尾松基本密度平均值为 0.389 1 g/cm^3。变异幅度为 0.354 4~0.419 8 g/cm^3，不同组合差异达到极显著水平，父本和母本一般配合力效应均大于特殊配合力，母本的效应大于父本。

目前，木材性状的遗传改良基本上还处在利用已有的木材性状的遗传变异的阶段。要使木材品质遗传改良有较大的发展，必须从木材性状形成的基础理论研究入手，了解木材形成的遗传调控机理，从而实现对木材性状的遗传控制。自 20 世纪 90 年代以来，随着木材学和遗传改良工作者的结合，形成了一系列新兴的木材品质的生物技术改良方法，有关内容将在第 13 章中介绍。

12.3.2 性状相关与年龄相关

(1) 生长性状与木材密度(比重)

了解性状间的相关关系，对制定林木改良策略有着重要意义。生长对木材密度的影响一直是人们讨论的热点问题。在生长性状与木材密度(比重)相关关系上，不同树种的研究结论有所差异。有些研究表明，木材基本密度与生长性状存在微弱的负相关；也有一些研究表明，木材密度与生长性状间相关不显著。例如，施季森等(1993)研究认为，杉木木材比重与材积呈弱度负相关，朱湘渝等(1993)的研究也表明，10 个黑杨派和青杨派杂交无性系的木材基本密度与速生特性间呈微弱的负相关。此外，李斌等(2001)对鹅掌楸、茹广欣(2001)对泡桐、杨艳(2018)对黑杨无性系的研究结果也支持这一观点。在某些树种上，生长量与木材密度遗传相关不紧密，可以根据需要，培育出木材密度高、生长快、树干通直的林木。

但也有研究认为，木材密度与生长性状呈负相关。如 Farmer 等(1968)对美洲黑杨的研究发现，生长快的树木材比重稍为降低，Olson 等(1985)对美洲黑杨的研究认为材积与木材比重间呈负相关，并由此提出使用一个选择指数同时改良两个性状不太可能的结论。金其祥(1999)研究了 8 年生杉木无性系试验林的树高、胸径、材积和木材密度的遗传变异规律。结果表明，3 个生长性状与木材密度有负向遗传相关，且胸径和材积与木材密度的相关在-0.6 左右。鉴于生长与木材密度存在中度的负相关关系，在杉木无性系选择中，过分强调生长量的选择，将会导致材质的下降，而应采取生长与木材密度的综合选择。由于许多因子既影响树木生长，又影响其木材，使得问题变得复杂。

(2) 木材密度与其他性状的相关性

木材密度与一些木材性状相关紧密。如中国林业科学研究院(1998)以日本落叶松人工林、长白落叶松人工林与天然林所得数据进行一元线性回归分析，得出木材密度与晚材率、细胞壁厚度呈正相关。胡慕任(1985)对 59 种针叶树和 29 种阔叶树木材数据进行线性回归分析，得出木材气干密度与木材顺纹抗压强度、抗弯强度、抗弯弹性模量和顺纹抗剪强度呈正相关。

木材密度与一些木材性状相关不紧密。如黄秦军等(2003)对美洲黑杨×青杨杂交三代谱系研究结果表明，基本密度与纤维长和微纤丝角均为弱负相关，与纤维长宽比为弱正相关。木材密度与某些木材性状相关显著性因幼龄材和成熟材不同。如徐有明(2000)研究了火炬松不同生长阶段年轮宽度、晚材率与木材基本密度间的相互关系，结果表明：火炬松林分早期生长阶段年轮宽度与木材基本密度间存在着显著的负相关。林分郁闭后年轮宽度、胸径与木材密度存在着极其微弱的负相关，不同生长阶段晚材率与木材基本密度均呈显著的正相关。

(3) 木材性状幼年与成年间的相关

在相同的林龄下，木材密度幼年—成年相关高于树干生长性状，这是由这两类性状达到稳定时的所处年龄阶段不同造成的。例如，张含国等(1996)对 30 年生人工林 90 株长白落叶松树干解析生长和材性及早期的研究结果表明：树高、胸径、体积在 14~18 年生是生长变异由剧烈分化到趋向稳定的转折年龄，而基本密度和管胞长度的变异在 10 年生时趋于稳定。

对材质也有过一些研究。研究幼年与成年间的相关，开展材质早期预测，对良种选育，实现林木定向培育具有十分重要意义。多数研究表明，木材性状在幼年与成年间存在一定的相关性，提早开展木材品质的选育是可行的。例如，国外对火炬松(Matzlrix 等，1973)、斑克松(Villeneuve 等，1987)、湿地松(Hodge，1993)幼龄—成年相关研究，认为幼龄期木材密度性状与成年期密切相关，并能通过幼龄期木材密度性状表现预测成熟期木材密度。我国对杨树(潘惠新，1998；李金花等，2005)、马尾松(刘青华等，2010)、落叶松(苗清丽，2017；张含国，1996)、樟子松(姜立春，2019)、红松(夏德安，1998)、火力楠(李清莹等，2018)等树种木材密度早期选择年龄做过研究，一致认为木材密度提早选择是可行的，但因树种不同，早期选择的有效年龄有所差异。如骆秀琴等(1999)对 19 个种源杉木的木材密度径向变异模式的研究表明：年轮平均密度的幼龄—成熟相关性从第 3 年起就极显著。潘惠新等(1998)在美洲黑杨×小叶杨新无性系木材密度幼年—成年相关研究表明，单性状总平均木材密度最佳早期选择林龄为5~6年，早期选择的年效率为152.17%~141.30%。李斌（2001）测定了江西分宜鹅掌楸种源试验林（1981年栽植）的木材基本密度和纤维长度。结果表明：鹅掌楸主要木材性状的早期选择是可行的，但选择年龄不宜小于7年生。姜景民（1999）利用6株27年生火炬松伐倒木解析材料，分析木材基本密度的株内变异规律。结果表明，距髓心6个年轮以内的幼年材基本密度与含较多年轮的断面值呈弱度相关。随年轮数增加，相关系数有较大提高，可用9~12轮时的断面值来预测较大年轮时的木材基本密度。

由于木材形成过程中有其自身发展变化的生物学特性，使其变化规律极其复杂。影响木材形成过程的因素很多，例如，树木自身的遗传特性、生态因子等均对树木生长产生影响，因而使木材材质预测变得十分复杂。

12.3.3 生物技术对木材品质改良的研究

自20世纪90年代以来，形成了木材品质的生物技术改良方法，通过对林木群体中木材品质遗传变异的利用、木材形成过程中的遗传调控和目的基因的识别、分离和转移等技术，进行木材品质性状的定向遗传改良，从木材形成的源头上克服了木材天然缺陷的形成，以改良木材品质。

（1）木材形成的分子遗传机制的研究

通过对木材形成过程进行解析，已找到了一系列参与木材形成的调控基因和转录因子，还发现生长素和赤霉素等植物激素可以调控木材形成过程中细胞分裂以及细胞大小，从而影响木材的材性和木材形成的速度。调控木质素合成一些关键基因的功能已经清楚，已鉴定和分析了调控纤维素和半纤维素合成的一些关键基因，部分基因可以调控木材中微纤丝角从而影响木材材性。

（2）分子标记的应用

木材品质的重要性状多表现为数量性状特性，受多基因控制，呈连续性变异，是林木遗传改良研究工作中的重点。分子标记的发展为深入研究数量性状的遗传基础提供了可能。利用分子标记可了解控制数量性状的基因数目、位置和分布、各位点的贡献大小以及基因间的相互关系等，从而突破传统数量分析以多基因总效应作为研究对象的局限性。目前，林木辅助选择育种主要选择重要经济性状作为工作对象，如产量、化学成分含量、材性和抗病性等，并已取得许多成绩。如黄烈健等（2004）通过对美洲黑杨×青杨的研究，找到了与木材密度、纤维长、纤维宽以及微纤丝角相关联的标记。卢万鸿等（2018）以尾叶桉育种群体的两个试验（T77和T164）为对象，借助微卫星技术挖掘与尾叶桉木材密度和生长性状关联的标记。经过筛选的83个微卫星标记用于样本关联分析，其中，中性标记用于计算个体间的亲缘关系系数矩阵。

（3）基因工程的应用

利用基因工程技术可以从源头有效提高人工林木材的性质，进而提高木材质量。基因工程改良对木材化学组成的影响主要体现在木质素含量和木质素单体比例、纤维素和半纤维素，以及其他化学成分的变化上，选择不同的目的基因将对木材化学组成产生不同的影响，其中利用基因工程降低木材木质素含量的研究较多。基因工程改良对木材构造的影响主要体现在细胞形态和微纤丝取向的变化上，通过基因工程改良能有效提高人工林木材纤维质量，进而提高纸浆质量，而且基因工程改良还会对木材微纤丝角产生影响。木材细胞形态和微纤丝角的改变会引起材性的变化，为通过基因定向改变木材细胞形态或微纤丝角，进而达到人工林木材材性改良的目的提供了思路。基因工程改良对木材的物理力学性质也有显著影响，已有研究发现多种目的基因可对木材密度、干缩湿胀率和木材强度等产生影响。

12.3.4 育林措施对木材性状的影响

(1) 造林密度

较多的研究认为，初植密度对木材基本密度影响不大，甚至无影响。如 Jayne(1958)对脂松(*Pinus resinosa*)，Grigal 等(1966)对北美短叶松(*Pinus banksiana*)，Smith(1977)对湿地松，刘青华等(2010)对马尾松种源试验林的研究。但也有不同的结论。例如，叶忠华(2011)对12年生3种造林密度的福建柏木材物理力学性能的测定结果表明，造林密度与低龄级福建柏木材物理力学性能存在较为密切的关系。造林密度大，木材密度也大，造林初植密度大有利于提高前期木材的密度。造林密度对福建柏木材力学性能影响差异较大，对顺纹抗压强度影响较小，对抗弯强度、弹性模量、顺纹抗拉强度影响较大，对木材硬度影响最为显著。

(2) 间伐

有关间伐对林木材质的影响尚无一致的结论。例如，在木材纤维长度上，Cown(1981)认为辐射松间伐后木材纤维长度下降10%；Mergaw(1985)也认为火炬松间伐后纤维长度降低；童方平等(2004)研究表明，间伐对火炬松木材纤维长度、宽度与长宽比无显著影响；郭明辉等(2001)的研究认为，间伐强度对水曲柳木材的纤维长度和胞壁率无显著影响。又如，在木材密度上，Cown(1981)认为辐射松间伐后木材幼龄化，木材密度降低；Pani(1985)认为，长叶松间伐后木材密度提高，几年后下降；Smith(1988)、Megraw(1985)认为火炬松间伐后木材密度增加；吴义强(1995)则认为，随着间伐强度的增大，日本落叶松林木材基本密度有不同程度的减小。

(3) 修枝

叶忠华(2012)认为，适当修枝处理对福建柏木材物理性质影响不显著，但修枝强度过大，其密度有所降低，而且其干缩率、湿涨性也略为增大。修枝强度对福建柏木材力学性能有一定影响，修枝强度越大，其力学强度越小；任世奇(2017)修枝对木材密度影响的差异没有达到显著水平，但表现为随修枝强度增加，木材密度逐渐降低。在径向位置的木材基本密度，从髓心处向外部逐渐增大，表现为修枝对后期形成的木质部密度有增加作用。修枝可以减少死结的数量，对提高木材的光洁度，形成无节材等有促进作用。据杨战阳(2019)的报道，华北落叶松经过修枝处理后节子数量明显少于未经过修枝处理的节子数量，并且修枝处理后树干部分的节子不会贯通树干且长度变短，形成无节材。节子的气干密度和绝干密度均高于无节处的密度，这表明节子的存在会造成木材密度的不均匀；节子的含水率却普遍低于无节处的含水率，同时除木质素以外，其他各项抽提物的结果均显示节子中的含量高于其他部分。可见修枝能够提升落叶松木材品质。

(4) 施肥

施肥效果与林木生长发育阶段有很大的关系。Zobel 于 1989 年就施肥对材性的影响进行了汇总，集中在云杉（Von Pechmann，1958；Hildebrandt，1960；Kelm et al.，1968）、辐射松（Rudman et al.，1968；Cown et al.，1977）、火炬松（Zobel，1961；Linnartz，1970；Megraw，1985）、欧洲赤松（Von Pechmann，1958；Hiderbrandt，1960；Seibt，1963；Kelm，1968）等树种。多数人认为，施肥能显著促进林木生长，同时随着引起木材密度和纤维长度的显著下降。有人认为施肥对材性没有显著的影响，认为施肥显著改善了木材的某些性状，例如，施肥使早材细胞壁厚度增加，早材比例增大，晚材细胞变薄，年轮内木材材性的差异减小，材质较未施肥的林分均匀。由于树种不同，立地条件差异及研究材料不同，难以得出明确的结论。评价施肥对林木生长与木材性质的影响效果应根据树种、林木生长发育阶段、立地条件等综合考虑。

(5) 立地条件

立地条件对林木生长有显著的影响，对木材密度等性状也有一定的影响。一般认为，立地条件越好，林木生长越快，木材密度会有所下降。例如，林庆富（1997）的研究表明：地位指数对杉木人工林木材密度及干缩性的影响极显著或显著。木材密度随着地位指数的下降而增大，木材的差异干缩随着地位指数的下降而下降。易咏梅（2003）的研究表明：立地条件对柳杉全干密度有显著的影响，主要是由土层厚度及土壤肥力的差异导致的，在土层薄和肥力相对差的立地条件下，木材密度有所提高。

提要与小结

工业用材树种的遗传改良既要关注生长量，也要重视木材品质。木材是由无数不同形态、不同大小、不同排列方式的细胞所组成。木材有边材、心材、熟材之分，多数树种边材与心材区分明显，称为心材树种；一些树种边材与心材颜色区分不明显，含水量不同，心材水分较少，称为熟材树种；一些树种边材与心材颜色区分不大，含水量相等，称为边材树种。寒带或温带树种通常在生长季节早期所形成的木材，细胞分裂速度快，体积较大，胞壁较薄，材质较松软，材色浅，称为早材。到了秋季，营养物质流动减弱，形成层细胞活动逐渐减低，细胞分裂也因此衰退，于是形成了腔小壁厚的细胞，这部分木材色深，组织较致密，称为晚材。

针叶树材的主要细胞和组织包括管胞、索状管胞、轴向薄壁组织、射线管胞、木射线、树脂道和泌脂薄壁细胞。阔叶树材的主要细胞和组织包括导管、木纤维、管胞、轴向薄壁组织、木射线、树胶道和泌胶细胞。造纸和纤维工业需要一定的管胞长度，凡长宽比大的，其制品强度亦大。阔叶树的木材纤维的主要功能是支持树体，承受机械作用。木材纤维的种类、排列方式和数量与木材硬度、容重和强度等力学性质有密切关系。纤维长度是纸张强度的一个重要因子，造纸用纤维宜细而长。

根据木材缺陷的形成过程，通常将木材缺陷分为生长缺陷、生物危害缺陷和加工缺陷三类。其中，生长缺陷包括：节子、心材变色和腐朽、虫害、裂纹、应力木、树干形状缺陷、木材构造缺陷和伤疤等，是由树木的遗传因子、立地条件和生长环境等综合因素造成的。

木材密度（wood density）是单位体积的质量，是木材性质中最主要的物理量。对工业用材而言，木材密度是影响木材质量最重要的因素，木材密度的微小变化会导致单位体积干物质产量发生大的变化。另外，木材密度也是影响纤维产品的重要因子。不论育种目标是针对纤维产品，还是木质产品，木材密度是木材品质遗传改良计划中最受关注的性状。

同一树种不同种源、家系和无性系间在木材品质上存在着遗传差异，不同树种或同一树种不同的木材性状地理变异大小及其趋势有所不同。家系间在木材性状上存在着差异，但与种源间和家系内个体间相比较，家系间的差异较小，家系间木材性状的变异受遗传控制的程度为中等，甚至偏低。无性系间在木材性状上存在着显著的遗传变异，重复力较高。木材密度与生长性状和其他木材性状相关的紧密程度因树种和树龄而异。通过对木材形成过程进行解析，已找到一系列参与木材形成的调控基因和转录因子，调控木质素合成一些关键基因的功能已经清楚，已鉴定和分析了调控纤维素和半纤维素合成的一些关键基因，通过基因工程改良能有效提高人工林木材纤维质量，进而提高纸浆质量。木材性状在幼年与成年间存在一定的相关性，提早开展木材品质的选育是可行的，但不同树种提早选择的有效年龄有差异。

复习思考题

1. 试述开展木材品质改良的意义。
2. 简述木材密度、纤维长度和宽度、纤维丝角在树干上的变异规律。
3. 简述木材密度或比重的概念及其主要测定方法。
4. 针对一个具体树种，考虑如何开展该木材品质改良。
5. 简述育林措施对木材性状的影响。

第13章 分子生物技术在林木育种中的应用

知识导图

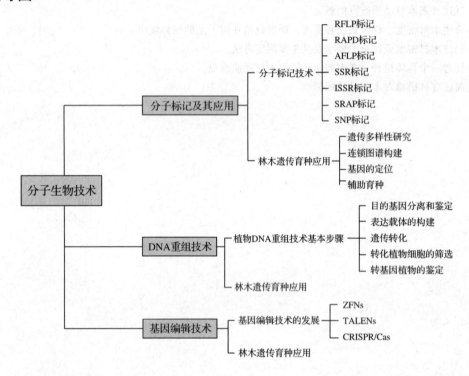

近年来，随着现代分子生物学、遗传学、基因组学、生物信息学等学科的快速发展，植物育种理论和技术发生了重大变革。以分子标记技术、转基因技术、基因编辑技术为代表的现代分子育种技术已成为当前植物育种的重要手段。

13.1 分子标记及其应用

同一物种内个体之间的遗传差异最终归结为 DNA 碱基序列上的差异，分子标记(molecular marker)技术是以检测生物个体在基因或基因型上所产生的变异来反映生物个体之间的差异。起初应用的分子标记主要是在蛋白质结构变异水平上的多态性，即一个特定基因位点不同等位基因编码的具有相同或类似功能的同工酶。由于同工酶提供的基因组变异信息非常有限，且相关实验技术复杂，到 20 世纪 90 年代初同工酶做分子标记逐渐被 DNA 分子标记代替了。特别是 DNA 聚合链式反应 PCR (polymerase chain reaction) 技术发展和应用,使分子标记的研究和应用得到了迅速发展。

与形态学、细胞学和同工酶遗传标记相比,分子标记具有许多独特的优点:①不受组织类别、发育阶段等影响,植株的任何组织在任何发育时期均可用于分析。②不受环境影响。因为环境只影响基因表达(转录与翻译),而不改变基因结构即 DNA 的核苷酸序列。③标记数量多,遍及整个基因组。④多态性高,自然存在许多等位变异。⑤有许多标记表现为共显性,能够鉴别纯合基因型和杂合基因型,提供完整的遗传信息。⑥DNA 分子标记技术简单、快速、易于自动化。⑦提取的 DNA 样品,在适宜条件下可长期保存,这对于进行追溯性或仲裁性鉴定非常有利。DNA 分子标记检测技术大致可分为三类:第一类是以电泳技术和分子杂交技术为核心的分子标记技术,其代表性技术有限制性片段长度多态性(restriction fragment length polymorphism,RFLP);第二类是以 PCR 技术为核心的分子标记技术,其代表性技术有随机扩增多态性 DNA(randomly amplified polymorphic DNA,RAPD)标记、扩增片段长度多态性(amplified fragment length ploymorphism,AFLP)和简单重复序列(simple sequence repeat,SSR)等;第三类是直接以 DNA 序列差异为核心的分子标记技术,其代表性技术为序列标签(expressed sequences tags,ESTs)和单核苷酸多态性(single nudeotide polymorphism,SNP)。随着现代生物科技的发展和研究水平的不断深入,目前已相继产生了 30 多种分子标记技术,现常用的分子标记技术有 RFLP、RAPD、1SSR、AFLP、SRAP、SSR、SNP 等,已被广泛应用到遗传多样性分析、遗传作图及基因标记等多方面。

13.1.1 分子标记技术

(1)RFLP 标记

RFLP 的产生主要是由于在植物基因组 DNA 序列上的突变,造成限制性核酸内切酶(restriction enzymes)酶切位点的增加或丧失以及内切酶位点之间 DNA 片段的插入、缺失或重复等变化。1974 年,Grodzicker 等开发了 RFLP,是最早发展的 DNA 分子标记。1980 年,人类遗传学家 Bostein 首先提出了用 RFLP 作为构建遗传连锁图的设想。1987 年,Donis-kellen 等报道了第一张人类 RFLP 遗传图谱,开创了分子标记应用的新纪元。RFLP 是检测 DNA 在限制性内切酶酶切后形成的特定 DNA 片段的大小,反映 DNA 分子上不同酶切位点的分布情况,因此 DNA 序列上的微小变化,甚至 1 个核苷酸的变化,也会引起限制性内切酶切点的丢失或产生,导致酶切片段长度的变化,产生个体特异性的 RFLP 图谱(图 13-1)。

RFLP 标记的优点是:标记的等位基因具有共显性的特点,结果稳定可靠,重复性好,特别适应于构建遗传连锁图。缺点是:在进行 RFLP 分析时,需要该位点的 DNA 片段做探针,用放射性同位素及核酸杂交技术,既不安全又不易自动化。另外,RFLP 对 DNA 多态性检测的灵敏度不高,RFLP 连锁图上存在很多大的空间区。

(2)RAPD 标记

RAPD(random amplified polymorphic DNA)是随机扩增多态性 DNA 标记。1990 年,由 Williams 和 Welsh 以 PCR 为基础发展起来的一种可对整个未知序列的基因组进行多态性分析的技术。该技术利用随机引物与模板 DNA 的结合,经循环反应后扩增出随机片段。这

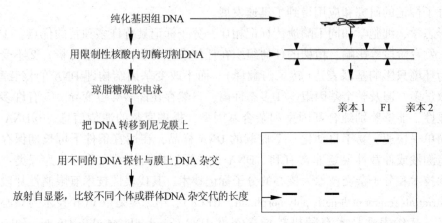

图 13-1 检测限制性片段长度多态性的主要步骤(引自葛苹,2004)

些片段的长度是由不同生物中的 DNA 不同序列所决定。对不同生物中的 DNA 来说,随机引物所结合的位置及位点数目都是不同的,扩增出来的不同长度的片段可由凝胶电泳加以分开。

RAPD 标记的优点是:与 RFLP 相比,RAPD 技术简单,检测速度快,DNA 用量少,实验设备简单,不需 DNA 探针,设计引物也不需要预先克隆标记或进行序列分析,不依赖于种属特异性和基因组的结构,合成一套引物可以用于不同生物基因组分析,用一个引物就可扩增出许多片段,而且不需要同位素,安全性好。缺点是:RAPD 技术受许多因素影响,实验的稳定性和重复性差,首先是显性遗传,不能识别杂合子位点,这使得遗传分析相对复杂。

(3) AFLP 标记

AFLP(amplified fragments length polymorphism)是扩增片段长度多态性,由荷兰科学家 PieterVos 等于 1995 年发明的分子标记技术。AFLP 是 RFLP 与 PCR 相结合的产物,其基本原理是先利用限制性内切酶水解基因组 DNA 产生不同大小的 DNA 片段,再使用双链人工接头与酶切片段相连接,作为扩增反应的模板 DNA,然后以人工接头的互补链为引物进行预扩增,最后在接头互补链的基础上添加 1~3 个选择性核苷酸作引物对模板 DNA 基因再进行选择性扩增,通过聚丙烯酰胺凝胶电泳分离检测获得的 DNA 扩增片段,根据扩增片段长度的不同检测出多态性。引物由三部分组成:与人工接头互补的核心碱基序列、限制性内切酶识别序列、引物 3′端的选择碱基序列(1~10 bp)。接头与接头相邻的酶切片段的几个碱基序列为结合位点(图 13-2)。

AFLP 标记的优点是:它兼具 RAPD 与 RFLP 的优点,有较高的稳定性,用少量的选择性引物能在较短时间内检测到大量位点,并且每对引物所检测到的多个位点都或多或少地随机分布在多条染色体上,通过少量效率高的引物组合,可获得覆盖整个基因组的 AFLP 标记。缺点是:AFLP 对基因组纯度和反应条件要求较高,另外用于遗传作图时,少数的标记与图谱紧密度有出入。

(4) SSR 标记

SSR(simple sequence repeats)标记技术又称序列标签微卫星(sequence-tagged micro sat-

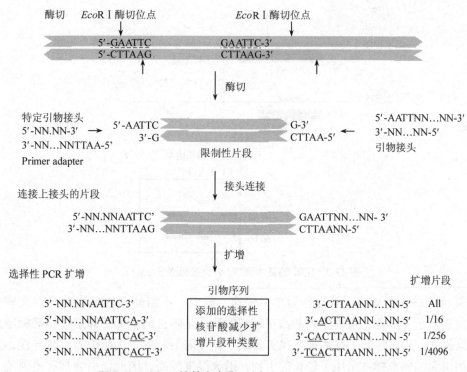

图 13-2　AFLP 的基本步骤（引自 Hartl and Jones, 2001）

ellites, STMS）、简单重复序列多态性（simple sequence repeat polymorphisms, SSRP），是 Moore 等于 1991 年结合 PCR 技术创立的标记技术。微卫星序列是一类由几个核苷酸（1~5 个）为重复单位组成的长达几十个核苷酸的重复序列，长度较短，广泛分布在染色体上。由于重复单位的次数不同或重复程度不完全相同，造成了 SSR 长度的高度变异性，由此而产生 SSR 标记或 SSLP 标记。虽然 SSR 在基因组上的位置不尽相同，但是其两端序列多是保守的单拷贝序列，因此可以用微卫星区域特定序列设计成对引物，通过 PCR 技术，经聚丙烯酰胺凝胶电泳，即可显示 SSR 位点在不同个体间的多态性（图 13-3）。SSR 标记已被广泛应用于基因定位及克隆、疾病诊断、亲缘分析或品种鉴定、农作物育种、进化研究等领域。

SSR 标记的优点是：不仅能够鉴定纯合体和杂合体，而且结果更加可靠，方法简单，省时省力。主要缺点是首先要从该物种中获取重复序列两侧的序列信息，并设计引物，而后才能被利用。

（5）ISSR 标记

ISSR（inter simple sequence repeats）标记是简单重复序列间扩增技术。1994 年，Zietkiewicz 等对 SSR 技术进行了发展，建立了加锚微卫星寡核苷酸（anchored microsatellite oligonucleotides）技术。其基本原理是：用锚定的微卫星 DNA 为引物，即在 SSR 序列的 3′端或 5′端加上 2~4 个随机核苷酸，在 PCR 反应中，锚定引物可引起特定位点退火，导致与锚定引物互补的间隔不太大的重复序列间 DNA 片段进行 PCR 扩增。所扩增的多个条带通过聚丙烯酰胺凝胶电泳得以分辨，扩增谱带多为显性表现。

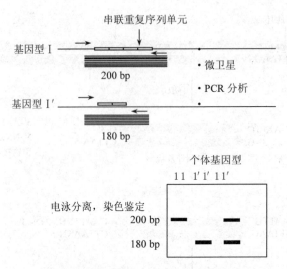

图 13-3　SSR 的基本原理(引自张献龙, 2004)

ISSR 标记的优点是：试验操作简单、快速、高效，不需要繁琐地构建基因文库、杂交和同位素显示等步骤；重复序列和锚定碱基的选择是随机的，无需知道任何靶标序列的 SSR 背景信息，从而降低了技术难度和实验成本；无需活材料，无组织器官特异性，能实现全基因组无编码取样；采用了较长的引物，退火温度较高，因此，引物具有更强的专一性，增强了实验可重复性。缺点是：在 PCR 扩增时需要一定时间摸索最适反应条件；呈显性遗传标记，不能区分显性纯合基因型和杂合基因型。

(6) SRAP 标记

2001 年，由美国加州大学蔬菜作物系 Li 和 Quiros 博士提出的序列相关扩增多态性 (sequence related amplified polymorphism，SRAP)，又称为基于序列扩增多态性(sequence based amplified polymorphism，SBAP)，也有的文献译为相关序列扩增多态性。其原理是利用基因外显子里 G、C 含量丰富，而启动子和内含子里 A、T 含量丰富的特点设计两套引物，对开放阅读框(open reading frames，ORFs)进行扩增。在 SRAP 分子标记中引物的设计是关键。它利用独特的引物设计对开放阅读框进行扩增。正向引物长 17 bp，5′端的前 10 bp 是一段非特异性的填充序列；紧接着是 CCGG，它们一起组成核心序列，然后是靠着 3′端的 3 个选择性碱基，对外显子进行扩增。反向引物长 18 bp，即由 5′的 11 个无特异性的填充序列和紧接着的 AATT 组成的核心序列，及 3′的 3 个选择性碱基，对内含子和启动子区域进行特异扩增。因个体不同以及物种的内含子、启动子与间隔长度不等而产生多态性扩增产物(图 13-4)。

SRAP 标记技术具有简便、稳定、容易得到选择条带序列的优点，并且在基因组中分布均匀，适合于不同作物的基因定位、基因克隆和遗传图谱构建。但一套 SRAP 标记引物并不能够对所有的生物都通用，仍需不断开发出适合不同生物的引物。此外，SRAP 标记是对开放阅读框进行扩增，所以对基因相对较少的着丝粒附近以及端粒的扩增会较少。

(7) SNP 标记

SNP(single nucleotide polymorphism)是单核苷酸多态性标记，其位点上最多由 4 个等

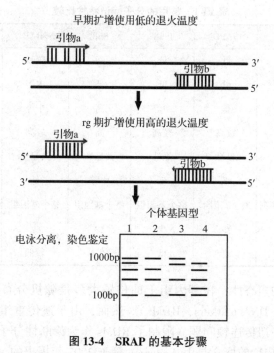

图 13-4 SRAP 的基本步骤

位型碱基，即 A、T、G 及 C，但一般群体都呈现 2 个等位型碱基的组成。SNP 标记直接利用 DNA 序列差异信息，是一类由 1 个碱基组成，其长度为 1 bp 的 DNA 片段，广泛分布于基因组的编码和非编码区。由于单碱基的缺失、插入、转换及颠换等突变而产生不同个体之间碱基变异，导致高度多态性。SNP 筛选可以通过基因组测序、EST 等公共数据库比对发掘。上述 RFLP 标记技术间接反映了 SNP 突变导致的多态性。在实际个体遗传分型（genotyping）时，可采用酶切 SNP 分型（PCR-RFLP）、分子杂交、PCR 扩增然后直接测序比较、等位基因特异性扩增等分型方法。

SNP 标记的优点是：利用高通量测序技术，可以快速、高效地检测临床样品的基因组中所有 SNP 位点，它与毛细管电泳和板电泳相比，速度可分别提高 10 倍和 50 倍。SNP 与第 1 代的 RFLP 及第 2 代的 SSR 标记有 2 个不同点：一是 SNP 不再以 DNA 片段的长度变化作为检测手段，而直接以序列变异作为标记；二是 SNP 标记分析完全摒弃了经典的凝胶电泳，代之以最新的高通量测序技术。

理想的分子标记必须达到以下几个方面的要求：①具有高度的多态性；②共显性遗传，即利用分子标记可以鉴定二倍体中杂合和纯合基因型；③能明确辨别等位基因；④遍布整个基因组；⑤除特殊位点的标记外，要求分子标记均匀分布于整个基因组；⑥选择中性，即无基因多效性；⑦检测手段简单、快速和实验程序易于自动化；⑧开发成本和使用成本尽量低廉；⑨在实验室内和实验空间重复性好，便于数据交换。但目前尚未有任何一种分子标记能完全达到上述所有要求。上述标记在基因组中的分布以及相应的检测方法存在许多差异，各有其特点，相互有一定的互补性。现将不同分子标记的特点汇总于表 13-1 中，供比较选择。

表 13-1 常用的分子标记特性比较

特性	RFLP	RAPD	ISSR	SSR	SRAP	AFLP	SNP
开发难度	低	低	低	高	较高	较高	高
技术难度	高	低	低	低	中等	较高	高
可靠性	高	低	中等	高	中等	高	高
多态性	中等	较高	较高	高	较高	高	高
显性/共显性	共显性	显性	显性	共显性	共显性	显性	共显性
实验成本	高	低	低	中等	低	较高	高
基因组分布	低拷贝编码序列	整个基因组	整个基因组	整个基因组	整个基因组	整个基因组	整个基因组
耗时	多	少	少	少	少	中等	多
通用性	中等	低	低	较高	较低	低	低

上述标记所检测的多态性，在基因组上的位置大多是随机分布的，因此被称为随机DNA分子标记(random DNA markers，RDMs)。然而，由于遗传重组引起的RDMs与目的等位基因位点之间存在遗传连锁问题，限制了RDMs作为诊断性分子标记的应用。功能标记(functional marker，FM)的概念是由Andersen等于2003年提出的。这类标记是利用与表型相关的功能基因序列中功能性单核苷酸多态性位点来开发的新型分子标记。近年来，公共基因组数据库的快速扩张，使得开发可用于功能性分子标记的候选基因变得相对简单。这些功能标记在研究遗传变异性和多样性、构建遗传连锁图谱、重要的基因定位、比较作图等方面有其特有的优势，被广泛应用于植物系统学和分类学、分子生态学、疾病检测等生物学及其相关学科。随着越来越多的功能性分子标记的开发，标记的效率将会大大地提高，FMs的优越性将会更加明显。开发出更多的与功能基因有关的分子标记，是分子标记技术发展的主要方向，也是生物技术和品种改良研究的努力方向。

13.1.2 分子标记在林木遗传育种中的应用

13.1.2.1 遗传多样性研究

群体遗传多样性是林木遗传学研究的重要领域。天然群体的遗传多样性程度和分布受遗传漂变、迁移、突变和选择等因素的综合影响，其基因频率会在一定的水平上波动，即遗传多样性会反映在DNA水平上。分子标记可以有效地揭示林木种间及种群内的遗传多样性，进而分析其系统分化规律、研究群体遗传结构、多样性程度，了解基因流动和渗入的方向和作用。

欧阳磊等(2014)利用自主开发的52对杉木SSR引物，对国家级杉木种质资源库保存的93份种质资源进行了遗传多样性分析，共检测到254个等位变异，不同引物的等位基因数、有效等位基因数、观察杂合度、多样性指数和Shannon信息指数等均表明杉木育种群体中存在较大的遗传差异。李培等(2016)利用相关序列多态性分子标记(SRAP)，对来自中国的29个红椿(*Toona ciliata*)种源及1个澳大利亚种源进行遗传多样性分析。结果表明：24对SRAP引物组合共扩增出505条多态性条带，在总的遗传变异中，79.26%的遗传分化存在于种间，种源内分化仅占 20.74%，红椿分布地区生境片段化，使各群体在空间上相对隔离、基因交换频率低、流动程度小，从而导致地理变异。彭婵等（2019）以 363 份美洲黑杨无性系为实验材料，利用 20 对 SSR 引物扩增数据，构建南方型美洲黑杨初级核心种质，并采用平均观察等位基因数（Na）等遗传参数的 t 检验对核心种质有效性进行确认。

13.1.2.2 分子遗传连锁图谱构建

遗传连锁图谱（genetic linkage map）是指遗传标记在染色体上的相对位置，或称"遗传距离"。在高通量测序技术发展以前，遗传图谱是遗传研究的重要内容，又为研究种质资源、育种及基因克隆等提供了起始参考。1980 年，Botstein 等首次利用 RFLP 标记构建遗传图谱。1987 年，Donis-Keller 等发表了第一张人类的 RFLPs 连锁图。之后许多生物的 RFLP 图谱相继问世。目前新 DNA 标记技术的应用，使许多物种的高密度遗传图谱构建成为可能。遗传连锁图谱构建的前提是染色体的交换和重组。在细胞减数分裂时，非同源染色体上的基因相互独立、自由组合。同源染色体上的连锁基因产生交换与重组，交换的频率随基因间距离的增加而增大，因此可用重组率来揭示基因间的遗传图距，图距单位通常用厘摩（cM）表示，1 cM 的大小大致符合 1% 的重组率。

在林木中，杨树种间杂交容易，杂种优势明显，可以建成大量的 F_1 代或 F_2 代分离群体，这些优点使得杨树指纹图谱绘制、遗传图谱构建方面取得了较大的进展。美国明尼苏达州立大学的 Liu 等（1993）以美洲山杨（$P.$ $tremuloides$）5 个全同胞家系为材料，利用 RFLP 标记和等位酶标记构建了世界上第一张杨树遗传图谱，该图谱包含了 54 个 RFLP 标记和 3 个等位酶标记，形成 14 个连锁群，覆盖基因组总长约 664 cM；1994 年，美国华盛顿大学 Bradshaw 等（1995）研究小组发表了一张具有较高密度而且比较完善的杨树图谱，他们利用毛果杨（$P.$ $trichocarpa$）×美洲黑杨（$P.$ $deltoides$）的 F_2 群体，采用三种不同的分子标记共获得 343 个标记，其中有 111 个 RAPD 标记，215 个 RFLP 标记，17 个 STS 标记。何祯祥、余荣卓等（2000）利用 RAPD，以杉木 J_0 和 F_{11} 两个亲本杂交形成的 F_1 群体为作图群体，从 1040 个随机引物中筛选出 78 个引物，对 78 个 F_1 群体及双亲样本进行了 RAPD 扩增，共获得 129 个 RAPD 标记，首次构建了杉木分子遗传连锁框架图。近 30 年来，已对 20 余属近 100 个树种构建了遗传图谱。在过去一段时间里，林木遗传图谱的构建多采用 RAPD 和 AFLP 等分子标记的方法，结合使用 RFLP、EST、SSR 等分子标记技术，随着生物技术的迅速发展，现代遗传图谱的构建已由 SNP 等共显性标记类型组成，在高密度、高解析度等方面取得突破。

13.1.2.3 林木基因定位

在完成构建分子标记连锁图谱后，下一步可用所得图谱进行控制性状的基因定位分析。在作图群体进行标记分型分析时，也调查样本的质量和数量性状，根据性状和分子标记的基因型数据进行遗传关联分析，建立性状—标记的关系，应用统计方法进行显著性检验，筛选相关的分子标记及确定在连锁图谱上位置，估计相应的对性状表型变异的贡献。

（1）质量性状

质量性状通常是由单个和几个基因控制，由于这些性状只受少数基因控制，所以利用分子标记来定位，识辨目标基因及对目标性状的植株进行直观的选择相对比较简单。只要寻找与目标基因紧密连锁的分子标记即可。连锁的紧密程度越高,结果越可靠。杨树抗锈病基因的定位研究取得了较大的进展,美国的 Newcombe 等(1996)和 Villar 等(1996)分别利用不同的方法对美洲黑杨的抗锈病基因进行了研究,共发现 8 个与抗锈病基因紧密连锁的标记,包括 1 个 RFLP 标记、1 个 PCR 标记、3 个 RAPD 标记及 3 个 AFLP 标记。分离群体分组分析法(bulked segregation analysis,BSA)比较适用于林木基因定位。其原理是将分离群体中的个体依据研究的目标性状,如抗病、感病分成两组,在每一组群中将各个体 DNA 等量混合,形成两个 DNA 混合池,如抗病池和感病池。由于分组时仅对目标性状进行选择,因此两个 DNA 混合池之间理论上就应该在目标基因区段有差异。运用 BSA 法进行基因定位时,除要考虑分离群体中个体的表现型与其基因型的关系外,还需要注意多态性标记与目标基因间的距离不可太远,构成近等基因池的株数要适中。Devey 等(1996)就是利用 BSA 法研究获得与抗松疱锈病相距 5 cM 以下的 6 个 RAPD 标记。近年来,基于全基因组关联分析(genome wide association study,GWAS)方法也成功应用于林木优良性状的遗传研究,在关键基因定位上展示了前所未有的优势。例如,Calic 等(2017)在对山毛榉(*Fagus grandifolia*)的树皮抗病性的研究中,检测出 4 个 SNPs 与性状极显著相关,并将标记位点定位到 5 号染色体的一个编码金属螯合蛋白 mRNA 的单基因上。Zhang 等(2018)在毛果杨自然群体 GWAS 研究中综合利用全基因组重测序、转录组、代谢组数据,发现了在木质素生物合成过程中起重要调控作用的 *Pt*HCT2 基因,构建了其在多个生物学过程中的调控网络,阐明了该基因响应胁迫与木材形成的协同作用机制。

(2)数量性状

分子标记技术在林木遗传和育种中的应用之一就是数量性状基因定位(quantitative trail locus mapping),简称 QTL 定位。所谓 QTL 定位,是阐明控制有关数量性状的主要基因数目,这些基因在染色体上的位置,以及其各自效应和联合效应的遗传图。所用的数量性状也可以是基因表达量数据,如转录组分析获得的正态化的各基因表达量 RPKM(Reads per kilobase per million mapped reads),此时定位分析简称为 eQTL 定位。要准确地定位 QTL,就必须建立起详尽的含各种标记的 QTL 图谱,标记越多,就越有可能准确地估计 QTL 的位置,这样也就可以系统地在整个植物基因组中寻找与 QTL 有关的标记。目前 QTL 定位的方法主要包括:单一标记定位法、区间作图法和复合区间作图法等,利用这些方法,在理论上可逐步建立数量性状遗传的分子基础,推进分子遗传学和数量遗传学的学科交叉和发展,提高育种效率。

美国华盛顿大学 Bradshaw 等(1994)通过对杨树遗传图谱的构建,在 232 个 RFLP 标记和 111 个 RAPD 标记组成的图谱上,进行了树高、胸径、材积、干形和分枝角度等性状的 QTLs 定位,进而研究控制数量性状的多基因数目及单基因的作用效应等。王平等(2018)以包含 408 个单株的胡杨×胡杨杂交的 F_1 代群体为实验材料,获取茎高、主根长、总侧根长和侧根数量 4 种表型动态生长数据;基于该群体所构建的高密度连锁图谱,通过功能作图和 2HIGWAS 对基因之间的上位互作进行定位。共侦测出 QTL-QTL 互作 83 对,包含 83 个 SNPs。其中主根长、茎高、侧根总长、侧根数量分别检验出 24 对、20 对、24 对、15 对显著 QTL 互作;主根长、茎高以及侧根总长较大比例的上位互作分别集中分布于连锁群 1、19 和 17。刘粉香等(2019)根据分子标记各种可能的分离比以及连锁相信息,建立林木多元性状数据 QTL 定位统计分析模型，并用 R 语言编写了相应的计算软件包 mvqtlmap，对美洲黑杨和小叶杨杂交 F_1 代群体树高数据进行了 QTL 定位分析。结果表明，有 4 个 QTL 定位在母本美洲黑杨的遗传连锁图谱上，有 6 个 QTL 分布在父本小叶杨的遗传连锁图谱上，这些 QTL 分别位于第 1、5、7、9、11 和 19 号染色体上，平均解释 0.8%~6.7%的表型方差。目前用 QTLs 定位研究的树种有火炬松、桉树、杨树、糖松、辐射松等，主要集中于经济性状，如生长、抗性、木材密度等。利用分子标记研究 QTLs 是基因组研究对数量遗传学乃至整个遗传学的一大贡献，使数量性状研究进入了分子水平。利用 GWAS 与多组学技术相结合的策略可以显著提高数量性状遗传解析的精确度。例如，McKown 等（2014）在对杨树的 GWAS 研究中，在 19 条染色体上分离出 410 个 SNPs 位点与性状显著相关，并根据基因注释得到与物候性状相关的基因 240 个、与生物量相关的基因 53 个以及与生理生态性状相关的基因 25 个。Uchiyama 等（2013）在日本柳杉（*Cryptomeria japonica*）种质群体开展木材品质性状 GWAS 研究，发现了数个显著调控木材品质性状的新基因；Allwright 等（2016）利用 GWAS 方法，开展大叶桉群体树高性状的遗传分析，发现了 3 个显著的 SNP 位点，有效提高了候选基因定位效率。

13.1.2.4 分子标记辅助育种

分子标记辅助选择（DNA marker assisted selection）是利用与目标基因紧密连锁的分子标记，在杂交后代中准确地对不同个体的基因型进行鉴别，据此进行辅助选择的育种技术。它通过遗传图谱的构建，目的基因的分离与鉴定，种质资源和育种群体的遗传结构分析及数量性状位点定位为林木生长、材性和抗性等重要性状的早期测定的精确性和可靠性提供了依据，从而大大缩短了林木育种周期。例如，黄秦军等（2004）利用 AFLP 和 SSR 分子标记技术已经构建出美洲黑杨×青杨杂种的遗传连锁图谱，连锁图共有 19 个较大的连锁群，16 个二联体（Doublets）、7 个三联体（Triplets）和 5 个较小的连锁群。为进一步的育种工作大大缩短了育种周期。目前，分子标记辅助选择多集中于抗病性状的研究，如在林木抗病质量性状的研究中，主要对松树疱锈病、榆树黑斑病基因研究较多，且已找到与这些病紧密连锁的标记，并分别定位在连锁图谱上。我国主要开展了抗杨树叶枯病、杨黑斑病及灰斑病等相连锁的标记及其基因位点定位研究。随着分子标记技术的发展，许多植物的高密度遗传图谱已经建立。迄今为止，国内外已完成了杨属、落叶松属、桉属等 10 多个属中的 30 个树种的遗传连锁图谱的绘制。随着 DNA 测序技术在林木遗传育种中的应用，分子标记连锁图的日趋完整，与目标性状紧密连锁的分子标记数量的增多，分子标记实验成本的降低，分子标记辅助选择在林木育种中会起到更重要的作用。

13.2　DNA 重组技术

重组 DNA 技术（recombination DNA technique），又称基因工程（genetic engineering）或基因操作（gene manipulation）等。它是在分子遗传学的理论指导下用类似工程设计的方法，预先设计蓝图，通过 DNA 拼接技术，将生物的某个基因通过基因载体运送到另一种生物的活性细胞中，并使之无性繁殖和行使正常功能，从而创造生物新品种的遗传学技术。

13.2.1 植物 DNA 重组技术基本步骤

DNA 重组技术包括的步骤为：目的基因分离和鉴定—植物表达载体的构建—植物细胞的遗传转化—转化植物细胞的筛选—转基因植物的鉴定—外源基因表达的检测等。

13.2.1.1 目的基因分离和鉴定

开展植物基因工程的工作，首先必须取得目的基因。获取目的基因的途径有直接分离和人工合成法。直接分离是利用 DNA 限制性内切酶将供体细胞中含目的基因的 DNA 片段切取分离出来。供植物转基因的大部分目的基因是从植物细胞中分离出来的，例如，从豆科植物的种子中分离得到多种种子贮藏蛋白基因，抗除草剂基因也是从植物中分离出来的；也有部分基因来自微生物和动物，如从苏云金芽孢杆菌中可得到抗虫基因（Bt 基因），由病毒中得到抗病毒的基因。

目前人工合成基因的方法主要有：一是以基因转录 mRNA 为模板，反转录成互补的单链，然后在酶的催化下合成双链 cDNA，而获得所需要的基因；二是依据已知其他物种的目的基因进行核苷酸同源序列分析，设计引物，采用 PCR 技术，快速、简便地扩增目的基因的 DNA 片段；三是根据已知的蛋白质的氨基酸序列，推测出相应的基因序列，再通过化学方法以 4 种脱氧核苷酸为原料合成目的基因。

由于植物的基因组非常庞大，核 DNA 总量高达 5×10^8 bp 以上，远远超过了原核生物的基因数目，且植物的性状多属数量性状，加上植物的遗传背景复杂，这一切都给植物基因的分离技术提出更高要求。近年来，随着生物化学、酶学、分子生物学等学科的迅速发展，植物的基因分离技术日渐成熟，逐步形成了一整套高效的植物基因分离技术，如 PCR 技术、转座子示踪技术、基因组相减技术、转录组分析技术等。

(1) PCR 技术

PCR 技术是 1985 年美国加利福尼亚的 Mullis 等开发的一项专利技术，它具有高度的专一性和灵敏度，能快速、简便地扩增 DNA 片段，是对已知序列进行分子克隆的最有效的手段。PCR 技术分离植物基因的方法是：首先提取植物的基因组 DNA 或 mRNA，其中对 mRNA 先通过逆转录酶合成 cDNA，以染色体 DNA 或 cDNA 为模板，以人工合成的一对寡聚核苷酸为引物，在 dNTP 存在的情况下，通过模板的变性、模板与引物的退火以及引物的延伸 3 个阶段的多次循环来扩增目的基因。有时根据植物性状的生理生化特征，先分离纯化所需的蛋白质或多肽，并对它进行部分氨基酸序列分析，推出可能的核苷酸序列，根据这些序列人工合成两个寡核苷酸引物，之后以基因组 DNA 为模板进行 PCR 扩增，即可得到目的基因片段。

(2) 转座子示踪技术

转座子示踪技术是根据植物或细胞的表型变异进行基因分离的有效手段。其方法是：用带有转座子的隐性纯合植物材料与所需分离的显性基因纯系亲本杂交，筛选因转座子插入而表现为隐性性状的突变品系。然后用已克隆的转座子为探针，对突变株系进行 Southern 分析，通过常规分子克隆(如构建基因文库)分离目的基因片段。接着再以该基因片段为探针，从正常的显性基因纯系亲本中克隆出相应基因序列。目前已克隆了玉米的 Ac/Ds 转座子，并通过农杆菌介导的 Ti 质粒转化法导入烟草、拟南芥、矮牵牛、马铃薯及番茄等植物中。

(3) 基因组相减技术

这一技术是 Straus 和 Ausubel 于 1989 年根据 Bautz 提出的相减杂交分离缺失序列的概念提出的。其方法主要是利用缺失突变体与未缺失同源亲本只有一二个核苷酸的差异，将大量特殊标记的突变体 DNA 与少量未缺失亲本 DNA 混合，变性后在适当温度下复性，待反应体系中单链 DNA 重新配对成双链后，除去标记的突变体 DNA 和与之杂交配对的亲本 DNA。如此反复数次，反应体系中突变体 DNA 所缺失那个亲本 DNA 片段因无法与任何突变体 DNA 形成杂合体而保留在溶液中，对这个留在反应体系中的 DNA 片段进行 PCR 扩增，经过 DNA 分析，就能获得这些 DNA 片段所含的基因。

(4) 全基因组测序技术

近年来随着测序技术发展，测序的成本越来越低，利用全基因组测序技术分析差异基因越来越方便。其方法主要是利用突变与未突变体同源亲本间只有少数几个核苷酸的差异，将突变体多个个体混合 DNA 和未突变亲本 DNA 分别进行 20 倍以上基因组覆盖测序，利用生物信息学与亲本分析比对，就能够获得突变的基因。这个方法最大的优点就是避免了林木材料非常困难的构建杂交群体，进行因为基因定位(mapping)的操作。

(5) 染色体步移技术

染色体步移(chromosome walking)是从第一个重组克隆插入片段的一端分离出一个片段作为探针从文库中筛选第二个重组克隆，该克隆插入片段含有与探针重叠顺序和染色体的其他顺序。从第二个重组克隆的插入片段再分离出末端小片段筛选第三个重组克隆，如此重复，得到一个相邻的片段，等于在染色体上移了一步，故称之为染色体步移。染色体步移技术是一种重要的分子生物学研究技术，使用这种技术可以有效获取与已知序列相邻的未知序列。

(6) 转录组学技术

Velcuescu 等(1997)提出了转录组(transcriptome)的概念，转录组广义上指某一生理条件下，细胞内所有转录产物的集合，包括信使 RNA (mRNA)、核糖体 RNA (rRNA)、转运 RNA (tRNA)及非编码 RNA (ncRNA)；狭义上指所有 mRNA 的集合。转录组测序一般是对用多聚胸腺嘧啶(oligo-dT)进行亲和纯化的 RNA 聚合酶 II 转录生成的成熟 mRNA 和 ncRNA 进行高通量测序。有别于植物基因组，转录组能够表征特定组织，发育时期及生理状态下包括植物编码蛋白的 mRNA 及 ncRNA。转录组学自提出，便迅速渗透到多个学科研究的领域，尤其在发现参与调控植物重要生理过程的基因起到重要作用。例如，Madritsch 等(2019)通过比较三个拥有不同干旱抗性的欧洲橡树的转录组，鉴定了 517 个可能参与植物抗旱过程的基因，并发现抗氧化能力，线粒体呼吸机制及输水系统的木质化在植物抗旱过程中的重要作用。再如，刘果，陈鸿鹏等(2019)以不同生长阶段的南美油藤种子为研究对象，利用高通量转录组测序技术，分析种子发育过程中脂质代谢物含量的动态变化规律，并根据种子不同生长阶段的差异表达基因寻找出脂质代谢物合成与累积的关联酶基因，结合代谢组学的分析，阐述了脂肪酸生物合成和累积相关的 6 个关键酶基因的表达模式与脂肪酸的合成和累积存在显著的相关性，基因家族的不同成员存在生物学功能的差异性和多样性。

(7) 代谢组学技术

随着生命科学的发展，代谢组学成为继转录组学、蛋白质组学后兴起的一种组学技术。与其他组学技术不同，代谢组学是通过考察生物体在受到外界干扰或者刺激后，其代谢产物变化情况或随时间的变化情况来研究生物体系的一门学科。将组群指标作为分析变化的基础，用高通量检测方法和多元数据处理将信息建模与系统结合起来，从而对生物体的代谢产物进行定性定量分析。植物代谢物是植物体化合物的统称，具体分为初级代谢物（primary metabolites）及特殊代谢物（specialized metabolites），是植物生长发育、生殖应激等几乎所有重要生命活动的直接参与者和终端作用物。相比于基因组，转录组及蛋白组是对植物基因型的描述，代谢组对植物表型具有直接影响。代谢组学研究需要高通量、高灵敏度且稳定性好的分析方法。目前，主要分析手段包括核磁共振（NMR）、液相色谱—质谱联用（LC-MS）、毛细管电泳—质谱联用（CE-MS）以及气象色谱—质谱（GC-MS）等技术。植物育种往往很大程度上地依赖于表型筛选或遗传标记进行基因型筛选，但这种方法在筛选由多基因控制的复杂性状上受到限制。而代谢组学结合植物群体的基因组信息等能够有效地鉴定数量性状相关的代谢物及代谢合成调控相关的基因信息。代谢物作为直接筛选标记，在育种方面的优势也日益明显。随着基因组学，转录组学的发展，联合代谢组学进行分析已经成为流行的趋势。

除上述技术外，对具有抗胁迫的基因，如抗旱、抗病、抗盐碱等可采用基因挽救技术，即提取具有抗胁迫性状的植物基因组 DNA，把它克隆到植物—微生物穿梭载体上，通过三亲交配将克隆子转入农杆菌，再用这些杆菌转化不具抗胁迫性状的受体植物细胞，通过增加对受体植物的选择压力，筛选因导入外源基因而获得抗胁迫性状的植物，最后以载体 T-DNA 为探针克隆抗胁迫性状基因。另一项技术 cDNA 差异显示和分析技术也正在用于植物基因的分离与鉴定，它可在没有任何探针的情况下克隆控制某一特定性状或生理反应中间步骤的基因。

13.2.1.2 植物表达载体的构建

植物表达载体是携带外源目的基因进入植物细胞进行复制和表达的媒介，故亦称作工程载体。根据载体的遗传特性和功能，主要包括农杆菌 Ti 质粒载体（图 13-5）和植物病毒表达载体两大类。农杆菌 Ti 质粒载体可将外源基因整合进植物染色体基因组，使外源基因在植物中稳定表达；植物病毒载体系统为瞬时表达系统，通过转基因植株稳定表达外源重组蛋白。根据结构特点又可将植物表达载体分为一元载体系统和双元载体系统两类。目前研究中常应用双元表达载体，是由两个相容性突变 Ti 质粒组合而成的

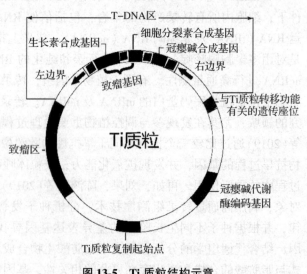

图 13-5 Ti 质粒结构示意

双质粒系统，一般主要包括卸甲 Ti 质粒和微型 Ti 质粒两部分。卸甲 Ti 质粒就是敲除 T-DNA 区域的突变型 Ti 质粒载体，完全丧失了致瘤功能，主要起辅助质粒的作用；而微型 Ti 质粒则是含有 T-DNA 边界、缺失 *Vir* 基因的 Ti 质粒，主要作用是在 T-DNA 左右边界序列之间提供植株选择标记。双元表达载体进行转化的原理是通过 Ti 质粒上的 *Vir* 基因反式激活 T-DNA 区域的转移，其构建效率较高，操作简便，且在外源基因的植物转化中效率远高于共整合载体。

构建植物表达载体的方法是在目的基因的 5′端加上启动子，有时还加上增强子，在 3′端加上终止子，以便使外源基因能在植物中有效表达。目前常用的启动子是从花椰菜花叶病毒(CaMV)中分离的 35S 启动子。其次还有胭脂碱和章鱼碱合成酶的 Nos 启动子和 Ocs 启动子，它们均具有真核生物启动子的一些特性，能在植物细胞中使外源基因表达。在构建植物表达载体时，可根据研究工作的目的选择合适的启动子，如需要目的基因在植物的多个时期、各个部位表达，就需选用组成型启动子；如需要目的基因在特定时间表达，可选用发育特异启动子或诱导启动子；如需要目的基因在特定部位表达，就选用组织特异性表达启动子。在转录终止方面，目前植物基因工程中常用的终止子是胭脂碱合成酶的 Nos 终止子和 Rubisco 小亚基基因的 3′端区域。

13.2.1.3 植物细胞的遗传转化

植物遗传转化是利用生物及物理化学等手段，将外源基因导入植物细胞以获得转基因植株的技术。近年来植物的遗传转化技术得到迅速发展，建立了两大类基因转化系统。一是以载体为媒介的基因转化系统，如以土壤农杆菌 Ti 质粒及 Ri 质粒为载体的转化方法；二是 DNA 直接转化系统，如 PEG 法、电击法、基因枪法和花粉管通道法。除这些方法外，离子束介导法、碳水硅纤维法、替代转化法及超声波法等都先后成为外源 DNA 直接导入植物细胞的方法。近年来，利用碳纳米材料也成功将 DNA 递送到植物细胞中(Demirer et al., 2019)。目前，林木转基因主要采取根癌农杆菌转化。农杆菌介导转化的一般程序为：农杆菌的培养和制备—外植体的侵染—共培养—筛选分化—获得抗性植株—分子检测—转基因植株。

根癌农杆菌中含有 Ti 质粒，Ti 质粒上有一个 DNA 区段，即 T-DNA，它可以整合到植物基因组上，而 T-DNA 插入外源 DNA 片段并不影响整合。野生的 Ti 质粒作为基因工程载体并不合适，其质粒大到 200 kb，一种限制酶往往有十多个酶切位点，难以直接进行基因操作。另外，野生 Ti 质粒引起转化组织瘤性生长，使植株再生困难。所以后来人们对 Ti 质粒进行了改造，并发展成一种称之为中间载体的质粒，它可在大肠杆菌中复制并可插入目的基因。使这一载体从大肠杆菌转入根癌农杆菌后，便可用于农杆菌介导的遗传转化。目前用的大多数是改造后的 Ti 载体的质粒。农杆菌转化方法主要有 3 种：一是整株浸染法，用农杆菌浸染创伤部位，然后无菌培养愈伤组织；二是叶盘法，用打孔器取得创伤的叶圆片，将叶圆片放入农杆菌菌液让其浸入叶片伤口，然后转移到选择培养基上，使转化细胞再生植株，此法最常用；三是共培养法(图 13-6)，将原生质体与农杆菌一起培养 40 h 左右，离心去菌后，在选择培养基上得到转化的细胞系。农杆菌介导的遗传转化具有简单、快速、高效的特点。农杆菌介导转化的宿主植物主要是双子叶植物，但目前已有很多在单子叶植物获得转化植株的例子。

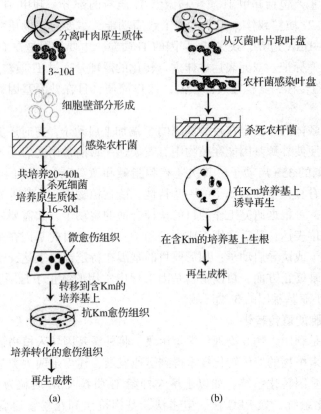

图 13-6　农杆菌转化示意
(a) 农杆菌转化原生质体　(b) 叶盘法

13.2.1.4　转化植物细胞的筛选

植物细胞经过目的基因转化处理后，只有少数细胞被转化，需将转化细胞与未转化细胞区分开来，并淘汰未转化的细胞，然后利用植物细胞的全能性在适当的环境条件下使转化细胞发育为转基因植株。标记基因在植物的遗传转化过程中的作用是区分转化和非转化细胞，是筛选和鉴定转化的细胞、组织和转基因植株的有效方法。目前被广泛应用的标记基因大致可分为选择基因、报告基因两类。还有一些基因兼具选择和报告的功能。

（1）选择基因

广泛用于选择的标记基因有多种类型：一类是抗生素抗性基因类：如对卡那霉素和新霉素有抗性的新霉素磷酸转移酶Ⅱ基因(*Npt*Ⅱ)，对氯霉素有抗性的氯霉素乙酰转移酶基因(*Cat*)，以及链霉素磷酸转移酶基因(*Spt*)、潮霉素磷酸转移酶基因(*Hpt*)和庆大霉素抗性基因(*Gmr*)等。抗卡那霉素基因(*Npt*Ⅱ)是植物转化所用的第一个标记，也是最常用的显性选择标记。NPTⅡ酶可催化卡那霉素及其他氨基糖苷类抗生素氨基己糖上的3′-羟基发生依赖于ATP的磷酸化，修饰后的卡那霉素不能再进入细胞并与30S核糖体亚单位结合而导致mRNA的错译。潮霉素抗性基因(*Hpt*)在某些作物上选择效率较高，应用也较多；另一类是抗除草剂基因类。有抗草甘膦的 *Epsps* 基因及抗草丁膦的 *Bar* 基因等。草甘膦是可控制大多数有害杂草的非选择性除草剂。抗草甘膦的 *Epsps* 基因是5-烯醇丙酮酸莽草酸-3

-磷酸合成酶的突变体。草甘膦是 EPSPS 合成酶的抑制剂。细胞或农杆菌中分离的 *EPSPS* 基因与叶绿体转运肽序列融合，可显著提高对草甘膦的抗性。抗性标记基因的编码产物通常是分解除草剂或抗生素的酶，可赋予转化细胞除草剂或抗生素抗性，从而使转化细胞能够在含有一定浓度除草剂或抗生素的筛选培养基上生长，非转化细胞在筛选培养基上则被除草剂或抗生素杀死。

(2) 报告基因

它们大都是一些酶的基因，包括农杆碱合成酶类，如章鱼碱合成酶基因 *Ocs*(或胭脂碱合成酶基因，*Nos*)，抗生素转化酶类，产生具有生化显色的酶类(如 GUS)及自身有光学活性的非酶蛋白类(绿色荧光蛋白，GFP)。*Gus* 基因应用较广泛，可将无色底物 5-溴-4 氯-3 吲哚葡糖苷酸(X-Glux)水解，产生蓝色的水解产物，可用肉眼或在显微镜下观测，也可用荧光分光光度计进行定量测量。

标记基因是为了筛选、鉴定转化子，对受体本身及环境来讲，它的存在是多余的，甚至是有害的。人们关注这些存在于转基因植物中的具有抗生素或除草剂抗性的标记基因是否会对环境及人类健康有不良影响和损害。主要问题：一是抗生素抗性基因会不会转移到微生物中，使病原菌获得抗性，从而导致目前临床使用的抗生素失效；二是标记基因会不会传播到野生亲缘种中，使杂草获得这种抗性，变成现有除草剂无法杀灭的"超级杂草"；三是具有抗生素或除草剂抗性的转基因植物的应用，会不会由于基因的漂移破坏生态平衡。出于安全性考虑，科学工作者尝试寻找新的标记基因用于植物的遗传转化或培育获得无选择标记，以获得无选择标记的转基因植物。对新的标记基因的要求：一是能够对转基因植物进行筛选和鉴定；二是必须对环境和生物都是安全的。近些年，糖类代谢酶基因的正筛选系统(positive selection system)也得到广泛运用。这类标记基因的编码产物是某种糖类的分解代谢酶，转化子能利用筛选剂糖类作为主要碳源，可在筛选培养基上生长扩繁；而非转化细胞则处于饥饿状态，生长被抑制，依此可以区分转化与非转化细胞。现已试用于植物转化的此类标记基因有木糖异构酶 *XylA* 基因和磷酸甘露糖异构酶 *Pmi* 基因、核糖醇操纵子(rtl)和谷氨酸-1-半醛转氨酶基因(*hemL*)、异戊烯基转移酶基因(*Ipt*)、吲哚 3-乙酰胺水解酶基因(*IaaH*)等。

在筛选获得转基因植株后，抗性基因已不再需要，而且抗性基因在转基因植物中长期存在可能引起生物安全性问题，很大程度上影响普通民众对转基因植物的接受。目前已经有成熟的技术可以在得到转基因植物后将抗性基因从转基因植物中剔除，使得转基因的安全性获得了极大的提高。

13.2.1.5 转基因植物的鉴定与外源基因表达的检测

转基因植株的分子检测主要包括 PCR 特异扩增、分子杂交技术。PCR 特异扩增目的基因片段是当今用于转基因植物鉴定最简单、最常用的方法。外源基因在植物基因组上整合的最可靠的检测方法是 Southern 分子杂交。基因表达分为转录和翻译两阶段，证明外源基因在转录水平上是否表达的主要检测方法为 Northern 杂交，或者目前使用频率更高的实时定量 PCR 分析外源基因的表达；证明外源基因在翻译水平是否表达，常用的分子杂交方法就为 Western 杂交。主要原理是依据外源目的基因的碱基序列，与含有标记的探针发生同源配对，杂交后能产生杂交信号的转化植株为转基因植株；未产生的为非转基因植株或者是转入基因失活或者沉默的转基因植株。由于转基因的目的是想通过外源基因在转化植株体内表达，来提高植株在这个方面的表达程度。特别是关于那些转入基因的目的是增加植株抗性的研究中，为了测定基因是否转入或者转入后是否表达，可以给转基因植株一定的选择压力，如果产生抗性，表明为转基因植株。在转抗病基因的植物中，连续多年人工接种病菌，一直表现抗性的植株可以确定为转基因植株。在转甜菜碱醛脱氢酶基因的植株，在含有 NaCl 的培养基和大田中筛选抗盐转基因植株等。

大多数转基因植物的外源基因的表达或者活性存在极大的差异，现在认为这是由于外源基因插入的位点效应引起的；另外，外源基因的表达会受到植物体自身的同源基因或先前转入的外源基因中的同源序列的影响而常表现为外源基因失活。外源基因导入植物细胞后，其表达与否及表达量的高低可通过 3 种方法进行检测。一是与标记基因和报告基因整合，通过两者的活性高低检测，即可知外源基因的表达水平；二是直接检测外源基因转录水平以及它的翻译产物的多少，这是目前最具说服力的检测方法；三是效果检测，如抗病毒基因工程中的抗毒试验、抗虫基因工程中的抗虫试验等。这是最直接的检测方法，是某一种植物基因工程成功与否的最后判断标准。

13.2.2 DNA 重组技术在林木育种中的应用

林木基因工程始于 20 世纪 80 年代中期。1986 年，Parson 等首次证实杨树可以进行遗传转化和外源基因能在树木细胞中表达。目前已有杨树、桤木、核桃、刺槐、麻栎、桉树、火炬松、花旗松、欧洲赤松、白云杉、挪威云杉等 10 科 22 属近百种进行遗传转化研究，获得转目的基因的植株有杨树、松树、柳树、核桃、桉树、麻竹等，个别已进入商业化阶段。

13.2.2.1 抗虫

虫害严重影响树木的生长和存活，甚至导致物种的消失和造林的失败。大面积人工林更加剧了虫害的蔓延，造成了毁灭性的森林灾害。因此，培育抗虫的树木新品种对人工林建设有重要意义。自 1987 年比利时的 Vacek 等首次获得烟草苏云金杆菌内毒素基因（Bt）转基因植株以来，Bt 基因已转入烟草、番茄、玉米、棉花、果树及林木等多种植物中，一些转 Bt 基因农作物已进入商品化生产。美国威斯康星麦迪逊大学等单位合作成功地将抗虫的苏云金杆菌内毒素基因和蛋白酶抑制剂基因转入白云杉树中，从而可有效地防治云杉卷叶蛾对白云山的危害。McCown 等（1991）利用电激法将抗虫 Bt 基因导入银白杨×大齿杨和欧洲黑杨×毛果杨杂种中，获得了抗虫转基因植株。我国是杨树抗虫基因工程研究较早的国家之一，目前获得的转基因杨树已相继进入大田试验及商业化阶段。如中国林业科学研究院与中国科学院合作将 Bt 基因导入欧洲黑杨、欧美杨和美洲黑杨，获得对舞毒蛾有毒杀作用的杨树转化再生植株，并进入商品化生产阶段。河北农业大学将 Bt 基因和慈姑蛋白酶抑制剂基因构建在一个植物表达载体上，通过根癌农杆菌介导将此表达载体上的双基因转入白杨优良杂种 741 杨中，获得了对杨扇舟蛾、舞毒蛾、美国白蛾等鳞翅目害虫具高抗性的植株。转基因植株的幼虫死亡率达到 80% 以上，存活幼虫生长发育受到明显抑制，植株生长发育未受影响。

转抗虫基因植株的应用可以产生抗虫效果，但存在的潜在问题也是明显的。Bt 毒蛋白仍存在杀虫谱带窄、毒力不够强的问题。除了转基因植物的环境安全考虑外，害虫的耐受性是一个不容忽视的问题。由于树木长期的生长过程中基因始终不变，而昆虫经过许多世代演化后，一旦对这种转基因树木产生抗性，转基因植株将失去其自身的价值。因而挖掘新的抗虫基因，开发多价抗虫基因转化，具有重要的应用价值。

13.2.2.2 抗病

抗病基因根据其作用对象可分为：抗病毒基因、抗真菌基因和抗细菌基因。在林业上，抗病毒基因工程研究起步较晚，目前使用的只有杨树花叶病毒外壳蛋白（PMV-CP）基因、洋李痘病毒的外壳蛋白（PPV）基因和黄瓜花叶病毒外壳蛋白（CMV-CP）基因等几种。英国牛津大学的 Cooper 研究小组克隆了杨树花叶病毒外壳蛋白基因，将其转化杨树并获得成功。Scorza 等（1992）将番木瓜环斑病毒（PRSV）外壳蛋白基因导入欧洲李中。E. Machado（1992）用 Ppv 基因导入杏（$Prunus\ armeniaca$），获得了抗洋李痘花叶病毒的转基因植株。

抗病基因工程最成功的例子是用在木瓜上。1948 年，人们在美国夏威夷发现了一种侵害木瓜的植物病毒，即番木瓜环斑病毒。随后几十年里，该病毒在世界多个木瓜产地均有发生，包括在中国南方多个省份广泛流行，严重时可导致木瓜减产八九成，成为木瓜产业的主要限制因素。1990 年，诞生了首个转番木瓜环斑病毒外壳蛋白基因的木瓜品系，1998 年在美国被批准商业化种植，直接挽救了美国的木瓜产业。此后中国自主研发了更加优良的木瓜转基因品种。中国的木瓜产地在华南地区，而华南地区有 4 个番木瓜环斑病毒毒株，其中"黄点花叶"株，达 80% 以上。华南农业大学的科研人员将这个毒株的复制酶基因转入木瓜体内，培育出了'华农 1 号'。该品种不仅高抗"黄点花叶"，对华南地区其他几个次要毒株也具有很好的抗性。'华农 1 号'在 2006 年获得中国农业部颁发的安全性证书，目前国内市场上销售的木瓜基本上都是转基因品种。为什么"华农 1 号"的研究者选择转入番木瓜环斑病毒的复制酶基因，而不是跟别的抗病毒作物、甚至夏威夷的转基因木瓜一样，也转入病毒的外壳蛋白基因呢？一个原因是人们发现转外壳蛋白基因的木瓜对病毒的抗性还不够强，另一个原因是出于对环境安全潜在风险的考虑。蚜虫在含有病毒的木瓜树上吸食汁液时，外壳蛋白依附在蚜虫的刺针上。科学家们担心，如果转外壳蛋白基因的木瓜植株里恰好有另一种不具有蚜传性的病毒，那么后者的核酸会不会被番木瓜环斑病毒的外壳蛋白包裹起来，从而变成一种可以被蚜虫传播的、更容易流行的"新"病毒呢？目前人们从没发现转外壳蛋白基因导致植物病毒的"张冠李戴"真正发生过。这也说明科学家们对转基因作物的研发是非常谨慎的，他们会事先考虑各种可能的不良后果，并加以避免。

林木抗真菌和细菌基因研究也有一定的进展。目前克隆出抗真菌性病害的基因有几丁质酶基因（Chi）和角质酶基因（Cut），已构建了能在杨树细胞中表达的几丁质酶基因的表达系统。1999 年，Bolar 等将哈兹木酶几丁质酶基因 $ThEn-42$ 导入苹果。2001 年，Liang 等将来自小麦的草酸氧化酶基因导入杨树，提高了转基因植株的抗真菌能力。我国已从兔子中成功地克隆了防御素 $NP-1$ 基因，构建了植物表达载体，通过农杆菌介导法将该基因导入毛白杨，检测发现转基因植株组织提取液对枯草杆菌、农杆菌和立枯病原菌等多种微生物的生长均有不同程度的抑制作用。1999 年，方宏筠等开展了抗菌肽基因转化樱桃的研究，并获得了抗根瘤病的转基因植株。汤浩茹（2001）已成功地将哈兹木酶几丁质酶 $ThEn-42$ 基因转入核桃。几丁质酶活性检测结果表明，转化的体细胞胚系的几丁质酶活性比对照高几十至几千倍。遗传转化的体细胞胚系已萌发成苗。黄艳等(2012)通过转几丁质酶基因和酯转移酶基因进入杨树，获得双价抗性基因，提高了对病原真菌的抗性。

13.2.2.3 抗旱和耐盐碱

植物抗旱和耐盐碱机理上有相似之处，与渗透胁迫及其调节相关。植物抗渗透胁迫是受多基因控制的复合遗传性状，与许多生理生化过程有关。能否对抗渗透胁迫特征进行遗传改良，关键在于能否找到限速代谢步骤以及克隆到限速酶的基因。目前，已经从不同植物中克隆到谷氨酸合成脯氨酸代谢途径中的催化关键酶吡咯啉-5-羧酸合成酶基因($P5CS$)和胆碱合成甜菜碱的最后一个催化酶基因——甜菜碱醛脱氢酶基因($Badh$)。除甜菜碱和脯氨酸外，其他渗透调节物甘露醇和山梨醇的合成关键酶1-磷酸甘露醇脱氢酶基因($mtlD$)和6-磷酸山梨醇脱氢酶基因($gutD$)也相继从大肠杆菌中被克隆出来，并已分别将这两种酶基因转移到烟草上，使转基因烟草中甘露醇和山梨醇的含量明显增加，也同样增强了其耐盐性。

近些年的研究常常关注一些调节因子响应胁迫应答的机制。如CBF转录因子能够识别抗冻基因COR (cold regulated gene)中的CTR/DRE元件并与之结合，从而开启系列抗逆蛋白表达。目前，已经分离出一系列CBF家族成员，$CBF1$、$CBF2$、$CBF3$和$CBF4$。其中$CBF1$、$CBF2$、$CBF3$基因又分别被命名为$DREB1B$、$DREB1C$和$DREB1A$。将CBF转录因子转入植物中可以明显提高植物的抗旱、抗低温、抗盐等逆境胁迫的能力。Kasuga等(1999)发现拟南芥在受到干旱、高盐、低温等逆境因素胁迫时，会激活与之相关的转录因子如$DREB$，启动相应抗性基因的转录，并能引起脯氨酸及蔗糖含量的提高，从而使植株多方面的抗逆性得到提高。

在林木抗旱方面，王沛雅等(2014)以河北杨(*Populus hopeiensis*)为材料，研究拟南芥油菜素内酯(BR)生物合成酶基因$DAS5$对其生长表型、生物量及抗旱性的影响。结果表明：来自拟南芥的BR生物合成酶基因$DAS5$可以显著增加河北杨的生长量，并在抵御干旱胁迫机制中发挥重要作用。王琪等(2016)以新疆野苹果(*Malus sieversii*)组培苗为试材，采用实时荧光定量PCR(qRT-PCR)分析$MsDREBA6$在干旱胁迫下的时空表达特性，并结合转基因拟南芥分析了过表达$MsDREBA6$对根系发育的影响。结果表明，$MsDREBA6$可以通过调控一系列生长素和细胞分裂素相关基因表达变化，改变根系中IAA/ZR平衡，从而促进侧根发育以提高植物的抗旱性。

在林木耐盐碱方面，刘凤华等(2000)用PCR方法克隆了大肠杆菌1-磷酸甘露醇脱氢酶基因，并用土壤农杆菌介导法导入八里庄杨，获得了一批具较高抗盐性的转化植株。尹建道等(2004)对转抗盐碱基因($mtlD$)八里庄杨进行了大田释放造林试验，经多点统计分析，转基因杨的田间耐盐极限为土壤含盐量0.43%，可在中度盐碱地上正常生长。经大田试验林采样PCR检测，转化基因遗传性稳定。马丽(2005)利用PCR克隆法，从胡杨中克隆到Na^+/H^+逆向转运蛋白基因，并进行了转化群众杨的研究。杨传平等(2001)将与甜菜碱合成有关的耐盐基因$bet-A$转入小黑杨中，利用Southern杂交证明$bet-A$基因已整合进入小黑杨的基因组中，同时进行耐盐筛选试验。张园等(2019)对前期获得的4个转$BpTCP7$白桦株系和非转基因对照株系进行不同浓度的$NaHCO_3$处理。结果表明，$BpTCP7$基因一定程度上提高了植物的抗盐碱能力。

13.2.2.4 抗冻

植物抗冻基因工程主要有 2 途径：一是导入调控功能基因，包括抗冻蛋白、抗渗透胁迫相关基因、脂肪酸去饱和代谢关键酶基因及抗氧化酶活性基因等；二是导入抗寒调控基因包括转录因子 *CBF* 等。

抗冻蛋白(antifreeze protein，AFPs)是 20 世纪 60 年代从极地海鱼的血清中发现的一种具有阻止体液内冰核的形成与生长、维持体液的非冰冻状态的高效抗冻活性物质。与鱼类和昆虫抗冻蛋白相比，植物 AFPs 研究的较晚。直到 1998 年 10 月，Dawnorrall 等在 Science 上发表了胡萝卜 AFPs 及其基因的研究论文，才标志着第一个植物 *AFP* 基因的发现，并且将此 *AFP* 基因连接在表达载体上转化烟草，获得了表达并且产生了 AFPs，提高了转基因烟草植株的抗冻性。1999 年，Michael 等从桃树(*Prunus persica*)的树皮中提取到一种脱水蛋白 PCA60，这是第一次发现具有脱水素蛋白特性的抗冻蛋白，其富含赖氨酸、甘氨酸，具有较强的修饰冰晶能力。冷驯化后脯氨酸含量增加，表明脯氨酸可能与植株抗冻性有关。脯氨酸是水合能力较强的氨基酸，其含量增加有助于细胞持水和生物大分子结构的稳定。2008 年，Wang 等通过农杆菌浸染法成功将准噶尔小胸鳖甲抗冻蛋白基因导入烟草中，耐寒性实验证明转基因烟草的抗寒能力得到了加强。

在植物中导入糖代谢或脯氨酸代谢相关酶的基因，以增加植物中糖分和脯氨酸的含量，能提高植物的抗旱性及抗盐性。如 Deirdre 等(2003)将豇豆中脯氨酸合成酶基因 *P5* 以农杆菌介导的方法转入落叶松中，得到转基因植株的脯氨酸含量比未转基因的对照植株高 30 倍，且 4℃ 低温下转基因植株在低温下的生长率大幅高于野生植株，抗冻能力增强。

1997 年 Stockinger 在研究拟南芥冷诱导基因时发现了一种转录活性因子，由于它能结合到 CRT/DRE 这种 DNA 调控基序上，故命名为 *CBF1*。*CBF* 转录因子基因的抗冷作用表现在其对下游抗冻蛋白基因的表达和调控。近年来，已从毛白杨、沙冬青、平榛、巴西橡胶树、树等木本植物中成功分离和鉴定出与 *CBF* 相似的转录因子。如周洲等(2010)在木本植物毛白杨中克隆到一个 *CBF* 基因 *PtCBF*，研究证明 *PtCBF* 在植物体适应寒冷和干旱的过程中可能有着重要作用。

13.2.2.5 材性改良

木质素是继纤维素之后组成木材的第二大组分，约占木材总量的 25%。在制浆造纸中需花费大量费用去除木质素，而且还会造成环境严重污染。通过转基因技术可为降低木质素含量，改善木质素组成及提高纸浆得率提供一条途径。木质素是在一系列的酶催化下，由苯丙氨酸脱氨、加羟基、加氧甲基形成不同类型的木质醇类(木质素单体)，再经多种形式的聚合作用形成的。在杨树上涉及上述代谢途径酶的基因已相继克隆出来，并用于正义、反义 RNA 的基因工程研究中。在所研究的 8 种酶中，在转基因杨树上改变了木质素的含量或组成的基因有咖啡酸/5-羟基阿魏酸-*O*-甲基转移酶(COMT)、咖啡酰-CoA-*O*-甲基转移酶(CCoAOMT)、香豆酸-CoA 连接酶(4CL)及肉桂酰乙醇脱氢酶(CAD)。美国北卡罗来纳州立大学 Vincent Chiang 教授在 20 世纪 90 年代，通过表达反义 *4CL* 基因的转基因杨树木质素含量降低了 40%~50%，纤维素提高 15% 以上，叶片增大，生长明显加快，为培育纸浆材树种奠定了基础。近年来，随着 CRISPR/Cas9 技术的发展，通过基因编辑技术，下调半纤维素和木质素合成酶基因，改良木材的材性将会是林木育种中的热点问题。

13.2.2.6 控制开花、生根等

林木有较长的幼年期,许多性状只能在成年期才表现出来,在一定程度上限制了林木遗传育种工作进展。因此,通过基因工程技术促进林木提早开花,缩短育种周期,这对加速林木遗传改良有积极作用。目前已从辐射松、黑云杉、挪威云杉、苹果和杨树中分离和鉴定出同源开花基因。在转基因方面,Weigel 等(1995)将来源于拟南芥的 *LEY* 开花基因导入杨树,转基因杨树开花时间比一般杨树早。在桉树中过量表达 *FT* 基因可以使 1 年生的桉树早早开花,并且正常杂交结果。由于转基因通过花粉扩散到野生植物中去,可能会造成生态问题,引起了人们的担心,雄性不育基因工程可望解除这种担忧。雄性不育的基因工程可以采取以下 2 种途径:一是利用反义 RNA 抑制花粉发育所必需的基因的表达,从而达到雄性不育;二是通过花药或花粉特异表达启动子驱动细胞毒素基因在花药或花粉中表达,促使绒毡层细胞消融或花粉自融,实现雄性不育。具体做法是:分离在花药绒毡层细胞特异表达的启动子,把它与真菌或细菌的 RNA 酶基因(*RNaseT1* 等)或利用细胞毒素基因(*DTA*、*ToxA*、*Barnase* 等)连接,构成融合基因,导入植物,由于绒毡层细胞表达 RNA 酶或毒素,造成花粉败育。在了解了树木花芽分化过程中的基因表达后,可以利用反义 RNA 抑制该基因的表达,阻止花的形成。目前,杨树上已分离了多个花芽形成过程中的特异表达基因(如 *PTLF*、*PTAG*、*PTD* 等),利用其启动子控制毒素基因,获得了花粉败育的杨树转基因系。

许多重要造林树种和优质果树栽培品系,由于生根困难扦插不易成活而严重阻碍了无性繁殖材料大面积推广,这已成为生产中急需解决的问题。Charest 等(1992)用发根农杆菌 ATC39207 对黑杨派的 3 个无性系进行了一系列转化试验,发现它对欧美杨无性系 DN106(*Populus deltoides*×*P. nigra*)非常敏感,诱导发根的频率很高,转化植株的根系比对照高出 8.1 倍,地上部分的生物量高出对照 4.1 倍。Tzfira 等(1998;1999)的研究表明,将 *rolB*、*rolC* 基因置于其自身的启动子调控下,转 *rolB*、*rolC* 基因的欧洲山杨生长速率较快,生根能力增强,茎干生长量指数大大提高。梁机等(2004)采用农杆菌介导法将 *rolB* 基因导入毛白杨,获得 46 株卡那霉素抗性植株,转基因植株硬枝插条生根能力显著高于非转化对照植株。

13.2.2.7 抗环境污染基因工程

环境问题是人类所面临的最严峻问题之一,而林木是维持陆地生态平衡和治理环境污染的主体。因此,林木抗环境污染基因工程已成为林木基因工程的重要研究方向。控制植物体内重金属由胞外运移至胞内的关键基因,主要有锌铁调控蛋白、黄色条纹样蛋白、天然抗性相关巨噬细胞蛋白,作为载体参与重金属在植物体内的不同组织的转运。改变重金属在细胞内储存位置、提高植物耐受能力的关键基因,主要调控 ATP 结合转运器、阳离子扩散促进器和 P1B 型 ATPases,通过增强植物对重金属的区隔化能力来实现储存功能。

降低重金属对植物毒害作用的关键基因,主要调控植物体内植物络合素、金属硫蛋白的大量合成,并络合重金属形成螯合物。1998 年,Clayton 等将来源于细菌的解毒基因 *merA18* 经改造后转入黄杨,转基因植株在含有正常毒性水平的汞离子培养基中能萌发,生长良好,且释放汞离子的量是非转基因对照植株的 10 倍。日本纸业公司克隆了降解 SO_2 基因,并将其导入到日本山杨中,所获得的转基因植株耐 SO_2 的能力明显提高。Pilon 等

(2003)将老鼠的 se-cys 裂解酶基因导入拟南芥中,转基因拟南芥地上部的硒含量是野生型的 1.5 倍。近年来,在植物中鉴定了一系列抗铝基因,如有机酸通道蛋白基因(*ALMT*1 和 *MATE*),ABC 通道蛋白基因(STAR1 和 STAR2)和转录因子基因(STOP1 和 ART1)。通过基因工程手段在植物中过表达有机酸通道蛋白基因、有机酸代谢酶基因和其他铝胁迫响应基因均获得了很大的进展。

目前,植物遗传转化都要使用选择标记基因(marker gene),这一基因被众多研究者运用得较为广泛,其主要是除草剂抗性和编码抗生素的基因。但是当转化完成后,选择标记基因将会失去其使用的价值。标记基因的安全性问题主要表现在:标记基因是否会传播到野生亲缘品种中,导致杂草获得此抗性后变成现有的除草剂杀灭不了的"超级杂草";标记基因对人类机体能否产生毒物、抗营养的因子及潜在过敏原性;现有生态环境的平衡是否被破坏;抗生素的抗性基因转移到微生物中,使病原菌获此抗性,导致临床运用的抗生素无效。所以,在转基因植物中提高其安全性的有效手段之一是培育无选择标记基因的转基因植物,其中的有效策略是采取一系列措施在转化植株筛选完成后将选择标记基因去除。构建能去除选择标记基因的方法目前有共转化系统法、转座子系统法、位点特异性重组系统法、重组酶系统法、外源基因清除技术及叶绿体转化技术等。其中,共转化系统法运用最早,方法较为成熟,操作简单,运用较为广泛。位点特异性重组系统法因其定点删除、重组频率高等特点,展现出广阔的运用前景。去除标记基因技术仍在不断完善和改进当中。选择何种方法应根据不同植物的特性以及各方法的优缺点综合考虑。

有关转基因的争论一直没有停止,国际社会也没有统一定论。但是,建立环境友好且可持续发展的新一代植物基因工程技术,降低安全风险,保护生态多样性是科研工作者们今后不断奋斗的目标。

13.3 基因编辑技术

自 1983 年,人类成功创制世界上首例转基因植物(烟草)以来,转基因技术在作物育种进程中发挥了巨大推动作用,也在全球范围内获得了广泛应用。据美国农业部每年统计数据,近年来美国国内种植的全部玉米与大豆中,转基因品种所占面积稳定在 95% 左右。然而,基于 DNA 重组技术的基因工程育种并不完美,例如,转基因操作必须要在受体植物基因组中插入一段外源 DNA 序列,而且由于外源 DNA 的插入位点是随机的,因此转基因植株表型无法精确预测,仍然需要大量筛选转基因株系以保证外源基因的适当表达,还要通过多代才能筛选获得可以稳定遗传的纯合系等。基因编辑(gene editor)是通过精确识别靶细胞 DNA 片段中靶点的核苷酸序列,利用核酸内切酶对 DNA 靶点序列进行切割,从而完成对靶细胞 DNA 目的基因片段的精确编辑。此过程既模拟了基因的自然突变,又修改并编辑了原有的基因组,实现基因组定点编辑。开发可以精确定点编辑基因组序列的遗传工具是新一代基因工程育种的迫切需要,朝着这一理想,科学家通过不懈努力,相继开发出了 ZFN (zinc-finger nuclease)、TALEN (transcription activator-like effector nuclease)、CRISPR/Cas(clustered regulatory interspersed short palindromic repeat)等位点特异性基因组编辑工具。这些工具的不断完善与实践应用,再一次拓展了植物育种研究领域的边界,正在引发一场新的育种革命。

13.3.1 基因编辑技术的发展

要想在体内成功实现基因组定点编辑，至少需要两个步骤：一是靶位点定位，即在包含数亿碱基的基因组中准确找到想要编辑的基因位点；二是碱基编辑，即对靶位点进行遗传操作以实现序列修改或修饰。其中前者相对更为重要，因为定位模块的可扩展性通常决定了该工具的应用范围，而且为了保证基因编辑的准确性，降低或避免脱靶率，靶位点定位的精度至关重要。

对于碱基编辑模块，常用的限制性核酸内切酶是最先被关注的可以用来剪切 DNA 的工具，其可以引发 DNA 双链的断裂（double-strand break，DSB），在体内双链断裂 DNA 进行非同源末端修复时会随机引入插入缺失突变，从而引发编辑后序列出现移码突变，从而实现该基因功能性敲除。但核酸内切酶作为基因编辑工具使用，必须满足两个条件：一是非限制性内切酶活性，不依赖具有回文结构的酶切位点；二是在靶位点外没有活性，保证不随机切割其他序列。最初通过遗传操作改造现有的 II 型核酸内切酶以实现上述功能的尝试均未成功，随后研究人员将目光聚焦到 IIS 型限制内切酶 FokI 上，其识别位点为非回文序列 GGATG，且其酶切位点在识别序列下游，不与识别位点重合，可能存在独立的 DNA 内切活性结构域。最终，FokI 羧基端具有 DNA 剪切活性的 96 个氨基酸残基被鉴定，其不依赖特异性酶切位点，而且需要形成同源二聚体才具有内切酶活性，不过，因为同源二聚体在体内仍会偶然自发形成，以引起脱靶，因此，后期又开发了在异源二聚体形式下才具有功能的 FokI，升级后的 FokI 同时满足了上述两个条件，为基因编辑工具的开发提供了可能。

13.3.1.1 ZFNs 基因编辑技术

1996 年，第一代基因编辑技术 ZFNs 被发明，其利用具有 DNA 序列识别功能的锌指（Zinc-Finger，ZF）蛋白模块进行靶位点定位，利用 FokI 羧基端进行基因组剪切（图 13-7）。具有 ZF 结构域的转录因子在真核生物中十分普遍，每个 ZF 结构单元约含 30 个氨基酸，可识别一组特异的 3 联体碱基。通过不断地筛选与人工突变，现已获得可以识别 GNN、ANN、CNN 和 TNN 三联体的高特异性 ZF 单元。串联与目标序列相匹配的多个 ZF 单元，便可实现特异碱基序列的识别。将串联 ZFs 与 FokI 羧基端相连，便构成一个 ZFN 单体。利用可识别靶位点上下游相距恰当的两个特异位点的两个 ZFN 单体末端配对，便可在中间位点组装 FokI 二聚体并实现该位点的切割。ZFNs 技术使基因组定点编辑成为现实，可应用于很多物种及基因位点。2011 年被 *Nature Methods* 杂志评为年度技术。然而，有三个方面的缺陷制约了该技术的推广：①以现有的策略设计高亲和性的 ZFN，需要投入大量的工作和时间；②在细胞中持续表达 ZFN 对细胞有毒性；③虽然三联体设计具有一定特异性，但仍然存在不同程度的脱靶效应。

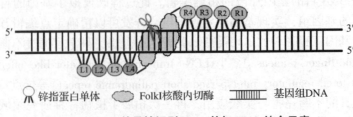

图 13-7 ZFN 特异性识别 DNA 并与 DNA 结合示意

13.3.1.2 TALENs 基因编辑技术

2010 年,同样基于 FokI 内切酶的新一代基因编辑技术 TALENs 被发明(图 13-8)。该工具靶位点识别基于转录激活样效应因子模块。TALE(transcription activator-like effector)最初发现于植物病原体,其存在一系列 33~35 氨基酸残基的串联 DNA 识别结构单元,每个结构元件通过改变两个高变异度的重复可变双残基来识别单一碱基序列。针对某一特定序列,我们可以反推识别它所需要的二联氨基酸序列,将分别识别单碱基的 4 种 TALE 元件进行串联,便可人工构建任一 DNA 序列的识别模块。基于与 ZFNs 相同的组装模式,将人工设计 TALE 模块与 FokI 内切酶联接便组成 TALENs 基因编辑工具。TALENs 技术将碱基识别精度提高到单碱基,特异性较 ZFNs 大大提高,而且在保证基因编辑效率的同时降低了细胞毒性,是基因组编辑技术的一次重要升级,2012 年被 Science 杂志评为当年度十大科技突破之一。但该技术仍然存在一些不足,如当识别模块由 ZFNs 识别的三联碱基精确到 TALENs 识别的单碱基后,识别同样序列所需要的模块长度便需要增加两倍,使 TALENs 具有庞大的体积,而且也使其模块组装过程更加繁琐,这一劣势也成为实现多基因同时编辑的重大障碍。因此,TALENs 虽然在拟南芥、水稻等植物中被证实同样具有特异性 DNA 切割活性,却并未在植物育种中广泛应用。

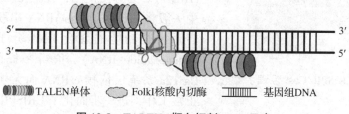

图 13-8 TALENs 靶向切割 DNA 示意

13.3.1.3 CRISPR/Cas 基因编辑技术

2012 年,新一代基因编辑技术 CRISPR/Cas 问世。CRISPR 全称是 clustered regularly interspaced short palindromic repeats(成簇的、规律间隔的短回文重复序列),而 Cas 的全称是 CRISPR associated(CRISPR 关联),现简称为 CRISPR/Cas 系统,是细菌抵抗入侵噬菌体病毒 DNA 的免疫防御系统。基于 CRISPR/Cas 基因保守型和位点构成的不同,可分为 Type Ⅰ、Type Ⅱ、Type Ⅲ 三种类型。Type Ⅰ 和 Ⅲ 较为复杂,Ⅰ 类的特征蛋白是 Cas3,在细菌和古生菌中都有。Ⅲ 类的有 Cas6 和 Cas10 两种酶。Type Ⅱ 系统较简单只存在与细菌,主要是 Cas9 酶介导降解外源基因和 crRNA(CRISPR RNA)的成熟(图 13-9)。CRISPR/Cas 系统目前广泛应用,由系统 Ⅱ 改造而的,为第三代人工核酸内切酶。与 ZFNs 与 TALENs 不同,CRISPR/Cas 技术最大的优势在于不依赖组装繁琐、体积庞大的 DNA 序列特异性结合蛋白模块来进行靶位点定位,也不需要同时识别靶位点上下游两个位点序列,而仅基于单条序列特异性向导 RNA 分子(guide RNA,gRNA)将具有核酸内切酶活性的 Cas 蛋白引导到靶位点处,便可完成基因组的编辑操作,极大地减小了系统构建的工作量。体积较小的 CRISPR-Cas 系统不仅使细胞递送变得更容易,而且该系统靶位点定位元件与 DNA 切割元件分离,多基因靶向的 gRNA 很容易设计且方便多重串联,很大程度上使多基因同时编辑具有了可操作性。多种生物系统检测表明 CRISPR/Cas9 系统基因编辑效率与 ZFNs 与 TALENs 相似甚至更高,虽然其脱靶性仍然需要不断优化,但凭借操作简单、成本较低、极佳的可拓展性等优势，迅速风靡全球，甚至完全掩盖了前两代技术，成为基因组定点编辑技术的代名词，分别在 2013、2015、2017 年三次被 Science 杂志评为当年度十大科技突破之一。

(1) CRISPR/Cas 基因编辑系统的基本原理

Cas 蛋白是 CRISPR/Cas 系统的碱基编辑模块，同时具有核酸酶、解旋酶、整合酶和聚合酶等多个功能域，是理想的基因编辑模块。细菌中存在丰富的 Cas 蛋白，但经过大量筛选，其中仅有 3 种为这项技术奠定了基础，分别为 Cas9、Cas12a（Cpf1）与 Cas12e（CasX），三者均为 RNA 引导的 DNA 内切酶，在相对分子质量上 Cas12e<Cas12a<Cas9，彼此之间除了一段相对保守的 RuvC 核酸酶结构域以外，其他序列相似性很低，因此，其作用机制也存在一些差异（Liu et al., 2019）。

Cas 蛋白在转录翻译后并不能独立进行 DNA 切割，而需要与 gRNA 形成复合体并识别正确的 PAM（protospacer adjacent motif）序列才能发挥完整功能，这些条件也保证了其在体内不发生随机性的脱靶剪切。在 Cas9 与 Cas12e 系统中，gRNA 由两部分组成，一条可以与靶位点 DNA 单链互补配对，被称为 crRNA（CRISPR RNA），另一条则是与 crRNA 部分互补并具有发卡结构的 tracrRNA（trans-activating crRNA）。为方便使用，在人工 CRISPR/Cas 系统中一般将 crRNA 与 tracrRNA 串联在一起，同时转录出全功能的融合 RNA 分子，称为 sgRNA（single guide RNA）。值得一提的是，CRISPR/Cas12a 系统仅依赖 crRNA 而无须 tracrRNA 便能正常工作，进一步简化了 CRISPR/Cas 系统。

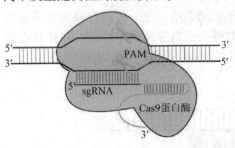

图 13-9　CRISPR/Cas9 原理示意

此外，Cas 蛋白要行使切割功能还需要识别 3~4 个特异性碱基组成的 PAM 元件，如果 Cas 蛋白未结合 PAM 基序，即使 crRNA 与 DNA 单链配对成功，CRISPR/Cas 复合体也不会对 DNA 进行切割，需要注意的是，不同 Cas 蛋白最适 PAM 序列、与 crRNA 互补位点的相对位置，以及 Cas 蛋白在 DNA 双链上造成的切口位置均有区别，需要在设计靶位点时综合考虑。

CRISPR/Cas 基因编辑系统的工作原理如下：Cas-sgRNA 组装成复合体，sgRNA 引导 Cas 蛋白对 DNA 序列进行扫描，搜索可以与 crRNA 配对的位点并识别 PAM 区，当两者均配对成功后，Cas 解旋酶结构域便将 DNA 双链解开形成 R-loop，crRNA 与靶位点互补配对，Cas 中的 HNH 活性位点剪切 crRNA 互补 DNA 链，RuvC 活性位点剪切非互补链，最终形成 DNA 双链断裂（DSB），细胞在修复 DSB 时引入移码突变。

尽管以 CRISPR/Cas 为工具的基因编辑技术发展迅速，与其相关的技术还有很多问题亟待解决，如脱靶效应、基因编辑效率不够高等问题。针对这些问题，人们一直在寻找新的解决方法，如开发更精确的脱靶效应检测方法、修饰 Cas 蛋白或 sgRNA 从而提高复合物的稳定性，以及尝试新的递送方法等。

(2) CRISPR/Cas 技术的拓展

基因定点编辑系统最初设计的首要目标均是通过引入 DNA 双链断裂并在修复中引入移码突变，以实现在 DNA 水平敲除靶基因。但这一工具并不能完全满足广义基因编辑所包含的基因删除、序列替换、碱基修改、碱基修饰等目标，因此，在 CRISPR/Cas 可以实现简单精确的序列定位的基础上，CRISPR/Cas 技术工具箱迅速获得一系列拓展（Zhang，2019）。

①基因删除　在删除序列首尾各引入一个 DSB，在修复过程中便有一定概率引发整个片段的删除。同时引入大量 DSB，甚至可以实现将整条染色体删除（Zuo et al.，2017）。

②序列替换　在替换序列首尾各引入一个 DSB，并同时提供切口两端同源互补序列模板，在修复过程中便有一定概率将模板序列引入替换序列位置。

③基因表达激活　将 Cas 蛋白核酸酶活性中心突变而不改变其他功能，称之为 dCas（deadCas），在 dCas 蛋白上融合表达转录激活元件，便可实现激活靶位点下游序列的转录。

④基因表达抑制　在 dCas 蛋白上融合表达转录抑制元件，便可抑制靶位点下游序列的转录。

⑤靶位点表观修饰　在 dCas 蛋白上融合 DNA 表观修饰元件，如 DNA 甲基化转移酶、组蛋白甲基化转移酶、组蛋白乙酰化酶等，便可改变靶位点附近的表观遗传修饰，间接调控下游基因表达。

⑥单碱基修改　将 dCas 蛋白上融合特定的碱基修饰元件，在 DNA 复制过程中实现碱基替换。如联接胞嘧啶脱氨酶-尿嘧啶糖基化酶抑制子，便可将靶位点处 C（胞嘧啶）的氨基去除，转变成 U（尿嘧啶），在 DNA 复制过程中，U 会自发地被 T 替代，从而实现单碱基 C→T 的精确修改。

⑦靶序列示踪　将 dCas 蛋白上融合表达荧光蛋白，便可实现目标序列在细胞核内的定位。为了使荧光强度达到显微镜灵敏度下限，对多次重复的靶位点示踪会获得更清晰的结果。

⑧基因组三维重组织　将 dCas 蛋白上融合表达中介蛋白，在细胞亚结构空间蛋白上整合上亲合受体，便可实现将靶位点附近 DNA 链牵引至新的细胞核位置，实现基因组在三维空间上的重组织。

⑨RNA 编辑工具　科研人员筛选到一类新的 Cas 蛋白，命名为 Cas13a，CRISPR/Cas13a 系统可以对 RNA 进行靶位点识别与切割。基于相同的原理，DNA 水平编辑相应技术很快拓展到了 RNA 领域（Knott and Doudna，2018）。

CRISPR/Cas 技术在几年内便迅速建立，极大地丰富了 CRISPR/Cas 工具箱内可用技术，显著拓展了基因编辑研究领域的边界，为科研、医疗、育种领域引入了一场科技革命。

表 13-2 为三种主要基因编辑工具的主要特点汇总。

表 13-2　三种主要基因编辑工具的主要特点

	ZFNs	TAFNs	CRISPR-Cas
靶位点识别模块	锌指（ZF）结构域	重复可变双残基（RVD）结构域	sgRNA
DNA 剪切模块	FokI 核酸酶结构域	FokI 核酸酶结构域	Cas9/12a/12e
设计靶位点大小（bp）	（9~12）×2	（8~31）×2	20+PAM
优势	单位点编辑	单位点编辑	多位点编辑
技术难度	最难（蛋白工程）	最较难（蛋白工程）	容易（RNA 设计）
DNA 甲基化敏感性	敏感	敏感	不敏感
脱靶效应	低	极低	稍高
编辑效率	中等	中等	高

13.3.2　基因编辑在林木育种中的应用

与基于 DNA 重组技术的转基因操作相比，基因编辑育种应用空间更广，也颠覆了人们对传统转基因作物的概念。与转基因技术必须在作物基因组内保留外源 DNA 不同，CRISPR/Cas 工具本身可以是瞬时表达或外源直接递送的，在基因编辑完成后不需要继续保留该工具，因此可以产生无任何外源遗传物质保留的遗传修饰作物，其化学本质与自然突变或物理化学诱变相同，因此，美国农业部（USDA）将基因编辑作物等同于诱变育种作物对待，免于转基因生物监管。这无疑会为基因编辑作物的研发注入更多动力，也大大加速了其安全审批与推广效率。

如上所述，CRISPR/Cas 工具不需要长期发挥作用，因此不需要稳定整合到基因组 DNA 中，这也使基因编辑作物的创制比转基因作物更容易实现。传统转基因技术通常依赖组织培养通过再生途径获得转基因植株，而组织再生技术在多数作物中仍然很困难，具备高效再生体系的林木物种更是少数，这也是转基因技术在林木育种中应用面临的最大技术障碍。但 CRISPR/Cas 工具除了利用农杆菌与基因枪介导的组织培养通过再生途径获得遗传修饰植株外，也可以通过近年来新发展的纳米材料载体、病毒载体，以及农杆菌与基因枪等对成熟种子、顶芽分生组织、花粉等进行瞬时转化，使许多再生困难植物基因编辑育种成为可能。与传统杂交育种、诱变育种、转基因育种相比，基因编辑育种可以同时编辑多套染色体全部等位基因位点，因此不需要经过多代基因分离与筛选过程，在第一代便可获得可稳定遗传纯合系，可将育种周期缩短一半以上（Chen et al., 2019）。

基因编辑技术在植物育种中表现出巨大的应用前景，美国研究人员借鉴番茄驯化过程的遗传调控机制，结合现代成熟的基因组测序技术，通过筛选番茄选择性驯化基因的同源基因，利用基因编辑技术定点编辑，在短短几年便在未经过任何驯化的孤儿作物印加酸浆（*Physalis pruinosa*）中，重现了番茄几百年的驯化历程，迅速实现了印加酸浆从株形、开花部位、果实大小、果实产量等性状的改良驯化（Lemmon et al., 2018）。

在植物基因组功能研究和遗传改良应用方面，CRISPR/Cas9 技术已在拟南芥、烟草、大豆、番茄、马铃薯、甘蓝、油菜、水稻、小麦、高粱、玉米、矮牵牛等植物中有广泛应用，但木本植物中仅在毛白杨、苹果、甜橙、葡萄上有所涉及。2015 年，美国佐治亚州立大学的研究人员首次利用 CRISPR/Cas9 系统，在毛白杨中实现了木质素合成相关关键酶基因的定点编辑。同年 7 月，有中国学者报道，通过 CRISPR/Cas9 系统实现了毛白杨的基因组编辑和靶基因突变。2016 年，刘婷婷等利用 CRISPR/Cas9 系统实现了对杨树八氢番茄红素脱氢酶基因的定点敲除，突变率最高达到 86.4%，且证明该系统可快速高效地敲除 2 个以上的目标基因，从而获得多基因突变植株。目前多个树种基因组信息的测序完成，为选择 CRISPR/Cas9 靶标奠定了基础，对于一些速生经济林树种如桉树、杨树、松树等，由于其生长周期较长，用常规方法的新种质培育效率低，通过 CRISPR/Cas9 技术实现基因组的定点编辑，以筛选有益的突变性状，进行遗传改良，可为培育优良的林木新种质提供途径。与作物相比，目前基因编辑技术在林木中的应用仍十分有限，其中重要原因在于林木中尚缺乏确切的优良靶标，相关技术体系也尚未建立，林木重要性状遗传调控机制的解析将成为林木基因编辑技术育种发展的基础。随着多组学技术的飞速发展，越来越多的林木性状决定基因功能被解析,可以预见,基因编辑技术必将极大促进林木育种周期的缩短。

提要与小结

DNA 分子标记是继传统的形态学标记、细胞学标记、生化标记之后发展起来的以 DNA 为基础的遗传标记技术,是以个体间遗传物质内核苷酸序列变异为基础的遗传标记,是 DNA 水平遗传多态性的直接反映。DNA 分子标记检测技术大致可分为三类:第一类是以电泳技术和分子杂交技术为核心的分子标记技术,其代表性技术有限制性片段长度多态性(RFLP);第二类是以 PCR 技术为核心的分子标记技术,其代表性技术有随机扩增多态性 DNA(RAPD)标记、扩增片段长度多态性(AFLP)和简单重复序列(SSR)等;第三类是直接以 DNA 序列差异的分子标记技术,其代表性技术为表达序列标记(ESTs)和单核苷酸多态性(SNP)。与传统的形态标记相比,分子标记更能精准地揭示种间、种内的差异,因而得到迅速发展,并广泛用于动植物基因定位与基因克隆、遗传育种、种质资源的多样性研究、构建遗传图谱、辅助育种等领域。

重组 DNA 技术可在体外定向进行基因重组和基因改造,通过相应的载体实现基因转移。主要步骤为:目的基因分离和鉴定—植物表达载体的构建—植物细胞的遗传转化—转化植物细胞的筛选—转基因植物的鉴定—外源基因表达的检测等。植物遗传转化方法常用两种系统:一是以载体为媒介的基因转化系统,如以土壤农杆菌 Ti 质粒及 Ri 质粒为载体的转化方法;二是 DNA 直接转化系统,如 PEG 法、电击法、基因枪法和花粉管通道法。此外,离子束介导法、碳水硅纤维法、替代转化法及超声波法等都先后成为外源 DNA 直接导入植物细胞的方法。植物转基因育种始于 20 世纪 80 年代,经过 40 年的发展,已育成多种作物的转基因品种,并在生产中广泛应用。遗传转化涉及的基因有抗病虫、耐盐碱、抗旱、抗除草剂、抗环境污染、开花、生根等,其中转抗虫基因树木已进入商品化生产阶段。

作为传统基因工程育种技术,转基因技术在植物分子育种工作中的应用受到技术本身缺陷及其他风险因素的限制。基因编辑是指通过核酸酶对靶基因进行定点改造,实现特定 DNA 的定点敲除、插入以及突变等,最终下调或上调基因的表达,以使细胞获得新表型的一种新型技术。基因编辑技术主要包括锌指核酸酶技术(ZFN)、转录激活子样效应因子技术(TALEN)和成簇的规律间隔的短回文重复序列/CRISPR 相关蛋白(CRISPR/Cas)系统等。其中,CRISPR/Cas9 基因编辑技术是近几年新发展起来的一种基因组定向编辑技术,已经在多种植物中实现了定点突变诱导(插入、缺失或修饰等)。由于成本低廉、操作简易和突变诱导率高等特点,CRISPR/Cas9 系统作为一项植物基因功能研究与作物改良的有效工具,应用前景十分广阔。

复习思考题

1. DNA 分子标记的种类有哪些?各有何优缺点?
2. 分子标记如何在林木遗传育种中应用?如何利用分子标记进行辅助育种?
3. 林木树传图谱的构建已取得了哪些进展?
4. 林木基因工程主要有哪些步骤?
5. 目前林木基因工程已取得哪些进展?我国科学家在木瓜转基因工作中的重要贡献有哪些?
6. 简述基因编辑技术在林木育种中的意义。
7. 基因编辑植物的监管是否应该等同于转基因植物(GMO)?
8. 脱靶性在植物基因编辑育种中是否需要关注?

第 14 章 林木育种策略与高世代育种

知识导图

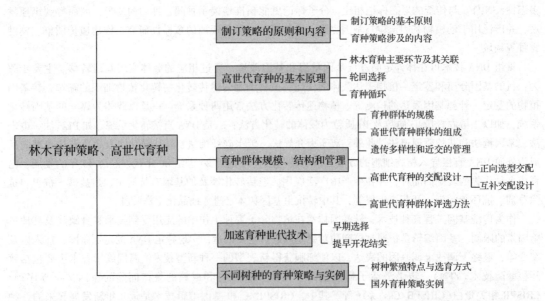

现代林木育种不仅进行一代改良，而且还要实施长期的多个世代的育种工作。如何根据育种目标、树种特性、资源状况、育种进展等，综合地、巧妙地设计育种方案，使林木育种工作既能有效地为当前生产提供经过不同程度改良的种苗，又能不断满足林木长远遗传改良的需要，这是育种工作者必须回答的问题。所谓育种策略（breeding strategy），是依据特定树种的育种目标、生物学和林学特性、遗传变异特点、资源状况、已取得的育种进展，并考虑当前的社会和经济条件、可能投入的人力、物力和财力，对该树种遗传改良作出的长期、总体安排。

14.1 制定策略的原则和内容

制定策略应遵循下列原则：①育种策略的目标是在短期内取得最大的增益，又能持续开展长期改良；②既能满足当前生产的需要，又能符合长远遗传改良的要求；③规定的育种途径和方法既要符合树种和性状的生物学和遗传特点，又要考虑该树种遗传改良的社会与经济条件；④育种策略要合理地运用育种的各个环节，并做好各个环节间的衔接和配合；⑤育种策略要能适应环境和社会需求的改变，具备灵活应变和适应的能力，要保持种内遗传多样性；⑥在达到预定目标的前提下，各项试验设计，应就简不就繁，以达到最小投入，最大产出的目的；⑦一个完善的育种策略，既要有长期改良目标，采取的育种途径、方法，并要划分达到预定目标的各个阶段目标，采取的措施，同时要考虑在各个阶段可能取得的成果，以及在技术和生产中可能作出的贡献和各阶段的衔接。

育种策略是改良树种的长期选育计划，制定育种策略时要了解多方面的内容，尽可能搜集、整理已有的资料，并在掌握已有数据的基础上，安排好今后工作。育种策略涉及的内容和步骤如下：

(1) 树种特性

分布区的气候、土壤条件；木材的用途；造林和更新状况；育林措施、轮伐期、年生长量；繁殖特性；地理变异、种源试验、遗传参数估算等方面研究。

(2) 育种目标

如为建筑用材，主要考虑树木生长量和树干利用率、树干通直度和饱满状况；如为纸浆材，主要了解生物量、木材密度、纤维或管胞长度；对生态环境保护树种，主要了解生态特性、适应程度，以及是否具有经济利用潜力。改良树种受病虫危害状况也是确定育种目标时要考虑的重要内容。

(3) 育种资源

这是生产优良繁殖材料的物质基础。在开展选育工作前，如果没有做过资源的调查和收集，或现有的资源数量有限，首先应大力调查和收集资源，以防在多个世代改良中因资源不足而影响或中止工作。通过子代测定和无性系测定，研究目标性状的遗传表现，以及与良种繁殖有关的特性，研究性状的遗传方式，并通过选择、交配，不断提高所需基因的频率，并要防止群体内近亲系数提高过快，做好育种资源的组织和管理。

(4) 种内遗传变异

在同一个树种内，存在不同层次的遗传变异，要重视种内的所有遗传变异，研究各性状的遗传变异分量在各个层次中所占比例。据对多数树种的研究，适应性和生长性状的差异首先表现在不同种源间；木材密度、管胞长度等性状在个体间的变异往往大于种源间变异。因此，对不同树种和不同性状应采取不同的对策。一个完善的育种策略，要反映出种内存在的这种变异，并尽量利用这种差异。据此，要确定各个性状的改良应先从哪个层次着手，或重点应放在哪个层次。对已进行过地理变异研究的树种，如果地理变异幅度大，应根据自然生态条件划分种源区，并按种源区来规划良种的选育和生产。并可根据遗传变异、生态条件和经营强度进一步划分育种区，育种区是最小的育种地域单位。同一个树种在各种源区的育种目标可能有所不同，应根据各个种源区的特点，作适当的调整，采取相应的育种途径、步骤和措施。对种内地理变异尚不十分清楚的树种，育种生产和推广应以当地或以生态条件相似地区的繁殖材料来组织经营。除非已经试验证实，种源间交配能得到稳定的理想效果，否则不能贸然从事种源间杂种的生产和推广。

(5) 繁殖方式

改良树种是主要用种子繁殖，还是无性繁殖，或两种繁殖方式可兼用，以及繁殖技术的成熟程度等，与育种方法和策略的制定有密切关系。迄今，多数针叶树种主要靠种子繁殖造林，而繁殖优良种子的主要方式是种子园。当前无性繁殖的主要方式仍然是扦插，但对组培技术比较成熟的少数树种,也可采用组培生产苗木。一个树种如既能种子繁殖,又能无性繁殖,扦插技术又较成熟,育种和良种繁育的途径可多种多样,育种环节的配合也比较灵活。特别当这类树种种间杂交可配性高,杂种优势明显时,更能显示出育种各个环节配合的优越性,可望在较短的时间内取得较大的改良效果。多数树种以种子繁殖,生长等性状属加性遗传,所以生产中多以加性遗传为主开展良种选育。然而非加性遗传有时也重要,在落叶松、松树及杨柳等针阔叶树种中,通过种间杂交创造新的变异也是重要途径。

(6) 选择强度与遗传增益

遗传增益是选择强度和遗传力的函数,选择强度越大遗传增益越大。在选择前,选择差和选择强度是未知的,但入选率是可以确定的,可以通过选择强度与入选率函数关系来确定选择强度。选择强度要根据对增益大小的要求、资源状况和群体大小、改良世代的多少等多种因素来确定。增益的大小取决于供选群体的大小。从选择理论考虑,随着待选择群体的增大,增益迅速增加,但群体大到一定程度时,增长的速度减慢,从 500 株或从 1000 株中选择 1 株的增益可能有差别,但不十分明显。

(7) 一般配合力与特殊配合力

是利用亲本的一般配合力,或是特殊配合力,还是两者兼用,这是制定育种策略时主要考虑的问题之一。这与树种的繁殖方式,性状的遗传特点,经费投入等密切相关。虽然特殊配合力的利用在农作物中已比较普遍,但在林木中,特别是针叶树种育种中,主要是利用一般配合力进行轮回选择。

(8) 育种群体

在高世代育种中,主要的问题是防止近交,控制共祖率(coancestry)发展过快。现在普遍采用的方法是把参与育种过程的繁殖材料划分成不同的群体,如基本群体、选择群体、育种群体和生产群体,并在育种群体内进一步划分为亚系(subline)。同时,在育种群体选用个体间不同的交配设计,也是控制共祖率发展过快的措施。

(9) 育种周期

应考虑所采用育种方法从投入到产出的时间,育种周期的长短,增益的大小,单位时间内获得增益的多少,时间是评价育种策略成效的指标之一。同时,要考虑采用促进开花结实,缩短育种世代的措施,以及早期测定的可能性和可靠性等问题。

(10) 遗传测定

根据试验目的,确定测定项目和内容、测定方法、地点、时间和观测期限,制订合理的田间试验设计方案。

(11) 人力财力

育种期限长,只有持续进行才能达到预定目标,因此,在制订育种策略时要考虑行政管理体制、主要技术力量和近期内可能的变动、人员培训、资金投入和持续年限、所需购置的主要设施、

(12) 协同合作

行政、科研、生产"三结合"是工作成功的保障,要明确参与单位的协作和分工,明确责权利。

(13) 潜在风险

应当考虑到可能妨碍策略实施的因素。如早期选择,性状在幼年与成年时的相关程度,

预估的准确性；病虫害、森林火灾、灾难性气候等有时难以预估，实施中潜在的危险因素；行政管理机构的改革，技术骨干的变动，资金投入得不到保证，都会严重影响预定目标的落实。

14.2 高世代育种的基本原理

14.2.1 林木育种主要环节及其关联

前面各章已介绍了林木育种的各个环节。遗传(育种)资源是树种遗传改良的物资基础，拥有丰富的育种资源，并合理使用，才能保障树种遗传改良可持续地开展。引种是树种选育的第一步，是利用不同树种间的变异，通过对外来树种多个阶段的试验，从中筛选出优良的树种，直接为林业建设服务。同时，对筛选出来的树种可以进一步利用种内存在的变异。种内存在多个层次的变异，其中，地理种源变异是种内重要的变异来源。在同一个种源范围内，不同林分间以及同一林分不同单株间也存在着遗传变异，通过林分，特别是单株(优树)选择可能获得显著的改良效果。选择出来的单株，可以通过杂交综合双亲的优良性状，创造新的变异，生产更优良繁殖材料。

由种源试验筛选出来的最佳种源，可以直接或通过母树林等方式为生产提供大量优质种苗。挑选出来的优树，可用种子营建实生苗种子园，也可通过嫁接等无性繁殖方法营建无性系种子园。对易于插条繁殖的树种，也可通过采穗圃或组织培养规模化生产扦插苗或组培苗。由于营建这类种子园和采穗圃的繁殖材料都没有经过子代测定或无性系测定，所以由这类园圃生产的种苗，其改良幅度不可能太大。选育材料经遗传测定，可以根据测定结果对上述各类园、圃进行改建，或从遗传测定林中挑选新的繁殖材料，营建新的种子园或采穗圃，借以提供改良程度更高的种苗。由此可见，种源选择、林分选择、单株选择和杂交以及母树林、种子园和采穗圃等技术措施在林木遗传改良中不是孤立的，而是相互衔接，相互关联和配合的技术环节(图 14-1)。

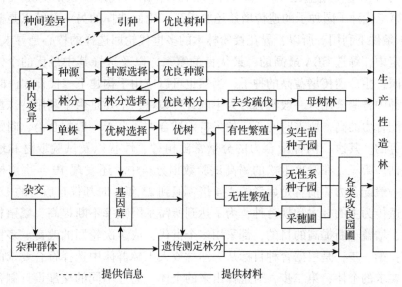

图 14-1 林木育种各环节及与生产的联系

14.2.2 轮回选择

轮回选择是指基于遗传基础丰富的群体，通过循环选择、交配，不断丰富遗传基础，提高目标性状的有利基因频率，提高群体内优良个体的比例，从而提高性状的平均值，使群体持续不断地得到遗传改良。其基本步骤是：①按照育种目标，建立遗传基础广阔的原始基础群体；②从原始基础群体产生后代；③鉴定后代并从中选出最优基因型或个体；④将当选的优良个体相互杂交重组形成下一个轮回选择群体。轮回选择有多种方式。最原始的是简单的轮回选择(simple recurrent selection)。每个选育周期包括：①从 k 世代的基本群体中对个体进行混合选择，形成该世代的选择群体；②对表现优良的个体进行随机交配，其子代形成 $k+1$ 世代的基本群体。简单轮回选择在当今林木育种很少使用了，因为没有通过遗传测定，其改良效果不如其他轮回选择。

目前普遍使用的方法是一般配合力的轮回选择(recurrent selection for general combining ability，RS-GCA)。即选择后开展遗传测定，并根据各亲本的一般配合力排序，配合力高的亲本进入下一个育种周期。长期改良的育种群体中的遗传增益是建立在一般配合力轮回选择的基础上，因为选择的遗传增益是以加性效应为基础的。在各个世代中逐步积累和提高有利基因频率，或组合有利基因的频率。在轮回选择中一般采用自由授粉或混合授粉方式，选择谱系不完全清楚的优良子代，开展下一代的选择，或把育种群体和生产群体独立开来经营，通过把育种群体中优良的繁殖材料不断输送到生产群体的办法，可以随世代的发展不断提高繁殖材料的遗传增益。目前在林木中还很少见到仅利用特殊配合力的报道。

多世代轮回选择的作用是螺旋式上升发展的，每前进一个世代，遗传质量也随之提高，基本原理是微效多基因的叠加效应。即每经个世代选择，有利的微效多基因都可以累加起来，发挥增效作用，这在许多树种的选育上得到证实。如美国火炬松选育，第一代未疏伐种子园的材积遗传增益是 7%，疏伐的为 16%；第二代未疏伐的为 17%，疏伐的为 30% 以上，第三代种子园种子的遗传增益还要提高。轮回选择的另一个特点是微效多基因只能在 GCA 条件下利用。所以，异花授粉林木的多世代轮回选择的核心是寻求高的 GCA。如在子代测定中，筛选 GCA 最高的、最优良的家系，以及选择其中最优的个体，用于建立多系种子园，生产遗传增益高的种子，当然也可以应用于构建下一代育种种群。

林木育种中普遍采用以一般配合力为主的育种策略，主要是由于利用特殊配合力的费用要比一般配合力的高，所需时间长。如果特殊配合力远高于一般配合力，附加的经费投入可能是合算的。其次，两种配合力的分量常随树种、性状以及试验取材和地点不同而异，难以预估。第三，在对火炬松的树高试验数据分析中，还发现 10 年生前树高的特殊配合力高于一般配合力，前者是后者的 4.4 倍，但到 25 年生时却仅是后者的 1/4。

以加性遗传为主的林木常规育种，为了达到所需基因频率不断提高，繁殖材料遗传品质不断优化，增益不断提高的目的，都采用多个世代，或多次轮回的改良。多世代改良工作步骤如下：第一步，是根据育种目标从天然林或人工林群体中选择符合要求的个体，或淘汰不符合要求的个体；第二步，对选择出来的个体，通过不同的交配设计制种，进行基因重组；第三步，经过选择和重组产生的一代繁殖材料，经遗传测定，重复上一轮过程。

这是林木多世代改良的基本模式(图 14-2)。在同一个树种内个体间按一般配合力大小进行的单株选择,是良种选育中常用的轮回选择方式。一般来说,第 1 代的改良所需时间较长,到第 2、3 代(轮)的育种所需时间会逐步缩短。例如,美国湿地松的高世代育种工作,第 1 轮用了 34 年,第 2 轮用了 16 年,第 3 轮的育种计划用 11 年时间完成。

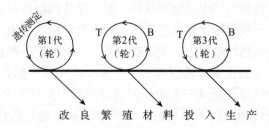

图 14-2 循环选择育种基本操作示意

种间杂种育种在林木中变得越来越普遍,原因是:①杂种可能通过基因的加性作用综合两个或多个树种的优良性状,达到性状互补的目的;②杂交会产生由基因非加性作用引起的杂种优势;③由于杂合度更高,种间杂种表型可能更加稳定;④杂种能适应一个或两个亲本种分布的极地适应能力会更强。不管是哪种原因,种间杂种可以创造很难自然发生的基因组合。因此,在桉属(*Eucalyptus*)、杨属(*Populus*)和柳属(*Salix*)的杂种育种得到应用。

种间杂种育种比单一树种的育种更为复杂,育种策略可以分为两大类(图 14-3):一类是多群体育种(multiple population breeding),同时在两个群体间进行配合力改良的选择,它

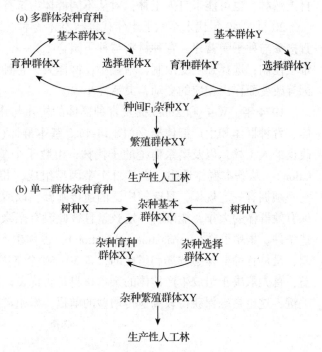

图 14-3 两个纯种间的种间杂交育种项目的示意(White, 2007)

包含了加性和非加性效应,以选育杂交种为最终目的;另一类是单一群体育种(single population breeding),基于性状的加性基因效应,限于单独一个群体内进行选择与组配,以培育品种为最终目的。在多群体杂交育种选育过程中,每一个树种在许多个周期的育种中保持独立的育种群体,但在每一世代都通过杂交,产生 F_1 杂种,用于遗传测定和生产[图 14-3(a)]。在单一群体育种过程中,一个树种作为单一的育种群体进行管理。第一步是在两个或者多个树种的许多亲本间进行杂交形成许多不同的 F_1 杂种家系。在随后的周期内,可能进行许多类型的杂交、回交或涉及多个树种的三元杂交等[图 14-3(b)]。

14.2.3 育种循环

根据育种目标从群体中选择符合要求的个体,或淘汰不符合要求的个体,是遗传基础变窄的过程。但对选择出来的个体,通过交配,或称组配(mating),进行基因重组,又是遗传基础变宽的过程。选择和重组的繁殖材料,通过遗传测定进行再选择,又是遗传基础变窄的过程。林木育种过程实际上就是使遗传基础由宽变窄,再由窄变宽的螺旋式上升的发展过程。在螺旋上升的循环过程中,使需要的遗传基因频率不断提高,借此使繁殖材料的遗传品质不断优化。为防止遗传基因变窄,在这一过程中,要不断补充新的育种资源。由于林木成熟和评定世代长,完成一个循环需要多年到十多年。为给生产及时提供良种,经过各个阶段选择和遗传测定的繁殖材料,只要遵循原产地与造林地生态条件相仿的原则,都可以通过种子园或采穗圃生产种子或穗条用于造林生产。最初的选择群体,可能来自天然林,也可能来自人工林,对从不同群体中选择出来的材料,可以保存在收集圃中。

20世纪40年代末至六七十年代进行林木育种,多实行选优—建园,选择出来的优树直接参与种子园营建,育种材料与种子园合二为一。这种做法有很多缺点。诸如亲缘关系难于控制;选择强度受限制,增益小;群体大,育种进程慢;不能依据育种地区、生产目标等改变而作出相应的变动,灵活性小。

1974年,Weir和Zobel提及育种群体的构建与作用。1984年,Zobel等提出了基本群体、育种群体和生产群体概念(图14-4)。基本群体(base population),包括天然林或未经改良的人工林,以及谱系清楚的子代林,由数千个基因型组成。育种群体(breeding population),从基本群体选出,由几百个基因型组成,相互交配,形成下个周期的育种群体。它必须拥有一定规模,具有较广泛的遗传基础,以适应长期育种目标变化的需要;同时确保有效群体的大小,能维持一定数量且彼此没有亲缘关系的个体,为生产群体亲本选配创造条件。繁殖群体(propagation population),也称生产群体(production population),如种子园,是从育种群体中选择和组建的,含30~50个基因型。繁殖群体能否获得较高的遗传增益,首先取决于组成生产群体的亲本材料是否优良。因此,做好繁殖群体,亲本的选配是关键,这也是确保获得较高遗传增益的前提。繁殖群体遗传基础要比育种群体窄,是大量

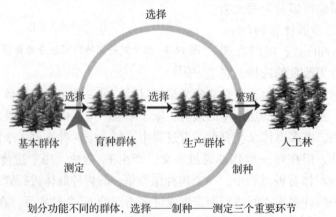

划分功能不同的群体,选择——制种——测定三个重要环节

图 14-4 划分功能不同的群体及其操作关联示意

繁殖生产用种子或穗条的群体。将繁殖群体、基本群体、育种群体分开的意义在于经过许多改良周期后仍能持续获得遗传增益，并保持广泛的遗传基础，而繁殖群体则关注在特定周期中使用少数改良个体以获得最大的遗传增益。

1987年，White又提出育种循环(breeding cycle)的概念(图14-5)，增加了选择群体概念。育种循环的核心活动是选择和交配，从基本群体挑选出来的优树组成选择群体(selected population)，由入选群体中的部分或全部树木形成育种群体。每个育种循环的繁殖群体都是由选择群体中最优个体组成，其功能就是生产足够数量的遗传改良种苗用于造林。选择群体遗传基础较广泛，通过交配重组基因，由子代形成下一循环的基本群体，再次进行选择。因此，每一个选择和交配周期结束就完成了一个育种循环。两个连续的循环之间的年数称为世代间隔(generation interval)或周期间隔(cycle interval)。

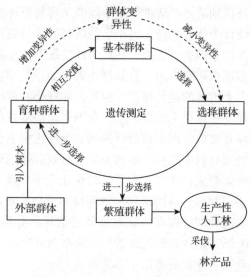

图 14-5　林木改良项目的育种循环

虽然周期和世代常常互换使用，但二者还是有区别的。世代是遗传学概念，父母产生子代，亲代与子代则为两个世代。周期是育种学概念，如第三周期是指已经历了三个完整的选择、交配和测定的循环。第三个育种周期可能包含第一、第二和第三个是世代入选的树木。这就出现一个育种周期中世代重叠(overlapping generation)现象。在许多育种计划中对组成育种群体的繁殖材料，没有严格的世代界限。在高世代育种群体中可以包括优良的亲本和优良亲本中的优良子代个体。优良亲本是在子代测定基础上，依据亲本育种值的大小通过后向选择挑选出来的。优良的子代个体是采用前向选择而确定的。据佛罗里达州立大学对湿地松的选择研究，在组建第二代育种群体中，前向选择或后向选择都没有固定的优越性。

14.3　育种群体规模、结构和管理

14.3.1　育种群体的规模

育种群体的大小一方面要符合长期育种需要，维持群体多样性和长期遗传增益的需要，另一方面又要能获得近期最大增益。然而，争取最大遗传增益和广泛遗传基础是相互矛盾的，为协调发展，两者要适当调节。育种群体的大小直接影响到遗传基础的宽窄，它不仅与树种的分布区、树种的地理变异特征有关，也与性状的遗传力、选择强度、长期和短期效益的权衡、资源的改良程度、育种目标多样程度，以及投入资金和劳力等密切相关。强度选择，短期增益大，但群体小。反之，通过中等强度选择，群体大，长期增益也大。如从600个植株中选择160个植株，选择强度 $i=1.231$；如只选择40株，$i=1.937$，比前者高57%。不过，选择强度的提高，只能发生一次。群体小，世代周转快，增益实现

早。育种资源的遗传改良程度高，育种群体可以相对小；育种目标多，则要求群体要大。随着改良世代的增加，群体会不断减小。

育种群体大小一般采用有效群体大小(effective population size)估算。正如在第5章中已提到的，一般群体很难能满足理想群体的条件。因此，有效群体个体数通常要小于群体统计个体数。群体过小会造成有利等位基因的丢失，尤其是对频率低的，或非选择性状的等位基因更易丢失。在后两种情况下，要避免基因的丢失只有保存较多的基因型。虽然很多模拟研究指出，有效群体大于50时，育种群体已能维持低频率的有利基因，可以保证多个世代的遗传增益。但是，如此小的群体容易造成亲缘积累，所以不能把长期树木改良建立在这样小的群体上。美国东南部地区湿地松和火炬松第二代育种群体、澳大利亚辐射松育种群体都是由数百株到上千株优树组成的。建立较大育种群体的理由有：①在选择的繁殖材料中如存在亲缘关系，有效群体远较群体组成的统计量要小；②进行多性状选育时群体要大；③在育种开始的头几个世代改良中，为达到较大的增益，往往要作强度选择；④同时具有基因保存和对环境和社会需求改变的应变能力。Lindgren 等(1997)对育种计划实施初期应拥有的家系数做过估算。如果希望有效群体的家系数为100个，遗传力大于0.25，则开始时选择的亲本应在300个左右，如果经济条件许可，或增加的投入不大，以选择、收集更多的亲本为宜。

Kang(1979)根据具有100个不连锁的加性位点的混合选择模型，估算了在 $h^2 = 0.2$ 的条件下，在经过若干世代选育后，能够有95%的把握保留有利等位基因所需要的初始有效群体大小(表14-1)。当选择强度很低，稀有等位基因频率也很低，那么，要确保稀有等位基因得以保存，初始的有效群体大小就可能在1000左右，否则初始的有效群体大小可能在10以内。

在高世代树木改良中，通常由数百个植株组成育种群体(表14-2)。目前普遍认可育种群体由300~400个植株组成。为使稀有等位基因能保持多个世代，可能需要1000个左右的大群体。

表14-1 等位基因在不同频率和选择强度下95%把握被保留的初始有效群体的大小

初始基因频率(q)	选择强度(i)				
	2.67	2.06	1.76	1.27	0.80
0.01	281	364	426	590	937
0.05	56	73	85	118	187
0.10	28	36	43	59	94
0.25	11	15	17	24	38
0.50	6	7	8	12	18
0.75	3	4	5	6	10

表 14-2 部分高世代树木改良项目的育种群体的近似统计数(N)

树种	项目	N	参考文献
蓝桉(*Eucalyptus globulus*)	CELEBI-葡萄牙	300	Cotterill et al., 1989
	APM-澳大利亚	300	Cameron et al., 1989
巨桉(*Eucalyptus grandis*)	ARACRUZ-巴西	400	Campinhos and Ikemori, 1989
亮果桉(*Eucalyptus nitens*)	APM-澳大利亚	300	Cameron et al., 1989
王桉(*Eucalyptus regnans*)	APM-澳大利亚	300	Cameron et al., 1989
	FRI-新西兰	300	Cannon and Shelbourne, 1991
尾叶桉(*Eucalyptus urophylla*)	ARACRUZ-巴西	400	Campinhos and Ikemori, 1989
欧洲云杉(*Picea abies*)	瑞典	1000	Rosvall et al., 1998
白云杉(*Picea glauca*)	Nova Scotia-加拿大	450	Fowler, 1986
黑云杉(*Picea mariana*)	新不伦瑞克	400	Fowler, 1987
班克松(*Pinus banksiana*)	Lake State-美国	400	Kang, 1979a
	Manitoba-加拿大	200	Klein, 1987
加勒比松(*Pinus caribaea*)	QFS-澳大利亚	250	Kanowski and Nikles, 1989
湿地松(*Pinus elliottii*)	CFGRP-美国(第二世代)	900	White et al., 1993
	CFGRP-美国(第三世代)	360	White et al., 2003
	WGFTIP-美国	800	Lowe and van Buijtenen, 1986
辐射松(*Pinus radiata*)	STBA-澳大利亚	300	White et al., 1999
	FRI-新西兰	350	Shelbourne et al., 1986
	NZRPBC-新西兰	550	Jayawickrama and Carson, 2000
火炬松(*Pinus taeda*)	NCSU-美国	160	Mckeand and Bridgwater, 1998
	WGFTIP-美国	800	Lowe and van Buijtenen, 1986
美洲山杨(*Populus tremuloides*)	Interior-加拿大	150	Li, 1995
花旗松(*Pseudotsuga menziesii*)	BC-加拿大	350	Heaman, 1986
柳属(*Salix* spp.)	SLU-瑞典	200	Gullberg, 1993
异叶铁杉(*Tsuga heterophylla*)	美国和加拿大	150	King and Cartwright, 1995

注：对于有多个育种单元的项目，N是以"每个育种单元"为基础的。引自 T. L. White, Forest Genetics。

14.3.2 高世代育种群体的组成

进入高世代育种群体的材料必须具备：①经过严格测定与筛选，证明确是优良的材料(优良家系、优良个体)；②没有亲缘关系或在限定以内；③遗传增益高，能满足近期遗传增益的需要；④有利于保持较宽广的遗传基础，为长期遗传改良服务。材料多采用上一代育种群体在一定配偶形式下产生的优良全同胞家系的优良单株。Hodge 等(1989)在组建湿地松第二代育种群体时，采用3种材料：一是第一代的优树；二是第二代全同胞优良家系的优良植株；三是新的优良材料，即针对育种对象的特有性状或特殊育种目的而选择的优良材料。如从湿地松重病区选择的抗锈病植株、高产松脂的优树、抗溃疡病的优株，以及从国外育种单位引入的优良材料。从长远考虑，组建材料在数量上与选择强度上均应较大。如佛罗里达州立大学湿地松遗传改良协作组，从第一代5073株原始优树中筛选404株，从2700个组合中筛选304个优良家系的优良单株，新筛选的育种材料有抗锈病优树127株、高产松脂优株33株、抗溃疡病优株8株，从罗得西亚引进10个优株，合计886株建成第二代育种群体。

14.3.3 遗传多样性和近交的管理

育种群体一般由三部分组成。一是通过子代测定，后向选择取得的上一代的亲本材料；二是通过前向选择获得的优良家系中的优株；三是增选新补充的优树材料。育种形成什么样的结构，主要是要考虑群体中近交的控制，既要考虑近期育种的效益，又要考虑维持长期育种能取得的遗传增益，同时还要考虑育种群体的规模和育种成本。

高世代育种对遗传多样性有很大影响。由于两个亲本产生一个全同胞家系，在没有淘汰家系的情况下，全同胞家系的每一个育种世代中，没有亲缘关系的入选树木的数目会减少一半。如果一个育种群体有400个没有亲缘关系的优树，下一代能够产生没有亲缘关系的全同胞家系最多有200个。在下一代变成100个，第五个育种周期之后，育种群体没有亲缘关系的家系最多仅有25个。采用轮回选择，如果不补充新的个体，亲缘关系将逐代积累，导致遗传多样性减少，最终变成完全近交，遗传多样性丧失。

随着世代的发展，近交是很难完全避免的。近交对林木高世代育种可能产生的后果已受到普遍关注。据美国北卡协作组对6年生火炬松近交后代的研究，近交对生长量的不利影响大于对成活率的作用。如以异交子代的生长量按100%计，则半同胞子代平均为93.5%，全同胞子代为89.2%，自交子代为72.1%；近交系数（F）每增加0.1，高生长受到约5%的抑制；各家系受自交抑制作用显著不同。因此，采用父系不清楚的交配设计产生的子代，不适于作为下一代的育种材料，只有采用双亲谱系清楚的交配设计，亲缘关系才比较容易控制，才能使共祖率维持在较低的水平上。

另一方面，近交可以使有害的隐性基因纯化，在特殊配合力显著的情况，是可以加以利用的。自交系杂交在玉米中已广泛应用，林木中没有得到应用的主要原因是从播种到开花结实所需时间长，多个世代所需的时间更长；其次，近交降低生殖力，据多数树种自交试验表明，约有一半的无性系不能得到种子；其三，如前述，林木中的特殊配合力分量不如一般配合力的稳定，但林业中也已有一些自交和近交方面的试验。

近交导致林木衰退，不仅影响成活率，还影响生长，因此，林木育种非常重视近交的管理。有两种办法可以避免近交：一是育种群体所有交配组合谱系清楚，这样就可以控制共祖率，从而可以在较长时间内避免有亲缘关系的植株间的交配；二是把育种群体再作划分，形成若干亚系。

在同一个亚系内可以自由交配，但在不同亚系间不能自由授粉。在这个意义上说，亚系是封闭的，近交仅发生在亚系内，而不同亚系个体间交配不存在近交。由各个亚系中选择一个植株组成的生产群体，个体间不存在亲缘关系，有利于良种生产。Mckeand(1980)为延缓近交在生产群体中的发展，提出了复合群体交配设计即属于这类(图14-6)。

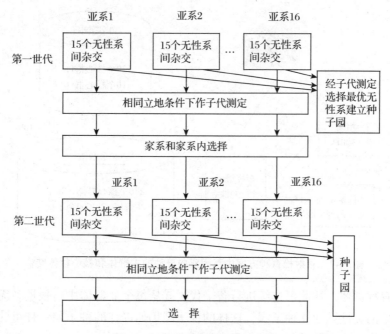

图 14-6　复合群体交配设计示意

亚系也有按性状来组织的，如第一个亚系由生长快的个体组成，第二个亚系按木材密度来组织等。由不同个体组成的亚系，可以保持种内多样性，使策略富有灵活性，对社会需求变化的应变能力较强，同时也便于选育综合性状优良的繁殖材料。在同一个亚系内，也可按组成亲本育种值的大小排序，划分为不同的层次。

育种群体划分方式有两类：一类是对一个育种群体划分成大小相等，组成较少的几个或几十个亚系；另一类是划分成大小不等的两个群体。如澳大利亚学者 Cotterill 借鉴绵羊的改良方案，于 1988 年提出了将辐射松优树组成的育种群体划分成大小不等的 2 个群体：主群体(main population)和核心群体(nucleus population)。主群体含 300 株优树，核心群体由最佳的 40 株优树组成。主群体的目的是保存基因，维持遗传多样性，以满足长远改良的需要，因而选择和组配强度都较低。而核心群体要在短期内取得最大的增益，因此采用控制授粉，包括选型组配生产全同胞子代，并采用综合指数进行强度选择。由此取得的增益可以通过无性繁殖或种子园推广。两个群体不是封闭的，核心群体和主群体间基因可以双向交流的，通过调节交流材料的比率，控制共祖率。如维持两个群体原有的规模，则从主群体向核心群体输送 10 个优良亲本，占核心群体的 25%，核心群体向主群体输入 30 个亲本，占主群体的 10%。这样，一方面可以提高主群体的遗传品质，同时也可使核心群体的近交系数不致提高太快。从核心群体向主群体输送优异的遗传材料也能提高主群体的组成(图 14-7)。

将育种群体划分成不同的小群体有以下几个优点：①将一个树种或一个单位拥有的育种资源随机地分作几个亚系育种群体，并在能够隔离的几个地点栽植；②每个地点的亚育种群体可以自由交配，不管它们之间有无亲缘关系；③在每一个亚育种群体内允许出现某种程度的近交；④每一个亚群中，根据子代测定，按配合选择选出最好的子代，组成相应

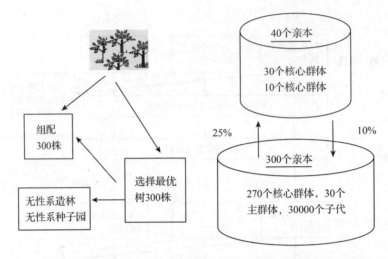

图 14-7　辐射松育种方案中基因双向流动的主群体和核心群体结构

的下一代亚育种群体，循此可连续进行若干代；⑤从每个亚群体中，根据各无性系子代评比，选择最好的无性系建立种子园，这样的种子园仍如以往的种子园一样可让其充分进行异交，以供生产上应用的种子可最大限度地减少近交。

14.3.4　高世代育种交配设计

对父、母本双亲交配组合所做的安排，称为交配设计，其主要方式已在第9章做了介绍。按交配设计方案，确定双亲组成，制种，产生子代，育苗，进行子代测定。测定的目的包括下列四个方面：①评定亲本的一般配合力或特殊配合力的大小，两种配合力的分量。为了可靠地评定，通常对每个亲本要用4~5个亲本交配。②评估遗传增益。③提供遗传参数值，包括半同胞或全同胞家系的方差或协方差值。④提供适合继续选择的基本群体。

自由授粉和多系授粉是常用的交配设计，由于不能确切地知道父本来源，只能够提供一般配合力，而不能提供特殊配合力数据；单交，虽能提供双亲组合值信息，但不能了解配合力的大小；测交、全双列、半双列等交配设计能够提供一般配合力和特殊配合力，但工作量大。采用何种交配设计，主要考虑投入的人力物力和时间，提供的信息及子代间是否存在亲缘关系等因素。

此外，在发展高世代育种过程中，还使用过下列两种交配设计。

①正向选型交配(positive assortative mating，PAM)　是适用于增加期望遗传增益的控制授粉设计，如将排序为第一和第二的亲本组配，第三和第四的亲本组配，直至表现最差的2个亲本间的组配。这种交配设计可用于发展精选基因型的小群体，或提高最佳基因型的频率，供进一步繁殖之用。当改良性状的遗传力大于0.3时，随遗传力的增加，期望增益和优良基因型数量都呈增加趋势。

②互补交配设计(complementary mating schemes)　在同一个群体中，为达到不同的育种目的，综合采用多种交配设计。最常用的是将半同胞测定和控制授粉组合起来，如将多

系授粉和部分双列杂交制种结合起来。前者花费较小，能估算育种值，后者能生产谱系清楚的子代，供下一轮选择之用。如果已对育种材料做过一般配合力的评定，可以选择其中一般配合力高的材料，再做特殊配合力的测定，这不仅可以减小工作量，更重要的是可以节省时间。

14.3.5 高世代育种群体评选方法

既然在一个育种群体中包含了多个世代的繁殖材料，就必须制定能客观评定所有候选繁殖材料各种性状的方法，并根据经济权重对所有候选材料排序，以便筛选。针对林木育种子代测验数据的复杂性，20 世纪 80 年代以来不断提出单亲本和双亲本子代测定评选方法。Hatcher(1981)提出水平—标准得分法(PV)，以解决缺区、缺株、方差不齐等子代试验资料不全等条件，使受测家系可以按统一得分多少予以排队选择。Cattell 等人对 6 种评选半同胞家系的方法进行比较的，认为最小二乘法(IS)、权重最小二乘法(WLS)、收缩最小二乘法(SIS)在评价家系诸性状的结果比较接近。评分法(RES)、标准立地校正法(SsA)与最小二乘法相接近，立地校正法(SA)效果最差。他认为权重最小二乘法较优，它在加性基因模型下，家系效应方差无偏估计值最小较其他方法精确。在组建湿地松第二代育种群体时，White 等(1988)提出采用最优线性预测模型(best linear prediction，BLP)预测亲本育种值，这一方法是以自由粉子代测定数据为据。可用于评估第一代亲本的材积和抗锈病育种值，也可根据子代双亲的育种值评估第二代材料。采用这一模式，对后向选择或前向选择所得的结果，可以直接比较，从而可以对所有候选材料统一排序而作出取舍。

14.4 加速育种世代技术

缩短每个育种世代的时间跨度，提高单位时间的遗传增益，是高世代育种中的重要问题。缩短育种世代可以从两个方面着手：一是缩短评定的时间；二是提早开花结实的年龄。以油松选育进程为例，说明缩短选育周期，加速世代是可能的。按常规做法，当年可采集到优树自由授粉种子供子代测定用。按 45 龄时采伐，经 1/3 轮伐期(15 年)可对测定林生长性状作出评定。评选出来的优树，当年嫁接，8 年后能正常开花、制种，3 年后采收种子。从种子到种子，完成一个世代的选育，前后共 15+8+3 = 26 年。如采取早期测定和提前开花结实措施，10 龄时可评定供试植株的生长性状；评选植株通过嫁接和促花处理，4 年后开花，制种 3 年，完成一个周期共需 10+4+3 = 17 年。由于缩短了开花和评定时间，两者相差 9 年，可以明显地提高单位时间的增益(26-17)/17 = 52.9%。

14.4.1 早期选择

指在采伐龄前的不同阶段，对生长、材质、抗病虫害以及适应性等性状作出评定，并借此进行选择。早期选择对缩短育种周期、加速育种成果的推广，减小工作量有重要意义。几十年来国内外都重视这项研究，但由于性状的表现受树木体内控制和体外环境影响，情况复杂，尚处于探索阶段，主要有下列途径。

14.4.1.1 亲代—子代相关

早期瑞典、芬兰、苏联等国家在欧洲赤松研究中曾观察到，具有侧枝细、树冠窄、针叶密、树皮色浅等综合性状的母树，其子代生长较快。欧洲赤松、落叶松、湿地松和火炬松等树干通直度的遗传力高，自然整枝高或较高，木材密度在亲代—子代代间也呈显著相关。杉木生长性状的遗传力中等，直径和材积的遗传力比树高稍低，封顶期、耐寒力等的遗传力高于生长性状。

14.4.1.2 早期—晚期相关

在林木遗传改良中，很少有人会等到遗传测定林进入轮伐期后才开展选择。一般会提早半个轮伐期，甚至1/3轮伐期进行选择。这种林木未达到经济成熟期而作出提前选择就是早期选择（early selection）。Wright（1976）总结了前人的研究结果，原则上肯定了生长量早期选择的可行性。Lambeth（1983）总结了30年来美国林木改良工作中大量子代测验结果，提出松科树种的生长力选择可在1/6～1/5个轮伐期时进行。Foster（1986）认为，根据8年生的保存率和树高生长已能可靠地预测火炬松成龄时单位面积的材积了。Magnussen等（1987）提出在有利的生境下最佳的选择年龄可短于树种轮伐期的1/10。Squillae（1974）分析了湿地松早晚期生长相关，3年生树高与25年生时呈弱相关，8年生后相关系数显著增加，但到8年生时，按材积大小从全部供试树木中选出的10%最优植株，到25年生时，只有不到1/3的植株仍处于10%的最优群体中，还有1/10以上的树木低于平均木。Isik（2010）等根据回归预测模型预测，如果欧洲云杉轮伐期为60年，最佳的早期选择年龄是13年。目前，国外根据多数试验材料作出的谨慎结论是，在苗期只可以淘汰生长特别不良的苗木，到1/3～1/2伐期龄时可以对材积生长量作出比较可靠的判断。

自20世纪80年代以来，国内在早期选择方面做了大量的研究。如马常耕（1991）根据白榆种源试验10年的结果，认为造林后第4年的表现能可靠地预测10年时的表现。根据不同选择年龄时的相关增益和年选择效率分析，从第5年时实行早期选择是妥当的。刘菊荣等（1996）对30年生90株人工长白落叶松树干解析生长变异及早期预测进行了研究，结果表明，长白落叶松人工林树高、胸径、材积的变异系数在14～18年趋向于平缓，通过对生长变异、生长的幼年—成熟龄相关及早期选择效率的分析，初步确定长白落叶松人工林最佳选择年龄为14年。赵承开（2002）对4块试验地107个杉木无性系试验林调查分析认为：杉木优良无性系选择是可以在早期进行的，但不宜在造林后2～3年时进行，其初选年龄应是造林后5～6年，精选年龄在8～9年，如果选择年龄过早，存在着错选和漏选的问题。

早期选择涉及有效选择年龄的问题，根据树种生长性状幼年—成年相关，可以回答这个问题。有关性状幼年—成年相关与早期选择的报道较多。郑仁华（1996）对37年生杉木生长性状的早晚相关性分析的结果表明，杉木生长性状在2年生时与38年生时的相关系数在统计上是显著的，其后相关系数逐年上升，到15年生时相关系数达0.916，相关极为显著。郝自远（2017）对江苏句容24年生的北美鹅掌楸人工林进行了树干解析，结果表明：胸径、树高在6年与18年显著相关，材积在6年与16年达到显著相关。从加速育种角度，在6年进行早期选择较为合理，而在培育大径材北美鹅掌楸方面可以16年之后再进行疏伐选择。

14.4.1.3 形态、解剖特征与目标性状相关

形态特征容易观察，与生长等性状进行相关分析比较方便，国内外研究较多。如在欧

洲赤松、欧洲云杉、欧洲落叶松中观察到，顶芽数量和长度、嫩梢和针叶长度以及果鳞形状等都与生长有密切或较密切的关系。

我国对杉木类型的研究较多。据江西对杉木优树的分析，树冠窄而浓密、叶面积大、枝叶灰色、果鳞反卷、侧枝细、树皮薄、裂纹直等表现，是杉木速生指标。又据南京林业大学在福建洋口林区对 7~9 年生杉木林的调查，浓密冠型植株的平均直径比稀疏冠型的大 50%~70%，平均树高大 30%~40%，材积大 1 倍。北京林业大学对油松和杨树无性系做过类似的研究。油松顶梢年生长量与顶梢上的针叶束数有极显著相关（$r = 0.80$），杨树不同无性系 1 年生插条生物量与全株叶面积总量的排序大体相仿。

14.4.1.4　生理生化分析与生长、抗逆性的相关

（1）光合性能分析

树木生长快慢和干物质积累取决于光合能力，而光合能力的大小又取决于叶的总面积和单位叶面积的光合效率。由于光合效率受植物体内外多种因素的影响，测定的结果并不一定能反映树木的遗传特性。因此，完善实验方法特别重要。也有人认为，从光合行为与环境因子的关系以及对光呼吸和暗呼吸进行研究，可能更有利于了解群体或个体的遗传变异。

（2）营养代谢分析

在花旗松、欧洲赤松、辐射松、湿地松等不同种源、家系和无性系的矿质代谢分析中发现，不同群体或个体的营养代谢存在着差异。如发现生长快的花旗松种源针叶中钾的含量高，欧洲赤松的生长速率与镁的浓度也有相似的关系，在缺硼的立地条件上，生长健壮的辐射松植株能有效地利用有限的硼，针叶内硼的含量高；湿地松等不同无性系对施肥反应不同，从而可选择出适应于不同肥力水平的繁殖材料。硝酸还原酶在植物氮素代谢中有重要作用。在对作物研究中已发现这个酶的活力与作物的耐肥性有密切关系，认为可用于筛选不同耐肥水平的作物品种。80 年代初在杉木中也已开始这项试验。

（3）萜类和酚类物质

树体内部生化物质，特别是萜类和酚类物质的组分和数量，与树木抗御病虫害的能力有关。据报道，湿地松对梭形锈病感染与 β-水芹萜含量，欧洲赤松根腐病与 3-蒈萜和 α-松萜含量，松类小蠹虫与苧烯、3-蒈萜和 α-松萜，欧洲云杉蚜虫与总酚量等有关。

14.4.1.5　模拟研究

20 世纪 70 年代中期以来，早期预测与选择也逐步现代化，以模拟自然条件在人工条件下进行研究的内容逐步增加。这方面的研究主要在温室、人工气候室中进行控制温度、水分、光照、施肥种类与浓度，以观察性状早期—晚期相关。1978 年，Cannell 等研究指出，火炬松苗木需水量与 8 年生家系材积生长有关，苗期需要中等水分的家系与在排水良好林地上测定速生家系呈显著相关，这些家系茎根生长率也比较大，到 80 年代初，Lambeth 和 Waxler 等研究花旗松、火炬松苗期与后期材积关系得出，生长快、材积大的家系与苗木根茎比率相关。Williams（1988）对火炬松 18 个自由授粉家系的苗期研究得出，18 个月龄的苗高与以后林木各龄树高呈正相关（$r \geqslant 0.59$）。

基于分子标记的辅助育种是潜在有效的途径，是近二十年来研究的热点，已在第 13 章做了介绍。

14.4.2 提早开花结实

早在20世纪60年代,芬兰已成功经营塑料大棚桦木种子园。桦木在自然条件下要10~15年才能大量结实,但在大棚内2~3年就能生产种子,70年代又试验了欧洲云杉和欧洲赤松大棚种子园。美国到80年代中期,至少已有4个林产企业各建成1000 m^2 的大棚种子园,现在加拿大、北欧云杉育种中广为应用。

(1) 火炬松的缩短育种周期

1986年,Lambeth等介绍了火炬松的强化育种。先在塑料大棚里培育1年生嫁接苗,翌年夏做水分胁迫和$GA_{4/7}$处理,第3年植株开花作第1次人工杂交,并继续进行水分胁迫。第4年春第二次杂交,秋天采集上年杂交种子,第5年秋季采收第二次杂交种子,当年冬二批种子混合播种育苗,第6年春进行短期遗传测定,第7年冬作第一次观测和评价。第8年从入选的杂交组合中选择优良植株,采穗条嫁接,开始第二轮育种。如此继续,第14年冬即可对第二轮遗传测定林进行再选择。

(2) 落叶松缩短育种周期

1993年,美国缅因州立大学开发了落叶松强化育种技术,从选优嫁接开始,第5年可得到控制授粉种子。结合早期测验,到第11年时可从测验林中选出幼树亲本。该技术是利用落叶松的自由生长特性,对嫁接植株做延长生长期的培育。即充足施肥、在温室内延长生长期,促使树体快速生长和分枝,然后对侧枝实行平展或下拉处理,断根和$GA_{4/7}$主干注射处理。

(3) 云杉加速育种技术

1990年,Greenwood等报道了对黑云杉和白云杉诱导开花研究。1~2月在温室培育1年生嫁接苗,移入4℃的冷室中,经1000 h低温脱休眠处理后,重新移入温室,人工补光18 h,待生长至一定程度后停止人工补光,休眠后,重新移入冷室。如此轮回处理,24个月后植株完成4轮生长,树高达1~1.5 m。经$GA_{4/7}$等开花诱导处理,第3年末即可获得种子,在第5年可营建遗传测定林。

14.5 不同树种育种特点和育种策略实例

14.5.1 树种繁殖特点与选育方式

为了取得好的选育效果,需要正确选择育种方式。为此,必须考虑该树种的繁殖方式。

(1) 以种子繁殖为主的树种

对适用于种子繁殖的树种,选择优树,从优树上采集自由授粉或混合授粉种子,混合播种,这属一次性混合选择;如从优树种子繁育的子代中再选择,重复多个世代,称为多次(轮回)混合选择。这类选择方法简单易行,费用低。只要选择性状的遗传力高,非加性遗传方差不大,表型选择强度较大,且比较准确,选择性状与环境的交互作用不大,可以得到较好的选择效果。这适用于控制授粉困难的树种。

另一种方法是采集的种子不混合,按单株分别采种和育苗。采用这类方法,一般首先要考虑树种种内的地理变异特点,在适宜的种源区内选择优树;用优树穗条或种子建立无性系种子园,在了解优树无性系遗传性状基础上做控制授粉,得到的子代谱系是清楚的。

有一类植物,雌雄两性机能虽都正常,但不能自花受精,或同一无性系不同植株的花不能受精,这种现象称自交不亲和性(self-incompatibility)。在作物育种中,利用自交不亲和性,选育遗传上稳定的自交不亲和系,可以简化杂交过程,对两性花不必去雄就能生产杂种。自交不亲和性是植物长期进化过程中形成的,有利于异花授粉习性,从而保持高度杂合性的一种生殖机制。异花传粉植物群体是异质的,含有很多不同的基因型,在遗传上高度杂合,自交后有不同程度的衰退,通过杂交可以恢复正常。

(2) 无性繁殖树种

杨树、柳树、泡桐等容易无性繁殖的树种,适用这类育种方法。按表型选择出来的优良单株,在大量繁殖前,按是否进行无性系测定分为两类:一类做测定;另一类不做测定。但在集约经营条件下,推广的无性系通常都做无性系测定,并根据无性系与立地的交互作用情况,确定无性系的适宜推广地区。无性系生长整齐,增益也高,但是无性系是选择的"终端",不能再作选择,只有创造新的遗传变异,才能选育出更优越的繁殖材料。因此,这类选育方法往往与杂交育种结合。

对落叶松、辐射松等针叶树种由于无性繁殖的年龄效应明显,待无性系评定结论出来时再推广,无性系已经丧失了大量繁殖的最佳期。为此,澳大利亚和新西兰对辐射松,法国对落叶松,都采用无性系—家系间过渡的无性繁殖方式。近年我国松类采穗圃—插条繁殖的方式与此类似。这种无性繁殖方式在针叶树种中应用已较普遍。

此外,还有一种不经受精而结"种子"的繁殖方式,或不通过雌雄两性细胞融合而以无性生殖过程代替有性生殖的类型,通称无融合生殖(apomixis),已在植物10多个科中见过报道。这种生殖方式妨碍基因重组(gene recombination),不容易出现新类型,但如发生频率高,通过人工杂交,一旦筛选出新的优良杂交组合后,就可保持杂种优势。

(3) 适用于杂交树种

杨树、柳树、落叶松、松等采用杂交育种已有悠久历史,但工作初期在杂交组合确定后,对亲本的选择往往都局限于选择时的世代,对亲本不作轮回选择。如欧洲和日本早期的落叶松杂交,澳大利亚的湿地松和加勒比松杂交都是这样做的。我国的杨树杂交育种已有几十年历史,对杂交亲本的选育重视不够。为达到不断提供更优越繁殖材料的目的,必须对杂交的双亲分别测定和选择,组配制种,轮回选择亲本,然后再杂交。

14.5.2 国外育种策略实例

进入20世纪80年代,美国、澳大利亚、新西兰先后开展了有协作、有计划、有规模的高世代育种工作,分别对欧洲云杉、火炬松、湿地松、辐射松、巨桉等树种制定了高世代育种策略。意大利在杨树育种中重视育种群体的改良,制定的黑杨派育种策略也是一个范例,已在第7章做了介绍。

14.5.2.1 美国北卡罗来纳火炬松育种策略

美国东南部地区是世界上林木育种成效很显著的地区之一,近二十多年来着重研究高世代育种。为了缩短育种周期,提高育种效率和单位时间的增益;保持群体多样性、保证育种工作的长远发展；尽可能减少投入，提高经济效益；贯彻灵活性，不限制今后的发展，并便于材料交换和信息交流等目的，组织多方面的专家，投入大量时间，总结了过去的育种策略，于1992年推出了第二代策略方案。

(1) 第二代育种技术要点

美国北卡罗来纳州第二代良种计划为期10年，预定目标4000块试验林，拥有720株第二代优树和3300株人工林优树（第一代），后者是为了扩大育种群体，两者在开展第三代育种后将合并。第二代测定工作采用6个亲本的不连续半并列交配设计。其目的是能够估算一般配合力和特殊配合力，估算遗传方差，能最大限度地提供没有亲缘关系的子代，供第三代选择，并可维持广泛的遗传基础。通常2个（很少3个）半双列杂交设计的子代栽植在一起。同一批繁殖材料在2个地点年度重复2次，共营建4块试验林。每个组合采用6株小区，重复6次，即每个控制授粉家系共需144株苗木。对照包括当地种子园混合家系；当地和邻近地区未经改良林分采集的种子共4个。在各测定林中都包含对照，并将对照作为标准，在试验林间作比较。对所有试验林，于6年生时测定树高、通直度及梭锈病感染状况，并根据遗传参数和经济权重制定的选择指数，对所有单株作出评定。该协作组早期进行的双列杂交测定结果已得到了确认，因此，第一次选择于6年生前进行，在稍晚时再做最后选择。这样可将植株提前数年栽植到育种园中。对评选出来的单株，还要测定木材密度，并结合考虑树干通直度、抗锈病等其他指标，最后确定该植株今后是否用于营建种子园或纳入其他育种计划。

(2) 第三代育种技术要点

该方案把育种群体划分为功能不同的3类群体，并采取相应的交配设计等不同措施。第三代的测定工作量约为第二代的1/10~1/5。

主群体：由地理特征相似的4~6个单位组成协作单元。每个协作单元拥有由160株第三代优树组成的有效群体，称为主群体(mainline population)，这个群体具有长远改良的性质，也能满足营建新的种子园的需要。在火炬松种源试验的最后结论没有得出前，采取保守的做法，即在这个群体中只包含当地的和相似地理起源的繁殖材料。由于在第二代改良中每个单元拥有的600株优树都经过了遗传测定，所以第三代群体可以比第二代小得多。主群体组成材料是按半双列杂交设计估算的育种值最大及共祖率最小的原则挑选出来的，其中既含有子代，也含有亲本。160个无性系共分成40个亚系，每个亚系含4个无性系。亚系的组建原则是，有亲缘关系的无性系，编入同一个亚系中，以保证亚系间的亲缘关系最小；按开花的时间先后排序，保证系内个体间的组配制种；按无性系的归属单位组织管理。主群体采用多系授粉和半双列杂交结合的互补交配设计。为估算亲本的育种值，采用多系授粉，即挑选表现中等、遗传测定稳定、花粉产量高的无性系约20个，将其花粉混合作父本制种，估算一般配合力。同时，对同一亚系中4个无性系按半双列杂交设计共组配6个组合。控制授粉家系只供家系内选择之用。

采用亚系的优点是：亚系小，近交进展快，从而可增加总的遗传方差，并可利用亚系间的方差；计划灵活，育种和测定工作能迅速适应未来可能改变的形势。但亚系小，也存在不利的方面：近交发展过快，等位基因固定过速，不利于选择，也会导致不育；由于仅在亚系中组配，重组的机会小，且亚系可能因取样，导致遗传漂变。对中亲值最高组合中的优良单株将选择利用。

在田间试验设计上,对多系授粉子代,与第二代比较,小区可较小,区组较多,至少在 4 个地点重复。如用单株小区,在 1/3~1/2 英亩(0.484 hm²)可栽植 200 个家系。当亲本子代的选择年龄预期在 4~10 年。全同胞家系不设区组重复,为提高选择的可靠性,决选的年龄也比多系授粉要晚些。

精选群体:每个协作单元可根据具体情况选择使用。可拥有 40 个左右最优良的基因型,利用一般配合力,或一般配合力和特殊配合力增益。其特点是选择强度高、群体小、育种周期短、增益大。对精选群体(elite population)有以下几种组配方式(图 14-8)。

一种是对 40 个亲本作自交和选型交配(单交)。自交能迅速增加纯合度和提高有利基因的频率,以及增加加性遗传方差,对自交系的选择强度,也较单交的要大(因自交系有 40 个,而单交仅有 20 个子代)。按一般配合力选择出来的最佳亲本自交系与其他亲本组配,并不降低其育种值。但是,自交会造成相当一部分无性系不育,不产种子,或种子没有生活力,或苗木畸变,同时也可能存在纯合过快的危险。因此,利用半同胞和全同胞间交配可能要好些。

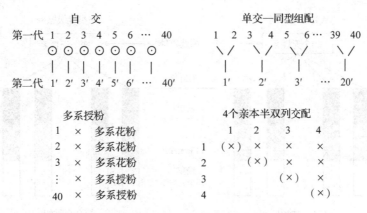

图 14-8　火炬松精选群体的几种组配方式

另一种方式是采用主群体的互补交配方案。40 个最优无性系分别作多系授粉,同时每 4 个无性系分组作包括自交在内的半双列杂交。这样,由 40 个无性系组成的精选群体可包含 40 个多系授粉(这是主群体 160 个多系授粉的组成部分)、40 个自交和 60 个控制授粉。亲本无性系将按一般配合力,或多系测定估算的育种值排序,而第四代育种材料将由控制授粉或自交子代中选出。从异交或自交子代中将至少可选择出 20 个没有亲缘关系的子代供营建新的种子园之用。精选群体并不是封闭的群体,它可以和主群体有交叉,也可交流。

遗传多样性群体(genetic diversity archives):为保存和维持遗传多样性,除采取一切措施保存已收集的约 4000 株树外,并进一步收集单个性状特别优异的植株,如生物量大但树干不通直,或木材密度大但不抗锈病的植株约 150 个。

14.5.2.2　佛罗里达湿地松育种策略

佛罗里达协作组于 1993 年制订了湿地松第二代育种计划,其指导思想也是争取在短期内获取最大的遗传增益,维持广泛的遗传基础,保证改良工作长期持续发展(图 14-9)。

育种群体共由 936 个单株组成，其中有效群体数为 625 单株。一方面，从第 1 代改良的 2373 优树中，经过后向选择获得 395 株，入选率 17%。另一方面从 2700 个全同胞家系中，经过前向选择，获得 318 优良单株，入选率 12%。此外，还加入了从优良种源林分中选择的优树。遵循长期经营及获取最大增益的指导思想，根据繁殖材料的遗传品质，育种群体划分成精选群体和主要群体二个部分。精选群体由基本群体中最优的无性系组成，共分 2 个精选群体，各由 30 个无性系组成。主要群体共划分成为 24 个育种小组，分属 2 个大组，各含 12 个小组。各小组含 39 个单株。小组的划分主要是考虑长远改良的需要，有亲缘关系的个体只能收入同一个小组。这样小组间个体交配，就不存在亲缘关系。如从各个育种小组中仅选择一个单株组成的生产群体，组成生产群体的个体间保证不会存在亲缘关系。对主要群体内各育种小组，根据组成植株遗传品质的优良程度，划分成 3 层，各层含 13 个单株。对上层无性系优先考虑作遗传测定，并作较多的控制授粉和较精确的一般配合力测定，而下层无性系，主要是为维护广泛遗传基础服务的。上下层间不是封闭的，下层可向上层群体输送潜在优良的育种材料，并扩大其遗传基础，而上层向下层输送，也能提高长远的增益，但可能会有亲缘关系。

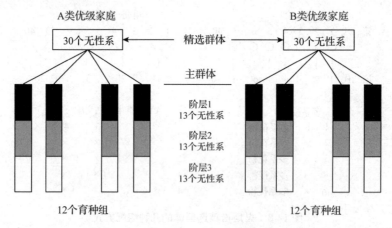

图 14-9　佛罗里达协作组湿地松育种群体结构

采用多系测定和控制授粉结合的互补交配设计。多系测定用于评定育种值，而全同胞子代则为家系内选择提供第三代繁殖材料。主要群体只在育种小组内组配，精选群体也只限在本群体个体间组配。全同胞测定小区不做重复，含 50~100 株苗。前向选择将根据一般配合力大小挑选最佳小区的优株，组成第三代育种群体的主体。利用这种方式，在任何阶段都可以从 24 个育种小组中挑选材料建立新的种子园。这个育种方案将由第一代改良时的 60 个测定组合、造试验林 98 hm²，减少到第二代育种中的 2.5 个测定组合、造试验林 9 hm²，显著减少工作量。

14.5.2.3　新西兰辐射松育种策略

新西兰辐射松育种协作组（NZRPBC）建立了一个大的辐射松育种群体（$N=500$），其结构比较独特。首先，把群体一分为二，形成两个超系（superlines）。这两个超系之间不存在亲缘关系。然后，每个超系再进一步分为 100 多株的主群体和 10~30 株的精选群体（图 14-10）。主群体的功能是保存基因资源，维持广泛的遗传多样性，以满足长期遗传改良的需要。进入精选群体个体是经过高强度挑选的,各个精选群体有各自的育种目标,如无缺陷木材(CC)、抗松针红斑病(DR)、普通的(G)、生长和干型(GF)、木材密度(HWD)、节间长(LI)、结构材(ST)等。同一无性系如果满足不同精选群体的入选标准,可以包含在多个精选群体内。两个超系间的精选群体可以通过定向组配产生优良家系,并用于生产。例如,超系1的HWD(木材密度)精选群体的最优个体可以与超系2的HWD精选群体中最优个体交配,不存在近交衰退问题。此外,超系1的HWD的最优个体也可以与超系2的GF(生长和干型)或DR(抗松针红斑病)精选群体中的最优个体交配,产生性状互补的优良家系(图14-10)。

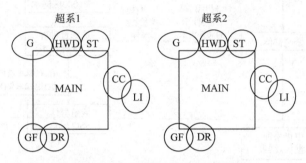

图14-10 新西兰辐射松育种群体示意

14.5.2.4 美国佛罗里达南部巨桉育种策略

20世纪60年代,美国佛罗里达州南部开始实施巨桉(*Eucalyptus grandis*)的树木改良计划。该树种在这一地区种植规模很小,因此树木改良只有采用低强度、低成本的育种策略。该项目已经完成了4代以上,通过自由授粉(OP)和对子代进行选择,在三个性状(树干材积生长、霜冻恢复力和严重冻害后再生的材积)上取得了丰厚的遗传增益。

每个世代(k),最初由500个OP家系组成基本群体。先从上个世代的测定林选择300~400个OP家系,再从外部补充100~200个家系,以维持广泛的遗传基础和限制近亲繁殖。这500个OP家系组成的基本群体种植在美国佛罗里达的一个地点,面积为15 hm²,每个OP家系60株幼苗,共种植30 000株,采取完全随机的设计,单株小区。该林分先作为基本群体,再作为世代k的唯一的遗传测定林。2年生时(平均树高5 m),对这3万株树的几个性状进行观测。根据500个家系的排序和家系内单株的表现,选择出1500株组成第k代育种群体。该过程从原来的500个家系中的400家系中至少保留1株,最好的家系最多保留了10株。

把没有在选择群体中的28 500株树砍伐或移除,形成育种群体。这时选择群体和育种群体是相同的,有1500株树(2年生)。从中采集300株树的OP种子与新补充的200株形成下一世代的基本群体。用这500个家系造林,这样就在4年中完成了一个时代的选择、测定和育种。世代k+1按照上一世代的方式进行,到第8年时,完成两个世代的育种(图14-11)。

该育种策略的主要特点是:①在一个试验点完成一个世代的育种,四项功能并举。包括遗传测定,对家系进行排序;建立基本群体,从中选择;营建育种园,提供下一代OP种子;构建繁殖群体,为下一代收集的改良种子,由此降低了成本。②单一的无结构化的

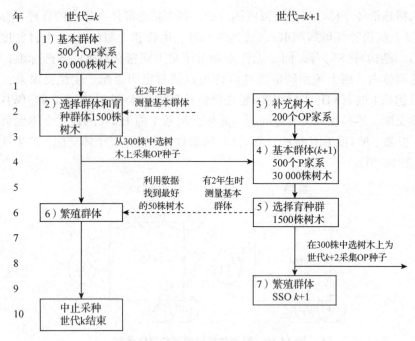

图 14-11　美国佛罗里达南部巨桉育种策略

繁殖群体进行自由授粉育种，不需要搞控制授粉。③世代短，大约4年。轮伐期为8年，2年生可做早期选择，再过2年为下一代收集OP种子。④从外部大量补充新的育种材料，以保持育种群体遗传多样性。

提要与小结

育种策略是依据特定树种的育种目标、生物学和林学特性、遗传变异特点、资源状况、已取得的育种进展，并考虑当前的社会和经济条件、可能投入的人力、物力和财力，对该树种遗传改良作出的长期、总体安排。育种策略是树种遗传改良计划的核心，关系到育种工作能否持续有效地开展。

制定育种策略时要了解多方面的内容，如育种目标、树种特性、育种资源、种内遗传变异、树种繁殖方式、选择强度与遗传增益、遗传参数、育种群体、育种周期、遗传测定方案、人力财力、各方协同合作、潜在风险等。要尽可能搜集、整理已有的资料，并在掌握已有数据的基础上，安排好今后工作。

轮回选择是指基于遗传基础丰富的群体，通过循环选择、交配，不断丰富遗传基础，提高目标性状的有利基因频率，提高群体内优良个体的比例，从而提高性状的平均值，使群体持续不断地得到遗传改良。林木性状遗传模式基本属加性基因遗传，以加性遗传为主的林木常规育种普遍使用一般配合力的轮回选择。种间杂种育种比单一树种的育种更为复杂，育种策略可以分多群体育种和单一群体育种两类。

根据育种目标从群体中选择符合要求的个体，或淘汰不符合要求的个体，是遗传基础变窄的过程。但对选择出来的个体，通过交配，进行基因重组，又是遗传基础变宽的过程。林木育种过程实际上就是使遗传基础由宽变窄，再由窄变宽的螺旋式上升的发展过程。一个特定的育种循环包含基本群体、育种群体、选择群体和繁殖群体。群体的划分有利于持续获得遗传增益，并保持广泛的遗传基础。近交导致林木衰退，不仅影响成活率，还影响生长，因此林木育种非常重视近交的管理。有两种办法可以避免近交：一是育种群体所有交配组合谱系清楚，这样就可以控制共祖率，从而可以在较长时间内避免有亲缘关系的植株间的交配；二是把育种群体再作划分。通过对育种群体再划分和保持谱系清楚的方式，可避免近交。为了保持谱系清楚，防止近交，高世代育种一般采取控制授粉。

育种群体大小、组成、结构等直接影响遗传增益、遗传多样性。育种群体大小一般采用有效群体大小估算。群体过小会造成有利等位基因的丢失，尤其是对频率低的，或非选择性状的等位基因更易丢失。如果经济条件许可，或增加的投入不大，以选择、搜集更多的亲本为宜。进入高世代育种群体的材料必须是经过严格测定与筛选，证明确是优良的材料，遗传增益高，能满足近期遗传增益的需要，没有亲缘关系，有利于保持较宽广的遗传基础，为长期遗传改良服务。育种群体的大小一方面要符合长期育种需要，维持群体多样性和长期遗传增益的需要，另一方面又要能获得近期最大增益。然而，争取最大遗传增益和广泛遗传基础是相互矛盾的，为协调发展，两者要适当调节。

缩短每个育种世代的时间跨度，提高单位时间的遗传增益，是高世代育种中的重要问题。缩短育种世代主要从缩短评定世代和提早开花结实年龄两个方面入手。早期选择对缩短育种周期、加速育种成果的推广、减小工作量有重要意义。通过研究亲代—子代相关、早期—晚期相关、形态、解剖特征与目标性状相关、生理生化分析与生长和抗逆性的相关，可掌握早期选择合适的年龄。采取大棚种子园方式，通过强化育种技术可达到提早开花结实的目的。

不同树种因生物学和繁殖方式等不同，育种策略也有所不同。本章介绍的德国、美国、澳大利亚、新西兰、意大利等国的树种高世代育种的做法，可以借鉴。

复习思考题

1. 育种策略的基本内容，制定策略应遵循哪些原则？
2. 划分"基本群体""选择群体""育种群体"和"生产群体"对高世代育种的意义何在？各类群体的功能？
3. 为什么在高世代育种中更应强调要防止自交和近交，有哪些措施能防止其迅速发展？
4. 如何提高单位育种时间遗传增益？
5. 美国、新西兰、意大利分别对火炬松、湿地松、辐射松、巨桉和黑杨等树种制定的育种策略各有何特点？
6. 试制定一个你熟悉的树种的高世代育种策略。

参考文献

安利国, 2005. 细胞工程[M]. 北京: 科学出版社.
安三平, 欧阳芳群, 王军辉, 2018. 欧洲云杉无性系遗传变异及早期选择[J]. 西北林学院学报(6): 61-65.
鲍甫成, 江泽慧, 等, 1998. 中国主要人工林树种木材性质[M]. 北京: 中国林业出版社.
曹仪植, 2002. 植物分子生物学[M]. 北京: 高等教育出版社.
戴灼华, 王亚馥, 2016. 遗传学[M]. 3版. 北京: 高等教育出版社.
戴思兰, 2010. 园林植物遗传学[M]. 2版. 北京: 中国林业出版社.
蔡旭, 1988. 植物遗传育种学[M]. 2版. 北京: 科学出版社.
蔡邦平, 梁一池, 吴端正, 1998. 马尾松高产脂优树选择方法的研究[J]. 福建林学院学报, 18(1): 32-35.
曹仪植, 2002. 植物分子生物学[M]. 北京: 高等教育出版社.
柴田胜, 1979. 柳杉抗旱性育种[J]. 顾万春译. 林木遗传与育种译丛(17): 75-80.
陈晓阳, 沈熙环, 2005. 林木育种学[M]. 北京: 高等教育出版社.
陈晓阳, 黄智慧, 1995. 杉木无性系开花物候对种子园遗传组成影响的数量分析[J]. 北京林业大学学报, 17(3): 1-9.
陈晓阳, 黄智慧, 李悦, 1993. 针叶树种子园开花物候重叠指数及其应用[J]. 林业科技通讯(6): 12-14.
陈晓阳, 沈熙环, 杨萍, 等, 1995. 杉木种子园开花物候特点的研究[J]. 北京林业大学学报, 17(1): 10-18.
陈晓阳, 沈熙环, 1994. 侧柏种源造林成活和幼林生长变异的研究[J]. 北京林业大学. 16(1): 20-27.
陈晓阳, 王东洋, 1990. 侧柏种源苗木根系性状变异的研究[J]. 北京林业大学学报. 12(2): 13-20.
陈晓阳, 1996. 杉木种子园花粉空间分布和传播距离的研究[J]. 北京林业大学学报, 18(2): 24-30.
陈晓阳, 等, 1996. 四个杉木种子园的花量和种子产量的观测与分析[J]. 北京林业大学学报, 18(1): 38-45.
陈晓阳, 李文刚, 等, 1996. 杉木种子园球果解剖性状的研究[J]. 北京林业大学学报, 18(3): 42-47.
陈奕良, 倪荣新, 陈敏红, 等, 2000. 庆元杉木种子园疏伐效果试验[J]. 浙江林学院学报, 17(1): 5-8.
陈振光, 等, 1996. 园艺植物离体培养学[M]. 北京: 中国农业出版社.

成俊卿, 1985. 木材学[M]. 北京：中国林业出版社.

程朝阳, 等, 2019. 广东省杉木精选高效种子园调研学习报告[J]. 福建林业(5)：24-29

迟健, 1987. 杉木种子园中无性系间结实和种子品质差异研究[J]. 福建林学院学报, 7(2)：49-55.

储德裕, 刘青华, 金国庆, 等, 2010. 马尾松优树无性系生长、干形和木材密度评价[J]. 浙江林业科技(5)：46-52

戴建良, 董源, 陈晓阳, 等, 1999. 不同种源侧柏鳞叶解剖构造及其与抗旱性的关系[J]. 北京林业大学学报, 21(1)：27-31.

邓秀新, Grosser J W, Gmitter F G, 1995. 柑橘种间体配融合及培养研究[J]. 遗传学报, 22(4)：316-321.

董铁民, 陈晓阳, 张雪敏, 1990. 侧柏[M]. 郑州：河南科学技术出版社.

童方平, 等, 2003. 间伐对湿地松人工林木材材性的影响效应研究[J]. 湖南林业科技, 30(4)：15-18.

杜金友, 陈晓阳, 李伟, 等, 2004. 林木抗旱的渗透调节及其基因工程研究进展[J]. 西北植物学报(6)：1154-1159.

杜生明, 1998. 林木抗病基因定位研究现状及策略[J]. 遗传, 20(5)：47-50.

方程, 李明鹤, 李恭学, 等, 1992. 杉木采穗圃营建技术的研究[A].//沈熙环主编, 种子园技术[C]. 北京：北京科学技术出版社.

冯水, 陈瑞炳, 冯顺简, 等, 2002. 湿地松杂交后代鉴定试验研究[J]. 热带林业, 30(1)：21-23.

范桂华, 2014. 马尾松无性系种子园木材基本密度性状的遗传变异[J]. 安徽农学通报(8)：127-128, 136.

方乐金, 施季森, 2003. 杉木种子园产量及其主导影响因子的分析[J]. 植物生态学报, 27(2)：235-239.

盖钧镒, 章元明, 王建康, 2003. 植物数量性状遗传体系[M]. 北京：科学出版社.

高新起, 王秀玲, 1998. 植物远缘杂交的障碍及其克服[J]. 生物学通报, 33(12)：12-14.

葛莘, 2004. 高级植物分子生物学[M]. 北京：科学出版社.

巩振辉, 2008. 植物育种学[M]. 北京：中国农业出版社.

顾淑荣, 桂耀林, 1987. 枸杞胚乳植株的诱导及染色体倍性观察[J]. 遗传学报, 14(1)：37-41.

顾万春, 王棋, 游应天, 等, 1996. 森林遗传资源学概论[M]. 北京：中国科学技术出版社.

顾万春, 1995. 中国林木育种区[M]. 北京：中国林业出版社.

郭明辉, 郭丽, 2001. 抚育间伐对紫椴木材材质的影响[J]. 东北林业大学学报, 29(5)：26-27.

巩振辉, 2008. 植物育种学[M]. 北京：中国农业出版社.

孔繁玲, 2006. 植物数量遗传学[M]. 北京：中国农业大学出版社.

郝自远, 等, 2017. 美鹅掌楸人工林生长规律及早期选择可行性探究[J]. 林业科学研究, 30(5)：878-885.

何天相,1994. 木材解剖学[M]. 广东:中山大学出版社.

何祯祥,余荣卓,2000. 杉木杂种群体分子框架遗传连锁图初报[J]. 南京林业大学学报(自然科学版)(6):22-26.

胡德活,阮梓材,钱志能,等,2004. 杉木无性系木材密度遗传变异及其与生长性状的相关性[J]. 中南林学院学报,24(5):24-27.

胡建军,王克胜,韩一凡,1998. 林木抗虫育种研究进展. 世界林业研究(3):15-21.

胡延吉,2003. 植物育种学[M]. 北京:高等教育出版社.

侯渝嘉,何桥,梁国鲁,等,2006. 茶树杂交后代的ISSR分析[J]. 西南农业大学学报,28(2):267-270.

黄秦军,苏晓华,2003. 美洲黑杨×青杨F_2代基本材性性状遗传变异研究[J]. 林业科学研究,16(2):141-145.

黄少伟,谢维辉,2001. 实用SAS编程与林业试验数据分析[M]. 广州:华南理工大学出版社.

黄少伟,钟伟华,黄凯,等,2001. 火炬松自由授粉子代多地点试验[J]. 林业科学研究,14(5):509-514.

黄智慧,陈晓阳,1993. 针叶树种子园亲本配子贡献平衡指数的研究[J]. 北京林业大学学报,15(4):38-43.

黄烈健,苏晓华,袁丽等,2004. 与杨树木材密度、纤维性状相关的SSR分子标记[J]. 遗传学报(3):299-304.

黄秦军,苏晓华,张青华,2004. 利用AFLP和SSR标记构建美洲黑杨×青杨遗传[J]. 林业科学研究(170):291-299.

黄艳,刘虹,袁丽,等,2012. 过量表达LAR3和Bbchit1以提高毛白杨对叶枯病的抗性[J]. 林业科学(7):92-97.

季道藩,1989. 遗传学[M]. 2版. 北京:中国农业出版社.

贾桂霞,李凤兰,沈熙环,1994. 华北落叶松雌雄配子体的形成及胚胎发育[J]. 北京林业大学学报(2):10-14.

江泽平,王豁然,吴中伦,1997. 论北美洲木本植物资源与中国林木引种的关系[J]. 地理学报,52(2):169-176.

江泽平,王豁然,阎红,1994. 论澳大利亚植被与中国林木引种的关系[J]. 热带地理,14(1):74-82.

蒋燚,李志辉,朱积余,等,2012. 红椎家系木材密度等物理性状的遗传及变异性分析[J]. 中南林业科技大学学报(11):9-13.

姜景民,李霞,盛能荣,1999. 木兰科木兰属、含笑属植物杂交授粉技术的初步研究[J]. 林业科学研究,12(2):214-217.

姜景民,孙海菁,吕本树,1999. 火炬松木材基本密度的株内变异[J]. 林业科学研究,12(1):97-102.

姜笑梅,骆秀琴,陈益泰,等,1997. 杉木材性株内的变异[J]. 林业科学,33(5):441-445.

姜笑梅,骆秀琴,殷亚方,2002. 不同湿地松种源木材材性遗传变异的研究[J]. 林业科学,38(3):130-135.

姜笑梅,许明坤,黄东森,1997.木材材性株内径向变异模式研究初探 V.15个欧美杨无性系木材纤维长度的径向变异模式的研究[J].林业科学,33(2):168-175.

康向阳,朱之悌,林惠斌,2000.白杨不同倍性花粉的辐射敏感性及其应用[J].遗传学报,27(1):78-82.

康向阳,2002.毛白杨细胞遗传与三倍体选育[M].北京:中国环境科学出版社.

兰巨生,1982.作物遗传参数统计法[M].石家庄:河北人民出版社.

郎遥玲,等,2015.转基因植物中标记基因去除方法的研究进展[J].生物技术通报,31(5):41-47.

骆秀琴,罗昊明,1999.木材材性株内径向变异模式初探 VI,19个杉木种源木材密度径向变异模式的研究[J].林业科学(6):86-92.

金其祥,1999.杉木无性系生长和木材密度的遗传变异及选择.林业科技通讯(8):11-13.

李碧春,2016,遗传学[M].3版.北京:中国农业出版社.

李斌,顾万春,等.2001.鹅掌楸种源材性遗传变异与选择[J].林业科学(2):42-50.

李斌,顾万春,2002.鹅掌楸主要木材性状早期选择可行性研究[J].林业科学(6):43-48.

李炳艳,朱万昌,杨菲,等,2000.切根对樟子松无性种子园结实量的影响[J].林业科技,25(2):6-7.

李凤兰,沈熙环,1992.油松雌性不育无性系的发现及其原因分析[J].河北林学院学报(2):93-98.

李光友,徐建民,等,2010.尾叶桉家系木材性状的变异研究[J].中南林业科技大学学报(自然科学版)(8):87-91.

李竞雄,宋同明,1993.植物细胞遗传学[M].北京:科学出版社.

李宁,2011.动物遗传学[M].3版.北京:中国农业出版社.

李再云,杨业华,2017.遗传学[M].3版.北京:高等教育出版社.

李齐,陈晓阳,1996.贵州黎平杉木花芽分化的观察[J].北京林业大学学报,18(2):100-102.

李金花,苏晓华,张绮纹,等,1999.用RAPD标记检测与杨树生长和物候期有关的QTLs[J].林业科学研究,12(2):111-117.

李云,等,2001.林果花菜组织培养快速育苗技术[M].北京:中国林业出版社.

李志兰,杨敏生,王进茂,等,2002.杨树基因工程育种研究进展[J].河北农业大学学报(25):145-148.

李周岐,王章荣,2000.鹅掌楸属种间杂交技术[J].南京林业大学学报(自然科学版)(4):21-25.

李周岐,王章荣,2001.林木杂交育种研究新进展[J].西北林学院学报,16(4):93-96.

李金花,张绮纹,2005.不同年龄47号杨木材性质变异研究[J].林业科学研究(5):567-572.

卢万鸿,王建忠,2018.尾叶桉木材密度和生长性状的微卫星关联分析[J].分子植物育种(9):2895-2906.

林军,黄少伟,等,2007.湿加松采穗圃的营建与管理技术[J].林业科技开发,21(4):104-

林元震，2016. R 与 ASReml-R 统计学[M]. 北京：中国林业出版社.

林庆富，1997. 杉木人工林木材密度及干缩性变异规律[J]. 浙江林学院学报(2)：169-173.

刘粉香，陶申童，等，2018. 林木多元性状数据 QTL 区间作图统计分析及其在杨树上的应用[J]. 南京林业大学学报：自然科学版(3)：67-72.

刘庆昌，等，2003. 植物细胞组织培养[M]. 北京：中国农业大学出版社.

刘青华，周志春，等，2010. 造林密度对不同马尾松种源生长和木材基本密度的影响[J]. 林业科学，46(9)：58-64.

刘青华，金国庆，等，2014. 马尾松巢式交配子代产脂力、生长和木材密度遗传分析[J]. 林业科学研究(6)：715-720.

刘青华，张蕊，等，2010. 马尾松年轮宽度和木材基本密度的种源变异及早期选择[J]. 林业科学(5)：49-54.

刘庆昌，2015. 遗传学[M]. 3 版. 北京：科学出版社.

刘艳，徐建民，等，2010. 闽西山地耐寒桉属树种/种源引种试验研究[J]. 热带亚热带植物学(6)：613-620.

刘曙东，奚亚军，2011. 遗传学[M]. 3 版. 北京：高等教育出版社.

刘天颐，刘纯鑫，等，2013. 火炬松核心育种群体子代生长变异与选择. [J]. 林业科学(2)：27-32.

刘祖洞，2013. 遗传学[M]. 3 版. 北京：高等教育出版社.

楼士林，杨盛昌，等，2002. 基因工程[M]. 北京：科学出版社.

罗真付，徐永吉，等，1999. 施肥处理对尾叶桉生长量和木材密度的影响[J]. 南京林业大学学报，22(5)：31-34.

骆秀琴，文小明，等，1997. 木材材性株内径向变异模式研究初探 IV. 17 个欧美杨无性系木材密度径向变异模式的研究[J]. 林业科学，33(1)：75-82.

马常耕，田志和，1991. 白榆种源试验中选择年龄的探索[J]. 林业科学(2)：111-116.

马常耕，1995. 国际林木抗病育种的基本经验[J]. 世界林业研究(4)：13-21.

马常耕，1996. 国外林木抗虫育种现状[J]. 世界林业研究(1)：7-14.

马常耕，1997. 国外针叶树种间杂交研究进展[J]. 世界林业研究(3)：9-16.

马常耕，1996. 世界林木树种抗逆性研究进展[J]. 世界林业研究(2)：4-12.

马常耕，1995. 我国杨树杂交育种的现状与发展对策[J]. 林业科学，31(1)：60-66.

马建岗，2001. 基因工程原理学[M]. 西安：西安交通大学出版社.

毛硅莲，许兴，2005. 枸杞耐盐突变体的筛选及生理生化分析[J]. 西北植物学报，25(2)：275-280.

苗清丽，李雪峰，2017. 杂种落叶松家系不同年龄变异及早期选择[J]. 东北林业大学学报(4)：1-7.

孟永庆，1993. 新西兰辐射松的无性繁殖[J]. 世界林业研究(4)：72-75.

欧阳乐军，李莉梅，等，2019. CRISPR/Cas9 技术发展及其应用进展[J]. 西北农林科技大学学报：自然科学版(10)：34-40.

潘志刚，游应天，等，1994. 中国主要外来树种引种栽培[M]. 北京：北京科学技术出版社.

潘惠新，黄敏仁，1998. 材性改良研究[J]. 林业科学（1）：73-80.

彭祚登，李吉跃，等，1998. 林木抗旱性育种的现状与策略思考[J]. 北京林业大学学报，20(4)：98-103.

乔纳森 H，W 赖特，1981. 森木遗传学[M]. 郭锡昌，胡承海译. 北京：中国林业出版社.

全国侧柏种源试验协作组，1987. 全国侧柏种源试验苗期和越冬性状变异的研究[J]. 北京业大学学报，9(3)：241-248.

全国马尾松种子园课题协作组，1990. 马尾松种子园建立技术论文集[C]. 北京：学术书刊出版社.

任世奇，卢翠香，等，2017. 修枝对大花序桉幼林生长和木材密度的影响[J]. 西南大学学报：自然科学版（11）：45-50.

沈熙环，1988. 林木育种学[M]. 北京：中国林业出版社.

沈熙环，1992. 种子园技术[M]. 北京：北京科学技术出版社.

沈熙环，1994. 种子园优质高产技术[M]. 北京：中国林业出版社.

沈熙环，2018. 技术创新——广东省实现了松类插条苗造林[J]. 林业科技通讯（5）：63-64.

沈熙环，2017. 种子园"矮化"是良种基地经营方向——考察广东等省（自治区）种子园的体会[J]. 林业科技通讯（11）：91-92.

沈熙环，黄永权，2018. 广东省湿加松良种选育和推广进展[J]. 林业科技通讯（1）：74-75.

盛志廉，陈瑶生，1999. 数量遗传学[M]. 北京：科学技术出版社.

孙明，2006. 基因工程[M]. 北京：高等教育出版社.

施季森，等，1987. 杉木木材材性的遗传和变异研究：杉木种子园自由授粉子代间木材密度的遗传变异和性状之间的相关性[J]. 南京林业大学学报，11(4)：15-24.

施季森，叶志宏，等，1993. 杉木生长与材性联合遗传改良研究[J]. 南京林业大学学报：自然科学版（1）：1-8.

宋婉，张志毅，续九如，等，2000. 毛白杨无性系木材基本密度遗传变异研究[J]. 林业科学，36(sp.1)：125-130.

苏晓华，张冰玉，黄秦军，等，2003. 我国林木基因工程研究进展及关键领域[J]. 林业科学，39(5)：111-118.

苏晓华，张绮纹，1992. 世界杨树杂交育种亲本利用的进展及对策[J]. 世界林业研究（2）：29-33.

田颖川，郑均宝，虞红梅，等. 转双抗虫基因杂种741毛白杨的研究[J]. 植物学报，42(3)：263-268.

童春发，施季森，2014. 林木遗传模型统计分析及R语言实现[M]. 北京：科学出版社.

谭小梅，金国庆，等，2011. 马尾松巢式交配子代生长和木材基本密度遗传分析[J]. 林业科学(6)30-35.

涂中滀，沈熙环，1993. 中国林木遗传育种进展[M]. 北京：科学技术文献出版社.

王奉吉, 刘录, 张玉柱, 等, 1999. 樟子松优树选择方法的研究[J]. 吉林林业科技, 3(140): 15-21.

王关林, 方宏筠, 2004. 植物基因工程[M]. 2版. 北京: 科学出版社.

王华南, 陈岳仑, 2002. 澳大利亚主要造林树种的遗传改良及种子园经营技术[J]. 广东林业科技, 18(1): 37-40.

王豁然, 江泽平, 1998. 论林木引种与森林可持续经营[J]. 世界林业研究(4): 17-22.

王豁然, 江泽平, 1995. 论中国林木引种驯化策略[J]. 林业科学, 31(4): 367-372.

王金满, 1997. 木材材质预测学[M]. 哈尔滨: 东北林业大学出版社.

王军辉, 顾万春, 等, 2001. 桤木种源(群体)/家系材性性状的遗传变异[J]. 林业科学研究, 14(4): 362-368.

王钧, 1995. 植物抗病研究进展[J]. 植物生理学通讯, 31(4): 312-317.

王敏杰, 卢孟柱, 2002. 林木基因工程育种现状与发展趋势[J]. 世界林业研究, 15(3): 7-13.

王明庥, 黄敏仁, 李火根, 等, 1989. 黑杨派新无性系木材性状的遗传改良[J]. 南京林业大学学报, 13(3): 9-6.

王明庥, 2000. 林木遗传育种学[M]. 北京: 中国林业出版社.

王健康, 李慧慧, 张鲁燕, 2014. 基因定位与育种设计[M]. 北京: 科学出版社.

王平, 王东洋, 2018. 胡杨幼苗生长相关性状QTL上位性分析[J]. 北京林业大学学报(12): 49-59.

王秀花, 2011. 木荷人工林生长和木材基本密度[J]. 林业科学(7): 138-144.

王旭旭, 黄鑫浩, 胡丰姣, 等, 2018. 4种木本植物对重金属铅、锌的积累及叶片养分含量特征研究[J]. 中南林业科技大学学报, 38(6): 115-122.

王章荣, 2019. 国外种子园研究热点及对我国营建高世代种子园的启示[J]. 南京林业大学学报(自然科学版), 43(1): 161-166.

王章荣, 2012. 林木高世代育种原理及其在我国的应用[J]. 林业科技开发(1): 1-5.

王莹, 郭聪, 谈峰, 等, 2019. 甲基磺酸乙酯诱变筛选强耐盐旱柳愈伤组织变异体研究[J]. 江苏农业科学, 47(19): 57-61.

王沛雅, 周剑平, 2014. 油菜素内酯合成酶基因DAS5促进杨树生长及提高抗旱性的作用[J]. 植物学报(4): 407-416.

魏望, 施富超, 等, 2016. 多倍体抗逆性研究进展[J]. 西北植物学报, 36(4): 816-856.

吴坤明, 吴菊英, 徐建民, 等, 1996. 桉树杂交育种的研究[J]. 林业科学研究, 9(5): 504-509.

吴坤明, 吴菊英, 徐建民, 1997. 桉树人工有性杂交的花粉处理和授粉技术[J]. 广东林业科, 13(3): 5-8.

吴庆余, 2006. 基础生命科学[M]. 北京: 高等教育出版社.

吴常信, 2015. 动物遗传学[M]. 2版. 北京: 高等教育出版社.

吴中伦, 等, 1983. 国外引种概论[M]. 北京: 科学出版社.

项艳, 朱苏文, 程备久, 2003. 14个板栗品种遗传多样性的RAPD分析[J]. 激光生物学报, 12(4): 259-263.

谢从华，柳俊，2004. 植物细胞工程[M]. 北京：高等教育出版社.

辛华，2009. 现代细胞生物学技术[M]. 北京：科学出版社.

徐立安，陈天华，等，1997. 马尾松种源子代材性变异与制浆造纸材优良种源选择[J]. 南京林业大学学报：自然科学版(2)：1-6.

徐刚标，2009. 植物群体遗传学[M]. 北京：科学出版社.

徐有明，班龙海，2000. 火炬松种源生长量与木材密度间关系的研究[J]. 华中农业大学学报，2：173-175.

(美)徐云碧，2014. 分子植物育种[M]. 北京：科学出版社.

徐化成，1992. 油松地理变异和种源选择[M]. 北京：中国林业出版社.

徐立安，陈天华，王章荣，等，1997. 马尾松种源子代材性变异与制浆造纸材优良种源选择[J]. 南京林业大学学报，21(2)：1-6.

徐纬英，张培杲，1987. 全国林木遗传育种第五次学术报告会论文集[J]. 哈尔滨. 东北林业大学出版社.

徐治朋，李凌，鲁朝晖，李晓东，2016. 多倍体育种对植物次生代谢影响的研究[J]. 湖北农业科学，55(7)：1637-1658.

许祥明，叶和春，李国凤，2000. 植物抗盐机理的研究进展[J]. 应用与环境生物学报，6(4)：379-387.

许玉兰，段安安，王秀荣，2003. 思茅松种子园无性系生长与开花特征的研究[J]. 西南林学院学报，22(3)：7-10.

闫桂琴，郜刚，2010. 遗传学[M]. 北京：科学出版社.

阎新甫，2003. 转基因植物[M]. 北京：科学出版社.

易自立，2008. 遗传学[M]. 北京：高等教育出版社.

杨战阳，2019. 修枝对华北落叶松木材质量的影响浅析[J]. 现代园艺(7)：74-75.

杨今后，杨新华，骆承军，1992. 桑树多倍体及其育种研究进展[J]. 蚕业科学，18(2)：195-201.

杨俊明，沈熙环，赵士杰，等，2002. 华北落叶松采穗圃经营管理技术[J]. 北京林业大学学报，24(3)：28-34.

杨敏生，1996. 白杨双交杂种新无性系抗旱性生理基础及苗期测定研究[D]. 北京：北京林业大学.

杨竹平，胡金水，周兴良，2000. 生物技术与可持续农业[M]. 上海：上海科学技术文献出版社.

杨章旗，2018. 广西马尾松高世代育种策略研究[J]. 广西林业科学，47(3)251-256.

杨艳，汤玉喜，等，2018. 不同黑杨无性系及树干高度的木材顺纹抗压强度研究[J]. 中国农学通报，8：46-50.

叶忠华，2011. 造林密度对福建柏木材物理力学性能的影响[J]. 木材加工机械(6)：15-18.

叶志宏，施季森，等，1991. 杉木十一个亲本双列交配遗传分析[J]. 林业科学研究，4(4)：380-385.

姚明哲，黄海涛，等，2005. ISSR在茶树品种分子鉴别和亲缘关系研究中的适用性分析

[J]. 茶叶科学, 25(2): 153-157.

易咏梅, 姜高明, 2003. 柳杉木材密度测定研究[J]. 林业科技(3): 38-39, 43.

尹思慈, 1990. 木材品质和缺陷[M]. 北京: 中国林业出版社.

游应天, 薛申伯, 管长岭, 罗军民, 1992. 林木良种繁育策略[M]. 成都: 四川科学技术出版社.

张冬梅, 李悦, 沈熙环, 等, 2001. 去劣疏伐对油松种子园交配系统及遗传多样性影响的研究[J]. 植物生态学报, 25(4)483-487.

张福锁, 1993. 环境胁迫与植物育种[M]. 北京: 农业出版社.

张金凤, 朱之悌, 张志毅, 等, 2000. 中介亲本在黑白杨派间杂交中的应用[J]. 北京林业大学学报, 22(6): 36-38.

张金凤, 1999. 黑白杨派间杂交试验研究[J]. 北京林业大学学报, 21(1): 6-10.

张含国, 1996. 长白落叶松生长和材质性状早晚相关及早期选择[J]. 东北林业大学学报, 5: 12-18.

张立钦, 董林根, 方志刚, 2000. 林木抗病虫基因工程的现状和问题[J]. 生物工程进展, 20(4): 67-71.

张绮纹, 苏晓华, 1988. 克服杨树远缘杂交受精前障碍的研究[J]. 林业科学研究, 1(2): 201-205.

张松云, 1990. 主要针叶树种应用遗传改良论文集[M]. 北京: 中国林业出版社.

张宪政, 1990. 作物生理研究法[M]. 北京: 农业出版社.

张献龙, 唐克先, 2004. 植物生物技术[M]. 北京: 科学出版社.

张志毅, 2012. 林木遗传学基础[M]. 2版. 北京: 中国林业出版社.

张志毅, 林善枝, 张德强, 等, 2002. 现代分子生物学技术在林木遗传改良中的应用[J]. 北京林业大学学报, 24(5/6): 250-261.

张园, 李芳蕊, 等, 2019. 转BpTCP7白桦耐盐碱能力分析[J]. 福建林业科技(1): 12-15

赵建成, 吴跃峰, 2002. 生物资源学[M]. 北京: 科学出版社.

郑仁华, 1996. 38年生杉木生长性状早晚相关的研究[J]. 福建林业科技, 23(增刊): 42-46.

郑仁华, 陈国金, 等, 2001. 马尾松家系木材基本密度遗传变异的研究[J]. 西北林学院学报(4): 6-9.

郑仁华, 施季森, 等, 2018. 杉木第3代种子园营建技术及应用[J]. 森林与环境学报(4): 406-413.

郑仁华, 苏顺德, 等, 2015. 杉木优树多父本杂交子代测定及母本选择[J]. 林业科学, 5(9): 44-50.

中国林学会林木遗传育种分会, 2002. 中国林学会林木遗传育种分会第五届年会论文集[C]. 南昌.

宗亦臣, 郑勇奇, 等, 2011. 加勒比松杂交育种试验[J]. 东北林业大学学报, 39(3): 1-4.

钟伟华, 2008. 林木遗传育种实践与探索[M]. 广州: 广东科学技术出版社.

周维燕, 等, 2001. 植物细胞工程原理与技术[M]. 北京: 中国农业大学出版社.

周志春, 傅玉狮, 吴天林, 1993. 马尾松生长和材性的地理遗传变异及最优种源区的划定

[J]. 林业科学研究, 6(5): 556-563.

周洲, 李永丽, 2010. 毛白杨转录因子 PtCBF5 的表达模式分析[J]. 林业科学, 46(4): 58-63.

朱之悌, 林惠斌, 康向阳, 1995. 毛白杨异源三倍体 B301 等无性系选育的研究[J]. 林业科学, 31(6): 499-505.

朱之悌, 盛莹萍, 1992. 论树木的老化: 幼年性、成年性相互关系及其利用[J]. 北京林业大学学报, 14(增刊 3): 92-104.

朱之悌, 2002. 毛白杨多圃配套系列育苗新技术研究[J]. 北京林业大学学报, 24(增刊): 4-33.

朱之悌, 1990. 毛白杨良种选育战略的若干考虑及其 8 年研究结果总结[A]//阔叶树遗传改良[M]. 北京: 科学技术文献出版社.

朱之悌, 1986. 树木无性繁殖与无性系育种[J]. 林业科学, 22(3): 280-290.

朱湘渝, 王瑞玲, 等, 1993. 10 个杨树杂种组合木材密度与纤维遗传变异研究[J]. 林业科学研究(2): 131-135.

朱军, 2018. 遗传学[M]. 4 版. 北京: 中国农业出版社.

祝明芳, 2011. 园林植物遗传学[M]. 北京: 化学工业出版社.

Allis 等著, 2009. 表观遗传学[M]. 朱冰, 孙方霖译, 北京: 科学出版社.

Ades P K, Simpson J A, 1990. Selection for resistance to Dothistroma Septospora (Dong) Morelet needle blight in *pinus radiata*[J]. New. For., 4: 27-35.

Adams W T, Neale D B, Loopstra C A, 1988. Verifying controlled crosses inconifer tree improvement programs[J]. Silvae Genetiea, 37: 147-152.

Alfaro R I, 1996. Resistance of white spruce to white pine weevil: development of a resistance index[J]. For. Ecol. Management, 81: 51-62.

Allwright M R, Payne A, Emiliani G, et al., 2016. Biomass traits and candidate genes for bioener gyrevealed through association genetics in coppiced European *Populus nigra* (L.)[J]. Biotechnol Biofuels, 9: 195-217.

Burdon R D, Namkoong G, 1983. Short note: multiple populations and sublines[J]. Silvae Genetica, 32: 221-222.

Barnes R D, 1995. The breeding seedling orchard in the multiple population breeding strategy[J]. Silvae Genetiea, 44: 81-88.

Burdon R D, Namkoong G, 1983. Short note: multiple populations and sublines[J]. Silvae Genetica, 32: 221-222.

Buijtenen Van J P, Lowe W J, 1979. The use of breeding groups in advanced generation breeding Proc[C]. 15th South For Tree Improve. Conf, Miss State, June, 19-21, 59-65.

Calic I, Koch J, Carey D, et al., 2017. Genome-wide association study identifies a major gene for beech bark disease resistance in American beech (*Fagus grandifolia* Ehrh.)[J]. BMC Genomics, 18: 547.

Cotterill P P, Jackson N, 1989. Gains expected from clonal orchard sunder alternative breeding strategis. [J]. Forest Science, 35: 183-196.

Corterill P P, et al., 1983. Methods of estimating the average performance families across incomplete open pollination progeny tests[J]. Silvae Genet., 32(1): 22-32.

Corterill P P, 1986. Genetic gains expected from alternative breeding strategies including simple low cost options[J]. Silvae Genet., 35(5/6): 212-224.

Corterill P P, 1989. The nucleus breeding system[C]. 20th South Conf. for. Tree imprv. Pro., 38-42.

Chen, Wang Y, Zhang R, Zhang H, Gao C, 2019. CRISPR/Cas Genome Editing and Precision Plant Breeding in Agriculture[J]. Annual Review of Plant Biology, 70: 667-697.

Cown D J, 1981. Effect of thinning and fertilizer application on wood properties of Radiatal[J]. For. Sei. (2): 79-91.

Cown D J, 1981. Wood density of *Pinus caribaea* var. *hondurensis* grown in Fiji[J]. New Zealand Journal of Forestry Science, 11(3): 244-253.

Demirer G S, Zhang H, Goh N S, et al., 2019. Carbon nanotube-mediated DNA delivery without transgene integration in intact plants[J]. Nature Protocol, 14 (10): 2954-2971.

Dickmann D I, et al., 1992. Photosynthesis, water relations and growth of two hybrid Populus genotypes during a severe drought[J]. Can. J. For. Res., 22(8): 1094-1106.

Daniels J D, 1978. Eficacy of supplemental mass-pollination in Douglas-fir seed orchard[J]. Silvae Genetica, 27: 52-58.

Einspahr D W, 1984. Production and utilization of triploid hybrid Aspen[J]. Iowa State Journal of Research, 58(4): 401-409.

Fan D, Liu T, et al., 2015. Efficient CRISPR/Cas9-mediated targeted mutagenesis in *Populus* in the first generation[J]. Sci. Rep, 5: 12217.

Fast W, Daneik B P, Bower R C, 1986. Pollen contamination and mating system in a Douglas fir clone bank[J]. Can J For Res, 16: 1314-1319.

Grigal D F, Sucof E I. 1966. Specific gravity variation among thirty jack pine plots[J]. Tappi, 49: 497-499.

Gregory D, Sedgle Y M, Wirthensohn M G, et al., 2005. Aninte grated genetic Hnkage map foralmond based on RAPD, ISSR, SSR and morphological markers[J]. Acta Horticultura E(694): 67-72.

Hoff R J, 1991. Resistance to western gall rust in artificial inoculated ponderosa pine [J]. Can. J. For. Res., 21: 1316-1320.

Ho R H, 1988a. Gibberellin A$_{4/7}$ enhances seed-cone production in field-grown Black spruce[J]. Canadian Journal of Forest Research, 18, 139-142.

Ho R. H, 1988b. Promotion of cone production on White spruce grafts by Gibberellin A4/7 application[J]. Forest Ecology and Management, 23, 39-46.

Hodge G R, 1997. Selection procedures with overlapping generations//Proceedings of the International Union of Forest Research Organizations (UFRO), Conference on the Genetics of Radiata Pine [C]. Forest Research Institute (FR/)Bulletin No. 203, Rotorua, New Zealand.

Hodge G R, White T L, 1992b. Genetic parameter estimates for growth traits at different ages in slash pine and some implications for breeding[J]. Silvae Genetica, 41: 252-262.

Hedge G R, White T L, 1993. Advanced generation wind pollinated seed orchard design[J]. New For., 7: 213-236.

Hodge G R, et al., 1989. Predicted genetic grains from one generation of slash pine tree improvement[J]. South. J. Appl. For., 13(1): 51-56.

Hodge G R, et al., 1989. Estableshment of the second-generation selected population of slash pine in gerson forest genetic reseach program[R]. 20th South. Conf. for. Tree Impr. Proc., 68-74.

Hodge G R, White T L, De Souza S M, et al., 1989. Predicted genetic gains from one generation of slash pine tree improvement[J]. Southern Journal of Applied Forestry, 13, 51-56.

Jocelyn Krebs, et al., 2013. Lewin 基因 X[M]. 江松敏, 译. 北京: 科学出版社.

Jonathan, W. Wright. 1981. 森林遗传学[M]. 郭锡昌, 胡承海, 译. 北京: 中国林业出版社.

Klug W S, Cummings M R, 2000. Concepts of genetics[M]. 6th ed. Upper Saddle River: Prentice Hall. Inc.

Gao X, Chen J, Dai X, et al., 2016An effective strategy for reliably isolating heritable and Cas9-_ free Arabidopsis mutants genera ted by CRISPR/Cas9—mediated genome editing[J]. Plant Physiology, 171(3): 1794-1800.

Xu H F, Jin L L. Xu X, at al., 2017. Expression vector construction of cellulose synthase gRNA with CRISPR/Cas9 gene knockout system of Liriodendron chinense[J]. Molecular Plant Breeding, 15(6): 2195-2199.

Donohoue P D, Barrangou R, May A P, 2017. Advances in industrial biotechnology using CRISPR-Cas systems[J]. Trends in Biotechnology, 36(2): 34-146.

Fast W, Daneik B P, Bower R C. Pollen contamination and mating system in a Douglas fir clone bank[J]. Can. J. For Res, 198616, 1314-1319.

IUFRO, 2017. Proceedings IUFRO seed orchard conference 2017[R]. Sweden: IUFRO 125th Anniversary Congress: Interconnecting Forests, Science and People.

Isik K, Kleinschmit J, Steiner W, 2010. Age-age correla- tions and early selection for height in a clonal genetic test of Norway spruce[J]. Forest Science, 56(2): 212-221.

Knott G J, Doudna J A, 2018. CRISPR-Casguides the future of genetic ngineering[J]. Science (NewYork, N. Y.), 361: 866-869.

Kasugam, et al., 1999. Improving plant drought, salt, and freezing tolerance by gene transfer of a single stress-inducible transcription factor[J]. Nature Biotechnology, 17: 287-292.

Katerina C, et al., 2016. Optimum neighborhood seed orchard design[J]. Tree Genetics and enomes, 12(6) 105-112.

Klein J I, 1998. A plan for advanced-generation breeding of Jack pine[J]. Forest Genetics, 5(2): 73-83.

Lambeth C C., 1980 Juvenile-mature correlations in Pinaceae and implication early selection[J]. For. Sci., 26(4): 571-580.

Lambeth C C, et al., 1983. Early selection is effection in 20-year old genetic tests of loblolly pine[J]. Silvae Genet., 32(5/6): 210-215.

Lemmon Z H, et al., 2018. Rapid improvement of domestication traits in an orphan crop by genome editing[J]. Nature Plants, 4: 766-770.

Libby W L, 1980. What is a safe number of clones per plantation[A].//Heybrook H M, Stephan B R, von Weissenberg K. Proceedings of IUFRO workshop on genetics of host-pest interaction in forestry[C]. Wageningen, sept., 342-360.

Libby W L, 1987. Testing for clonal forestry[J]. Annales Forestales, 3(1/2): 69-75.

Lindgren D, Wei R P, Lee S J, 1997. How to calculate optimum family number when starting a breeding program[J]. Forest Science, 43(2): 206-212.

Lindgren D, Gea L, Jeferson P, 1996. Loss of genetic diversity monitored by status number[J]. Silvae Genetiea, 45: 52-59.

Liu T T, Fan D, Ran L Y, et al., 2015. Highly efficient CRISPR/ Cas9 — mediated targeted mutagenesis of multiple genes in *Populus* I-J] [J]. Hereditas, 37(10): 1044-1052.

Lowe W J, et al., 1989. Early testing procedures applied to tree improvement programs[R]. 20th South. Conf. For. Tree Improt. Pro., 250-258.

Lstiburek M, Mullin T J, Lindgren D, et al., 2004. Open-nucleus breeding strategies compared with population-wide positive assortative mating: I. Equal distribution of testing effort[J]. Theoretical and Applied Genetics, 109(6): 1196-1203.

Lstiburek M, Mullin T J, Lindgren D, et al. 2004b. Open-nucleus breeding strategies compared with population-wide positive assortative mating: IL Unequal distribution of testing effort[J]. Theoretical and Applied Genetics, 109(6): 1169-1177.

Lstiburek M, Mullin T J, Mackay T F C, et al., 2005. Positive assortative mating with family size as a function of predicted parental breeding values[J]. Genetics, 171(3): 1311-1320.

Lstiburek M, Stejskal J, et al., 2015. Expansion of the minimum-inbreeding seed orchard design to operational scale[J]. Tree Genetics and Genomes, 11(1): 12-20.

Mao Y, Botella J R, et al., 2019. Gene editing inplants: progress and challenges[J]. National Science Review: 421-437.

McKeand S E, Bridgwater F, 1998. A strategy for the third breeding cycle of loblolly pine in the Southeastern USA[J]. Silvae Genetica, 47(4): 223-234.

MeKeand S E, Beineke F, 1980. Sublining for half-sib breeding populations of forest trees[J]. Silvae Genetica, 29: 14-17.

McKeand S E. Seed orchard management strategies for deployment ofintensively selected loblolly pine families in the Southern US[R]//DagLindgren 2008 Seed Omhards Proceedings ISBN. 978-91-85911-28—8, Umea, Sweden.

McKeand S E, Bridgwater F, 1998. A strategy for the third breeding cycle of loblolly pine in the Southeastern USA[J]. Silvae Genetica, 47(4): 23-234.

McKown A D, Klapste J, Guy R D, et al., 2014. Genome-wide association implicates numerous genes underlying ecological trait variation in natural populations of *Populus trichocarpa*[J]. New Phytologist, 203(2): 535-553.

Mueller-Starck G., Schubert R, 2001. Genetic response of forest systems to changing environmental conditions. Dordrecht: Kluwer Academic Publishers.

IUFRO, 2017. Proceedings IUFRO seed orchard conference 2017Balsta[R]. Sweden: IUFRO 125 th Anniversary Congress: Interconnecting Forests, Science and People.

Pinon J, 1992. Varability in the genus *Populus* in sensitivity to Melampeora rusts[J]. Silvae Genet., 41: 25-34.

Owens J N, et al., 1981. Further observation on the pollinations mechanism and seed production of Douglas-fir[J]. Can. J. For. Res., (12): 431-434.

Owens, J N, Colangeli, A M, Morris, S J, 1991. Factors affecting seed set in Douglas-fir (*Psuedotsuga menziesii*)[J]. Canadian Journal of Botany, 69, 229-238.

Rosvall O, Mullin T J, 2003. Positive assortative mating with selection restrictions on group coancestry enhances gain while conserving genetic diversity in long-term forest tree breeding[J]. Theoretical & Applied Genetics, 107(4): 629-642.

Riss G K, et al., 1991. Preliminary evaluation of genetic variation weevil resistance in interior spruce in British Columbia[J]. Can. J. For. Res., 21: 230-234.

Smith H D, 1977. Economically optimum spacing and site preparation for slash pine plantations [J]. School of Forest Research Technical Report NCSU, 59(1): 104.

Squillace A E, 1989. Tree improvement accomplishments in the South[R]. 20th South. Conf. For. Tree Improv. Proc., 9-20.

Tschaplinski T J, et al., 1994. Water-stress tolerance of black and eastern cottonwood clones and four hybrid progenyⅠ. Growth, water relations, and gas exchange[J]. Can. J. For. Res., 24(2): 364-371.

Tan X M, Zhou Z C, et al., 2011. Paternity analysis and pollen dispersal for the second generation clonal seed orchard of *Pinus massoniana*[J]. Chinese Journal of plant Ecology, 35(9): 937-945.

Velculescu, et al., 1997. Characterization of the yeast transcriptome[J]. Cell, 88: 243-51.

White T L, et al., 1988. Best linear prediction of breeding values in a forest tree improvement Program[J]. Theoretical & Applied Genetics, 76: 719-727.

White T L, Adams W T, Neale D B, 2007. Forest genetics[M]. Cambridge: CABI Publishing.

White T L, Matheson A C, Cotterill P P, et al., 1999. A nucleus breeding plan for radiata pine in Australia[J]. Silvae Genetiea, 48(3-4): 122-133.

White T L, Hedge G R, 1988. Best linear prediction of breeding values in a forest tree improvement program[J]. Theoretical & Applied Genetics, 76: 719-727.

White T L, Hedge G R, Powell G L, 1993. An advanced-generation tree improvement plan for slash pine in the southeastern United States[J]. Silvae Genetica, 42: 359-371.

Williams C G, 1988. Accelerated short-term genetic testing for loblolly pine families[J]. Can. J. For. Res., 19: 1085-1089.

Zoble B J, von Buijtenen J P, 1989. Wood variation, its cause and control[M]. Berlin: Springer-Verlag: 349.

Zobel B J, Jett J B, 1995. Genetics of wood production[M]. New York: Springer-verlag.

Zobel B J, Talbert B J, 1984. Applied forest tree improvement[M]. New York: John Wiley a Sons.

Zobel B J, van Buijtenen J P, 1989. Wood variation. Its causes and control[M]. New York: Springer-verlag.

Zhou X, Jacobs T B, Xue L, et al., 2015. Exploiting SNPs for biallelic CRISPR mutations in the outcrossing woody perennial/r pop-ulus/r reveals 4-coumarate: CoA ligase specificity and redundancy[J]. New Phytologist, 208(2): 298 301.

附录

附录1　英汉名词对照

A

accessary pollination　辅助授粉
additive effect　加性效应
additive genes　加性基因
additive variance　加性方差
advanced seed orchard　改良种子园
allele (or allelomorph)　等位基因
allotetraploid　异源四倍体
allopatric speciation　异域性物种形成
alternation of generations　世代交替
allopolyploid　异源多倍体
allopolyhaploid　异源多元单倍体
altitude race　海拔小种
amphiploid　双二倍体
aneuploid　非整倍体
antisense RNA　反义RNA
anti-codon　反密码子
amplified fragment length polymorphism (AFLP)　扩增片段长度多态性
anisopolyploid　奇数多倍体
annual ring　年轮
antiserum　抗血清
apomixis　无融合生殖
artificial evolution　人工进化
autopolyploid　同源多倍体
artificial hybrid　人工杂种
artificial evolution　人工进化
artificial seeds (or synthetic seeds)　人工种子
artificial selection　人工选择

autopolyploid 同源多倍体

B

back mutation 复突变
base substitution 碱基替换
backcross breeding 回交育种
backcross 回交
backward selection 后向选择
best linear prediction 最佳线性预测模式
biochemical mutation 生化突变
breakage-fusion-bridge cycle 断裂—融合—桥循环
bioengineering 生物工程
biological diversity 生物多样性
biomass 生物质
biotechnology 生物技术
block 区组
bottleneck effect 瓶颈作用
breeding for stress resistance 抗逆性育种
breeding programme 育种程序
breeding resources 育种资源
breeding value 育种值
breeding 育种
broad-sense heritability, H^2 广义遗传力
browning 褐化现象
bud sport (or sport) 芽变

C

callus 愈伤组织
central cell 中央细胞
central dogma 中心法则
chebychev distance 切比雪夫距离
chi-square measure 卡方距离
chimaera 嵌合体
chromosomal aberration 染色体畸变
chromosomal fusion 染色体融合
chromosome doubling 染色体加倍
chromosome recombination 染色体重组
cistron 顺反子
climatic ecotype 气候生态型

climatic race　气候小种
cline　渐变群
clonal forestry　无性系育林
clonal seed orchard　无性系种子园
clonal selection　无性系选择
clone test　无性系测定
clone　无性系
colchicine　秋水仙碱
combined selection　配合选择
combining ability　配合力
complete pedigree design　完全谱系设计
compressive strength parallel to grain of wood　顺纹抗压强度
complementary mating schemes　互补交配设计
conditional lethal mutation　条件致死突变
crossover suppress　交换抑制
crossover supressor　交换抑制因子
continuous variation　连续变异
controllable pollination　控制授粉
correlation coefficient　相关系数
correlated selection　相关选择
critical temperature　临界温度
cross breeding　杂交育种
cross grain　斜纹
cross-pollination　异花授粉
cross seed orchard　杂交种子园
cross-affinity　杂交亲和性
cultivar　栽培品种
cutting propagation　插条繁殖
cutting cross　切枝杂交
cutting orchard　采穗圃
cyclophysis　成熟效应
cytological markers　细胞学标记

D

dark repair　暗修复
deficiency　缺失
degeneracy　简并
degree of freedom　自由度
deviation　离差

diallel crossing 互交(双列杂交)
dicentric chromosome 双着丝粒染色体
diploid 二倍体
direct selection 直接选择
directional selection 定向性选择
displaced duplication 错位重复
displacement loop 置换环
disconnected diallel 不连续双列杂交
discontinuous variation 不连续变异
disease resistance based on oligogene 寡基因抗病性
disease resistance based on polygene 多基因抗病性
disease resistance based on single gene 单基因抗病性
disease resistance 抗病性
disruptive selection 多向性选择
domestication 驯化
dominance theory 显性假说
dominant gene 显性基因
dominant tree 优势木
DNA methylation DNA 甲基化
double helix model 双螺旋结构模型
dominant variance 显性方差
double cross 双杂交
duplication 重复
duplication homozygote 重复纯合体
duplication heterozygote 重复杂合体

E

elite tree 精选树
earlyprediction 早期预测
earlywood, springwood 早材
ecological condition 生态条件
ecosystem diversity 生态系统多样性
ecotype 生态型
edaphic ecotype 土壤生态型
edaphic race 土壤小种
effective population size(Ne) 有效群体大小
elongation factor, EF 延伸因子
embryoid type 胚状体发生型
embryoid 胚状体

endosperm culture　胚乳培养
endosperm culture　胚乳培养
environment value　环境值
environmental covariance　环境协方差
environmental variance　环境方差
enzyme linked immunosorbent assay，ELISA　酶联免疫法
error- prone repair　差错修复
euploid　整倍体
euclidean distance　欧氏距离
evolution　进化
excision repair　切除修复
exit domain　出口功能区
ex situ conservation　异地保存
exotic tree（or foreign tree）　外来树种
experiment plot　试验小区
expressed sequence stags，EST　表达序列标记

F

false heartwood　伪心材
family heritability　家系遗传力
family selection　家系选择
family　家系
fertilization　受精
field design　田间设计
first generation improvement clonal seed orchard　第一代改良种子园
first-generation orchard　初级种子园
forest tree breeding　林木育种学
forest tree genetics　林木遗传学
forest tree improvement　林木改良
forward selection　前向选择
forward mutation　正突变
founder　奠基者
founder effect　奠基者效应
frames　移码
frameshift mutation　移码突变
full diallel　完全双列杂交
full-sib family　全同胞家系

G

gain(or genetic gain)　遗传增益

gene expression　基因表达
gene mutation　基因突变
gene silencing　基因沉默
gene editor　基因编辑
gene frequency　基因频率
gene mutation　基因突变
gene pool　基因库
gene recombination　基因重组
gene resources　基因资源
general combining ability　一般配合力
1.5-generation orchard　1.5代种子园
generation　世代
genetic code　遗传密码
genetic correlation　遗传相关
genetic diversity　遗传多样性
genetic drift　遗传漂变(移)
genetic erosion　遗传流失
genetic gain　遗传增益
genetic marker　遗传标记
genetic material　遗传物质
genetic resources　遗传资源
genetic test　遗传测定
genetic variance　遗传方差
genetics　遗传学
genome　基因组
genome　基因组
genomic imprinting　基因组印记
genotype frequency　基因型频率
genotype selection　遗传型选择
genotype value　基因型值
genotype variance　基因型方差
genotype　基因型
geoecotype　地理生态型
genus cross　属间杂交
geographic race　地理小种
geographic source　地理种源
geographical variation　地理变异
germplasm resources　种质资源
germplasm innovation　种质创新

girding　环剥
graft　嫁接
green house seed orchard　室内种子园
growth ring　生长轮

H

haploid　单倍体
half diallel　半双列杂交
half-sibs family　半同胞家系
heartwood　心材
heat treatment　热处理
hemizygous condition　半合状态
heredity　遗传
heritability　遗传力
heterozygote　杂合体
homozygote　纯合体
homopolyhaploid　同源多元单倍体
hybrid seed orchard　杂交种子园
hybrid vigor　杂种优势
hyper sensitive response，HR　过敏性反应
hyperploid　超倍体
hypoploid　亚倍体

I

imprinting center，IC　印记中心
inadvertent selection response　无意选择响应
inbreeding　近交
inbreeding coefficient　近交系数
incompatibility　不亲和性
incomplete pedigree design　不完全谱系设计
independent culling　独立淘汰法
indigenous tree species　乡土树种
indirect selection　间接选择
individual　个体
individual selection　单株选择
induced mutation　诱发变异
initial stocks　无毒原原种
insect resistance　抗虫性
insertion mutation　插入突变

in situ conservation　原地保存
interaction　交互作用
interstitial deficiency　中间缺失
interspecific crossing　种间杂交
introduction of exotics　引种
introgression　种质渐渗
inversion　倒位
inversion loop　倒位圈
inversion heterozygote　倒位杂合体
inversion homozygote　倒位纯合体
isozyme markers　同工酶标记
isozyme　同工酶

J

jumping gene　跳跃基因

K

knot　节子

L

latewood, summerwood　晚材
lethal mutation　致死突变
light repair　光修复
linkage group　连锁群
linkage map　连锁图谱
linkage　连锁

M

male sterile　雄性不育
mass selection　混合选择
maternal effects　母体效应
mating system　交配系统
maturation　成熟效应
MeDIP: Methylated DNA Immunoprecipitation　甲基化 DNA 免疫共沉淀测序
mentor pollen　蒙导花粉
messenger RNA, mRNA　信使 RNA
methylation patterns　甲基化模式
microfibrillar angle　微纤丝角
micrografting of shoot tip, MGST　茎尖微体嫁接脱毒

microspecies 小种
migration 迁移
minicutting type 无菌短枝型
mismatch repair 错配修复
mixed pollination 混合授粉
molecular markers 分子标记
monohaploid 单元单倍体
monoploid 一倍体
monoecious 雌雄同株
morphological mutation 形态突变
monosomics 单体
morphological markers 形态标记
multiple cross 复式杂交
multiple traits selection 多性状选择
muton 突变子
mutation 突变
mutation pressure 突变压

N

narrow-sense heritability 狭义遗传力
native tree 乡土树种
natural hybrid 天然杂种
natural selection 自然选择
natural variability 自然变异
negative supercoil 负超螺旋
nested design 巢式设计
non-additive effect 非加性效应
non-additive variance 非加性方差
nucleic acid 核酸
nucleotide 核苷酸
nonhomologous association 异质结合
nullisomics 缺体
nursery of scion 采穗圃

O

Okazaki fragments 冈崎片段
open pollination progeny 自由授粉子代
open pollination 自由授粉
operon 操纵子

operon model 操纵子模型
operator gene 操纵基因
organ type 丛生芽增殖型
organogenesis type 器官发生型
ortet 原株
outcrossing 远缘杂交，异交
overdominance theory 超显性假说
overlapping gene 重叠基因

P

pachytene 粗线期
palindrome 回文结构
paracentric inversion 臂内倒位
panmixia 随机交配群体
parameter 参数
parapatric speciation 临域性物种形成
parent value 中亲值
parent 亲本
parent-stand 母树林
parthenogenesis 孤雌生殖
partial diallel 部分双列杂交
pedigree 谱系
peptidyl transferase 肽基转移酶
pericentric inversion 臂间倒位
pentaploid 五倍体
peripatric speciation 边域性物种形成
phenotype 表现型
phenotype covariance 表现型协方差
phenotype test 表型测定
phenotype value 表现型值
phenotype variance 表型方差
phenotypic correlation 表型相关
phenotypic selection 表型选择
Photoperiod 光周期
photo reactivating enzyme 光复活酶
photosynthetic effect 光合效率
pith ray 髓射线
Pleiotropy 一因多效
plot 小区

plus tree   优树
pollination   授粉
polycross   多系授粉
polymerase chain reaction，PCR   DNA 聚合链式反应
point mutation   点突变
polyhaploid   多元单倍体
polyploid   多倍体
polyA tail   多聚腺苷酸尾
population   群体
position effect   位置效应
positive assortative mating   正向选型交配
position effect   位置效应
postreplicative repair   复制后修复
post-tranional gene silencing，PTGS   转录后水平的基因沉默
premRNA   前体信使 RNA
progeny   子代
progeny test   子代测定
promoter   启动子
provenance   产地
provenance selection   种源选择
provenance trial(or provenance test)   种源试验
pseudo gene   假基因
pseudolinkage   假连锁
pseudodominance   假显性现象
purine   嘌呤
pyrimidine   嘧啶

Q

quadruple   四重体
quantitative character   数量性状
quantitative trail locus   数量性状基因定位

R

ramet   分株
random drift   随机漂移(变)
random mating(or panmixia)   随机交配
randomized complete block   完全随机区组设计
randomly amplified polymorphic DNA，RAPD   随机扩增多态性 DNA 标记
reaction wood   应力木

recessive gene　隐性基因
recombination repair　重组修复
reciprocal translocation　相互易位
recombination DNA technique　重组 DNA 技术
recurrent parent　轮回亲本
recurrent selection　轮回选择
recurrent selection for general combining ability　一般配合力轮回选择
regression coefficient　回归系数
Rejuvenation　复壮
regulator gene　调节基因
release factor, RF　多肽链释放因子
Repeatability　重复力
replication　重复
Replicon　复制子
resin pocket　树脂囊
response　响应
restriction fragment length polymorphism, RFLP　限制性片段长度多态性
ripewood tree　熟材树种
Ribosome　核糖体
ribosomal RNA, rRNA　核糖体 RNA
RNA interference, RNAi　RNA 干扰
RNA heterogeneous nuclear RNA, hnRNA　不均一核
RNA long non-coding RNA, lncRNA　长链非编码
RNAediting　RNA 编辑
RNA-induced silencing complex, RISC　核酸蛋白复合物
RNApolymerase　RNA 聚合酶
RNA telomerase RNA　倒端粒酶
Robertsonian translocation　罗伯逊易位
rogued seed orchard　去劣疏伐种子园
rootstock　砧木
reverse duplication　反接重复
reverse mutation　反突变

S

sage effect　剂量效应
sapwood tree　边材树种
sapwood　边材
save our souls　紧急呼救信号
scale effect interaction　尺度效应

scion 接穗
second generation seed orchard 第二代种子园
seed orchard 种子园
seed production stand 母树林
sex cell mutation 性细胞突变
seed source 种源
seedling seed orchard 实生苗种子园
segmental polyploid 节段异源多倍体
selection 选择
selection coefficient 选择系数
selection differential 选择差
selection effect 选择效率
selection index 选择指数
selection of clone 无性系选育
selection intensity 选择强度
selection pressure 选择压
selected population 选择群体
selection rate 选择率(入选率、中选率)
self-incompatibility 自交不亲和性
selfing 自交
self-pollination 自花授粉
self-sterility 自花不孕
semiconservative replication 半保留复制
sexual reproduction 有性繁殖
shake 裂纹
shoot tip culture 茎尖培养
simple mutation 单点突变
simple mutation 单点突变
simple translocation 简单易位
simple sequence repeat, SSR 简单重复序列
singlenudeotide polymorphism, SNP 单核苷酸多态性
single pair mating (or single cross) 单交
single tree selection 单株选择
small nuclear RNA, snRNA 小核 RNA
soil ecotype 土壤生态型
somatic mutation 体细胞突变
somatic cell fusion 细胞融合
somatic embryogenesis 体细胞胚胎发生
Species 物种(种)

species diversity　物种多样性
speciation　物种形成
specific combining ability　特殊配合力
specific gravity　木材比重
splitting gene　断裂基因
spontaneous mutation　自发突变
squared Euclidean distance　欧氏距离的平方
stable selection　稳定性选择
sterility　不育性
stop codon　终止密码子
stress resistance　抗逆性
stress　环境胁迫
structural gene　结构基因
subspecies　亚种
suppressor mutation　抑制突变
suppressor gene　抑制基因
sympatric speciation　同域性物种形成

T

tandem duplication　顺接重复
tandem selection　连续选择法
telocentric chromosome　有着丝粒染色体
terminal deficiency　顶端缺失
terminator　终止子
tester design　测交系设计
tetraploid　四倍体
tetraploid　四倍体
tetrasomes　四体
tissue culture　组织培养
topoisomerase　拓扑异构酶
topophysis　位置效应
tracheid　管胞
triploid　三倍体
transcriptome　转录组
transversion　颠换
translocation　易位
translation　翻译
translation domain　翻译功能区
transfer RNA，tRNA　转移 RNA

transcription 转录
transcript 转录物
tranional gene silencing, TGS 转录水平的基因沉默
transposon 转座子
trisomics 三体
triplet code 三联体密码

U

univalent 单价体

V

variety 变种、变种
variation in chromosome structure 染色体结构变异
vegetative propagation (or asexual reproduction) 无性繁殖，营养繁殖
vitrification 玻璃化
virus-free seedling 无病毒苗 ）
visible mutation 可见突变

W

wind flower 风媒花
within family selection 家系内选择
wood density 木材密度
wood microdensitometry 微密度测定
wood ray 木射线

X

X-ray X射线

Z

zinc-finger, ZF 锌指
zygote 合子

附录2 主要树种学名中文名对照

Abies alba Mill. 欧洲冷杉
Abies fabri (Mast.) Craib 冷杉
Abies firma Sieb. et Zucc. 日本冷杉
Abies grandis (Dougl. ex. D. Don) Lindl. 北美冷杉
Abies nephrolepis (Trautr.) Maxim. 臭冷杉
Abies sibirica Ledeb. 新疆冷杉
Acacia mearnsii De Wild. 黑荆树
Acer saccharum Marsh. 糖槭
Aesculus chinensis Bunge 七叶树
Ailanthus altissima Swingle 臭椿
Albizzia falcataria (L.) Fosberg 南洋楹
Alnus japonica (Thunb.) Steud. 赤杨
Amorpha fruticosa L. 紫穗槐
Anacardium occidentale L. 腰果
Araucaria cunninghamii Sweet 南洋杉
Betula davurica Pall. 黑桦
Betula japonica (Miq.) Rehd. 日本桦
Betula luminifera H. Winkl. 光皮桦
Betula mandshurica (Reg.) Nakai 东北桦
Betula pubescens Ehrh. 欧洲桦
Bischofia polycarpa (Lévl.) Airy-Shaw 重阳木
Camellia oleifera Abel. 油茶
Camellia sinensis (L.) Kuntze 茶
Caragana arborescens Lam. 树锦鸡儿
Caragana korshinskii Kom. 柠条
Carya illinoinensis (Wangenh.) K. Koch 美国山核桃
Cassia siamea Lam. 铁刀木
Castanea crenata Sieb. et Zucc. 日本栗
Castanea dentata Borkh. 美国栗
Castanea henryi (Skan) Rehd. et Wils. 锥栗
Castanea mollissima Bl. 板栗
Castanea sativa Mill. 欧洲栗

Casuarina equisetifolia Forst.　木麻黄
Catalpa bungei C. A. Mey.　楸树
Catalpa fargesii f. *duclouxii* Dode　滇楸
Cedrus deodara (Roxb.) G. Don　雪松
Celtis sinensis Pers.　朴树
Chamaecyparis nootkatensis (D. Don) Sudworth　黄扁柏
Chamaecyparis obtusa (Sieb. et Zucc.) Endl.　日本扁柏
Chamaecyparis pisifera (Sieb. et Zucc.) Endl.　日本花柏
Cinnamomum camphora (L.) Presl　樟树
Citrus reticulata Blanco　柑橘
Cocos nucifera L.　椰子
Coffea arabica L.　咖啡树
Corylus avellana L.　欧洲榛
Corylus heterophylla Fisch. ex. Trautv.　榛子
Corylus maxima Mill.　大榛
Cryptomeria japonica var. *sinensis* Miquel　柳杉
Cryptomeria japonica (L. f.) D. Don　日本柳杉
Cunninghamia lanceolata (Lamb.) Hook.　杉木
Cupressus funebris Endl.　柏木
Cupressus macrocarpa Gord.　大果柏
Dalbergia hupeana Hance　黄檀
Elaeis gueneensis Jacq.　油棕
Elaeagnus angustifolia L.　沙枣
Erythrophleum fordii Oliv.　格木
Eucalyptus amplifolia Naudin　广叶桉
Eucalyptus bicolor A. Cunn.　二色桉
Eucalyptus camaldulensis Dehn.　赤桉
Eucalyptus citriodora Hook. f.　柠檬桉
Eucalyptus crawfordi Maiden et Blakely　薄皮大叶桉
Eucalyptus exserta F. Muell.　窿缘桉
Eucalyptus globulus Labill.　蓝桉
Eucalyptus grandis W. Hill ex Maiden　巨桉
Eucalyptus maideni F. Muell　直杆蓝桉
Eucalyptus robusta Sm.　大叶桉
Eucalyptus tereticornis Sm.　细叶桉
Eucommia ulmoides Oliv.　杜仲
Fagus japonica Maxim.　日本水青冈
Fagus longipetiolata Seem.　水青冈
Ficus microcarpa L. f.　榕树

Firmiana simplex (L.) F. W. Wight 梧桐
Fokienia hodginsii (Dunn.) Henry et Thomas 福建柏
Fraxinus americana L. 美国白蜡
Fraxinus bungeana DC. 小叶白蜡
Fraxinus chinensis Roxb. 白蜡
Fraxinus excelsior L. 欧洲白蜡
Fraxinus mandshurica Rupr. 水曲柳
Fraxinus tomentosa Michx. f. 毛白蜡
Ginkgo biloba L. 银杏
Gleditsia sinensis Lam. 皂荚
Gleditsia triacanthos L. 美国皂荚
Glyptostrobus pensilis (Staunt.) Koch 水松
Gmelina arborea L. 云南石梓
Grevillea robusta A. Cunn. 银桦
Haloxylon ammondendron (Mey.) Bunge 梭梭
Hevea brasiliensis (Willd. ex A. Juss.) Muell. Arg. 橡胶树
Hodgsonia macrocarpa (Bl.) Cogn. 猪油果
Homalium hainanense Gagnep. 母生
Juglans cathayensis Dode. 野核桃
Juglans mandshurica Maxim. 核桃楸
Juglans nigra L. 黑核桃
Juglans regia L. 核桃
Keteleeria fortunei (Murr.) Carr. 油杉
Koelreuteria paniculata Laxm. 栾树
Larix chinensis Beissn. 太白落叶松
Larix decidua Mill. 欧洲落叶松
Larix gmelinii (Rupr.) Rupr. 落叶松
Larix kaempferi (Lamb.) Carr. 日本落叶松
Larix laricina (Duroi) K. Koch 北美落叶松
Larix occidentalis Nutt. 西美落叶松
Larix olgensis Henry 长白落叶松
Larix potaninii Batal. 红杉
Larix principis-rupprechtii Mayr. 华北落叶松
Larix sibirica Ledeb. 新疆落叶松
Lespedeza bicolor Trucz. 二色胡枝子
Liquidambar styraciflua L. 胶皮糖枫香
Liquidambar formosana Hance 枫香
Liriodendron chinense Sarg. 鹅掌楸
Liriodendron tulipifera L. 北美鹅掌楸

Magnolia liliflora Desr.　紫玉兰
Melia azedarach L.　楝
Metasequoia glyptostroboides Hu et Cheng　水杉
Michelia macclurei Dandy　火力楠
Morus alba L.　桑
Olea europaea L.　油橄榄
Paulownia australis Gong Tong　南方泡桐
Paulownia catalpifolia Gong Tong　楸叶泡桐
Paulownia elongate S. Y. Hu　兰考泡桐
Paulownia fargesii Franch.　川泡桐
Paulownia fortunei（Seem.）Hemsl.　泡桐
Paulownia tomentosa（Thunb.）Steud.　毛泡桐
Phellodendron amurense Rupr.　黄波罗（黄檗）
Phyllostachys pubescens Mazel ex H. de Leh.　毛竹
Phyllostachys viridis（Young）McCl.　刚竹
Picea abies（L.）Karst.　欧洲云杉，挪威云杉
Picea asperata Mast.　云杉
Picea glauca（Moench）Voss.　白云杉
Picea mariana（Mill.）B. S. P.　黑云杉
Picea obovata Ledeb.　新疆云杉
Pinus armandi Franch.　华山松
Pinusbanksiana Lamb.　北美短叶松
Pinus bungeana Zucc. ex Endl.　白皮松
Pinuscaribaea Morelet　加勒比松
Pinus clausa（Chapm.）Vasey　美国沙松
Pinus contorta Dougl. ex Loud.　小干松，扭松
Pinus densiflora Sieb. et Zucc.　日本赤松
Pinus echinata Mill.　萌芽松
Pinus elliottii Engelm.　湿地松
Pinus engelmannii Carr.　大叶松
Pinus griffithii McClelland　乔松
Pinus koraiensis Sieb. et Zucc.　红松
Pinus kesiya var. *langbianensis*（A. Chev.）Gaussen　思茅松
Pinus latteri Mason　南亚松
Pinus massoniana Lamb.　马尾松
Pinus nigra Arn.　欧洲黑松
Pinus oocarpa Schiede　卵果松
Pinus palustris Mill.　长叶松
Pinus pinaster Ait.　海岸松

Pinus ponderosa Dougl. ex Laws　西黄松

Pinus radiata D. Don　辐射松

Pinusresinosa Ait.　脂松

Pinus rigida Mill.　刚松

Pinus serotina Michx.　晚松

Pinus sibirica（Loud.）Mayr　新疆五针松

Pinus strobus L.　美国白松

Pinus sylvestris L.　欧洲赤松

Pinus sylvestris var. *mongolica* Litv.　樟子松

Pinus tabuliformis Carr.　油松

Pinus taeda L.　火炬松

Pinus thunbergii Parl.　日本黑松

Pinus yunnanensis Franch.　云南松

Pistacia chinensis Bunge　黄连木

Pistacia vera L.　阿月浑子

Platanus hispanica Muenchh.　英国梧桐

Platanus occidentalis L.　美国梧桐

Platycladus orientalis（L.）Franco　侧柏

Populus adenpoda Maxim.　响叶杨

Populus alba L.　银白杨

Populus alba L. var. *pyramidalis* Bunge　新疆杨

Populus × *berolinensis* Dipp.　中东杨

Populus × *canadensis* Moench　加拿大白杨

Populus canescens（Ait.）Sm.　灰杨

Populus cathayana Rehd.　青杨

Populus davidiana Dode　山杨

Populus deltoides Marsh.　美洲黑杨

Populus euphratica Oliv.　胡杨

Populus × *euramericana*（Dode）Guinier　欧美杨

Populus × *euramericana* cv. 'I-214'　意大利214杨

Populus × *euramericana* cv. 'Gelrica'　格尔里杨

Populus × *euramericana* cv. 'Sacrou 79'　沙兰杨

Populus × *euramericana* cv. 'Robusta'　健杨

Populus grandidentata Michx.　大齿杨

Populus koreana Rehd.　香杨

Populus lasiocarpa Oliv.　大叶杨

Populus laurifolia Ledeb.　苦杨

Populus maximowiczii Henry　辽杨

Populus nigra L.　欧洲黑杨

Populus nigra var. *thevestina* (Dode) Bean　箭杆杨
Populus nigra var. *italica* (Muench.) Koehne　钻天杨
Populus pruinosa Schrenk　粉叶胡杨
Populus purdomii Rehd.　冬瓜杨
Populus simonii Carr.　小叶杨
Populus suaveolens Fisch.　甜杨
Populus szechuanica Schneid.　川杨
Populus tomentosa Carr.　毛白杨
Populus tremula L.　欧洲山杨
Populus tremuloides Michx.　美洲山杨
Populus ussuriensis Kom.　大青杨
Populus yunnanensis Dode　滇杨
Pseudolarix amabilis (Nels.) Rehd.　金钱松
Pseudotsuga menziesii (Mirb.) Franco　花旗松
Pseudotsuga sinensis Dode　黄杉
Pterocarpus indicus Willd.　印度紫檀
Pterocarya stenoptera C. DC.　枫杨
Quercus acutissima Carruth.　麻栎
Quercus alba L.　美国白栎
Quercus chenii Nakai　小叶栎
Quercus dentata Thunb.　槲树
Quercus fabri Hance　白栎
Quercus variabilis Bl.　栓皮栎
Robinia pseudoacacia L.　刺槐
Sabina chinensis (L.) Ant.　圆柏
Sabina virginiana Ant.　铅笔柏
Sabina vulgaris Ant.　新疆圆柏
Salix alba L.　白柳
Salix babylonica L.　垂柳
Salix gracilistyla Miq.　银柳
Salix maximowiczii Kom.　大白柳
Salix matsudana Koidz.　旱柳
Salix mongolica (Franch.) Siuz.　蒙古柳
Salix pseudomatsudana L.　旱垂柳
Sapindus mukorosii Gaenth.　无患子
Sapium sebiferum (L.) Roxb.　乌桕
Sassafras tzumu Hemsl.　檫木
Sequoiadendron giganteum (Lindl.) Buchholz.　美国巨杉
Sequoia sempervirens (Lamb.) Endl.　北美红杉

Tamarix chinensis Lour.　柽柳
Taxodium ascendens Brongn.　池杉
Taxodium distichum（L.）Rich.　落羽杉
Taxodium mucronatum Ten.　墨西哥落羽杉
Tectona grandis L. f.　柚木
Taiwania cryptomerioides Hay.　台湾杉
Thuja plicata D. Don　北美乔柏
Tilia amurensis Rupr.　紫椴
Tilia cordata Mill.　小叶欧洲椴
Tilia europaea L.　欧洲椴
Toona sinensis（A. Juss.）Roem.　香椿
Toxicodendron verniciuum（Stokes）F. A. Barkl.　漆树
Tsuga chinensis（Franch.）Pritz.　铁杉
Tsuga heterophylla（Raf.）Sarg.　异叶铁杉
Ulmus americana L.　美国榆
Ulmus carpinifolia Gled.　欧洲光叶榆
Ulmus hollandica var. *major*（Sm.）Rehd.　荷兰榆
Ulmus japonica（Rehd.）Sarg.　日本榆
Ulmus laevis Pall.　欧洲白榆
Ulmus pumila L.　白榆
Ulmus parvifolia Jacq.　榔榆
Ulmus wilsniana Schneid　毛榆
Vernicia cordata Steud.　日本油桐
Vernicia fordii Hemsl.　油桐
Vernicia moluccana（L.）Willd.　菲律宾油桐
Vernicia montana（Lour.）Wils.　千年桐
Wollemia mobilis　凤尾杉(瓦勒迈杉)
Xanthoceras sorbifolia Bunge　文冠果
Zelkova schneideriana Hand.-Mazz.　榉树
Zelkova serrata（Thunb.）Mak.　光叶榉
Ziziphus jujuba Mill.　枣树
Ziziphus jujuba var. *spinosa*（Bunge）Hu　酸枣